"十二五"普通高等教育本科国家级规划教材

液压与气压传动

第二版

刘忠伟　主编
刘少军　主审

YEYA YU QIYA CHUANDONG

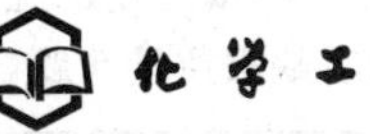

化学工业出版社
·北京·

本书分为三篇，共十五章。主要内容包括液压与气压传动的共性与特点，液压与气压传动元件的结构、工作原理及应用，液压与气压基本回路和典型系统的组成与分析，液压系统的传动设计，气动逻辑系统设计等。

本教材内容始终贯穿少而精、突出实用性和先进性的原则，把液压传动、气压传动进行有机结合，切实起到帮助学生灵活运用知识，培养学生解决实际问题的能力。

本书可作为普通高等院校、高等职业技术院校、高等专科学校、职工大学、函授学院、成人教育学院等机械类及机电类专业的教学用书，也可供有关从事液压与气动的工程技术人员参考。

图书在版编目（CIP）数据

液压与气压传动/刘忠伟主编．—2版．—北京：化学工业出版社，2011.1（2019.2重印）
“十二五”普通高等教育本科国家规划教材
ISBN 978-7-122-09880-1

Ⅰ．液…　Ⅱ．刘…　Ⅲ．①液压传动-高等学校-教材②气压传动-高等学校-教材　Ⅳ．①TH137②TH138

中国版本图书馆CIP数据核字（2010）第216989号

责任编辑：高　钰　　文字编辑：张绪瑞
责任校对：徐贞珍　　装帧设计：史利平

出版发行：化学工业出版社（北京市东城区青年湖南街13号　邮政编码100011）
印　　装：三河市延风印装有限公司
787mm×1092mm　1/16　印张17　字数433千字　2019年2月北京第2版第6次印刷

购书咨询：010-64518888　　售后服务：010-64518899
网　　址：http://www.cip.com.cn
凡购买本书，如有缺损质量问题，本社销售中心负责调换。

定　　价：32.00元

前　言

本书立足于突出实用性和先进性的原则，基于理论联系实际的指导思想，以培养应用型人才为目标，汲取同类教材精华的基础上，结合编者多年来教学实践和科研工作的经验精心编写而成。

全书分为15章。章前有导读，章后有小结和习题。主要介绍了液压与气压传动的共性与特点，液压与气压传动元件的结构、工作原理及应用，液压与气动基本回路和典型系统的组成与分析，液压系统的传动设计，气动逻辑系统设计等。

本书由刘忠伟主编，邓英剑、周小灵为副主编。第一、五、七、八、九章由刘忠伟编写；第二、四章由周小灵编写；第三章由周育才编写；第六章由李硕编写；第十章由陈义庄编写；第十一章由蒋蘋编写；第十二、十三、十四、十五章由邓英剑编写。各章的导读、小结和习题均由邓英剑编写，全书由刘忠伟统稿。

本书由中南大学刘少军教授主审，他对本书编写提出了许多宝贵的意见和建议，在此表示衷心感谢。

本书可作为普通高等院校、高等职业技术院校、高等专科学校、职工大学、函授学院、成人教育学院等机械类及机电类专业的教学用书，也可供有关从事液压与气动的工程技术人员参考。

由于编者水平有限，书中难免存在疏漏和不足之处，恳请同仁和广大读者批评指正。

编　者

2010年8月

前言

目　录

第一篇　液压与气压传动概述

第二篇　液压传动

第三篇　气压传动

第一篇

液压与气压传动概述

第一章　绪　　论

【导读】 液压与气压传动（又称液压气动技术）是机械设备中发展速度最快的技术之一，它是以流体（液压油或压缩空气）作为工作介质来进行能量转换、传递和控制的学科。本章介绍液压与气压传动的工作原理、工作特性、系统组成、图形符号、特点、应用及其发展。

第一节　液压与气压传动的工作原理及工作特性

一、液压传动的工作原理及工作特性

1. 液压传动的工作原理

对于不同的液压装置和设备，它们的液压传动系统虽然不同，但液压传动的基本工作原理是相同的。下面以图 1-1 所示的液压千斤顶为例，介绍其工作原理。图中大小两个液压缸 5 和 3 的内部分别装有大活塞 6 和小活塞 2。当向上提起手动杠杆 4 时，小活塞就被带动上升，于是小缸体 3 的下腔密封容积增大，腔内压力下降，形成局部真空，油箱中的油液在大气压力的作用下推开单向阀 1 进入小缸的下腔，完成一次吸油动作。当压下杠杆 4，小活塞下移，小缸下腔的密封容积减小，腔内压力升高，这时单向阀 1 关闭，小缸下腔的压力油顶开单向阀 7 进入大缸体 5 的下腔，推动大活塞带动重物一起上升一段距离。如此反复地提压手动杠杆 4，就能使重物不断上升，达到起重的目的。

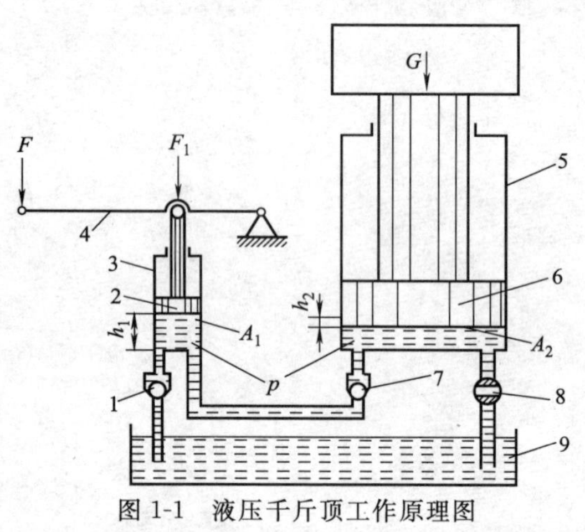

图 1-1　液压千斤顶工作原理图

1—进油单向阀；2—小活塞；3—小缸体；4—手动杠杆；5—大缸体；6—大活塞；7—排油单向阀；8—截止阀；9—油箱

若将截止阀 8 打开，则在重物自重的作用下，大缸中的油液流回油箱，大活塞落回到原位。

分析液压千斤顶的工作过程可知，小液压缸 3 和单向阀 1、7 一起实现吸油和排油，将杠杆的机械能转换为油液的压力能输出，称为手动液压泵；大液压缸 5 将油液的压力能转换为机械能输出，称为举升液压缸。总之液压传动是依靠液体在密封容积变化中的压力能来实现运动和动力传递的。液压传动装置本质上是一种能量转换装置，它先将机械能转换为便于输送的液压能，然后又将液压能转换为机械能做有用功。

2. 液压传动的工作特性

当大活塞上有重物负载时，其下腔的油液将产生一定的压力 p，即

$$p=G/A_2 \tag{1-1}$$

根据流体力学中的帕斯卡定律“在密闭容器内，施加于静止液体上的压力将以等值同时传到液体各点”，若要顶起重物，则在小活塞下腔就必须产生一个等值的压力 p，即小活塞上施加的力 F_1 为

$$F_1=pA_1=GA_1/A_2 \tag{1-2}$$

式中，A_1、A_2 分别为大小活塞 6、2 的面积。

可见在活塞面积 A_1、A_2 一定的情况下，液体压力 p 取决于重物负载 G，而小活塞上施加的力 F_1 则取决于压力 p。所以，负载越大，液体压力 p 越高，小活塞上所需要施加的力 F_1 也就越大；反之，如果空载工作，且不计摩擦力，则液体压力 p 和小活塞上施加的力 F_1 都为零。即有了负载，液体才会有压力，并且压力大小取决于负载。简单地说，液压传动中液体压力取决于负载。实际上，液压传动中液体的压力相当于机械传动中机械构件的应力。机械构件应力是取决于负载的，同样液体的压力也取决于负载。但是机械构件在传动时可以承受拉、压、弯、剪等各种应力，而液压传动中液体只能承受压力，这是两者的重要区别。

另外，由于小活塞到大活塞之间为密封工作容积，所以小活塞向下压出油液的体积必然等于大活塞向上升起缸体内扩大的体积，即 $A_1h_1=A_2h_2$。

公式 $A_1h_1=A_2h_2$ 两端同时除以活塞移动的时间 t 得

$$v_1A_1=v_2A_2 \tag{1-3}$$

令 $q=v_1A_1$，其中 q 表示小活塞以速度 v_1 运动时，单位时间内从小缸 3 中排出液体的体积，称为流量。流量 q 进入大缸时，大活塞 6 的运动速度为

$$v_2=q/A_2 \tag{1-4}$$

即大活塞 6 的运动速度取决于进入活塞缸的流量。流量越大，速度越快，反之亦然。流量为零，速度也为零。简单地说，速度取决于流量。

液压系统的压力和外界负载，速度和流量的这两个关系称为液压传动的两个工作特性。这两个特性很重要，随着课程的深入，要进一步加深对它的理解。

二、气压传动的工作原理

气压传动与液压传动的基本工作原理是相似的，它是利用空气压缩机将电动机、内燃机或其他原动机输出的机械能转变为空气的压力能，然后在控制元件的控制及辅助元件的配合下，利用执行元件把空气的压力能转变为机械能，从而完成直线或回转运动并对外做功。下面以剪切机的工作过程来说明其工作原理。图 1-2 所示是剪切机剪切前的工况。当工料 11 由上料装置（图中未画）送入剪切机的规定位置时，将行程阀 8 顶开，换向阀 9 的下腔通过行程阀 8 与大气相通，使换向阀 9 的阀芯在弹簧力的作用下向下移动。由空气压缩机 1 产生的压缩空气，经过初次净化处理后储藏在储气罐 4 中，经过分水滤气器 5、减压阀 6、油雾器 7 和换向阀 9，进入气缸 10 的下腔。气缸 10 上腔的压缩空气通过换向阀 9 排入大气。此时，汽缸活塞在气压力的作用下向上运动，带动剪刀将工料 11 剪断。工料剪下后，马上与行程阀 8 脱开，行程阀复位，阀芯将排气通道堵死，换向阀 9 下腔的气压升高，迫使换向阀 9 的阀芯上移，气路换向。压缩空气进入汽缸 10 的上腔，汽缸 10 的下腔排气，汽缸活塞下移，带动剪刀复位，准备第二次下料。

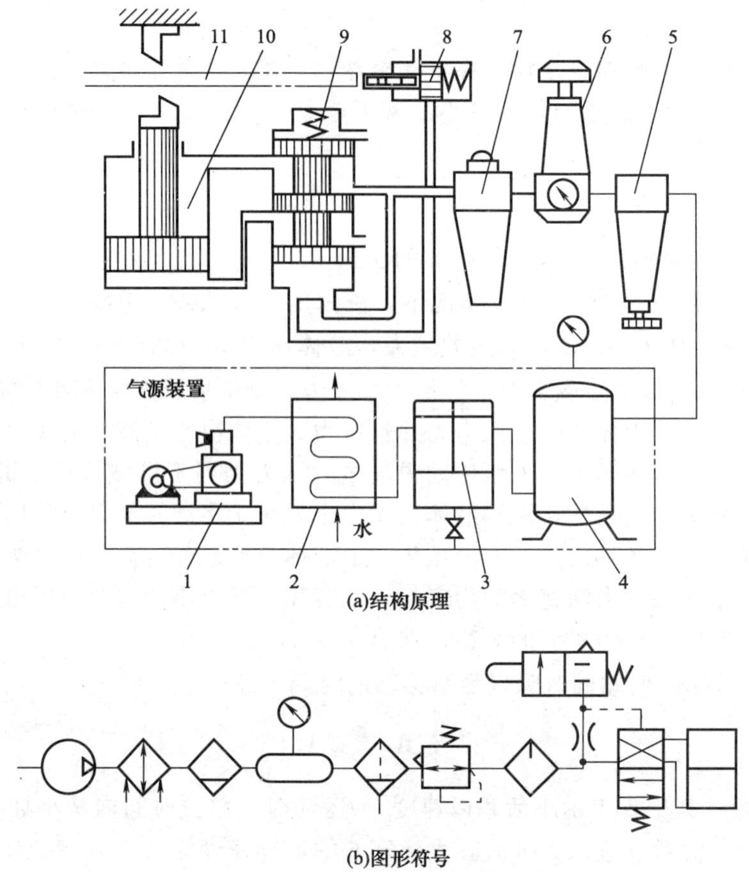

(a)结构原理

(b)图形符号

图 1-2　气动剪切机工作原理图

1—空气压缩机；2—冷却器；3—油水分离器；4—储气罐；5—分水滤气器；6—减压阀；7—油雾器；8—行程阀；9—换向阀；10—气缸；11—工料

第二节　液压与气压传动系统的组成和图形符号

一、液压与气压系统的组成

图 1-3 所示为一机床工作台的液压传动系统，它由液压泵、换向阀、溢流阀、节流阀、液压缸、油箱以及连接管道等组成。

在图 1-3（a）中，液压泵 3 由电动机（图中未示出）带动旋转，从油箱 1 经过滤器 2 过滤后吸油，油液流往液压泵。液压泵排出的压力油经节流阀 5 和换向阀 6 进入液压缸 7 的左腔，推动活塞连同工作台 8 向右移动。这时，液压缸右腔的油通过换向阀 6 和回油管道返回油箱。

若将换向阀手柄扳到左边位置，即图 1-3（b）所示的状态，则压力油经换向阀进入液压缸的右腔，推动活塞连同工作台向左移动。这时，液压缸左腔的油亦经换向阀和回油管返回油箱。

工作台的移动速度是通过节流阀来调节的。改变节流阀 5 的开口大小，可以改变进入液压缸的液压油流量，从而控制工作台的移动速度，多余的液压油经溢流阀 4 和溢流管道排回油箱。当节流阀开口较大时，进入液压缸的流量较大，工作台的移动速度较快；反之，当节流阀开口较小时，工作台移动速度则较慢。

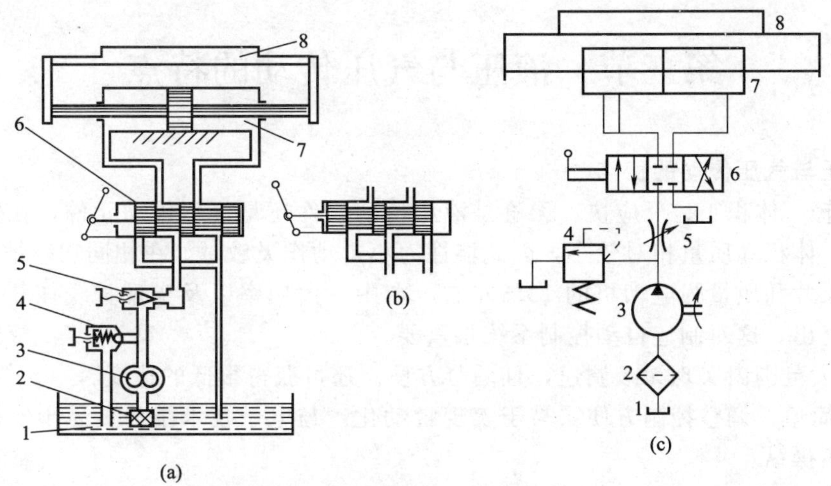

图 1-3 机床工作台液压传动系统

1—油箱；2—过滤器；3—液压泵；4—溢流阀；5—节流阀；6—换向阀；7—液压缸；8—工作台

调节溢流阀弹簧的预压力就能调整液压泵出口的油液压力（其值略高于液压缸的工作压力），并让多余的油液在相应压力下打开溢流阀，经回油管流回油箱。由于系统的最高工作压力不会超过溢流阀的调定值，所以溢流阀对系统起到过载保护的作用。

从以上例子可以看出，液压与气压传动系统均由以下四个部分组成。

（1）动力元件　它将原动机（电动机）输入的机械能转换成为液体或气体的压力能，其作用是为系统提供动力，也称为能源装置，一般最常见的形式是液压泵或空气压缩机。

（2）执行元件　它是将液体或气体的压力能转换成直线式或回转式机械能输出的能量转换装置，以驱动工作部件。可以是作直线运动的液压缸，也可是作回转运动的液压马达。

（3）控制元件　它是控制系统中执行元件的流量、压力和方向的。如在图 1-3 所示机床工作台的液压传动系统中：控制液体流量的节流阀（流量阀）、控制液体压力的溢流阀（压力阀）和控制液流方向的换向阀（方向阀）。这些元件是保证系统正常工作不可缺少的组成部分。

（4）辅助元件　保证系统正常工作所需要的辅助装置，包括油箱、管道、过滤器以及各种指示仪表等。

二、液压与气压传动系统的图形符号

在图 1-3（a）中，组成液压系统的各个元件是用半结构式图形画出来的，这种图直观性强，容易理解，当系统发生故障时，根据此图检查也较方便，但难于绘制，特别当系统中元件较多时，绘制更不方便。为简化液压与气动原理图的绘制，我国制订了一套液压与气动图形符号（GB/T 786.1—1993），将各液压与气动元件都用相应的符号表示。这些符号只表示相应元件的职能、连接系统的通路，不表示元件的具体结构和参数，并规定各符号所表示的都是相应元件的静止位置或零位置，称这种符号为图形符号（也称为职能符号）。图 1-3（c）即为用职能符号绘制的机床工作台的液压系统工作原理图（职能符号图）。由于这种图图面简洁，油路走向清楚，对系统的分析、设计都很方便，因此现在世界各国采用的较多（具体表示方法大同小异）。如果有些元件（如某些自行设计的非标准件）的职能无法用这些符号表示时，仍可采用结构示意图。常用液压与气动元件的图形符号在以后讲述到具体元件时还要提到。GB/T 786.1—1993 液压与气动图形符号见本书附录。

第三节　液压与气压传动的特点

一、液压与气压传动的优点

① 质量轻、体积小、反应快。无论是液压传动元件还是气压传动元件，在输出相同的功率条件下，体积和质量相对较小，因此惯性力小，动作灵敏。如在相同功率情况下，液压马达的外形尺寸和质量为电动机的 12%左右。在中、大功率以及实现直线往复运动时，这一优点尤为突出。这对制造自动控制系统很重要。

② 可在大范围内实现无级调速，且调节方便。还可获得很低的速度。

③ 操作简单，调整控制方便，易于实现自动化。与电子技术结合更易于实现各种自动控制和远距离操纵。

④ 易于实现“三化”，即系统化、标准化和通用化，便于设计、制造和使用。

⑤ 便于实现过载保护，使用安全、可靠。

液压传动与气压传动工作介质不同，因此它们还具有不同的优点。例如，液压传动动可输出较大的推力和转矩，传动平稳；液压系统能够自润滑，因此液压元件使用寿命长，而气动元件在气压传动中需设置给油润滑装置。气压传动的优点是：工作介质是空气，取之不尽，用之不竭，用后可直接排入大气中，干净而不污染环境，特别是在食品加工、纺织、印刷、精密检测等高净化、无污染场合，有很好的发展前途。因空气的黏度很小，约为油黏度的万分之一，其损失也很小，因此气压传动的效率也高于液压传动，适宜于远距离输送和集中供气。

二、液压与气压传动的缺点

① 元件制造精度要求高，因此加工和装配的难度较大，产品成本提高，使用和维护的要求较高。

② 由于传动介质的可压缩性和泄漏等因素的影响，不能保证严格的传动比。

③ 系统出现故障时不易查出原因。

总的说来，液压与气压传动由于优点比较突出，而某些缺点随着生产技术的不断发展、提高，正在逐步得到克服，故在工农业各个部门获得广泛应用。

第四节　液压与气压传动的应用及发展

液压传动技术的发展是与流体力学理论的发展密切相关的。1650 年帕斯卡提出了静止液体的压力传递规律——帕斯卡原理，1686 年牛顿提示了黏性液体的内摩擦定律，18 世纪相继建立了流体力学的两个重要原理——连续性方程和伯努利方程，这些理论成就为液压技术的发展奠定了基础。18 世纪末英国首先制造出世界上第一台水压机，标志着液压传动技术开始进入工程领域。

但是，液压传动技术在工业上被广泛采用并有较大幅度的发展却是 20 世纪中期的事情。第二次世界大战期间，在一些武器装备上用上了功率大、反应快、动作准的液压传动和控制装置，大大提高了武器装备的性能，也大大促进了液压与气压传动本身的发展。战后，液压技术迅速由军事转入民用，在机械制造、工程机械、锻压机械、冶金机械、汽车、船舶等行业中得到了广泛的应用和发展。特别是在20世纪60年代以后，随着原子能技术、空间技术、计算机技术等的迅速发展，液压技术也得到了很大发展，渗透到国民经济的各个领域中，在军工、冶金、工程机械、农机、汽车、轻纺、船舶、石油、航空和机床工业中都得到了普遍应用。

20世纪后期，随着液压机械自动化程度的不断提高，所用液压元件的数量急剧增加，因而元件小型化、集成化就成为液压传动技术发展的必然趋势。随着传感器技术、微电子技术的发展以及与液压技术紧密结合，出现了电液比例控制阀、电液比例控制泵和马达、数字阀等机电一体化器件，使液压技术向着高度集成化和柔性化的方向发展。

降低能耗、提高效率是目前液压传动技术面临的重要课题，也是提高它与机械传动和电气传动竞争力的重要措施。采用负荷传感、二次调节等技术设计新型节能元件和系统，是当今液压传动技术的重要发展方向。

以空气作为工作介质传递动力做功很早就有应用。如利用自然风力推动风车、带动水车提水灌田，近代用于汽车的自动开关门、火车的自动抱闸、采矿用的风钻等。到了20世纪50年代，随着工业自动化的发展，气动技术已发展成为一门新兴的技术。由于以空气为工作介质具有防火、防爆、防电磁干扰、抗振动、抗冲击及结构简单等优点，所以气动技术已成为实现生产过程自动化不可缺少的重要手段。近年来，气动技术的应用领域已经从机械、冶金、采矿、交通运输等工业扩展到轻工、食品、化工、军事等各行各业。和液压传动技术一样，气动技术也已发展成为包含传动、控制与检测在内的自动化技术。随着微电子技术、计算机技术和传感器技术的发展，现代气动元件及系统正向着小型化、集成化、高速化、精确化、节能化和智能化的方向发展，为气动技术的广泛应用展现了更加广阔的前景。

我国的液压与气动工业是在新中国建立初期，从仿制原苏联产品起步，附属于机床制造等主机行业，而逐步发展起来的。其产品最初应用于机床和锻压设备，后来又用于拖拉机和工程机械。自1964年开始从国外引进液压元件生产技术，同时自行设计液压产品以来，我国的液压件生产已形成系列，并在各种机械设备上得到了广泛的使用。在20世纪60年代中期开始建立气动元件厂，1984年组建了行业技术归口所——无锡气动技术研究所。

目前，我国机械工业在认真消化、推广从国外引进的先进液压与气压技术的同时，大力研制开发国产液压与气压传动的新产品，加强产品质量可靠性和新技术应用的研究，积极采用国际标准和执行新的国家标准。可以预见，随着我国社会主义现代化建设的发展，液压与气动技术必将会有新的飞跃，它在各个工业部门的应用也将会越来越广泛。

小 结

1. 液压气动技术是以流体（液压油或压缩空气）作为工作介质来进行能量转换、传递和控制的学科。

2. 液压传动的两个工作特性（液压系统的压力和外界负载，速度和流量的两个关系）。

3. 液压与气压传动的工作原理。

4. 液压气压系统的四大组成部分及其作用。

5. 液压系统的图形符号。液压与气压传动元件和系统原理图按GB/T 786.1—1993绘制，系统中元件符号均连接于静态（或零工位）位置。

习　题　一

1-1　简述液压传动和气压传动的工作原理。

1-2　液压与气压传动系统都有哪些组成部分？并说明各组成部分的作用。

1-3　请绘制几个液压与气动元件的图形符号。

第二篇

液压传动

第二章　液压传动基础

【导读】 液压传动是利用液压油（通常都是矿物油）作为工作介质来传递运动和动力。因此液压油质量（物理、化学性质）的好坏，尤其是其力学性质对液压系统工作性能影响很大。所以在研究液压系统之前，必须要了解液压油的污染及其控制方面的知识，同时对液压油的力学性质也应进行深入的了解，以便进一步理解液压传动的基本原理，为更好地进行液压系统的分析与设计打下基础。

第一节　液　压　油

一、液压油的性质

1．液体的密度

单位体积液体的质量称为液体的密度，通常用 ρ（kg/m^3）表示

$$\rho=\frac{m}{V} \tag{2-1}$$

式中　V——液体的体积，m^3；

m——液体的质量，kg。

密度是液体的一个重要的物理参数，它的大小随着液体的温度或压力的变化会产生一定的变化，但其变化量较小，一般可忽略不计。

2．液体的可压缩性

液体受压力作用而发生体积减小的性质称为液体的可压缩性。压力为 p_0 时体积为 V_0 的液体，当压力增大 Δp 时，由于液体的可压缩性，体积要减小 ΔV。液体的可压缩性用体积压缩率 k 表示

$$k=-\frac{1}{\Delta p}\times\frac{\Delta V}{V_0} \tag{2-2}$$

k 的物理意义是：单位压力变化下的体积相对变化率。常用液压油的 $k=(5\sim7)\times10^{-10}$ m^2/N。

在工程实际应用中，常用体积弹性模量 K 值（$K=1/k$）来表示液体抵抗压缩能力的大小。液压油在正常工作温度范围内，K 值会有 5%～25%的变化；压力增大，K 值也增大，但这种变化，不呈线性关系，当压力高于 3.0MPa 时，K 值基本上不再增大。液压油中如混有空气时，K 值将大大减小。在常温（20℃）和常压（大气压）下，纯净石油基液压油的体积弹性模量为 1.4～2.0GPa，其可压缩性是钢的 100～150 倍，是橡胶和尼龙的 1/20～1/4。在一般情况下，由于压力变化引起液体体积的变化很小，可认为液体是不可压缩的。

3．液体的黏性

（1）黏性的意义　当液体在外力作用下流动时，由于液体本身分子之间内聚力以及与固

体壁面的附着力的存在，使液体内各处的速度产生差异。如图 2-1 所示，液体在管路中流动时速度并不相等，紧贴管壁的液体速度为零，管路中心处的速度最大。如果将管中液体的流动看成是许多无限薄的同心圆筒形的液体层的运动，运动较慢的液体层阻滞运动较快的液体层，而运动较快的液体层又带动运动较慢的液体层，这种液体层之间相互的作用类似于固体之间的摩擦过程，因而在液体之间产生摩擦力。由于这种摩擦力是发生在液体内部，所以称为内摩擦力。总之，液体在外力作用下流动时，分子间的内聚力阻碍分子间的相对运动而产生内摩擦力的这种性质，称之为液体的黏性。液体只有流动时，才会呈现黏性，而静止的液体不呈现黏性。它是液体一个非常重要的特征，是选择液压油的主要依据。黏性的大小用黏度来衡量。

(2) 液体黏度　常用的黏度有绝对黏度、运动黏度、相对黏度三种。

① 绝对黏度　绝对黏度也称动力黏度，用 μ 表示。图 2-2 所示两平行平板之间充满液体，上平板以速度 u_0 向右动，下平板固定不动。紧贴上平板的液体在吸附力作用下跟随上平板以速度 u_0 向右运动，紧贴下平板的液体在黏性作用下保持静止，中间液体的速度由上至下逐渐减小。当两平行板距离减小时，速度近似按线性规律分布。

实验表明（牛顿内摩擦定律），液体流动时相邻层间的内摩擦力 F 与液层间接触面积 A、液层间相对速度 $\mathrm{d}u$ 成正比，而与液层间的距离 $\mathrm{d}y$ 成反比。可用下式表示

$$F=\mu A\frac{\mathrm{d}u}{\mathrm{d}y} \tag{2-3}$$

若用单位面积上的摩擦力，即切应力 τ 来表示液体黏性，则上式可改成

$$\tau=\frac{F}{A}=\mu\frac{\mathrm{d}u}{\mathrm{d}y} \tag{2-4}$$

式中，μ 为比例系数，称为动力黏度，动力黏度 μ 的单位是 Pa·s（帕·秒）。$\mathrm{d}u/\mathrm{d}y$ 为速度梯度，即液层相对运动速度对液层间距离的变化率。

由式（2-4）可知，液体动力黏度 μ 的物理意义是：当速度梯度等于 1 时，流动液体内接触液体层间单位面积上产生的内摩擦力。

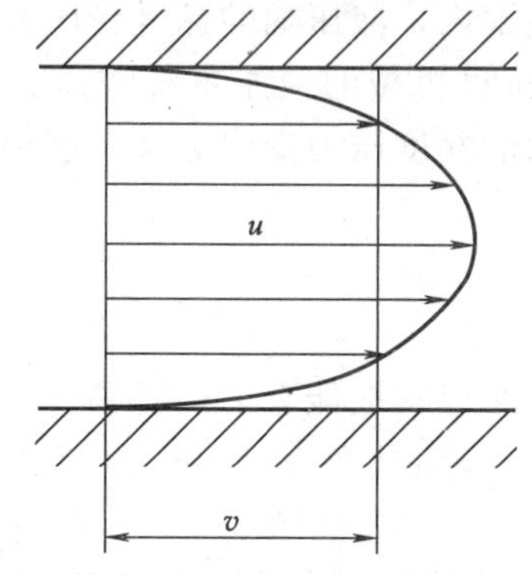

图 2-1　液体在管路内的速度分布

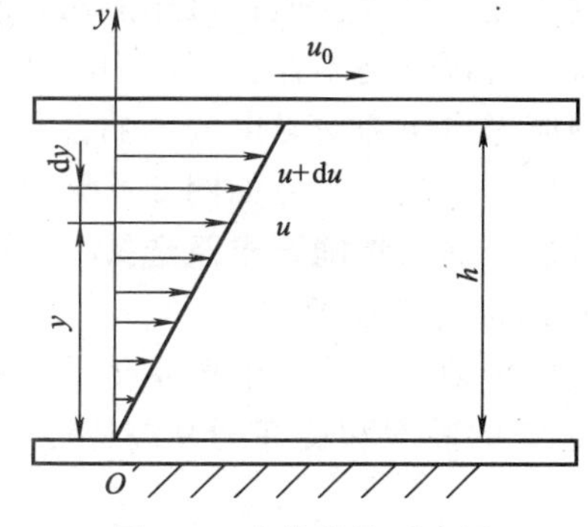

图 2-2　液体黏性示意图

② 运动黏度　动力黏度 μ 和液体密度 ρ 的比值，称为运动黏度，用 ν 表示。即

$$\nu=\frac{\mu}{\rho} \tag{2-5}$$

运动黏度的单位是 m^2/s，工程单位制使用的单位还有 cm^2/s，通常称为 St（斯），工程

中常用cSt（厘斯）来表示，$1m^2/s=10^4St=10^6cSt$。运动黏度ν虽没有明确的物理意义，但习惯上常用它来标志液体的黏度，例如国产液压油的牌号就是该种油液在40℃时的运动黏度ν的平均值。如改善其防锈及抗氧化性的精制矿物油（通用机床液压油）L-HL-46，数字46表示该液压油在40℃时的运动黏度为46cSt（平均值）。

③ 相对黏度　相对黏度又叫条件黏度，它是采用特定的黏度计在规定的条件下测量出来的液体黏度。由于测量条件不同各国所用的相对黏度也不同。中国、德国和俄罗斯等一些国家采用恩氏黏度（°E），美国采用塞氏黏度（SSU），英国采用雷氏黏度（R）。

恩氏黏度用恩氏黏度计测定：即将200mL被测液体装入恩氏黏度计的容器中，在某一特定温度t（℃）下，测出液体经其下部直径为2.8mm小孔流尽所需的时间t_1，与同体积的蒸馏水在20℃时流过同一小孔所需的时间t_2的比值，便是被测液体在这一温度时的恩氏黏度，即

$$°E_t=\frac{t_1}{t_2} \tag{2-6}$$

工业上常用20℃、50℃、100℃作为测定恩氏黏度的标准温度，其恩氏黏度分别可以用相应符号$°E_{20}$、$°E_{50}$、$°E_{100}$表示。

恩氏黏度与运动黏度之间，可用如下经验公式换算

$$\left.\begin{aligned}&\text{当}1.35<°E\leqslant 3.2\text{时}, && \nu=8°E-\frac{8.64}{°E}\\&\text{当}°E>3.2\text{时}, && \nu=7.6°E-\frac{4}{°E}\end{aligned}\right\} \tag{2-7}$$

恩氏黏度与运动黏度的对应数值还可从有关图表直接查出。

（3）黏度与温度、压力的关系　液压油的黏度对温度变化十分敏感，温度升高，黏度将显著降低。液压油的黏度随温度变化的性质称为黏温特性。不同种类的液压油具有不同的黏温特性。国产常用油的黏温特性如图2-3所示。液压油的黏温特性还用其黏温变化程度与标准油相比较的相对数值（即黏度指数VI）来表示，VI值越大，表示其黏度随温度的变化越小，黏温特性越好。

液体的黏度随压力的变化而变化。当液体所受压力增大时，其分子间距减小，内聚力增大，黏度也随之增大。但在机床液压系统所使用的压力范围内，液压油的黏度受压力变化的影响甚微，可以忽略不计；若压力高于10MPa，如新型建材机械的液压系统或压力变化较大时，则应考虑压力对黏度的影响。不同的液压油有不同的黏度压力变化关系，这种关系称为液体的黏压特性，具体如图2-4所示。

二、液压油的性能要求及选择

1. 液压油的性能要求

在液压传动中，液压油既是传动介质，又是润滑剂，所以其性能有下列要求。

① 适宜的黏度和良好的黏温特性，一般要求液压油的运动黏度为$(14\sim68)\times10^{-6}m^2/s$（40℃）。

② 良好的抗乳化性和抗泡沫性。良好的抗乳化性即要求油液与水接触时不形成乳化液，而是游离状态，以便分离；良好的抗泡沫性意味油液在工作中产生的气泡少且气泡能很快破灭和混溶于油液中的微小气泡容易释放出来。

③ 良好的抗氧化稳定性、热稳定性。

④ 良好的流动性和抗燃性。良好的流动性意味着油液具有较低的凝点，可在低温的环境下启动和运行。良好的抗燃性即要求在高温环境下具有较高的闪点和燃点。

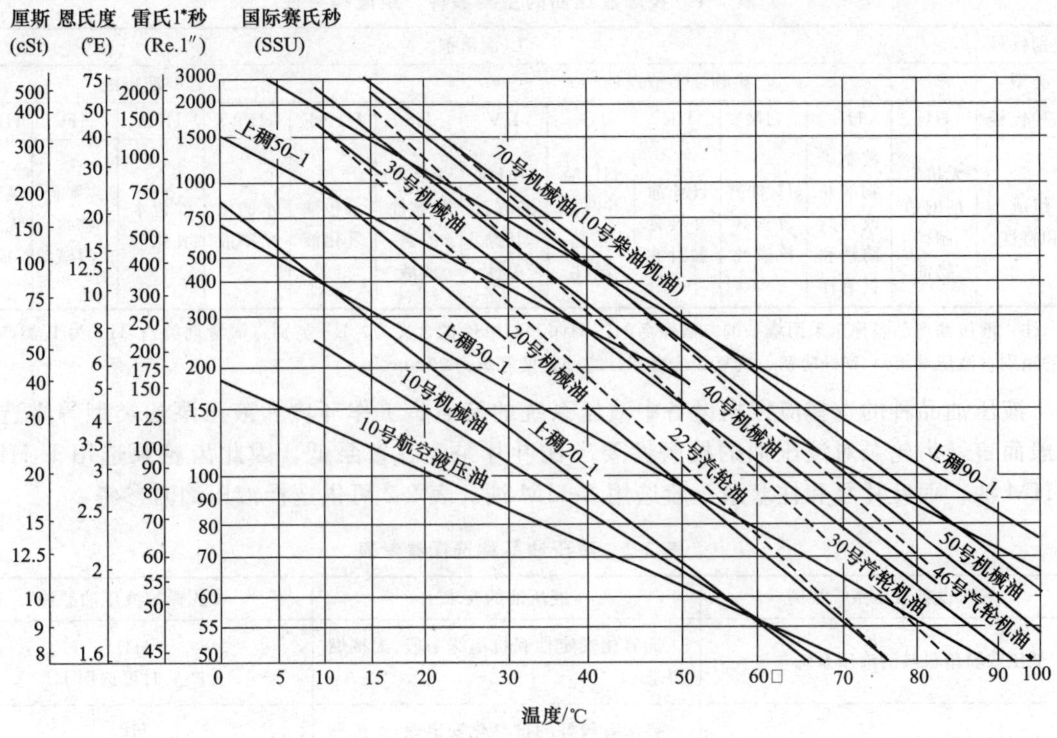

图 2-3　国产常用油的黏温特性

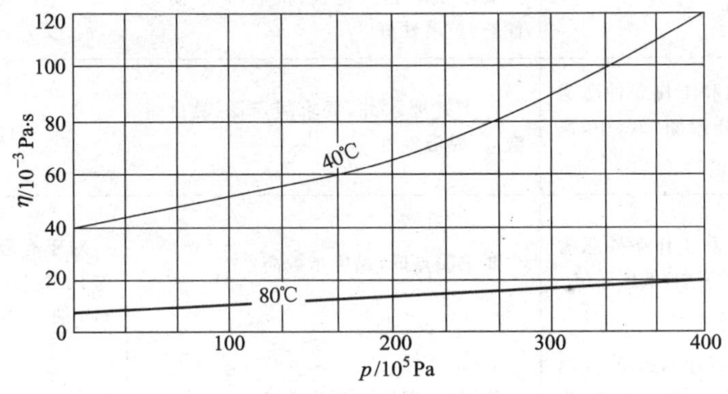

图 2-4　机械油的黏压特性

⑤ 清洁性好。清洁的油液是液压系统正常工作的重要条件。良好的清洁性意味着油液中的水分、灰分和酸性物质少。

⑥ 良好的使用特性。要求无毒、无害和对人体无明显刺激，易储存，成本低。

2. 液压油的选择

(1) 液压油品种的选择　液压油的品种较多，大致分为矿物油型液压油和难燃型液压油，另外还有一些专用液压油（航空用、舰船用等）。由于制造容易，来源多，价格较低，故在液压设备中，几乎 90％以上是使用矿物油型液压油。矿物油型液压油一般为了满足液压装置的特别要求而在基油中配合添加剂来改善特性，液压油的添加剂有抗氧化剂、防锈剂、增黏剂、降凝剂、消泡剂、抗磨剂等。

我国液压油的主要品种、组成和特性见表 2-1。

表 2-1　我国液压油的主要品种、组成和特性

类别代号	L(润滑剂类)										
类型	矿物油型液压油							难燃型液压液			
品种代号	HH	HL	HM	HG	HR	HV	HS	HFAE	HFAS	HFB	HFC	HFDR
组成和特性	无抗氧剂的精制矿物油	精制矿物油并改善其防锈和抗氧性	HL 油并改善其抗磨性	HM 油并具有黏滑性	HL 油并改善其黏温性	HM 油并改善其黏温性	无特定难燃性的合成液	水包油乳化液	水的化学溶液	油包水乳化液	含聚合物水溶液	氯化烃无水合成液

注：液压油产品名称是采用统一的方法命名的。例如 L-HM32 的含义为：L—类别（润滑剂类）；H—为 L 类产品所属的组别（液压油组）；M—防锈、抗氧和抗磨型；32—黏度等级为 32mm²/s。

液压油品种的选择应根据设备中液压系统的特点、工作环境和液压泵的类型等来选择。一般而言，齿轮泵对液压油的抗磨性要求比叶片泵和柱塞泵低，因此齿轮泵选用 L-HL 或 L-HM 油，而叶片泵和柱塞泵一般选用 L-HM 油。表 2-2 可供选择液压油时参考。

表 2-2　液压油品种选择参考表

液压设备液压系统举例	液压油的要求	可选择的液压油品种
低压或简单机具的液压系统	抗氧化安定性和抗泡沫一般，无抗燃要求	HH 无产品时可选用 HL
中、低压精密机械等液压系统	要求有较好的抗氧化安定性，无抗燃要求	HL 无产品时可选用 HM
中、低压和高压液压系统	要求抗氧化安定性、抗泡沫性、防锈性好、抗磨性好	HM 无产品时可选用 HV、HS
环境温度变化较大和工作条件恶劣的(指野外工程和远洋船舶)低、中、高压系统	除上述要求外，要求凝点低、黏度指数高、黏温性好	HV、HS
环境温度变化较大和工作条件恶劣的(指野外工程和远洋船舶)低压系统	要求凝点低，黏度指数高	HR 对于有限部件的液压系统，北方选用 L-HR 油，南方用 HM 油或 HL 油
冶金、建材、煤矿等行业和高压、高温和易燃的液压系统。使用温度为 5～50℃	抗燃性、润滑性和防锈好	L-HFB
需要难燃液的低压液压系统和金属加工等机械。使用温度为 5～50℃	不要求低温性、黏温性和润滑性，但抗燃性要好，价格便宜	L-HFAS
冶金、建材、煤矿等行业的低压和中压液压系统。使用温度为－20～50℃	低温性、黏温性和对橡胶的适用性好，抗燃性好	HFC

（2）液压油牌号的选择　在液压油的品种已定的情况下，再选牌号。选择液压油的牌号时，最先考虑的应是液压油的黏度。如果黏度太低，就使泄漏增加，从而降低效率，降低润滑性，增加磨损；如果液压油的黏度太高，液体流动的阻力就会增加，磨损增大，液压泵的吸油阻力增大，易产生吸空现象（也称空穴现象，即油液中产生气泡的现象）和噪声，所以要合理选择液压油的黏度。

具体的选择原则如下。

① 工作环境。液压系统工作环境温度较高时，选用较高黏度的液压油，反之则选较低黏度的液压油。

② 工作压力。液压系统工作压力较高时，选用较高黏度的液压油，以防泄漏；反之选较低黏度的液压油。

③ 运动速度。液压系统工作部件运动速度高时，为了减少功率损失，选用黏度较低的液压油；反之选用较高黏度的液压油。

④ 液压泵的类型。不同液压泵润滑的要求不同，选择时应考虑其类型及其工作环境，如表 2-3 所示。

表 2-3　各类液压泵推荐用的液压油

液压泵类型		运动黏度(40℃)/$mm^2 \cdot s^{-1}$		适用品种和黏度等级
		系统工作温度(5～40℃)	系统工作温度(40～80℃)	
叶片泵	＜7MPa	30～50	40～75	HM 油：32、46、68
	＞7MPa	50～70	55～90	HM 油：46、68、100
齿轮泵		30～70	95～165	HL 油(中、高压用 HM 油)：32、46、68、100、150
轴向柱塞泵		40～75	70～150	HL 油(高压用 HM 油)：32、46、68、100、150
径向柱塞泵		30～80	65～240	HL 油(高压用 HM 油)：32、46、68、100、150

三、液压油的污染与控制

随着液压技术的发展和广泛的应用，对液压系统工作的灵敏性、稳定性、可靠性和寿命提出了愈来愈高的要求，而油液的污染会影响系统的正常工作和使用寿命，甚至引起设备事故。据统计，由于油液污染引起的故障占总故障的 75％以上，固体颗粒是液压系统中最主要的污染物，可见要保证液压系统工作灵敏、稳定、可靠，就必须控制油液的污染。

1. 污染物的种类及危害

液压系统中的污染物是指包含在油液中的固体颗粒、水、空气、化学物质、微生物等杂物。液压油被污染后，会使系统工作灵敏性、稳定性和可靠性降低，液压元件使用寿命缩短。具体危害如下。

① 固体颗粒加速元件的磨损，堵塞缝隙及滤油器，使泵、阀性能下降，产生噪声。

② 水的侵入加速油液的氧化，并和添加剂起作用产生黏性胶质，使滤芯堵塞。

③ 空气的混入降低油液的体积模量，引起汽蚀，降低油液的润滑性。

④ 溶剂、表面活性化合物化学物质使金属腐蚀。

⑤ 微生物的生成使油液变质，降低润滑性能，加速元件腐蚀。对高水基液压液的危害更大。

除此之外，不正当的热能、静电能、磁场能及放射能也被认为是对油液的污染，它们有的使油温超过规定限度，导致油液变质，有的则可能招致火灾。

2. 液压油污染原因

(1) 藏在液压元件和管道内的污染物　液压元件在装配前，零件未去毛刺和未经严格清洗，铸造型砂、切屑、灰尘等杂物潜藏在元件内部；液压元件在运输过程中油口堵塞被碰掉，因而在库存及运输过程中侵入灰尘和杂物；安装前未将管道和管道接头内部的水锈、焊渣和氧化皮等杂物冲洗干净。

(2) 液压油工作期间所产生的污染物　油液氧化变质产生的胶质和沉淀物；油液中的水

分在工作过程中使金属腐蚀形成的水锈；液压元件因磨损而形成的磨屑；油箱内壁上的底漆老化脱落形成的漆片等。

（3）外界侵入的污染　油箱防尘性差，容易侵入灰尘、切屑和杂物；油箱没有设置清理箱内污物的窗口，造成油箱内部难清理或无法清理干净；切削液混进油箱，使油液严重乳化或掺进切屑；维修过程中不注意清洁，将杂物带入油箱或管道内等。

（4）管理不严　新液压油质量未检验；未清洗干净的桶用来装新油，使油液变质；未建立液压油定期取样化验的制度；换新油时，未清洗干净管路和油箱；管理不严，库存油液品种混乱；将两种不能混合使用的油液混合使用。

3. 控制液压油污染的措施

液压油污染的原因很复杂，液压油液自身又在不断产生脏物，因此要彻底解决液压油污染问题是困难的。为了延长液压元件的寿命，保证液压系统可靠地工作，将液压油液的污染度控制在某一限度以内是较为切实可行的办法。为了减少液压油液的污染，常采取以下一些措施。

（1）控制液压油的工作温度　对于石油基液压油，当油温超过 55℃时，其氧化加剧，使用寿命大幅度缩短。据资料介绍，当石油基液压油温度超过 55℃时，油温每升高 9℃，其使用寿命将缩减一半，可见必须严格控制油温才能有效地控制油液的氧化变质。

（2）合理选择过滤器精度　过滤器的过滤精度一般按液压系统中对过滤精度要求最高的液压元件来选择。

（3）加强现场管理　加强现场管理是防止外界污染物侵入系统和滤除系统污染物的有效措施。现场管理主要项目如下。

① 检查油液的清洁度。设备管理部门在检查设备的清洁度时，应同时检查液压系统油液、油箱和过滤器的清洁度，若发现油液污染超标，应及时换油或更换过滤器。

② 建立液压系统一级保养制度。设备管理部门在制订一级保养制度内容时，应有液压系统方面的具体保养内容，如油箱内外应清洗干净，过滤器芯要清洗或更换等。

③ 定期对油液取样化验。对于已经规定更换周期的液压设备，可在换油前一周取样；对于新换油液，经过 1000h（对企业中的精、大、稀等重要设备为 600h）连续工作后，应取样。

④ 定期清洗滤芯、油箱和管道。控制油液污染的另一个有效方法是定期清洗去除滤芯、油箱、管道及元件内部的污垢。在拆装元件、管道时要特别注意清洁，对所有油口在清洗后都要有堵塞或塑料布密封，以防脏物侵入。

⑤ 油液过滤。过滤是控制油液污染的重要手段，它是一种强迫分离出油液中杂质颗粒的方法。油液经过多次强迫过滤，能使杂质颗粒控制在要求的范围内。

（4）加强油品管理　建立液压设备“用油卡”，在设备档案中明确记载本设备所用的油液品种、黏度等级、用油量和换油情况；建立新油入库化验制度；建立库存油品的定期取样化验制度；建立油品的保管制度；建立三过滤制度，即转桶过滤、领用过滤和向设备加油过滤；建立容器清洗制度等。

第二节　液体静力学基础

液体静力学所研究的是液体在静止状态下的平衡规律和这些规律的应用。所谓“静止状态”是指液体内部质点之间没有相对运动，至于盛装液体的容器，不论它是静止的还是运动的都没有关系。

一、液体静压力

1. 液体静压力的概念

液体在静止状态下，作用在液体上的力有质量力和表面力。质量力作用在液体的所有质点上，如重力和惯性力等；表面力作用在液体的表面上，它可以是由其他物体（如容器壁面）作用在液体上的力，也可以是一部分液体作用在另一部分液体上的力，表面力有法向力和切向力之分，由于液体是静止的，质点之间无相对运动，不存在内摩擦力，所以静止液体的表面力只有法向力。液体内某点处单位面积上所受到的法向力就叫液体的静压力，在工程实际中习惯上称为压力，即在面积 ΔA 上作用有法向力 ΔF，则液体内某点处的压力定义为

$$p=\lim_{\Delta A\to 0}\frac{\Delta F}{\Delta A} \tag{2-8}$$

若法向力 F 均匀地作用于面积 A 上，则压力可表示为

$$p=\frac{F}{A} \tag{2-9}$$

2. 液体静压力的特性

液体的静压力有两个重要的特性：

① 液体静压力的方向总是在承压面的内法线方向；

② 静止液体内任一点的压力在各个方向上都相等。

3. 压力的表示方法及其单位

液体压力的表示方法有两种：一种是以绝对真空为基准所表示的绝对压力；另一种是以大气压力为基准所表示的相对压力。绝大多数仪表所测得的压力是相对压力，故相对压力也称为表压力。在液压技术中，如未特别说明，压力均指相对压力。绝对压力和相对压力的关系为

绝对压力＝大气压力＋相对压力

当液体某处绝对压力低于大气压力（即相对压力为负值）时，习惯上称该处为真空，绝对压力小于大气压力的那部分压力值，称为真空度。它们的关系为

真空度＝大气压力－绝对压力

绝对压力、相对压力、真空度的相对关系如图 2-5 所示。

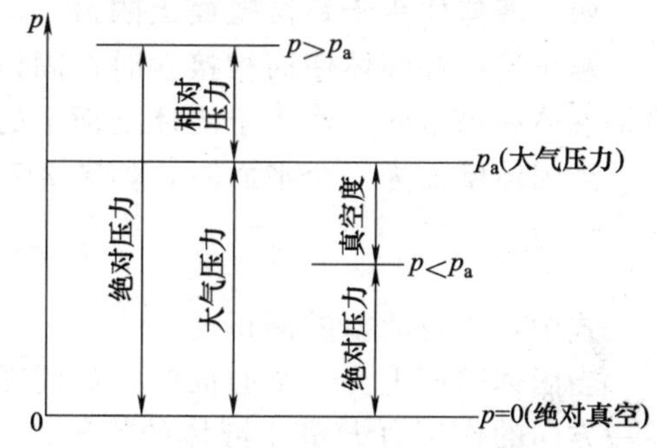

图 2-5 绝对压力、相对压力、真空度的相对关系

由于作用于物体上的大气压力一般是自成平衡的，因而在进行各种力的分析时，往往只考虑外力而不考虑大气压力。

压力的单位 Pa 或 N/m^2。由于单位太小，在工程上使用不方便，所以常用 kPa、MPa、GPa。工程单位制使用的单位有 kgf/cm^2、bar（巴）、at（工程大气压）、atm（标准大气压）、液柱高度等，它们之间的关系为

$$1\text{MPa}=10^3\text{kPa}=10^6\text{Pa}=10\text{bar}$$

$$1\text{atm}=0.101325\text{MPa}$$

$$1\text{at}=1\text{kgf/cm}^2=9.8\times10^4\text{Pa}\approx1\times10^5\text{Pa}$$

二、液体静力学的基本方程

如图 2-6 所示，密度为 ρ 的液体在容器内处于静止状态。为求任意深度 h 处的压力，可从液体内部取出如图 2-6（b）所示垂直小液柱作为研究体，顶面与液面重合，截面积为 ΔA，高为 h。液柱顶面受外加压力 p_0 作用，液柱所受重力 $G=\rho gh\Delta A$，并作用于液柱的重心上，设底面上所受压力为 p，液柱侧面受力相互抵消。由于液柱处于静止状态，相应液柱也处于平衡状态，于是有

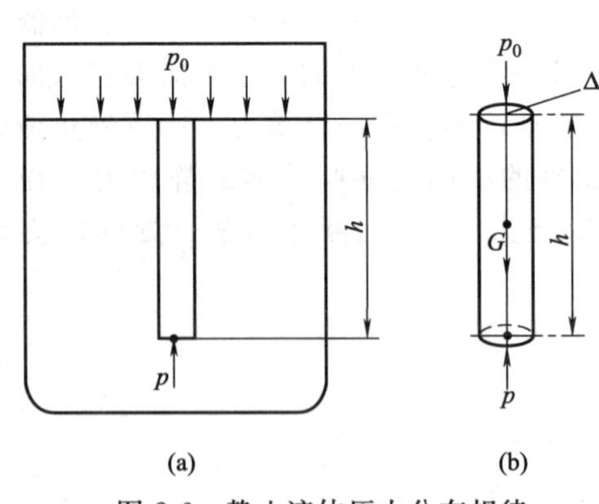

图 2-6　静止液体压力分布规律

$$p\Delta A=p_0\Delta A+\rho gh\Delta A$$

$$p=p_0+\rho gh \tag{2-10}$$

式（2-10）即为液体静力学基本方程。

由此基本方程可知，重力作用下的静止液体，其压力分布有如下特征。

① 静止液体内任一点处的压力由部分组成：一部分是液面上的压力 p_0；另一部分是该点以上液体自重形成的压力 ρgh。

② 静止液体内的压力随液体深度 h 的增加而增大。

③ 离液面深度相同处各点的压力相等。压力相等的所有组成的面称为等压面（等压面为一水平面）。

三、压力的传递

由静力学基本方程可知，静止液体内任意一点处的压力都包含了液面上的压力 p_0。这说明在密封容器内，施加于静止液体上的压力，能等值地传递到液体中的各点，这就是静压传递原理（又称帕斯卡原理），液压传动就是在这个原理的基础上建立起来的。

在液压传动系统中，通常由外力产生的压力要比液体自重形成的压力大得多，为此可将式（2-10）中的 ρgh 项略去不计，而认为静止液体中的压力处处相等。以后在分析液压传动系统的压力时，常用这一结论。

液压千斤顶液压机就是利用帕斯卡原理进行工作的。

四、液体作用于容器壁面上的力

静止液体和固体壁面相接触时，固体壁面上各点在某一方向上所受静压作用力的总和，便是液体在该方向上作用于固体壁面上的力。

当固体壁面为一个平面时，如图 2-7 所示，静压力 p 作用在活塞上的推力 F 为

$$F=pA=p\,\frac{\pi}{4}D^2 \tag{2-11}$$

式中，A 为活塞的面积。

当固体壁面上为一个曲面时，如同图 2-8 所示的球面和圆锥面，液体作用在固体壁面上某一方向的作用力 F 等于液体的静压力 p_1 和曲面在该方向的投影面积 A 的乘积，即

$$F=pA=p\,\frac{\pi}{4}d^2 \tag{2-12}$$

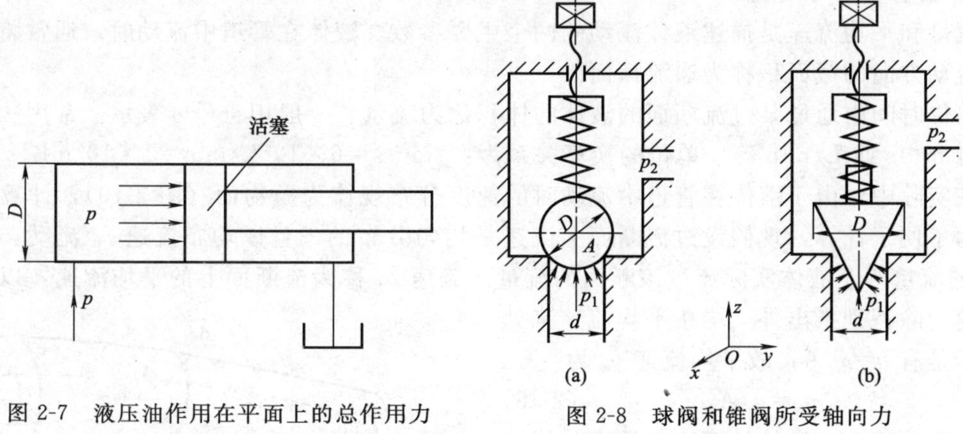

图 2-7　液压油作用在平面上的总作用力

图 2-8　球阀和锥阀所受轴向力

第三节　液体动力学方程

实际中液压油总是在流动的，因此除了研究静止液体的性质外，还必须研究液体运动时的现象和规律。本节主要阐明液体流动时的三个基本方程，即连续性方程、伯努利方程、动量方程。

一、基本概念

1. 理想液体和稳定流动

由于液体流动时会出现黏性，因此在研究流动液体时必须考虑黏性的影响。为了分析问题简便，通常先假设液体没有黏性，推导出一些理想的简单结论，而黏性的影响则通过实验对理想的结论加以修正。对于液体的可压缩性问题，也可用同样方法处理。

（1）理想液体　在研究流动液体时，将假设的既无黏性又无压缩性的液体称为理想液体，而事实上存在的有黏性和可压缩性的液体称为实际液体。

（2）稳定流动　液体流动时，若液体中任一点的压力、速度和密度都不随时间而变化，则这种流动称为稳定流动。若在压力、速度和密度中有一个量随时间变化，就称为不稳定流动。图 2-9（a）为稳定流动，图 2-9（b）为不稳定流动。稳定流动与时间无关，研究比较方便，而不稳定流动研究起来比较复杂。因此在研究液压系统的静态性能时，往往将一些不稳定流动问题适当简化，作为稳定流动来处理。本书主要研究稳定流动。

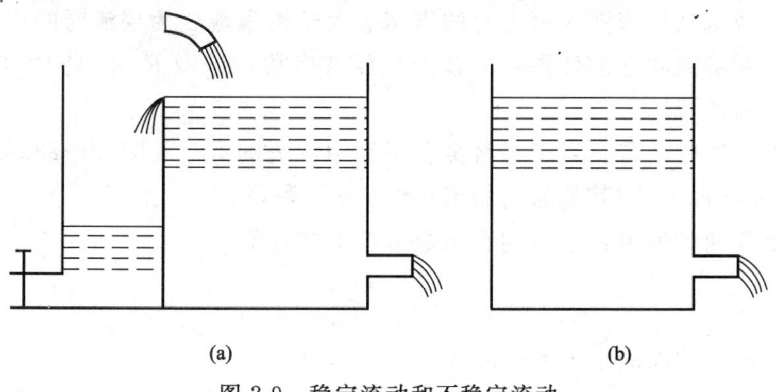

图 2-9　稳定流动和不稳定流动

2. 流量和平均流速

流量和平均流速是描述液体流动的两个主要参数。液体在管道中流动时，通常将垂直于液体流动方向的截面积称为通流截面。

单位时间内通过某过流断面的液体的体积称为流量。一般用符号 q 表示。常用法定计量单位有 m^3/s 或 L/min 等，单位的换算关系为：$1m^3/s=6\times10^4L/min=1\times10^6mL/s$

在实际中，由于液体在管道中流动时的速度分布规律为抛物面（图 2-10），计算较为困难。为了便于计算，现假设过流断面上流速是均匀分布的，且以均布流速 v_a 流动，流过断面 A 的流量等于液体实际流过该断面的流量。流速 v_a 称为流断面上的平均流速，以后所指的流速，除特别指出外，均按平均流速来处理。于是有 $q=v_aA$，故平均流速 v_a 为

$$v_a=q/A \tag{2-13}$$

在液压缸中，液体的流速与活塞的运动速度相同，由此可见，当液压缸的有效面积一定时，活塞运动速度的大小，由输入液压缸的流量来决定。

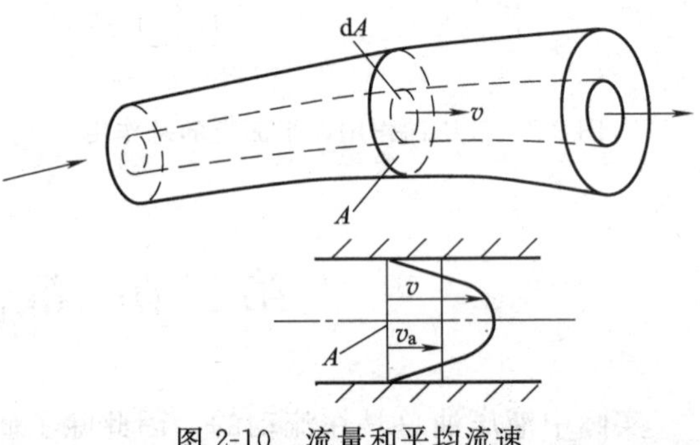

图 2-10 流量和平均流速

3. 液体的流动状态

英国物理学家雷诺通过大量的实验，发现了液体在管路中流动时有层流和紊流（也称湍流）两种流动状态，在层流时，液体质点沿管路作直线运动，互不干扰，没有横向运动，即液体作分层流动，各层间的液体互不混杂，如图 2-11（a）所示。在紊流时，液体质点除了沿管路运动外，还有横向运动，呈紊乱混杂状态，如图 2-11（b）所示。

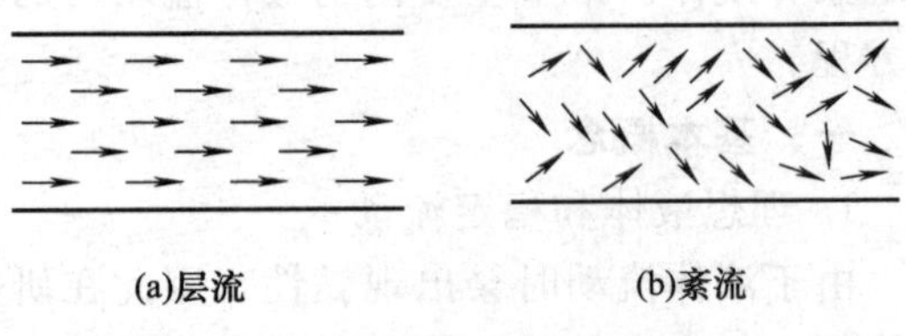

图 2-11 层流和紊流

实验证明，圆管中液体的流动状态与液体的流速 v、管路的内径 d 以及油液的运动黏度 ν 有关。因此能判定液体流动状态的则是这三个参数所组成的一个无量纲的雷诺数 Re，即

$$Re=\frac{vd}{\nu} \tag{2-14}$$

雷诺数的物理意义；雷诺数是液流的惯性力与内摩擦力的比值。雷诺数较小时，液体的内摩擦力起主导作用，液体质点运动受黏性约束而不会随意运动，液流状态为层流；雷诺数较大时，惯性力起主导作用，液体黏性不能约束质点运动，液流状态为紊流。

实验指出：液流从层流变为紊流时的雷诺数大于由紊流变为层流时的雷诺数，工程中一般都以后者为判断液流状态的依据，称其为临界雷诺数，记做 Re_c。当 $Re<Re_c$时液流为层流；反之，则多为紊流。

临界雷诺数由实验求得。对于光滑金属圆管中液流的 Re_c为 2000～2320，对于橡胶软管液流的 Re_c为 1600～2000，其他通道的 Re_c可查有关资料。

对于非圆形截面的通道，液流的雷诺数可按下式计算

$$Re=\frac{4vR}{\nu} \tag{2-15}$$

式中，R 为通流截面的水力半径。

水力半径是等于液流的有效截面积和它的湿周（过流断面上与液体接触的固体壁面的周

长）x之比，即

$$R=\frac{A}{x} \tag{2-16}$$

水力半径的大小对通流能力影响很大。水力半径大意味着液流和管壁的接触周长相对较短，管壁对液流的阻力较小，通流能力较大，即使通流截面面积较小也不易堵塞。

二、连续性方程

连续性方程是质量守恒定律在流体力学中的一种表达形式。

液体的可压缩性很小，在一般情况下认为是不可压缩的，即密度ρ为常数。由质量守恒定律可知，理想液体在通道中作稳定流动时，液体的质量既不会增多，也不会减少，因此在单位时间内流过通道任一通流截面的液体质量一定是相等的。如图 2-12（a）所示，管路的两个通流面积分别为A_1、A_2，液体流速分别为v_1、v_2，液体的密度为ρ，则有

$$\rho v_1 A_1=\rho v_2 A_2=常量$$

$$v_1 A_1=v_2 A_2=q=常量 \tag{2-17}$$

式（2-17）称为液流的连续性方程，它说明不可压缩液体在通道中稳定流动时，流过各截面的流量相等，而流速和通流截面面积成反比。因此，流量一定时，管路细的地方流速大，管路粗的地方流速小。

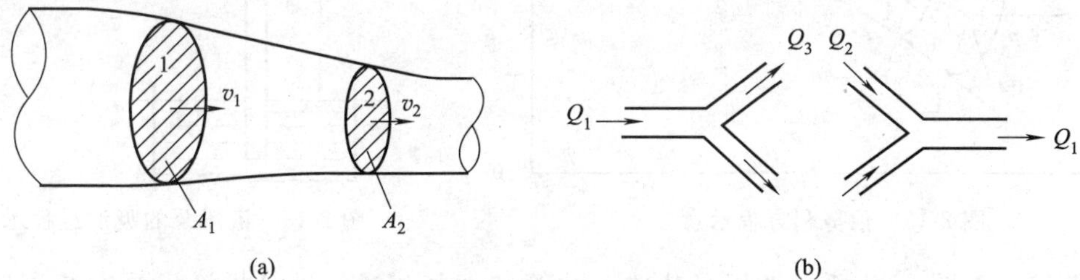

图 2-12　液体流动的连续性

在具有分支的管路中，有$Q_1=Q_2+Q_3$的关系，如图 2-12（b）所示。

三、伯努利方程

伯努利方程是能量守恒定律在流动液体中的表现形式。为了讨论问题方便，先讨论理想液体的流动情况，然后再扩展到实际液体的流动情况。

1. 理想液体的伯努利方程

理想液体在管内稳定流动时没有能量损失。在流动过程中，由于它具有一定的速度，所以除了具有位置势能和压力能外，还具有动能。如图 2-13 所示，取该管上的任意两截面 1-1 和 2-2，假定截面积分别为A_1、A_2，两截面上液体的压力分别为p_1、p_2，速度分别为v_1和v_2，由两截面至水平参考面的距离分别为h_1、h_2。根据能量守恒定律，重力作用下的理想液体在通道内稳定流动时的伯努利方程为

$$p_1+\rho g h_1+\frac{1}{2}\rho v_1^2=p_2+\rho g h_2+\frac{1}{2}\rho v_2^2$$

或

$$p+\rho g h+\frac{1}{2}\rho v^2=常数 \tag{2-18}$$

式中，p为单位体积液体的压力能；$\rho g h$为单位体积液体相对于水平参考面的位能；$\rho v^2/2$为单位体积液体的动能。

式（2-18）即为理想液体的伯努利方程，它表明了流动液体各质点的位置、压力和速度之间的关系。其物理意义为：在管内作稳定流动的理想液体具有动能、位置势能和压力能三

种能量，在任一截面上这三种能量都可以互相转换，但其和都保持不变。由此可见，静压力基本方程是伯努利方程（流速为零）的特例。

2. 实际液体的伯努利方程

式（2-18）是理想液体的伯努利方程，但实际液体具有黏性，在过流断面上各点的速度是不同的，所以方程中 $\rho v^2/2$ 这一项要进行修正，其修正系数为 α，称为动能修正系数。一般液体处于层流流动时取 $\alpha=2$，液体处于紊流流动时，取 $\alpha=1$。另外，由于液体有黏性，会产生内摩擦力，因而造成能量损失。若单位质量的实际液体从一个截面流到另一截面的能量损失用 Δp_w 表示，则实际液体的伯努利方程为

$$p_1+\rho g h_1+\frac{1}{2}\rho\alpha_1 v_1^2=p_2+\rho g h_2+\frac{1}{2}\rho\alpha_2 v_2^2+\Delta p_w \tag{2-19}$$

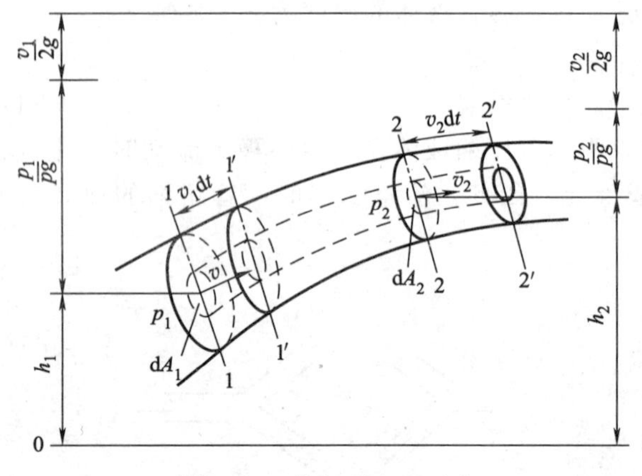

图 2-13 伯努利方程示意

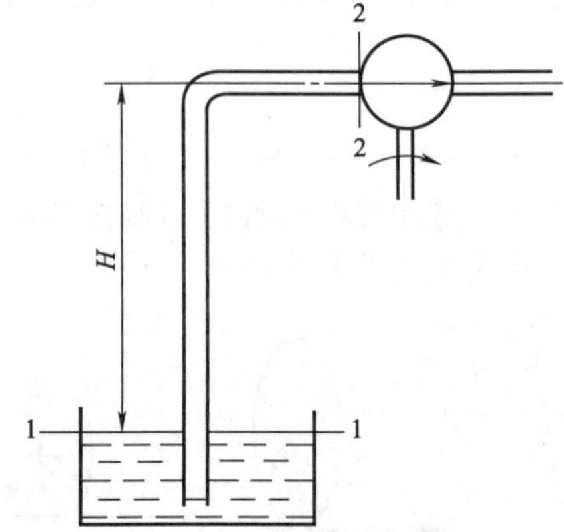

图 2-14 液压泵的吸油过程示意

【例 2-1】 如图 2-14 所示液压泵装置，油箱和大气相通。试分析液压泵安装高度 H 对泵工作性能的影响。

解 以油箱液面为水平参考面，取截面 1-1（水平参考面）和 2-2（泵进油口处）为研究对象，列出伯努利方程

$$p_1+\rho g h_1+\frac{1}{2}\rho\alpha_1 v_1^2=p_2+\rho g h_2+\frac{1}{2}\rho\alpha_2 v_2^2+\Delta p_w$$

由于 $p_1=p_a$，$h_1=0$，$v_1=0$，$h_2=H$。上式可简化为

$$p_a-p_2=\rho g H+\rho\alpha_2 v_2^2/2+\Delta p_w$$

因为 p_2 是泵进口处的绝对压力，故 p_a-p_2 是泵进口处的真空度。当泵安装于液面之上时，$H>0$，相应 $\rho g H+\rho\alpha_2 v_2^2/2+\Delta p_w>0$，即 $p_2<p_a$，此时泵进油口处具有真空，油液靠大气压力压入泵内；当泵安装于液面以下，且 $|\rho g H|>\rho\alpha_2 v_2^2/2+\Delta p_w$ 时，泵进口处未形成真空，油液依靠自重灌入泵内。

一般情况下，为便于安装维修，常将泵安装在液面以上，依靠泵进口处形成真空来吸油。但泵工作时的真空度不能太大，当 p_2 低于油液工作温度下的空气分离压时，油液中的空气就会析出，p_2 低于油液工作温度下的饱和蒸气压时，油液还会汽化。油液中有气体析出或油液汽化都会破坏液体流动的连续性，从而产生振动和噪声，影响液压泵和系统的工作性能。为使泵进油口处真空度不致过大，一般要求 $H<0.5\text{m}$。

四、动量方程

动量方程是动量定理在流体力学中的应用。由动量定理可知：作用在物体上的外力等于

物体在受力方向上的动量变化率，即

$$\sum \boldsymbol{F}=\frac{m\boldsymbol{v}_2}{\Delta t}-\frac{m\boldsymbol{v}_1}{\Delta t}$$

对于在管道内作稳定流动的液体，若忽略其可压缩性，可将 $m=\rho q\Delta t$ 代入上式。考虑到以平均流速代替实际流速会产生误差，因而引入动量修正系数 β，则上式变成

$$\sum \boldsymbol{F}=\rho q\boldsymbol{v}_2-\rho q\boldsymbol{v}_1=\rho q\beta_2\boldsymbol{v}_{a2}-\rho q\beta_1\boldsymbol{v}_{a1} \tag{2-20}$$

式（2-20）为流动液体的动量方程。当液流为紊流时取 $\beta=1$，为层流时取 $\beta=1.33$。

式（2-20）是个矢量方程，在运算中要按指定方向列动量方程，如在 x 方向的动量方程可写成

$$\sum F_x=\rho q(\beta_2 v_{a2x}-\beta_1 v_{a1x}) \tag{2-21}$$

必须注意式（2-21）中的 $\sum F_x$ 是液流所受到的作用力，但在工程上往往需要的是固体壁面所受到的液流作用力，即 $\sum F_x$ 的反作用力 $\sum F'_x$（称为稳态液动力）。

【例 2-2】 如图 2-15 所示滑阀，图 2-15（a）、（b）中液体流动方向相反。试计算在两种情况下阀芯所受轴向稳态液动力。

解 取滑阀进、出油口之间的液体为研究体。

对于图 2-15（a），由式（2-21）可得研究体在轴向受到阀芯的作用力为

$$F=\rho q(\beta_2 v_{a2}\cos\theta-\beta_1 v_{a1}\cos 90°)=\rho q\beta_2 v_{a2}\cos\theta\text{（方向向右）}$$

相应阀芯所受到的稳态液动力为 $F'=-F=-\rho q\beta_2 v_{a2}\cos\theta$（方向向左）

对于图 2-15（b），研究体在轴向受到阀芯的作用力为

$$F=\rho q(\beta_2 v_{a2}\cos 90°-\beta_1 v_{a1}\cos\theta)=-\rho q\beta_1 v_{a1}\cos\theta\text{（方向向右）}$$

相应阀芯所受到的稳态液动力为 $F'=-F=\rho q\beta_1 v_{a1}\cos\theta$（方向向左）

从上分析可知，滑阀阀芯所受稳态液动力总是使阀口趋于关闭（也有阀芯所受稳态液动力是使阀口趋于打开的，如锥阀就有这种情况）。同时还可发现，流量愈大，速度愈高，其稳态液动力也愈大，所以，大流量的换向阀需要大的控制作用力。

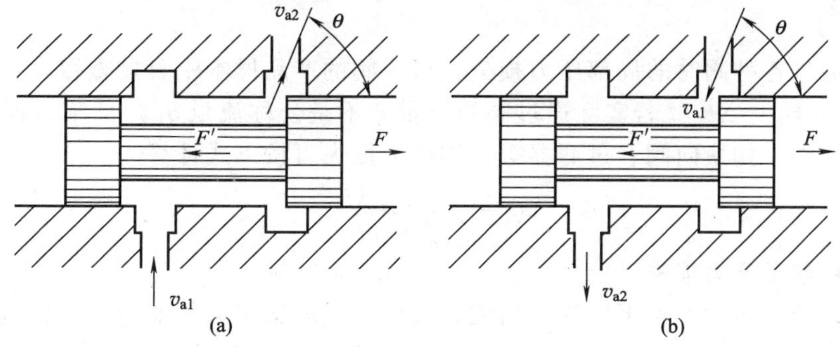

图 2-15　滑阀阀芯上的稳态液动力

第四节　液体流动时的压力损失

实际液体具有黏性，在流动时就有阻力，为了克服阻力，就必须要消耗能量，这样就有能量损失。在液压传动中，能量损失主要表现为压力损失。

液压系统中的压力损失分为两类：一类是由液压油沿等径直管流动时所产生的压力损

失，称为沿程压力损失，这类压力损失是由于液体内部、液体和管壁间的摩擦力以及紊流流动时，质点间的互相碰撞所引起的；另一类是液压油流经局部障碍（如弯头、接头、管道截面突然扩大或收缩）时，由于液流的方向和速度突然变化，在局部形成旋涡引起液压油质点间以及质点与固体壁面间互相碰撞和剧烈摩擦所产生的压力损失，称为局部压力损失。

一、沿程压力损失

液体在直管中流动时的沿程压力损失，经理论分析及实验验证，可用以下公式确定

$$\Delta p_{\lambda}=\lambda \frac{l}{d}\times\frac{\rho v^2}{2} \tag{2-22}$$

式中，Δp_{λ} 为沿程压力损失，Pa；l 为管路长度，m；v 为液流速度，m/s；d 为管路内径，m；ρ 为液体密度，kg/m^3；λ 为沿程阻力系数。

液体在不同的流动状态下，沿程阻力系数 λ 不同。在层流时，只与 Re 的值有关，理论上 $\lambda=64/Re$，而在实际计算中，液压油在金属圆管中流动时，常取 $\lambda=75/Re$；在橡胶软管中流动时，取 $\lambda=80/Re$。在紊流时，λ 不仅与 Re 的值有关，而且与管壁的相对粗糙度（管径 d 与管子内壁的平均绝对粗糙度 Δ 的比值，即 Δ/d）相关。在计算时，用试验的方法确定沿程阻力系数 λ。

由式（2-22）可发现，液体在直圆通道内层流时，其沿程压力损失与液体动力黏度、通道长度和液流速度成正比，与通道内径成反比。可见通道内径是沿程压力损失最重要的影响因素（d 增大可使 Δp_{λ} 减小；同时 d 增大还会使 v 减小，而进一步使 Δp_{λ} 减小）。

二、局部压力损失

液体经过局部障碍处的流动现象是十分复杂的。其压力损失一般由实验求得，可用下式计算

$$\Delta p_{\xi}=\xi\frac{\rho v^2}{2} \tag{2-23}$$

式中，Δp_{ξ}为局部压力损失；ξ 为局部阻力系数，由实验求得，具体数据可查阅有关液压传动设计计算手册；v 为液流的流速，一般情况下均指局部阻力后部的流速；ρ 为液体密度，kg/m^3。

对于液流通过各种阀时的局部压力损失，可在阀的产品样本中直接查得，或查得在公称流量 q_n 时的压力损失 Δp_n。若实际通过阀的流量 q 不是公称流量 q_n，且压力损失又是与流量有关的阀类元件，如换向阀、过滤器等，则压力损失可按下式计算

$$\Delta p=\Delta p_n\left(\frac{q}{q_n}\right)^2 \tag{2-24}$$

三、管路中的总压力损失

液压系统的管路通常由若干段管道组成，其中每一段又串联了如弯头、控制阀、管接头等形成的局部阻力装置，因此管路系统总的压力损失 Δp_w等于直管中的沿程压力损失 Δp_{λ} 及所有局部压力损失 Δp_{ξ} 的总和。即

$$\Delta p_w=\sum\Delta p_{\lambda}+\sum\Delta p_{\xi}=\sum\lambda\frac{l}{d}\times\frac{\rho v^2}{2}+\sum\zeta\frac{\rho v^2}{2} \tag{2-25}$$

在液压传动中，管路一般都不长，而控制阀、弯头、管接头等的局部阻力则较大，沿程压力损失比局部压力损失小得多。因此，大多数情况下总的压力损失只包括局部压力损失和长管的沿程损失，也只对这两项进行讨论计算。

压力损失过大，将使功率损耗增加，油液发热，泄漏增加，效率降低，液压系统性能变坏。因此，在液压技术中，研究压力损失的目的是为了正确估算压力损失的大小和找出减少

压力损失的途径。从式（2-25）可以看出，减小流速、缩短管路长度、减少管路截面的突然变化、提高管路内壁的加工质量等，都可以减少压力损失，其中以液流速度的影响最大。

【例 2-3】 如图 2-14 所示，液压泵从油箱吸油，吸油管直径 $d=6\text{cm}$，流量 $q=150\text{L/min}$，液压泵入口处的真空度为 0.02MPa，油液的运动黏度 $\nu=30\times10^{-6}\text{m}^2/\text{s}$，密度 $\rho=900\text{kg/m}^3$，弯头处的局部阻力系数 $\xi_1=0.2$，管道入口处的局部阻力系数 $\xi_2=0.5$。若沿程损失忽略不计，求吸油高度是多少？

解 ① 列伯努利方程（选取 1-1、2-2 截面，其中 1-1 为基准面）

$$p_1+\rho g h_1+\frac{1}{2}\rho\alpha_1 v_1^2=p_2+\rho g h_2+\frac{1}{2}\rho\alpha_2 v_2^2+\Delta p_{\text{w}}$$

1-1 截面与大气接触，故 p_1 为大气压力 p_{a}，即 $p_1=p_{\text{a}}$。v_2 为吸油口的流速，一般取吸油管内油液的流速，由于 1-1 截面比 2-2 截面大得多，所以 $v_2\gg v_1$，可近似取 $v_1=0$。又因为 $h_1=0$，$h_2=H$，故对上式进行化简并整理可得

$$H=(p_{\text{a}}-p_2)/\rho g-\alpha_2 v_2^2/2g-\Delta p_{\text{w}}/\rho g$$

式中：$p_{\text{a}}-p_2=0.02\text{MPa}=2\times10^4\text{Pa}$　$v_2=q/A=4q/\pi d^2=(4\times150\times10^{-3})/(\pi\times62\times10^{-4}\times60)=0.88\text{m/s}$

② 判断吸油管中流动状态

$$Re=\frac{vd}{\nu}=0.88\times6\times10^{-2}/30\times10^{-6}=1760<2320$$

所以油液在吸油管内为层流，动能修正系数 $\alpha=2$。

③ 计算压力损失。因不计沿程损失，故其压力损失 $\Delta p_{\text{w}}=\Delta p_{\xi}=\xi\frac{\rho v^2}{2}=(\xi_1+\xi_2)\rho v^2/2$

则
$$\begin{aligned}H&=(p_{\text{a}}-p_2)/\rho g-\alpha_2 v^2/2g-\Delta p_{\text{w}}/\rho g\\&=(2\times10^4/900\times9.8)-(2\times0.88^2/2\times9.8)-(0.2+0.5)\times0.88^2/2\times9.8\\&=2.16\text{m}\end{aligned}$$

第五节　液体流经小孔或间隙的流量计算

液压传动系统常利用液体流经阀的小孔或缝隙来控制流量和压力，以达到调速和调压的目的。液压元件的泄漏也属于间隙流动。

一、液体流经小孔的流量计算

小孔可分为三种：当通道长度和内径之比 $l/d\leqslant0.5$ 时，称为薄壁小孔；$l/d>4$ 时，称为细长孔；$0.5<l/d\leqslant4$ 时，称为短孔（厚壁孔）。

1. 液体流经薄壁小孔的流量

图 2-16 为液体流经薄壁小孔的情况。图中将孔作成刀刃口（l 几乎为零）的典型薄壁小孔。当液体从薄壁小孔流出时，在惯性力的作用下向中心汇集而发生收缩现象，离孔口约 $d/2$ 处收缩至最小，然后开始扩散。对于圆形薄壁小孔，当 $D/d\geqslant7$ 时，液流的收缩不受孔前通道内壁的影响，这时的收缩称为完全收

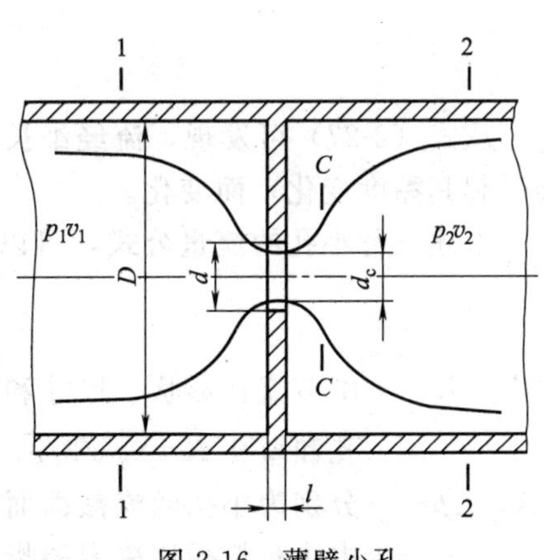

图 2-16　薄壁小孔

缩；反之，孔前通道内壁对收缩程度有影响的收缩称为不完全收缩。

现取孔前通道截面1-1和收缩截面C-C为研究对象，过通道中心线作水平参考面，列伯努利方程

$$p_1+\rho gh_1+\frac{1}{2}\rho\alpha_1 v_1^2=p_2+\rho gh_2+\frac{1}{2}\rho\alpha_2 v_2^2+\Delta p_w$$

式中，$v_1 \ll v_2$，故 v_1 可忽略不计，$h_1=h_2=0$，在收缩截面处流速均匀分布，故动能修正系数 $\alpha_2=1$，Δp_w 仅为局部压力损失，即有 $\Delta p_w=\Delta p_\xi=\xi\rho v_2^2/2$。

化简上式有
$$p_1-p_2=\frac{1}{2}\rho v_2^2+\frac{1}{2}\xi\rho v_2^2$$

整理后可得

$$v_2=\frac{1}{\sqrt{1+\xi}}\sqrt{\frac{2(p_1-p_2)}{\rho}}=c_v\sqrt{\frac{2\Delta p}{\rho}}$$

式中，Δp 为小孔前后的压力差，$\Delta p=p_1-p_2$；c_v 为速度系数，$c_v=1/\sqrt{1+\xi}$。

因此流经薄壁小孔的流量为

$$q_v=A_2v_2=c_cAv_2=c_ec_vA\sqrt{\frac{2\Delta p}{\rho}}=c_qA\sqrt{\frac{2\Delta p}{\rho}} \tag{2-26}$$

式中，c_q 为流量系数，$c_q=c_vc_e$；c_e 为收缩系数，$c_e=A_2/A$；A_2 为收缩截面面积；A 为小孔通流截面面积。

c_q 一般由实验确定，当液流完全收缩时，$c_q=0.6\sim0.62$；当不完全收缩时，$c_q=0.7\sim0.8$。由式（2-26）可知，流经薄壁小孔的流量不受黏度变化的影响。因此，常用薄壁小孔作流量控制阀的节流孔，使流量不受黏度变化的影响。

2. 液体流经短孔的流量

液体流经短孔的流量计算仍可用薄壁小孔的流量计算公式。只是流量系数不同，一般取 $c_q=0.82$。短孔比薄壁小孔加工容易，因此特别适用要求不高的节流阀用。

3. 液体流经细长孔的流量

液体流经细长孔时，由于液体内摩擦力的作用较突出，故多为层流。细长孔的流量计算公式为

$$q_V=\frac{\pi d^4\Delta p}{128\mu l} \tag{2-27}$$

从式（2-27）可发现，流经细长孔的流量会随液体黏度变化（油温变化和油液氧化等都会引起其黏度变化）而变化。

上述三种小孔的流量公式，可以综合地用如下通式来表达

$$q_V=KA\Delta p^m \tag{2-28}$$

式中 K——由节流孔形状、尺寸和液体性质决定的系数，对细长孔 $K=d^2/32\mu l$，对薄壁孔和短孔 $K=c_q\sqrt{2/\rho}$；

A，Δp——分别为小孔通流截面面积和两端压力差；

m——由小孔长径比决定的指数，薄壁孔 $m=0.5$，短孔 $0.5<m<1$，细长孔 $m=1$。

二、液体流经间隙的流量计算

液压元件内各零件间要保持正常的相对运动，就必须有适当的间隙。间隙太小，会使零件卡死；间隙过大，将使泄漏增大，系统效率降低等。产生泄漏的原因有两个：一个是间隙端存在压力差，称为压差流动；二是组成间隙的两配合表面有相对运动，称为剪切流动。这两种流动同时存在的情况较为常见。

1. 液体流经平行平板间隙的流动

平行平板间隙分为固定平行平板间隙和相对运动平行平板间隙两种。

(1) 液体流经固定平行平板间隙的流量　这种间隙中液体的流动属于差动流动，其流量计算公式为

$$q_{\mathrm{v}}=\frac{bh^3}{12\mu l}\Delta p \tag{2-29}$$

式中，Δp 为间隙两端的压力差；l、b、h 分别为间隙的长、宽、高；μ 为液体的动力黏度。

由式 (2-29) 可以看出，流经固定平行平板间隙的流量与间隙高度 h 的三次方成正比，可见液压元件间隙大小对泄漏的影响很大。

(2) 液体流经相对运动平行平板间隙的流量　如图 2-2 所示，油液充满两平行之间，平板宽度 b，间隙为 h。当一平板不动，另一平板以速度 u_0 作相对运动时，由于油液存在黏度，紧贴相对运动平板上的油液以 u_0 速度运动，紧贴于不动平板上的油液则保持静止，中间液体的速度呈线性分布，液体作剪切流动，其平均流速 $v=u_0/2$。则平板运动使液体通过平板间的间隙的泄漏流量为

$$q_{\mathrm{v}}=vA=\frac{u_0}{2}bh \tag{2-30}$$

(3) 液体在平行平板间隙既有压差流动又有剪切流动的流量　图 2-17 (a) 所示剪切流动和压差流动方向相同，其泄漏流量相加；图 2-17 (b) 所示剪切流动和压差流动方向相反，其泄漏流量相减，其流量计算公式分别为

$$q_{\mathrm{v}}=\frac{bh^3}{12\mu l}\Delta p\pm\frac{u_0}{2}bh \tag{2-31}$$

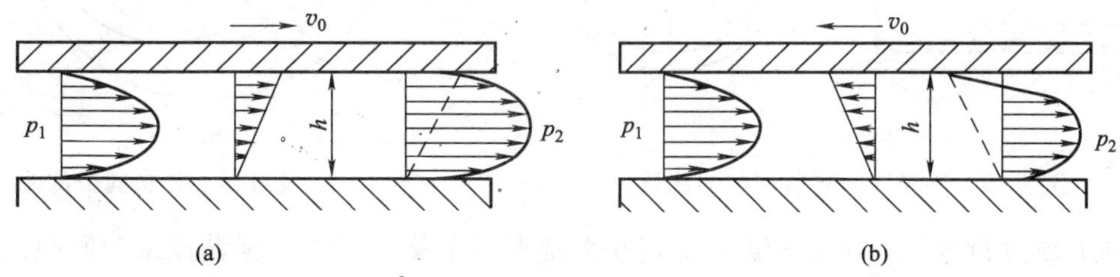

图 2-17　平行平板间隙在压差流动与剪切流动联合作用下的流动图

平行平板有相对运动时，两平板一般为一长一短。当长平板运动而短平板固定时，长短平板形成的间隙固定不动；长平板固定而短平板运动时，长短平板形成的间隙随短平板运动。因此式 (2-31) 中“±”的确定方法为：若长平板相对于短平板的运动方向与压差流动方向相同，取“+”；反之，取“−”。

2. 液体流经环状间隙的流量

由内、外两圆柱围成的间隙称为圆柱环状间隙，可分为同心环状间隙和偏心环状间隙两

种。液压元件中液压缸的缸体与活塞之间的间隙、阀体与阀芯之间的间隙等，均属于圆柱环状间隙。

（1）液体流经同心环状间隙的流量　如图 2-18 所示，圆柱体直径为 d，间隙为 δ，长度为 l。由于液压元件内配合间隙较小，可以将环状间隙间的流动近似看成平行平板间隙内的流动。只要将 $b=\pi d$ 代入式（2-31）即可

$$q_{\mathrm{v}}=\frac{\pi d\delta^3}{12\mu l}\Delta p\pm\frac{\pi d\delta u_0}{2} \tag{2-32}$$

式中，第一项为压差流动的流量；第二项为纯剪切流动的流量；“＋”号和“－”号的确定同式（2-31）。

（2）通过偏心环状间隙的流量　实际中形成环状间隙的两个圆柱表面很难完全同心，而常常带有一定的偏心量。图 2-19 表示一个偏心环状间隙的横截面，其泄漏量可用下式计算

$$q_{\mathrm{v}}=\frac{\pi d\delta^3\Delta p}{12\mu l}(1+1.5\varepsilon^2)\pm\frac{\pi d\delta u_0}{2} \tag{2-33}$$

式中，第一项为压差流动的流量；第二项为剪切流动的流量；当长圆柱表面相对于短圆柱表面的运动方向与压差流动方向一致时取“＋”，反之取“－”；ε 为相对偏心率，$\varepsilon=e/\delta$；δ 为同心时的间隙。

由式（2-33）可见，当 $\varepsilon=0$ 时，就相当于同心环状间隙；当偏心量达到最大值时，有 $e=\delta$，则 $\varepsilon=1$，其流量为同心环状间隙的 2.5 倍（压差流动）。因此在液压元件中，为了减小流经间隙的泄漏，应保证较高的配合同轴度以减小环状间隙泄漏量。

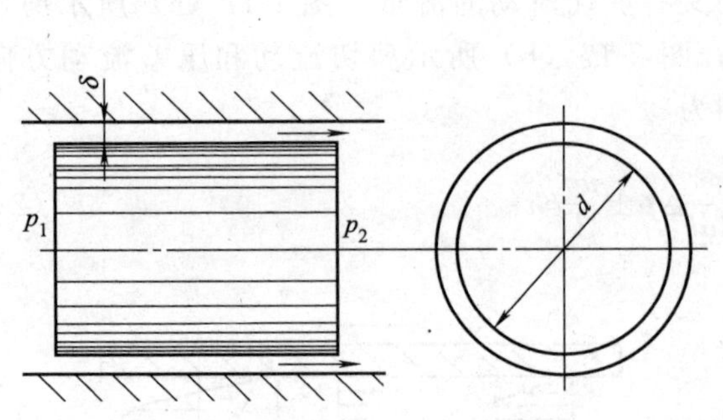

图 2-18　流经同心环状间隙的流量

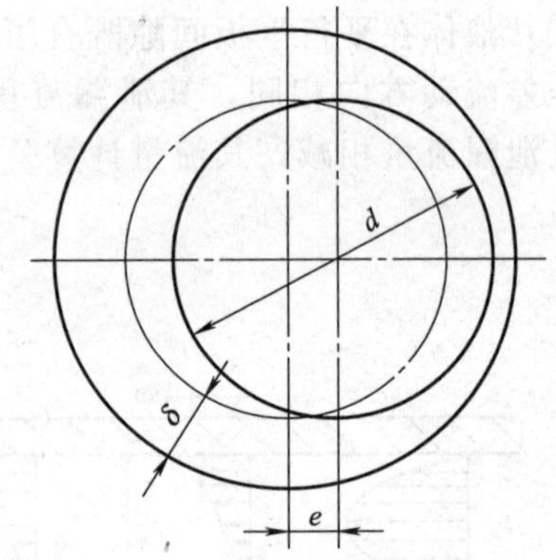

图 2-19　流经偏心环状间隙的流量

根据上述分析可以得出，间隙 δ 的大小对泄漏量的影响很大，泄漏流量与间隙的三次方成正比。这也就说明液压元件为什么要求具有很高的配合精度，装配质量对泄漏也有很大的影响。

第六节　液压冲击与空穴现象

一、液压冲击

在液压系统中，由于某种原因引起液体压力在某一瞬间突然急剧上升，而形成很高的压

力峰值，这种现象称为液压冲击。

1. 产生液压冲击的原因

(1) 阀门突然关闭引起液压冲击 如图 2-20 所示有一较大容腔（如液压缸、蓄能器等）和在另一端装有阀门 K 的管道相通。阀门开启时，管内液体流动。当阀门突然关闭时，从阀门处开始迅速将液体动能逐层转化为压力能，相应产生一从阀门向容腔推进的高压冲击波；此后又从容腔开始将液体压力能逐层转化为动能，液体反向流动；然后，再次将液体动能转化为压力能而形成一高压冲击波，如此反复地进行能量转化，在管道内形成压力震荡。由于液体内摩擦力和管道弹性变形等的影响，振荡过程会逐渐衰减而趋于稳定。

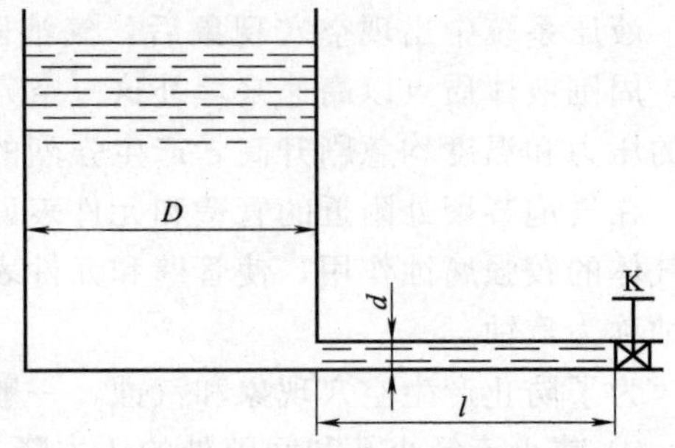

图 2-20 阀门突然关闭而产生液压冲击

(2) 运动部件突然制动或换向时引起液压冲击 换向阀突然关闭液压缸的回油通道而使运动部件制动时，这一瞬间运动部件的动能会转化为封闭油液的压力能，压力急剧上升，出现液压冲击。

(3) 某些液压元件动作失灵或不灵敏产生的液压冲击 当溢流阀在系统中作安全阀使用时，如果系统过载安全阀不能及时打开或根本打不开，也会导致系统管道压力急剧升高，产生液压冲击。

2. 液压冲击的危害

① 巨大的瞬时压力峰值使液压元件，尤其是液压密封件遭受破坏。

② 系统产生强烈震动及噪声，并使油温升高。

③ 使压力控制元件（如压力继电器、顺序阀等）产生误动作，造成设备故障及事故。

3. 减小液压冲击的措施

(1) 延长阀门关闭和运动部件换向制动时间 当阀门关闭和运动部件换向制动时间大于 0.3s 时，液压冲击就大大减小。为控制液压冲击可采用换向时间可调的换向阀。如采用带阻尼的电液换向阀可通过调节阻尼以及控制通过先导阀的压力和流量来减缓主换向阀阀芯的换向（关闭）速度，液动换向阀也与此类似。

(2) 限制管道内液体的流速和运动部件速度 机床液压系统，常常将管道内液体的流速限制在 5.0m/s 以下，运动部件速度一般小于 10m/min 等。

(3) 适当加大管道内径或采用橡胶软管 可减小压力冲击波在管道中的传播速度，同时加大管道内径也可降低液体的流速，相应瞬时压力峰值也会减小。

(4) 在液压冲击源附近设置蓄能器 使压力冲击波往复一次的时间短于阀门关闭时间，而减小液压冲击。

二、空穴现象

在液压系统中，如果某处压力低于油液工作温度下的空气分离压时，油液中的空气就会分离出来而形成大量气泡；当压力进一步降低到油液工作温度下的饱和蒸汽压力时，油液会迅速汽化而产生大量气泡。这些气泡混杂在油液中，产生空穴，使原来充满管道或液压元件中的油液成为不连续状态，这种现象一般称为空穴现象。

空穴现象一般发生在阀口和液压泵的进油口处。油液流过阀口的狭窄通道时，液流速度增大，压力大幅度下降，就可能出现空穴现象。液压泵的安装高度过高，吸油管道内径过小，吸油阻力太大，或液压泵转速过高，吸油不充足等，均可能产生空穴现象。

液压系统中出现空穴现象后，气泡随油液流到高压区时，在高压作用下气泡会迅速破裂，周围液体质点以高速来填补这一空穴，液体质点间高速碰撞而形成局部液压冲击，使局部的压力和温度均急剧升高，产生强烈的振动和噪声。

在气泡凝聚处附近的管壁和元件表面，因长期承受液压冲击及高温作用，以及油液中逸出气体的较强腐蚀作用，使管壁和元件表面金属颗粒被剥落，这种因空穴现象而产生的表面腐蚀称为汽蚀。

为了防止产生空穴现象和汽蚀，一般可采取下列措施。

① 减小流经小孔和间隙处的压力降，一般希望小孔和间隙前后的压力比 $p_1/p_2<3.5$。

② 正确确定液压泵吸油管内径，对管内液体的流速加以限制，降低液压泵的吸油高度，尽量减小吸油管路中的压力损失，管接头良好密封，对于高压泵可采用辅助泵供油。

③ 整个系统管路应尽可能直，避免急弯和局部窄缝等。

④ 提高元件抗汽蚀能力。

小　结

1. 液体的黏性及黏度，黏度的表示方式及其单位。
2. 我国液压油的牌号及选用液压油的一般原则。
3. 液压油的污染的控制。
4. 压力及其单位，压力表示方法的种类及其相互间的关系。
5. 帕斯卡定律的内容。
6. 液体的流态（层流和紊流）及其判据，临界雷诺数 Re_c。
7. 流动液体的三个基本方程：连续性方程、伯努利方程、动量方程。
8. 小孔流量公式及其在液压元件中的应用。
9. 产生液压冲击和空穴的原因、危害及其预防措施。

习 题 二

2-1　常用的黏度表示方法有哪几种？什么是液体的黏性？

2-2　如何选用液压油？

2-3　压力有哪几种表示方法？相互间的关系如何？

2-4　什么是液体的层流和紊流？并说明其判别方法。

2-5　管路中的压力损失有哪几种？各受哪些因素影响？

2-6　液压冲击和空穴现象是如何产生的？有什么危害？如何防止？

2-7　如图 2-21 所示，油管水平放置，截面 1-1、2-2 处的内径为 $d_1=5\text{mm}$，$d_2=20\text{mm}$，在管内流动的油液密度 $\rho=900\text{kg/m}^3$，运动黏度为 $20\text{mm}^2/\text{s}$。若不计油液流动的能量损失，试解答：

(1) 截面 1—1 和 2—2 哪一处压力较高？为什么？

(2) 若管内通过的流量 $q_v=30\text{L/min}$，求两截面间的压力差。

2-8　液压泵安装如图 2-22 所示，已知泵的输出流量 $q_v=25\text{L/min}$，吸油管直径 $d=$

25mm，泵的吸油口距油箱液面的高度 $H=0.4\text{m}$。设油的运动黏度 $\nu=20\text{mm}^2/\text{s}$，密度为 900kg/m^3。若仅考虑吸油管中的沿程损失，试计算液压泵吸油口处的真空度。

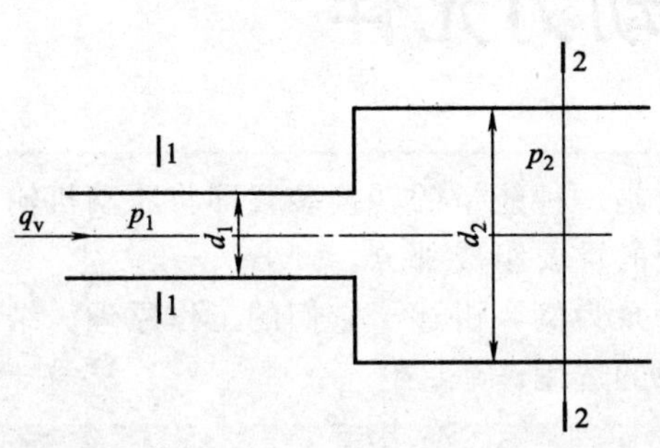

图 2-21　习题 2-7 图

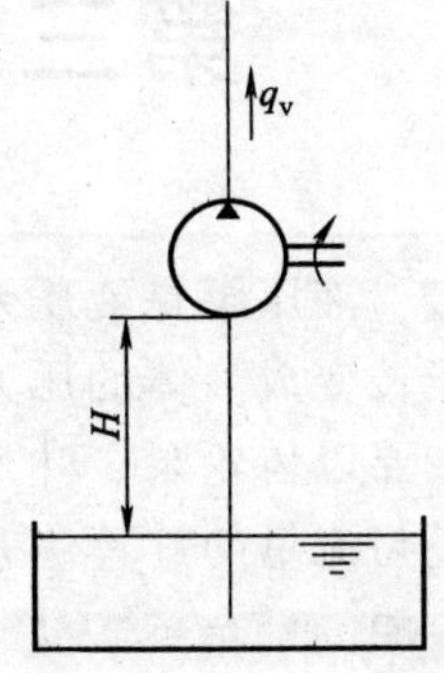

图 2-22　习题 2-8 图

第三章　液压动力元件

【导读】 液压泵是液压系统的动力元件，它是一种能量的转换装置即将原动机输入的机械能转变成液体的压力能，它是液压系统的重要组成部分。

本章主要以齿轮泵、叶片泵、柱塞泵和螺杆泵为例，讲述了它们的工作原理、结构以及排量与流量的计算，并简单介绍了液压泵的选用。

第一节　概　　述

一、液压泵的结构、工作原理和分类

1. 液压泵的工作原理

液压泵的工作原理如图 3-1 所示，柱塞 5 和泵体 4 组成一个密封的容积 a，偏心轮 6 由原动机带动旋转，当偏心向下转时，柱塞在弹簧 2 的作用下向下移动，容积 a 逐渐增大，形成局部真空，油箱中的油液在大气压的作用下，顶开单向阀 1 进入 a 中，实现吸油。当偏心向上转时，推动柱塞向上移动，容积 a 逐渐减小，油液受挤压而产生压力，使单向阀 1 关闭，油液顶开单向阀 3 而输入系统，实现压油。这样液压泵就将原动机输入的机械能转换为液体的压力能。偏心轮连续转动，液压泵不断地吸油和压油，也就不断地向系统供油。

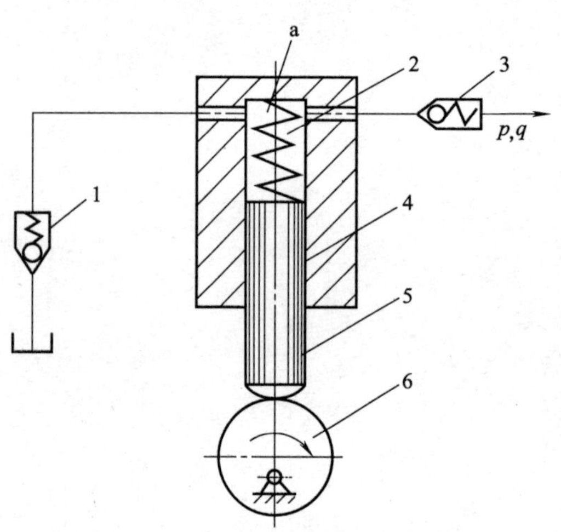

图 3-1　液压泵工作原理示意

1,3—单向阀；2—弹簧；4—泵体；5—柱塞；6—偏心轮

由上可知，液压泵是通过密闭容积作周期性的变化来完成吸油和排油工作的，其输出油量的多少取决于柱塞往复运动的次数和密封容积变化的大小。这种依靠密封工作容积的变化，将机械能转换为压力能的泵，称为容积式液压泵。

容积式液压泵能正常工作的基本条件是：

① 在结构上能形成密封的工作容积；

② 密封工作容积能实现周期性的变化，密封工作容积由小变大时与吸油腔相通，由大变小时与排油腔相通；

③ 吸油腔与排油腔必须相互隔开。

2. 液压泵的类型

按液压泵输出的流量能否调节，可分为定量液压泵和变量液压泵；按其结构形式不同可

分为齿轮泵、叶片泵、柱塞泵和螺杆泵等。

液压泵的图形符号见本书附录C。

二、液压泵的基本性能参数

1. 液压泵的压力

(1) 工作压力　液压泵的工作压力是指泵实际工作时输出油液的压力。工作压力取决于外负载的大小和排油管路上的压力损失，而与液压泵的流量无关。若负载增加，泵的工作压力随之升高，负载减小，泵的工作压力降低。

(2) 额定压力　液压泵在正常工作条件下，按试验标准规定连续运转正常工作的最高工作压力，即在液压泵铭牌或产品样本上标出的压力。

(3) 最高压力　液压泵的工作压力随负载的增加而增加，当工作压力增加到液压泵本身的强度允许值和允许的最大泄漏量时，液压泵的工作压力就不能再增加了，这时液压泵的工作压力为最高工作压力，也就是按试验标准规定，允许液压泵短暂运行的最高压力值。

考虑液压泵在工作中应有一定的压力储备，并有一定的使用寿命和容积效率，通常它的工作压力应低于额定压力。

2. 液压泵的排量和流量

(1) 排量　在不考虑泄漏的情况下，泵轴每转一转所排出油液的体积，用V表示，其常用单位为mL/r。液压泵的排量取决于液压泵密封腔的几何尺寸，不同的泵，因结构参数不同，所以排量也不一样。

(2) 理论流量　在不考虑泄漏的情况下，液压泵在单位时间内所排出的油液体积，用q_t表示，单位为L/min。排量和理论流量之间的关系为

$$q_t=nV \tag{3-1}$$

式中　n——液压泵的转速；

　　V——液压泵的排量。

(3) 实际流量　指液压泵在实际工作时，在单位时间内所排出的油液体积，用q表示，单位为L/min。由于液压泵在工作中存在泄漏损失，所以液压泵的实际流量总是小于理论流量，即

$$q=q_t-\Delta q \tag{3-2}$$

Δq为泵的泄漏量，它与泵的工作压力p有关，随工作压力p的增高而加大，泵的流量与压力之间的关系如图3-2所示。

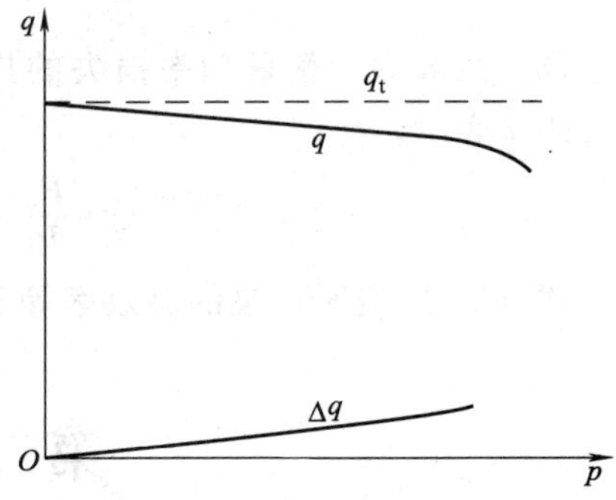

图3-2　液压泵的流量和压力的关系

(4) 额定流量　液压泵在额定转速和额定压力下工作时实际输出的流量，用q_n表示。泵的产品样本或铭牌上标出的流量为泵的额定流量。

3. 液压泵的功率

液压泵一般由电动机驱动，输入量是转矩和转速，输出量是液体的压力和流量。输入功率P_i和输出功率P_o分别为

$$P_i=\omega T_i=2\pi n T_i \tag{3-3}$$

$$P_o=pq_t=pnV \tag{3-4}$$

式中　T_i——泵的实际输入转矩；

　　ω——泵的角速度。

如果不考虑液压泵在能量转换过程中的损失，则输出功率等于输入功率，也即泵的理论功率 P_t 为

$$P_t = pq_t = pnV = 2\pi nT_t \tag{3-5}$$

式中 T_t——泵的理论输入转矩。

4．液压泵的效率

实际上，液压泵在能量转换过程中是有损失的，输出功率总是小于输入功率，两者之间的差值即为功率损失，功率损失可分为容积损失和机械损失两部分。

（1）容积效率 容积式液压泵的吸油腔和排油腔在泵内虽然被隔开，但相对运动件间总是存在着一定的间隙，因此泵内高压区内的油液通过间隙必然泄漏到低压区。液压油的黏度愈低、压力愈高时，泄漏就愈大。此外，液压泵在吸油过程中，由于吸油阻力大、油液太黏或泵转速太高等原因都会造成泵的吸空现象，使密封的工作容积不能充满油液，也就是液压泵的工作腔没有被充分利用。存在这些因素，使液压泵有容积损失，其中内泄漏是造成容积损失的主要原因。衡量容积损失的指标是容积效率，容积效率是泵的实际输出流量与理论流量的比值，用 η_v 表示。

$$\eta_v = \frac{q}{q_t} = \frac{q}{Vn} = \frac{q_t - \Delta q}{q_t} = 1 - \frac{\Delta q}{q_t} \tag{3-6}$$

式中 q——泵的实际流量，L/min；

q_t——泵的理论流量，L/min；

Δq——泵的泄漏量，L/min。

（2）机械效率 机械损失是因相对运动件间的摩擦阻力与液体的黏性而产生的黏滞阻力而造成的转矩上的损失。使泵的实际输入功率大于理论上需要的功率。液压泵的理论输入转矩 T_t 与实际输入转矩 T_i 的比值称为机械效率。用 η_m 表示

$$\eta_m = \frac{T_t}{T_i} \tag{3-7}$$

由式（3-5）得 $T_t = \frac{pV}{2\pi}$，代入式（3-7）得

$$\eta_m = \frac{pV}{2\pi T_i} \tag{3-8}$$

（3）总效率 衡量功率损失的指标是总效率。它是液压泵的输出功率与输入功率的比值，用 η 表示。

$$\eta = \frac{P_o}{P_i} = \frac{pq}{2\pi nT_i} = \frac{q}{Vn} \times \frac{pV}{2\pi T_i} = \eta_v \eta_m \tag{3-9}$$

式（3-9）表明：泵的总效率等于容积效率与机械效率的乘积。

第二节 齿轮泵

齿轮泵是液压系统中常用的液压泵，齿轮泵结构简单，尺寸小，质量轻，制造方便，价格低廉，工作可靠，自吸能力强，对油液污染不敏感，维护容易；它的缺点是流量、压力脉动和噪声都较大，承受不平衡径向力，磨损严重，泄漏大，工作压力的提高受到限制。但随着齿轮泵结构的改进和完善，因而也被用在了冶金、农林、建筑等机械的中、高压系统。

齿轮泵在结构上可分为外啮合式和内啮合式两种。两者相比，外啮合工艺简单、加工方

便，所以目前渐开线圆柱直齿形的外啮合齿轮泵用得较多，在此，主要介绍外啮合式齿轮泵。

一、外啮合齿轮泵的结构和工作原理

1. 外啮合齿轮泵的结构

图 3-3 为外啮合渐开线齿轮泵的结构。它主要由一对几何参数完全相同的主动齿轮 4 和从动齿轮 8、传动轴 6、泵体 3、前泵盖 5 和后泵盖 1 等零件组成。

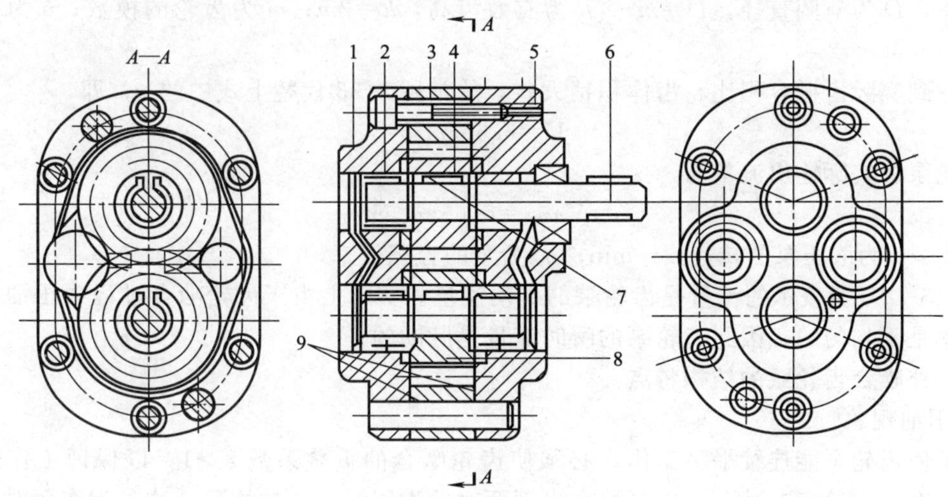

图 3-3　外啮合齿轮泵的结构

1—后泵盖；2—滚针轴承；3—泵体；4—主动齿轮；5—前泵盖；6—传动轴；7—键；8—从动齿轮；9—环形卸载槽

2. 外啮合齿轮泵的工作原理

如图 3-4 所示为外啮合齿轮泵的工作原理。一对参数完全相同的外齿轮安装于壳体内，齿轮的两端面由端盖（图中未画出）密封，这样两个齿轮就将在壳体内腔分成左、右互不相通的两个密封的油腔，并且每个齿间都形成一个密封的工作容积。当齿轮按图示方向转动时，轮齿从右侧退出啮合，露出齿间，使该腔容积增大，形成局部真空，油箱中的油液在外界大气压的作用下，经吸油管进入吸油腔，完成吸油过程。随着齿轮的转动，每个轮齿的齿间把油液从右腔带入左腔，轮齿在左腔进入啮合，使密封容积减小，齿间中的油液逐渐被挤出，使左腔的油压升高，油液从排油口输出，完成压油过程。两齿轮连续转动，吸油腔就连续吸油，排油腔就连续排油。

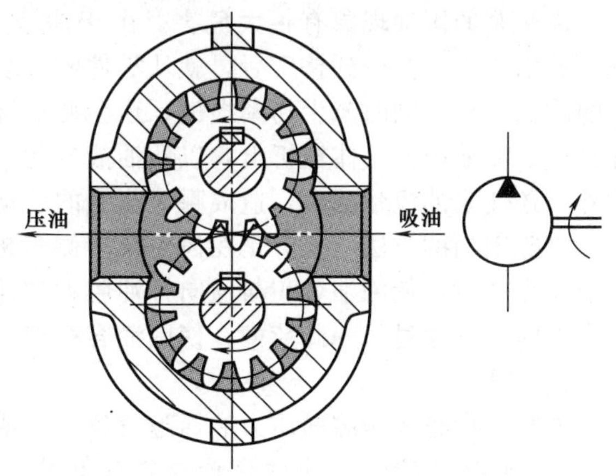

图 3-4　外啮合齿轮泵的工作原理

在齿轮泵的工作过程中，只要两齿轮的旋转方向不变，其吸、排油腔的位置也就确定不变。这里啮合点处的齿面接触线一直分隔高、低压两腔起着配油作用，因此在齿轮泵中不需要设置专门的配流机构，这是它与其他类型容积式液压泵的不同之处。

二、齿轮泵的排量和流量计算

外啮合齿轮泵的排量的精确计算应依据啮合原理来进行，近似计算时可认为排量等于它的两个齿轮的齿间槽容积之总和，即相当于有效齿高和齿宽构成的平面所扫过的环形体积。

设齿间槽的容积等于轮齿的体积，则当齿轮的齿数为 z、节圆直径为 D、齿高为 h（应为扣除顶隙部分后的有效齿高）、模数为 m、齿宽为 b 时，泵的排量 V 为

$$V=\pi Dhb=2\pi zm^2b \tag{3-10}$$

式中，D 为节圆直径，$D=mz$；h 为有效齿高，$h=2m$；m 为齿轮的模数；b 为齿轮的宽度。

考虑到实际齿槽容积比轮齿体积稍大些，故常用 3.33 代替上式中的 π，即

$$V=6.66zm^2b \tag{3-11}$$

齿轮泵的实际输出流量为

$$q=Vn\eta_v=6.66zm^2bn\eta_v \tag{3-12}$$

式中，n 为液压泵的转速，r/min；η_v 为泵的容积效率。

式（3-12）所表示的流量是齿轮泵的平均流量。实际上由于齿轮啮合过程中压油腔的容积变化率是不均匀的，因此齿轮泵的瞬时流量是脉动的。

三、外啮合齿轮泵的结构特点

1. 困油现象

为了使齿轮泵能连续平稳工作，必须使齿轮啮合的重叠系数 $\varepsilon>1$，以保证工作的任一瞬间至少有一对轮齿在啮合，于是总会出现两对轮齿同时啮合的情况，这时就在两对啮合的轮齿之间产生一个和吸、压油腔均不相通的闭死容积，称为困油区，使留在这两对轮齿之间的油液困在这个封闭的容积内。随着齿轮的转动，困油区的容积大小发生变化，如图 3-5 所示，当容积缩小时［由图 3-5（a）过渡到图 3-5（b）］，由于无法排油，困油区内的油液受到挤压，压力急剧升高；随着齿轮的继续转动［由图 3-5（b）过渡到图 3-5（c）］，困油区容积又逐渐变大，由于无法补油，困油区形成局部真空。这种需要排油时无处可排，而需要被充油时，又无法补充的现象就叫做困油现象。

齿轮泵的困油现象有很大危害。由于油液的压缩性很小，而且困油区又是一个密封容积，所以被困油液受到挤压后，就从零件配合表面的缝隙中强行挤出，使齿轮和轴承受到很大的附加载荷，同时产生功率损失，还会使油温升高。当困油区容积变大时，困油区形成局部真空，油液中的气体被析出，以及油液气化产生气泡，进入液压系统，引起振动和噪声。此外，还使泵的流量减少，造成瞬时流量的波动性增加。

消除困油的方法，通常是在齿轮泵两侧盖板上开卸荷槽［见图 3-5（d）所示］，当困油区容积变小时，使困油容积与通向排油腔的卸荷槽相通，将困油区中的油液排出；当困油容积变大时，则通过另一卸荷槽，使困油容积与吸油腔相通，实现补油。

2. 泄漏

外啮合齿轮高压腔的压力油通过三条途径泄漏到低压腔。

① 轴向间隙泄漏。通过齿轮两端面和侧盖板之间的这种端面间隙的泄漏量最大，其泄漏量占总泄漏量的 70%～80%，压力越高，泄漏就越严重，这是目前影响齿轮泵压力提高的主要原因。

② 径向间隙泄漏。通过泵体内孔和齿顶圆间的径向间隙泄漏，其泄漏量占总泄漏量的 15%～20%。

③ 齿轮啮合线处的间隙泄漏。这种泄漏量较小，因此，普通齿轮泵的容积效率较低，

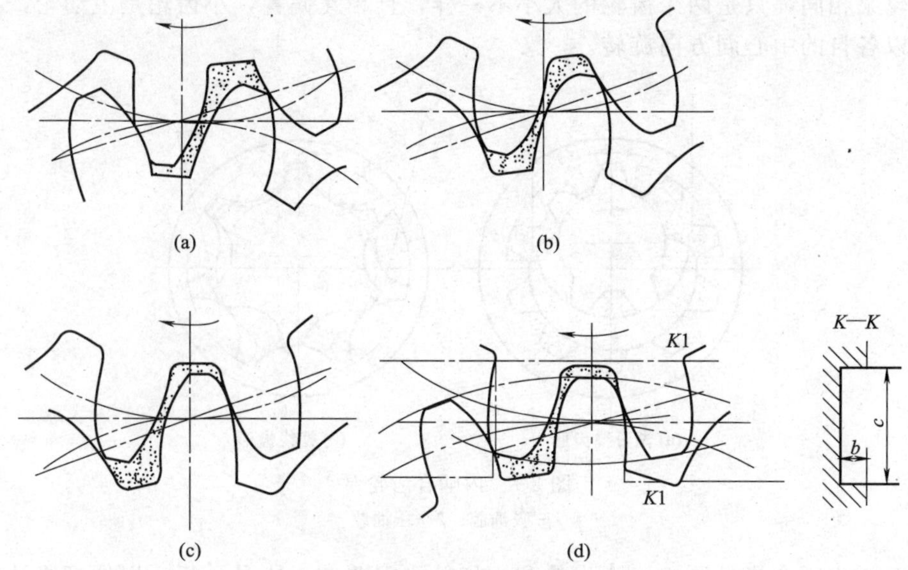

图 3-5　齿轮泵困油现象及消除方法

输出压力也不易提高，故齿轮泵一般用于低压系统。

在中高压齿轮泵中，为了减小轴向间隙泄漏，通常采用浮动轴套或弹性侧板对端面轴向间隙进行自动补偿。图 3-6 所示是采用浮动轴套的一种典型的结构。图中轴套 1 和 2 是浮动安装的，轴套的左侧容腔用特制的通道与泵的压油腔相通。当泵工作时，轴套 1 和 2 受左侧油压的作用右移，贴靠在齿轮的端面上，压力越高，贴的越紧，从而可以减小间隙并自动补偿端面磨损量。实践证明，这样能取得较好的效果。

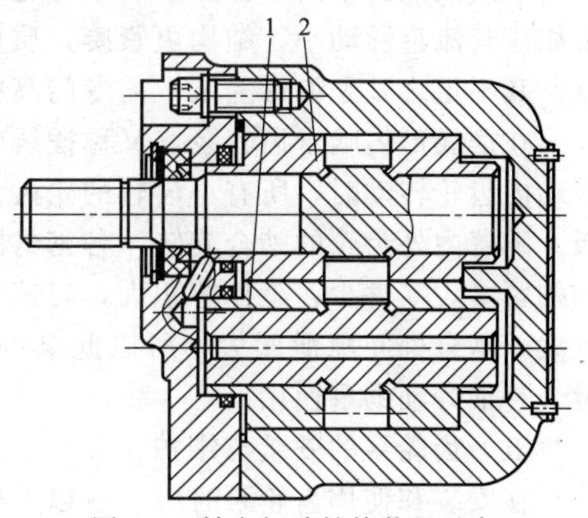

图 3-6　轴向间隙补偿装置示意

1，2—轴套

3. 径向不平衡力

在齿轮泵中，作用在齿轮外圆上的压力是不相等的，这是由于齿轮泵工作时，排油腔的油压高于吸油腔的油压，并且齿顶圆与泵体内表面之间存在径向间隙，油液会通过间隙泄漏，因此从排油腔起沿齿轮外缘至吸油腔的每一个齿间内的油压是不同的，压力依次递减，由此液体压力而产生径向不平衡力，工作压力越大，径向不平衡力也越大。此外，齿轮传递力矩时会产生径向力，困油现象也致使齿轮泵径向力不平衡现象加剧。

齿轮泵由于径向力不平衡，把齿轮压向一侧，使齿轮轴受到弯曲作用，降低轴承寿命，同时还会使吸油腔的齿轮径向间隙变小，从而使齿轮与泵体内腔产生摩擦或卡死，影响泵的正常工作。

为了减小径向不平衡力的影响，可采取缩小排油口的直径，使高压仅作用在一个齿到两个齿的范围内，这样压力油作用于齿轮上的面积缩小了，因此径向力也相应减小。有些齿轮泵采用开压力平衡槽的办法来解决径向力不平衡的问题。

四、内啮合齿轮泵

内啮合齿轮泵有渐开线齿形和摆线齿形两种，如图 3-7 所示。其工作原理和主要特点与外啮合齿轮泵相同，只是两个齿轮的大小不一样，且相互偏置，小齿轮是主动轮，小齿轮带动内齿轮以各自的中心同方向旋转。

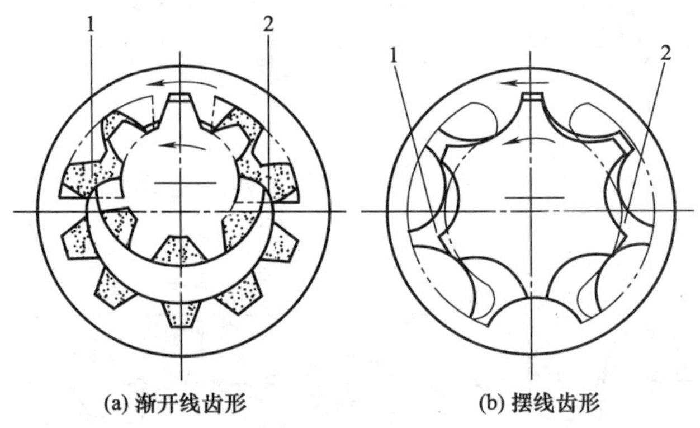

图 3-7　内啮合齿轮泵

1—吸油腔；2—压油腔

在渐开线内啮合齿轮泵中，小齿轮和内齿轮之间要装一块月牙板，以便把吸油腔和压油腔隔开。当小齿轮带动内齿轮转动时，左半部轮齿退出啮合，形成真空，完成吸油过程。进入齿槽的油液被带到压油腔，右半部轮齿进入啮合将油挤出，从压油口排油。与外啮合齿轮泵相比其流量脉动小，结构更紧凑，质量轻，噪声小和效率高，还可以做到无困油现象等优点。其不足之处是齿形复杂，需专门高精度加工设备加工。

在摆线形内啮合齿轮泵（又称摆线转子泵）中，小齿轮与内齿轮相差一个齿，当小齿轮带动内齿轮转动时，所有小齿轮的轮齿都进入啮合，形成几个独立的密封腔，不需设置月牙板。随着内外齿轮的啮合旋转，各密封腔的容积发生变化，从而进行吸油和压油。其特点是结构紧凑，零件少，工作容积大，转速高，运动平稳，噪声低。但由于齿数少，其流量脉动较大，啮合处间隙泄漏大，所以此泵的工作压力较低（一般为 2.5～7MPa），通常作为润滑、补油等辅助泵使用。

五、齿轮泵的安装与维护

在安装和使用齿轮泵时应注意以下事项。

① 一般情况下，若吸油口和排油口的口径一样时，吸排油口可通用；若吸油口和排油口的口径不同时，则口径大者为吸油口，口径小者为排油口，二者不能通用，安装时不要接错。

② 齿轮泵的转向视结构而定。国产 CB 系列齿轮泵的吸油口和排油口是不能互换的，因此泵的旋转方向有明确的规定，安装时不能搞错。

③ 齿轮泵的吸油高度过高时，不容易吸油或根本吸不上来油，比较合适的吸油高度一般不大于 0.5m。

④ 泵的传动轴与电动机驱动轴的同轴度偏差应小于 0.1mm。

⑤ 齿轮泵的吸油管不得漏气并应设置过滤器，过滤器精度应小于 40μm。设置在系统回油路上的过滤器，其精度最好≤20μm。

⑥ 要拧紧泵进、出油口管接头的螺钉，密封装置要可靠，以免引起吸空和漏油，影响泵的工作性能。

⑦ 应避免泵带负载启动和有负载情况下停车。

⑧ 启动前，必须检查系统中的溢流阀（安全阀）是否在调定的许可压力上。

⑨ 对于新泵或检修后的泵在工作前应进行空负载运行和短时间的超负载运行。然后检

查泵的工作状况，不允许有渗漏、冲击声、过度发热和噪声等。

⑩ 泵如长时间不用，应将泵与原动机分离。再使用时，不得立即使用最大负载，应有不少于10min的空负载运转。

齿轮泵常见故障、原因及排除方法见表3-1。

表3-1 齿轮泵常见故障、原因及排除方法

故障现象	原因	排除方法
噪声大	过滤器阻塞	清除过滤器上污物
	吸油位置太高或油箱中油位太低	降低泵的安装高度或加油至油位线
	泵体与泵盖密封不好，有空气吸入	研磨泵体与泵盖的接合面，注意密封性
	油封损坏	检查油封情况，若损坏则应更换
	油液黏度太高	选用合适黏度的液压油
	泵的安装不良，泵与电动机同轴度差	重新安装，达到技术要求
输油量不足或压力提不高	电动机旋转方向不对，造成泵不吸油	改变电动机的旋转方向
	连接处有泄漏，引起空气混入	紧固连接处的螺钉，严防泄漏
	油液黏度太高	选用合适黏度的液压油
	过滤器或管道堵塞	清除污物，定期更换油液
	轴向间隙与径向间隙过大	修复或更新泵的机件
	压力阀中的阀芯移动不灵活	检查压力阀，使阀芯在阀体中移动灵活
泵严重发热（超过65℃）	油液黏度过高	选用适当的液压油
	油箱太小，散热不好	加大油箱容积或增设冷却器
	泵的径向间隙或轴向间隙过小	调整间隙或调整齿轮
	卸荷方法不当或泵带压溢流时间太长	改进卸荷方法或减少泵带压溢流时间
	油在油管中流速过高，压力损失过大	加粗油管，调整系统布局
外泄漏	泵盖上的回油孔堵塞	清洗回油孔
	泵盖与密封圈配合过松	调整配合间隙
	密封圈失效或装配不当	更换密封圈或重新装配
	零件密封面划痕严重	修磨或更换零件

第三节 叶片泵

叶片泵在液压系统中应用广泛，与其他泵比较它输出流量均匀，脉动小，噪声小，但结构复杂，吸油特性不太好，对油液的污染较敏感。

叶片泵按工作原理可分为单作用式（变量泵）和双作用式（定量泵）两大类。

一、单作用叶片泵

1. 工作原理

图3-8所示为单作用式叶片泵的工作原理。它主要由转子1、定子2、叶片3、泵体4和配油盘5等零件组成。定子2的内表面为圆柱形，转子1上有均匀分布的径向窄槽，叶片3安装在槽内，可在槽内滑动，转子和定子偏心安装。在配油盘上开有两个腰形的配流窗口，

其中一个与吸油口相通，另一个与压油口相通。叶片3在压油区依靠离心力和槽底压力油的作用下，紧贴在定子内壁上，而在吸油区，则只在离心力的作用下使叶片3顶部紧贴在定子内壁上。这样，两相邻的叶片、定子内表面、转子外表面和两端配油盘间构成了若干密封的工作容积。当转子按图示方向旋转时，右上部的叶片逐渐伸出，叶片间的工作容积也逐渐增大，形成局部真空，油箱中的油液在大气压力作用下，经配油盘上的吸油窗口进入密封工作容积，完成了泵的吸油过程。在图的左部，叶片被定子表面逐渐压回槽中，工作容积逐渐减小，将油液经配油盘上的压油窗口排出，完成了泵的压油过程。这种泵的转子每转一周，每个工作容积完成一次吸、压油过程，因此称为单作用式叶片泵。因这种泵的转子受有单向的径向不平衡力，故又称为非平衡式叶片泵。如改变定子和转子之间的偏心距，便可改变泵的排量而成为变量泵。

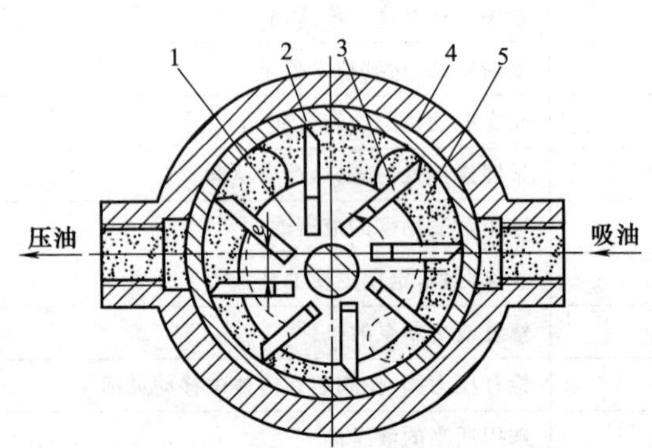

图 3-8　单作用式叶片泵工作原理

1—转子；2—定子；3—叶片；4—泵体；5—配油盘

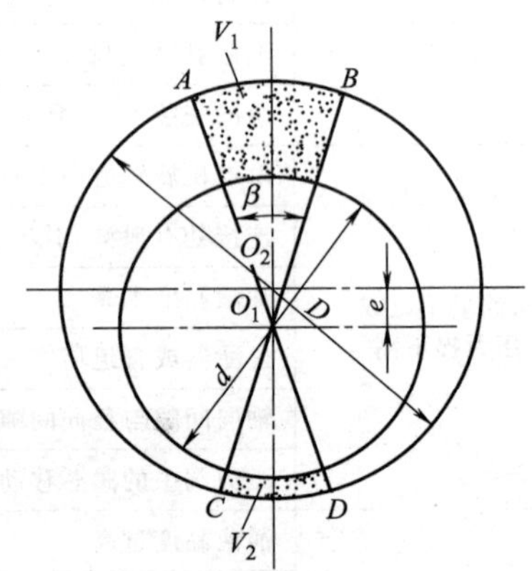

图 3-9　单作用叶片泵排量的计算

2. 排量和流量计算

如图 3-9 所示，单作用式叶片泵的转子每转一周时，每两相邻叶片间的密封容积变化量为 V_1-V_2。若近似把 AB 和 CD 看作是中心为 O_1 的圆弧，设定子内径为 D，则这两弧的半径分别为（$D/2+e$）和（$D/2-e$）。设转子的直径为 d，叶片宽度为 b，叶片数为 z，两相邻叶片的夹角为 β。则有

$$V_1=\pi\left[\left(\frac{D}{2}+e\right)^2-\left(\frac{d}{2}\right)^2\right]\frac{\beta}{2\pi}b \tag{3-13}$$

$$V_2=\pi\left[\left(\frac{D}{2}-e\right)^2-\left(\frac{d}{2}\right)^2\right]\frac{\beta}{2\pi}b \tag{3-14}$$

$$\beta=\frac{2\pi}{z} \tag{3-15}$$

由以上三式可得出泵的排量 V 计算式为

$$V=(V_1-V_2)z=2\pi beD \tag{3-16}$$

实际流量为

$$q=2\pi beDn\eta_v \tag{3-17}$$

式中，q 为输出流量；b 为叶片宽度；e 为偏心距；D 为定子直径；n 为转子的转速；η_v 为叶片泵的容积效率。

由式（3-17）可知，单作用叶片泵的流量与偏心距成正比，调节偏心距 e 便可调节其输出流量。由于定子和转子偏心安置，运转时其容积变化是不均匀的，因此有流量脉动。理论

计算可以证明，叶片数为奇数时流量脉动较小，故单作用式叶片泵的叶片数总取奇数，一般为 13 片或 15 片。

3. 特点

单作用式叶片泵的结构特点如下。

① 定子和转子相互偏置。改变其偏心距可调节其输出流量。

② 径向液压力不平衡。这使泵的工作压力受到限制，所以这种泵不适于高压。

③ 叶片后倾。叶片底部油槽在压油区是与压油腔相通，在吸油区与吸油腔相通的，为了使叶片能顺利地向外运动并始终紧贴定子，必须使叶片所受的惯性力与叶片的离心力等的合力尽量与转子中叶片槽的方向一致，为此转子中叶片槽应向后倾斜一定的角度（一般为 20°～30°）。

4. 分类

单作用叶片泵按改变偏心方向的不同，而分为单向变量和双向变量两种，双向变量能在工作中变换进、出油口，使液压执行元件的运动反向。按改变偏心距方式的不同，可分为手动调节和自动调节，自动调节根据其工作特点的不同，又可分为恒流式、恒压式和限压式等变量形式。

5. 限压式变量叶片泵

如图 3-10 所示为外反馈限压式变量叶片泵的工作原理。它是利用排油压力的反馈作用来实现流量自动调节的。转子 2 的中心 O_1 是固定的，定子 3 可以左右移动，在限压弹簧 5 的作用下，定子被推向左侧，使定子中心 O_2 和转子中心 O_1 之间有一初始偏心距 e_0，它决定了泵的最大流量（e_0 的大小可由螺钉 1 调节）。设活塞的有效面积为 A，泵的压力为 p，则活塞对定子施向右侧的反馈力为 pA。当 $pA<F_0$（弹簧预压缩力）时，定子不动，仍保持最大的偏心距 e_0，泵的流量也保持最大值；当泵的压力升高到某一值 p_B时，使 $p_BA=F_0$，p_B 称为泵的限定压力（p_B 可通过调节螺钉 4 设定），这也是泵保持最大流量的最高压力；当泵的压力升高到 $pA>F_0$ 时，反馈力克服弹簧力把定子推向右侧，偏心距减小，泵的流量也随之减小。压力越高，偏心距越小，泵的流量也越小。当泵的压力达到某一值时，反馈力把弹簧压缩到最短，定子移动到最右端位置，偏心距减到最小，泵的实际输出流量为零，泵的压力便不再升高。

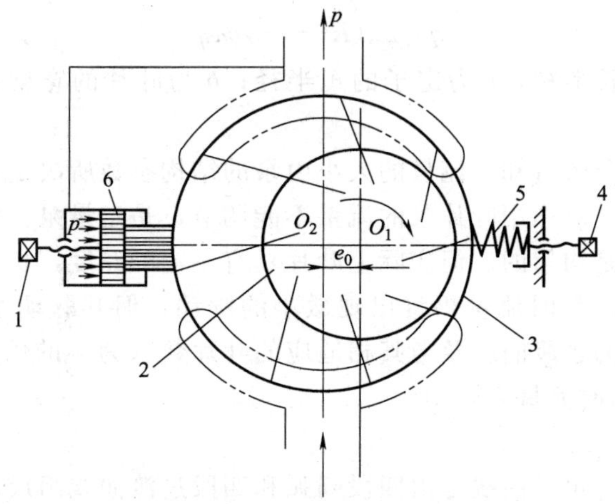

图 3-10　外反馈限压式变量叶片泵的工作原理

1,4—调节螺钉；2—转子；3—定子；5—限压弹簧；6—反馈液压缸

二、双作用叶片泵

1. 工作原理

图 3-11 所示为双作用叶片泵的工作原理。其工作原理与单作用叶片泵相似，不同之处在于双作用叶片泵的定子内表面似椭圆，由两大半径 R 圆弧、两小半径 r 圆弧和四段过渡曲线组成，且定子和转子同心。配油盘上开两个吸油窗口和两个压油窗口。当转子按图示方向转动时，叶片由小半径 r 处向大半径 R 处移动时，两叶片间容积增大，通过吸油窗口 a 吸油；当叶片由大半径 R 处向小半径 r 处移动时，两叶片间容积减小，油液压力升高，通过压油窗口 b 压油。转子每转一周，每一叶片往复运动两次。故这种泵称为双作用叶片泵。双作用叶片泵的排量不可调，是定量泵。

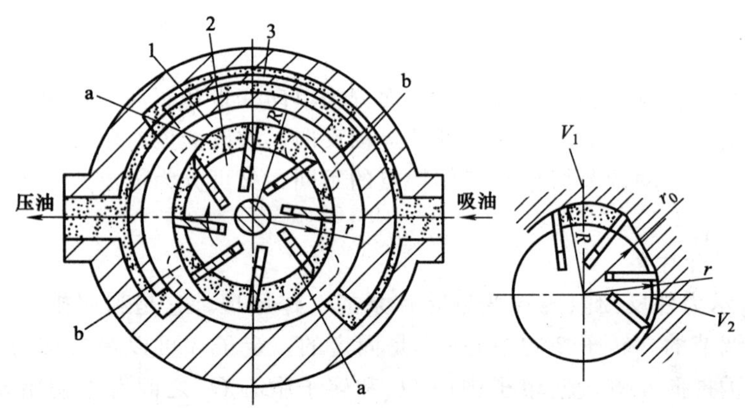

图 3-11　双作用叶片泵的工作原理

1—定子；2—转子；3—叶片

2. 排量和流量的计算

由图 3-11 可知，叶片泵每转一周，两叶片组成的工作腔由最小到最大变化两次。因此，叶片泵每转一周，两叶片间的油液排出量为大圆弧段 R 处的容积与小圆弧段 r 处的容积的差值的两倍。若叶片数为 z，当不计叶片本身的体积时，通过计算可得双作用叶片泵的排量为

$$V=2\pi(R^2-r^2)b \tag{3-18}$$

泵的流量为

$$q=2\pi(R^2-r^2)bn\eta_v \tag{3-19}$$

式中，R 为定子的长半径；r 为定子的短半径；b 为叶片的宽度；n 为转子的转速；η_v 为叶片泵的容积效率。

由上述的流量计算公式可知，流量的大小由泵的结构参数所决定，当转速选定后，泵的流量也就确定了。因此，双作用叶片泵的流量不能调节，是定量泵。如果不考虑叶片厚度的影响，其瞬时流量应该是均匀的。但实际上叶片具有一定的厚度，长半径圆弧和短半径圆弧也不可能完全同心，泵的瞬时流量仍将出现微小的脉动，但其脉动率较其他形式的泵小得多，只要合理选择定子的过渡曲线及与其相适应的叶片数（为 4 的倍数，通常为 12 片或 16 片），理论上可以做到瞬时流量无脉动。

3. 结构特点

（1）定子过渡曲线　定子曲线是由四段圆弧和四段过渡曲线组成的，定子所采用的过渡曲线要保证叶片在转子槽中滑动时的速度和加速度均匀变化，以减小叶片对定子内表面的冲击和噪声。目前双作用叶片泵定子广泛采用性能良好的等加速等减速曲线，但还会产生一些

柔性冲击。为了更好地改善这种情况，有些叶片泵定子过渡曲线采用了高次曲线。

（2）径向液压力平衡　由于吸、压油口对称分布，转子和轴承所受到的径向压力是平衡的，所以这种泵又称为平衡式叶片泵。

（3）端面间隙自动补偿　如图 3-12 所示为中压双作用叶片泵的典型结构。由图可见，为了减小端面泄漏，采取的间隙自动补偿措施是将右配流盘的右侧与压油腔相通，使配流盘在液压推力作用下压向定子。泵的工作压力越高，配流盘就会越加贴紧定子，因此使容积效率得到一定的提高。

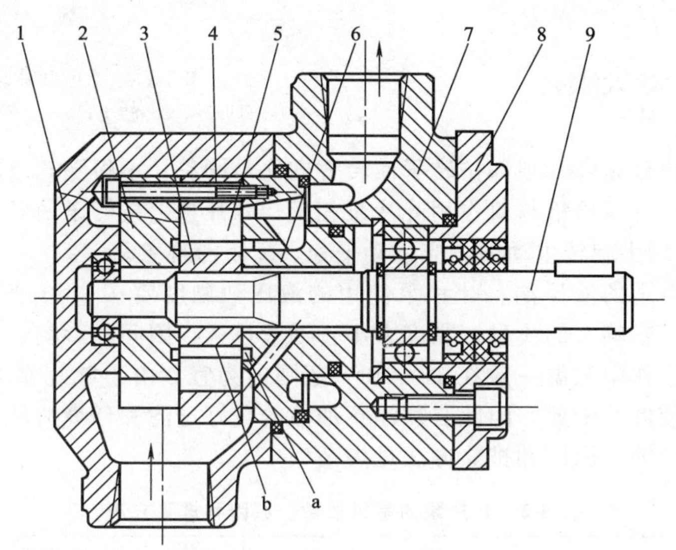

图 3-12　中压双作用叶片泵的典型结构

1—左泵体；2—左配流盘；3—转子；4—定子；5—叶片；6—右配流盘；7—右泵体；8—泵盖；9—轴

（4）提高工作压力的措施　一般的双作用叶片泵为了保证叶片与定子内表面紧密接触，叶片底部都是通压油腔的（在图 3-11 中，叶片底部 b 腔通过右配流盘上的环形槽 a 与压油腔连通），但当叶片处在吸油腔时，叶片底部作用着压油腔的压力、顶部作用着吸油的压力，这一压力差使叶片以很大的力压向定子内表面，加速了定子内表面的磨损，影响了泵的寿命。对高压泵来说，这一问题更为突出，所以高压叶片泵必须在结构上采取措施，使叶片压向定子的作用力减小，常用的有双叶片结构、子母叶片结构及阶梯叶片结构等。图 3-13 所示为双叶片结构，在转子的每一叶片槽内装有两个可相互滑动的叶片 1、2，叶片顶部倒角部分形成油室，经叶片中间小孔 c 与叶片底部 b 油室相通，使叶片上、下油压作用力基本相等。图 3-14 为子母叶片结构，母叶片 1 的根部 L 腔经转子 2 上虚线所示的油孔始终与顶部油腔相通，而子叶片 4 和母叶片 1 之间的小腔 C 通过配流盘经 K 槽始终和压力油相通。这样在吸油区，叶片压向定子内表面的力只是小腔 C 的液压力，从而避免产生过大的压紧力。

（5）叶片前倾　为解决叶片在高压排油区退回困难，使转子槽按旋转方向倾斜一角度（通常 10°～14°），可以减少与叶片垂直的力，使叶片在转子槽移动灵活。

三、叶片泵的装配、使用与维护

① 要特别注意清洁，零件必须在煤油中清洗，千万不要用棉纱等易掉毛物来擦拭。

② 装配前要严格检查配油盘端面的平面度是否在要求的范围内。

③ 选配好叶片，使它在槽中的松紧度适宜，并注意倒角方向。

④ 安装转子时，要注意旋转的方向，不得装反，对于双作用叶片泵，转子必须朝叶片

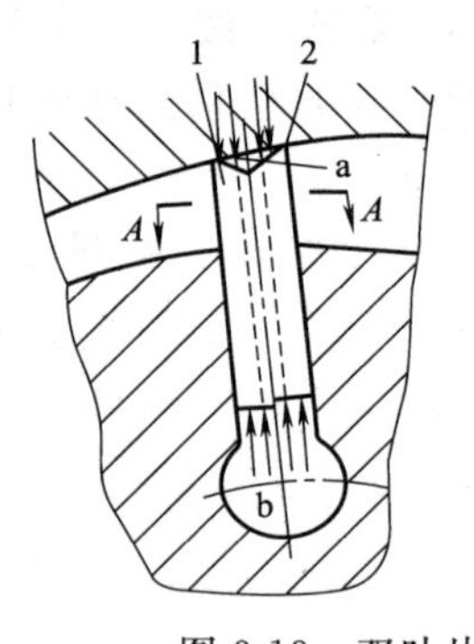

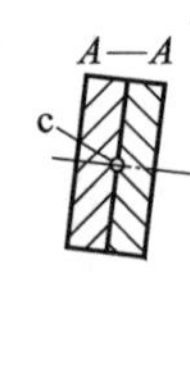

图 3-13　双叶片结构

1,2—叶片

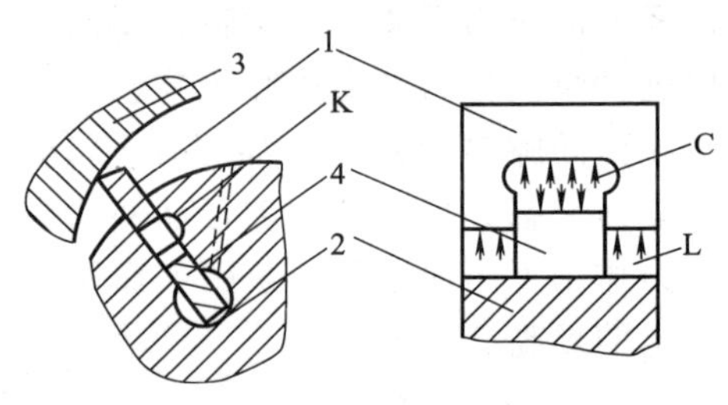

图 3-14　子母叶片结构

1—母叶片；2—转子；3—定子；4—子叶片

倾斜的方向旋转，也就是叶片顶部按转子回转方向往前倾斜，不得随意反转，否则会将叶片折断。对于单作用叶片泵恰恰与双作用叶片泵相反，叶片顶部按转子回转方向往后倾斜。

⑤ 装配完毕，用手旋转主动轴，应运动平稳、无阻滞现象。

使用中要选择合适的液压油，叶片泵使用的液压油黏度要在 2.5～5°E_{50}之间。黏度太高，吸油阻力增大，影响泵的流量；黏度太小，油液过稀，因间隙影响，真空度不够，给吸油造成不良影响。工作中油温一般在 10～50℃范围内为宜。由于叶片泵对油液的污物很敏感，油液不清洁会使叶片卡死，因此必须注意油液的良好过滤和环境清洁。

叶片泵的常见故障、原因和排除方法见表 3-2。

表 3-2　叶片泵的常见故障、原因和排除方法

故障现象	原　　因	排 除 方 法
不吸油	电动机转向不对	纠正电动机的旋转方向
	吸油管位置太高或油箱中油位过低	降低泵的安装高度或加油至油位线
	叶片在转子槽内配合过紧,卡死在槽内	合理选配间隙,使叶片在所处的转子槽内移动灵活
	油液黏度过高,使叶片移动不灵活	选用合适黏度的液压油
	配油盘变形,配油盘与壳体接触不良	修整配油盘的接触面
	油箱气孔被堵	清洗通气孔
	泵及吸油管密封不严	检查连接处和结合面的密封性并紧固
输油不足、压力升不高	各连接处密封不严,吸入空气	检查吸油口及各连接处是否泄漏,紧固各连接处
	个别叶片移动不灵活	对不灵活的叶片应单槽配研
	轴向间隙和径向间隙过大	修复或更换有关零件
	叶片和转子装反	重新装配,纠正转子和叶片的方向
	配油盘内孔磨损	严重损坏时需更换
	转子槽和叶片的间隙过大	根据转子槽单配叶片
	叶片和定子内表曲面接触不良	定子磨损一般在吸油腔,对于双作用叶片泵,可翻转 180°装上,在对称位置重新加工定位孔
	吸油不通畅	清洗过滤器,定期更换油液
噪声和振动大	有空气侵入	详细检查吸油管路和油封的密封情况及油面的高度是否正常
	吸油不通畅	清洗过滤器,定期更换油液至要求量
	油液黏度过高	选用合适的液压油
	联轴器的安装同轴度不好或松动	调节同轴度至要求范围内,并将螺钉紧固好
	轴的密封圈过紧	适当调整密封圈,使之松紧适度
	油箱的气孔被堵	清洗通气孔
	泵的轴承或内部零件磨损严重	拆开修复或更换

第四节　柱　塞　泵

柱塞泵按柱塞的排列方向不同，分为径向柱塞泵和轴向柱塞泵两类。径向柱塞泵的柱塞与缸体中心线垂直，轴向柱塞泵的柱塞都平行于缸体中心线。

一、径向柱塞泵

1. 工作原理

图 3-15 所示为径向柱塞泵的工作原理。它由定子 1、转子（缸体）2、柱塞 3、配流轴 4 等组成。在转子 2 上径向均匀地布置着几个径向排列的柱塞孔，柱塞 3 可在孔中自由滑动，转子和定子之间有一个偏心距 e。配油轴固定不动，上部和下部各做成一个缺口，此两缺口又分别通过所在部位的两个轴向孔与泵的吸、压油口连通。

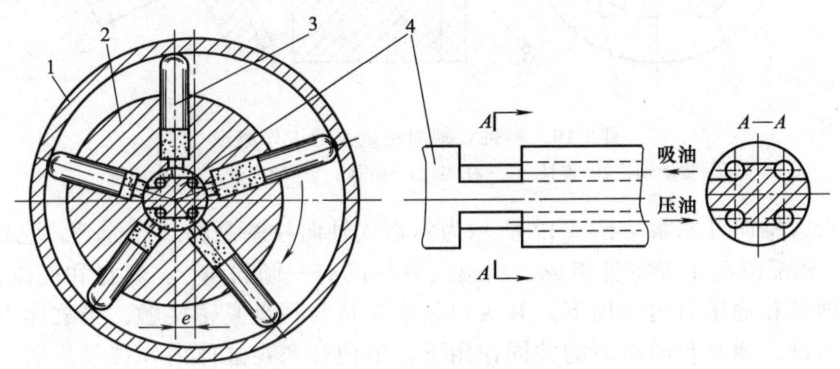

图 3-15　径向柱塞泵的工作原理

1—定子；2—转子；3—柱塞；4—配流轴

当转子按图示方向旋转时，上半部的柱塞在离心力作用下外伸，通过配流轴吸油；下半部的柱塞则受定子内表面的推压作用而缩回，通过配流轴压油。移动定子改变偏心距的大小，便可改变柱塞的行程，从而改变排量。若改变偏心距的方向，则可改变吸、压油的方向。因此，径向柱塞泵可以做成单向或双向变量泵。

由于柱塞在缸体中径向移动速度是变化的，而各个柱塞在同一瞬时径向移动速度也不一样，所以径向柱塞泵的瞬时流量是脉动的，由于柱塞数为奇数要比柱塞数为偶数的瞬时流量脉动小得多，所以径向柱塞采用柱塞个数为奇数。

2. 径向柱塞泵的特点

径向柱塞泵的优点是制造工艺性好（主要配合面为圆柱面），变量容易，工作压力较高，轴向尺寸小，便于做成多排柱塞的形式。其缺点是径向尺寸大，旋转惯性大，柱塞与定子为点接触，接触应力高，配流轴受到不平衡液压力作用，易磨损，泄漏间隙不能补偿，这些限制了它的转速和压力的提高。另外，配流轴中的吸、排油流道的尺寸受到配流轴尺寸的限制不能做大，从而影响泵的吸入性能。

二、轴向柱塞泵

轴向柱塞泵除了柱塞轴向排列外，当缸体轴线和传动轴轴线重合时，称为斜盘式轴向柱塞泵；当缸体轴线和传动轴轴线成一个夹角 γ 时，称为斜轴式轴向柱塞泵。斜盘式轴向柱塞泵根据轴是否贯穿斜盘又分为通轴式轴向柱塞泵和非通轴式轴向柱塞泵两种。

1. 工作原理

（1）斜轴式轴向柱塞泵　图 3-16 所示为斜轴式轴向柱塞泵的工作原理。当传动轴 1 在电动机的带动下转动时，连杆 2 的侧面带动柱塞连同缸体一同旋转，同时，连杆 2 推动柱塞 3 在缸体 4 中作往复运动，使柱塞孔底部的密封腔容积不断发生增大和缩小的变化，通过固定不动的平面配流盘 5 上的窗口 a、b 进行吸油、压油。若改变缸体的倾斜角度 γ，就可改变泵的排量；若改变缸体的倾斜方向，就可成为双向变量轴向柱塞泵。

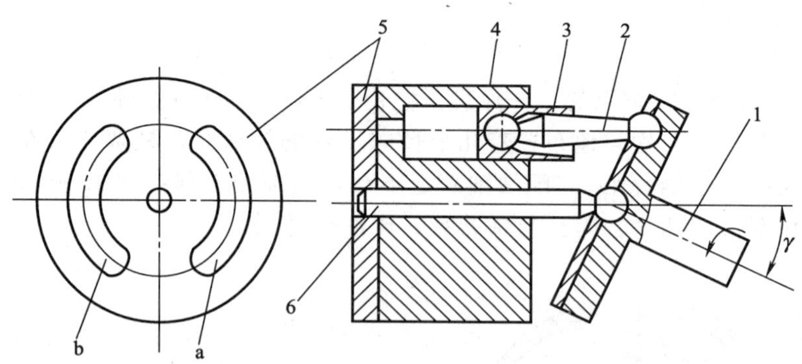

图 3-16　斜轴式轴向柱塞泵的工作原理

1—传动轴；2—连杆；3—柱塞；4—缸体；5—配流盘；6—中心轴

（2）斜盘式轴向柱塞泵　图 3-17 所示为斜盘式轴向柱塞泵的工作原理。它由斜盘 1、柱塞 2、缸体 3 和配流盘 4 等零件组成。斜盘与缸体间有一倾斜角 γ。斜盘和配流盘固定不动，柱塞在底部弹簧和油压力的作用下，其头部始终保持与斜盘紧密接触。当缸体由传动轴带动旋转时，在斜盘、弹簧和油压力的共同作用下，迫使柱塞在缸体内作往复运动，这样各柱塞与缸体间的密封容积便发生增大或缩小的变化。密封容积增大时，通过配流窗口 a 吸油；减小时，通过配流窗口 b 压油。缸体每转一转，每个柱塞各完成一次吸油和压油，缸体连续旋转，柱塞则不断的吸油和压油。

如果改变斜盘倾角 γ 的大小，就能改变柱塞行程，也就改变了泵的排量；如果改变斜盘倾角 γ 的方向，就能改变吸、压油的方向，此时就成为双向变量轴向柱塞泵。

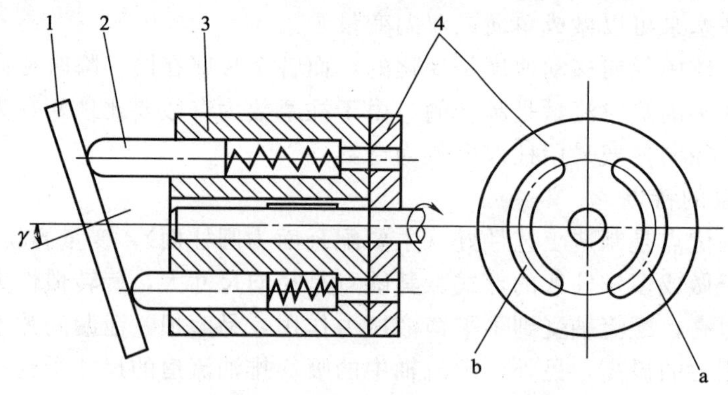

图 3-17　斜盘式轴向柱塞泵的工作原理

1—斜盘；2—柱塞；3—缸体；4—配流盘

2. 排量和流量计算

如图 3-18 所示，当缸体旋转一周时，柱塞的行程 L 为

$$L=D\tan\gamma \tag{3-20}$$

缸体转一转时，泵的排量 V 为

$$V=\frac{\pi}{4}d^2ZL=\frac{\pi}{4}d^2Z\,D\tan\gamma \tag{3-21}$$

泵的实际输出流量为

$$q=\frac{\pi}{4}d^2ZD\tan\gamma n\eta_v \tag{3-22}$$

式中，d 为柱塞直径；D 为缸体上柱塞孔的分布圆直径；γ 为斜盘倾斜角；Z 为柱塞个数；n 为电动机转速；η_v 为柱塞泵的容积效率。

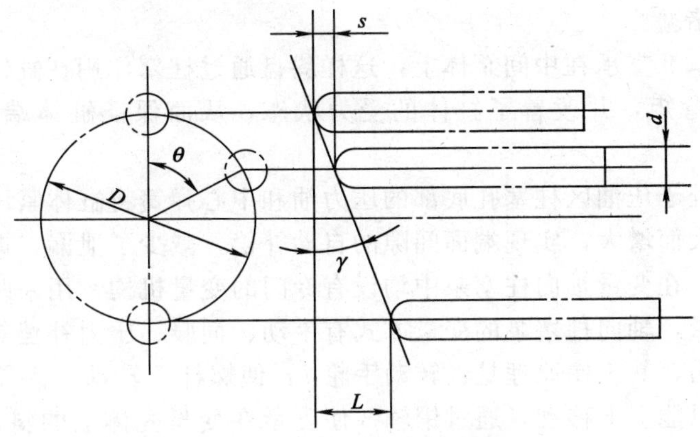

图 3-18　轴向柱塞泵流量的计算

3. 结构特点

如图 3-19 所示为常用的一种斜盘式轴向柱塞泵的典型结构，它可分为两大部分：右边的主体部分和左边的变量部分。

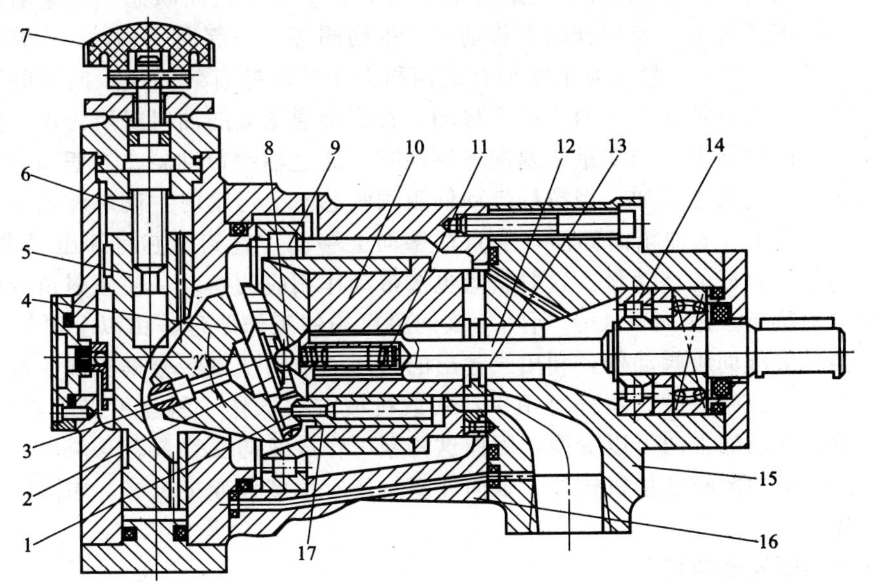

图 3-19　斜盘式轴向柱塞泵的结构

1—滑履；2—回程盘；3—销轴；4—斜盘；5—变量活塞；6—螺杆；7—手轮；8—钢球；9—大轴承；10—缸体；11—中心弹簧；12—传动轴；13—配油盘；14—前轴承；15—前泵体；16—中间泵体；17—柱塞

(1) 主体部分　主体部分由装在中间泵体 16 内的缸体 10 和配油盘 13 等组成，缸体 10 与传动轴 12 通过花键连接，在缸体的轴向柱塞孔内各装有一个柱塞 17。柱塞 17 的头部和滑履 1 以球铰连接，中心弹簧 11 一方面通过钢球 8 和回程盘 2 将各个滑履压向斜盘，使滑履始终紧贴于斜盘 4 上，不会出现脱空现象，并带动柱塞回程，使柱塞在吸油区正常外伸实现吸油；另一方面，它将缸体压在配油盘上，以保证泵启动时的密封性。

由于斜盘 4 是固定不动的，滑履 1 随柱塞 17 高速转动，故滑履 1 相对于斜盘 4 作高速相对运动，因此会产生很大的磨损。为了减少这种磨损，将柱塞中心和滑履中心均加工出小孔，将压力油经小孔引到滑履底部油室，起到液体静压支承作用，实现可靠的润滑，这样大大降低了相对运动零件表面的磨损，有利于泵在高压下工作。值得说明的是，柱塞中心和滑履中心的小孔容易堵塞。

缸体通过大轴承 9 支承在中间泵体上，这样斜盘通过柱塞作用在缸体上的径向力由大轴承承受，使轴不受弯矩，并改善了缸体的受力状态，从而保证缸体端面与配油盘更好地接触。

正常工作时，处于压油区柱塞孔底部的压力油和中心弹簧将缸体紧压在配油盘上，而且随泵的工作压力增大而增大，实现端面间隙的自动补偿，减少了泄漏，提高了容积效率。

(2) 变量机构　在变量轴向柱塞泵中均设有专门的变量机构，用来改变斜盘倾角 γ 的大小，以调节泵的排量，轴向柱塞泵的变量方式有手动、伺服、压力补偿等多种形式。图3-19 所示为手动变量机构，其工作原理是：转动手轮 7，使螺杆 6 转动，因导向键的作用，变量活塞 5 不能转动，只能上下移动，通过销轴 3 使支承在变量壳体上的斜盘 4 绕其中心转动，从而改变斜盘倾角，也就改变了泵的排量。

图 3-20 (a) 所示为轴向柱塞泵的伺服变量机构，以此机构代替图 3-19 所示的轴向柱塞泵中的手动变量机构，就成为手动伺服变量泵。其工作原理为：泵输出的高压油由通道经单向阀口进入变量机构壳体 5 的下腔 d，液压力作用在变量活塞 4 的下端。当与伺服阀阀芯 1 相连接的拉杆不动时（图示状态），变量活塞 4 的上腔 g 处于封闭状态，变量活塞不动，斜盘 3 在某一相应的位置上。当拉杆向下移动时，推动阀芯 1 一起向下移动，d 腔的液压油经通道 e 进入上腔 g。由于变量活塞上端的有效面积大于下端的有效面积，向下的液压力大于向上的液压力，故变量活塞 4 也随之向下移动，直到将通道 e 的油口封闭为止。变量活塞的移动量等于拉杆的位移量。当变量活塞向下移动时，通过轴销带动斜盘 3 摆动，斜盘倾斜角增加，泵的输出流量随之增加；当拉杆带动伺服阀阀芯向上运动时，阀芯将通道 f 打开，上腔 g 通过卸压通道 f 接通油箱而卸压，变量活塞向上移动，直到阀芯将卸压通道关闭为止。它的移动量也等于拉杆的移动量。这时斜盘也被带动作相应的摆动，使倾斜角减小，泵的流量也随之相应的减小。图 3-20 (b) 所示为该伺服机构的工作原理。由以上可知，伺服变量机构是通过操纵液压伺服阀动作，利用泵输出的液压油推动变量活塞来实现变量的。故加在拉杆上的力很小，控制灵敏。拉杆可用手动式或机械方式操作，斜盘可以倾斜±18°，故在工作过程中泵的吸压油方向可以变换，因而这种泵可作成双向变量泵。

除了以上介绍的两种变量机构外，轴向柱塞泵还有很多种变量机械。如恒压变量和恒功率变量机构等。

三、柱塞泵的安装与使用

① 轴向柱塞泵两个泄油口，安装时将高处的泄油口接上通往油箱的油管，使其无压漏油，而将低处的泄油口封死。

② 经拆洗重新安装的泵，在使用前要检查轴的回转方向和排油管的连接是否正确可靠。

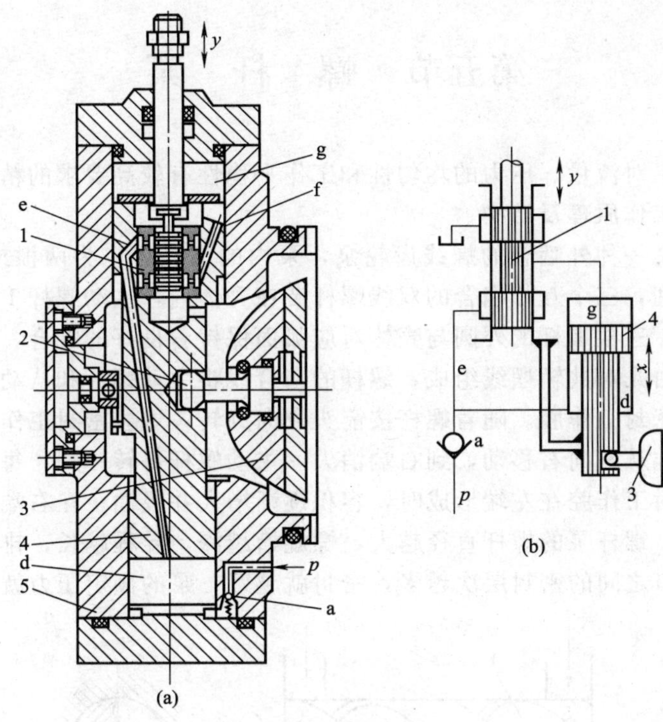

图 3-20　伺服变量机构

1—阀芯；2—球铰；3—斜盘；4—活塞；5—壳体

并且从高处的泄油口往泵体内注满工作油，先用手拨转 3～4 周后再启动，以免把泵烧坏。

③ 泵启动前应将排油路上的溢流阀调至最低压力，待泵运转正常后逐渐调高到所需压力。调整变量机构要先将排量调到最小值，再逐渐调到所需流量。

④ 若系统中装有辅助液压泵，应先启动辅助液压泵，调整控制辅助泵的溢流阀，使其达到规定的供油压力，再启动主泵。若发现异常现象，应先停主泵，待主泵停稳后再停辅助泵。

⑤ 检修液压系统时，一般不要拆洗泵。若确认泵有问题必须拆开时，则必须注意保持清洁，严防碰伤拉毛和将细小杂物留在泵内。

⑥ 装配花键轴时，不应用力过猛，各个缸孔配合要用柱塞逐个试装，不能用力打入。

柱塞泵常见故障及排除方法，见表 3-3。

表 3-3　柱塞泵常见故障及排除方法

故障现象	原　　因	排 除 方 法
流量不足或不排油	变量机构失灵或倾斜盘实际倾角太小	修复调整变量机构
	回程盘损坏而使泵无法自吸	更换回程盘
	中心弹簧断裂使柱塞回程不够或不能回程，缸体与配油盘间失去密封	更换弹簧
输出压力不足	缸体与配油盘之间、柱塞与缸孔之间严重磨损	修磨接触面，重新调整间隙或更换配油盘和柱塞等
	外泄漏	紧固各连接处，更换油封
变量机构失灵	控制油路上的小孔被堵塞	净化液压油，用压力油冲洗将泵拆开，冲洗控制油路的小孔
	变量机构中的活塞或弹簧芯轴卡死	若机械卡死应研磨修复，若油液污染应净化油液

第五节　螺　杆　泵

螺杆泵主要用于对流量、压力的均匀性和工作平稳性有较高要求的精密机床液压系统。

一、螺杆泵的工作原理及结构

螺杆泵实质上是一种外啮合的螺线齿轮泵，泵内的螺杆可以为两根或多根。图 3-21 为三螺杆泵的工作原理，三个互相啮合的双线螺杆装在壳体内，主动螺杆 1 为凸螺杆，两根从动螺杆 2 为凹螺杆。三根螺杆的外圆与壳体对应弧面保持着良好的配合，间隙很小。在横截面内，它们的齿廓由几对共轭摆线组成，螺杆的啮合线将主动螺杆和从动螺杆的螺旋槽分割为多个相互隔离的密封工作腔。随着螺杆按箭头方向旋转，这些密封工作腔一个接一个地在左端形成，并不断地从左向右移动，到右端消失。主动螺杆每转一周，每个密封工作腔移动一个螺旋导程。密封工作腔在左端形成时，容积逐渐增大并吸油；在右端消失时，容积逐渐缩小而将油液压出。螺杆泵的螺杆直径越大，螺旋槽越深，导程越长，排量就越大；螺杆越长，吸油口和压油口之间的密封层次越多，密封就越好，泵的额定压力就越高。

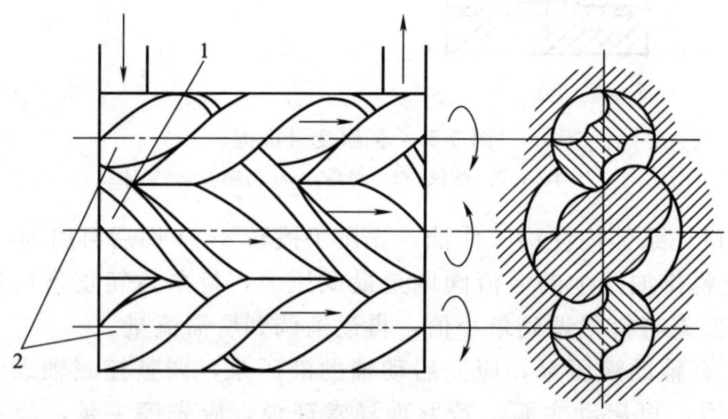

图 3-21　三螺杆泵的工作原理

1—主动螺杆（凸螺杆）；2—从动螺杆（凹螺杆）

图 3-22 为螺杆泵的结构简图。泵体由后盖 1、壳体 2 和前盖 5 组合而成，主动螺杆 3 和两根从动螺杆 4，与泵体一起组成密封工作腔。当主动螺杆按图所示箭头方向转动，密封工作腔便由左向右移动，左端油口进油，右端油口排油。

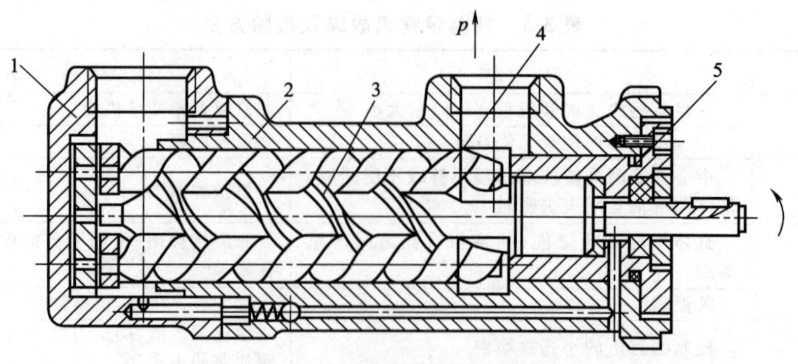

图 3-22　螺杆泵的结构简图

1—后盖；2—壳体；3—主动螺杆；4—从动螺杆；5—前盖

二、螺杆泵的特点

① 无困油现象，工作平稳。理论上流量无脉动。

② 结构简单，转动惯量小，可采用很高的转速。

③ 容积效率高，额定压力高。一般容积效率可达 95%，额定工作压力可达 20MPa。

④ 密封面积大，对油液的污染不敏感。

⑤ 螺杆形状复杂，加工精度高，需要专用设备。

第六节　液压泵的选用

选择液压泵的主要原则是满足系统的工况要求，并以此为根据，确定泵的输出流量、工作压力和结构形式。

一、确定泵的额定流量

泵的流量应满足执行元件最高速度要求，所以泵的输出流量 q 应根据系统所需的最大流量和泄漏量来确定，即

$$q_p \geqslant K q_{max} \tag{3-23}$$

式中　q_p——泵的输出流量；

K——系统的泄漏系数，一般 $K=1.1\sim1.3$（管路长取大值，管路短取小值）；

q_{max}——执行元件实际需要的最大流量。

由计算所得的流量选用泵时考虑以下几种情况。

① 如果系统由单泵供给一个执行元件，则按执行零件的最高速度要求选用液压泵。

② 如果系统由双泵供油，则按工作进给的最高工进速度要求选用小流量泵，快速进给由双泵同时供油，应按快速进给的速度要求，求出快速进给的需油量，从中减去工作进给的小流量泵的流量，即为大流量泵的流量。

③ 系统由一台液压泵供油给几个执行元件，则应计算出各个阶段每个执行元件所需流量，作出流量循环图，按最大流量选取泵的流量。

④ 多个执行元件同时动作，应按同时动作的执行元件的最大流量之和确定泵的流量。

⑤ 对于工作过程始终用节流阀调速的系统，在确定泵的流量时，还应加上溢流阀的最小溢流量（一般取 3L/min）。

⑥ 如果系统中有蓄能器做执行零件的能源补充，则泵的流量规格可选小些。

求出泵的输出流量后，按产品样本选取额定流量等于或稍大于计算出的泵流量 q_p。

二、确定液压泵的额定压力

泵的工作压力应根据液压缸的最高工作压力来确定，即

$$p_p \geqslant p_{max} + \sum \Delta p \text{ 或 } p_p \geqslant K p_{max} \tag{3-24}$$

式中　p_p——泵的工作压力；

p_{max}——执行元件的最高工作压力；

$\sum \Delta p$——进油路和回油路的总压力损失。初算时，对于节流调速和较简单的油路，可取 0.2～0.5MPa；对于进油路设有调速阀和管路较复杂的系统可取 0.5～1.5MPa；

K——系数，考虑液压泵至执行元件管路中的压力损失，取 $K=1.3\sim1.5$。

液压泵产品样本中，标明的是泵的额定压力和最高压力值。算出 p_p 后，应按额定压力

来选择，应使被选用泵的额定压力等于或高于计算值。

三、选择液压泵的结构形式

把已确定了的 q_p 和 p_p 值，与要选择的液压泵铭牌上的额定压力和额定流量进行比较，使铭牌上的数值等于或稍大于 q_p 和 p_p 值即可（注意不要大得太多）。一般情况下，额定压力为 2.5MPa 时，应选用齿轮泵；额定压力为 6.3MPa 时，应选用叶片泵；若工作压力更高时，就选择柱塞泵；如果机床的负载较大，并有快速和慢速工作行程时，可选用限压式变量叶片泵；应用于机床辅助装置，如送料和夹紧等不重要的场合，可选用价格低廉的齿轮泵；采用节流调速时，可选用定量泵；如果是大功率场合，为容积调速或容积节流调速时，均要选用变量泵；中低压系统采用叶片变量泵；中高压系统采用柱塞变量泵。

在具体选择时，可参考表 3-4。

表 3-4　常用的液压泵性能、特点和应用范围

项目＼类型	齿轮泵	双作用式叶片泵	单作用式叶片泵	径向柱塞泵	轴向柱塞泵
输出压力	低压	中压	中压	高压	高压
流量调节	不能	不能	能	能	能
总效率	低	较高	较高	高	高
流量脉动	很大	很小	一般	一般	一般
自吸特性	好	较差	较差	差	差
对油污染的敏感性	不敏感	较敏感	较敏感	很敏感	很敏感
噪声	大	小	较大	大	大
特点	结构简单，价格便宜，工作可靠，自吸性好，维护方便，耐冲击，转动惯量大。流量不可调节，脉动大，噪声大，易磨损，压力低，效率低	轴承径向受力平衡，寿命较高，流量均匀，运转平稳，噪声小，结构紧凑，但不能做成变量泵，定子曲面易磨损，叶片易咬死或折断	轴承上承受单向力，易磨损，泄漏大，压力不高。可做成变量泵，与变量柱塞泵相比，具有结构简单、价格便宜的优点	密封性好，效率高，工作压力高，流量调节方便，耐冲击振动能力强，工作可靠，但结构复杂，价格较贵，与轴向柱塞泵相比，径向尺寸大，转速不能过高	由于径向尺寸小，转动惯量小，所以转速高，流量大，压力高，变量方便，效率高。但结构复杂，价格较贵，油液需清洁，耐冲击振动性比径向柱塞泵稍差
应用范围	机床、工程机械、农机、航空、船舶、一般机械	机床、注塑机、起重运输机械、工程机械、航空等中压系统中	机床、注塑机等一些中低压液压系统中	多用于 10MPa 以上的各类液压系统中，如拉床、压力机、船舶	在各类高压系统中应用广泛，如锻压、起重运输、工程、矿山、冶金机械等

小　结

1. 液压泵在液压系统中作为动力元件，将原动机输入的机械能转变为液压能，以压力与流量的形式输出。按其结构液压泵又可分为齿轮泵、叶片泵和柱塞泵。

2. 液压泵的工作原理：液压泵是利用运动件与非运动件形成的密闭容积大小发生变化工作的，容积增大时进行吸油，容积减小时排油。外啮合齿轮泵的密闭容积由泵体、前后盖板与齿轮组成；叶片泵的密闭容积由定子、转子、叶片、配油盘等组成；柱塞泵的密闭容积由柱塞和缸体组成。

3. 液压泵的主要性能参数有压力、流量、功率和效率。总效率是容积效率与机械效率的乘积。

4. 齿轮泵泄漏的三个途径。

5. 常用泵（齿轮泵、叶片泵、柱塞泵和螺杆泵）的主要优缺点及其在工作原理、性能和应用范围上的差别。

6. 液压泵排量和流量的计算，以及变量泵的变量方式等。

7. 液压泵主要根据系统工作压力、流量、工作性能、环境要求进行选择。

习　题　三

3-1　试述液压泵正常工作必须具备什么条件？

3-2　液压泵的工作压力和额定压力各由什么决定？二者有何关系？

3-3　什么是齿轮泵的困油现象？有何危害？如何消除？

3-4　齿轮泵压力的提高主要受哪些因素的影响？提高齿轮泵压力的方法有哪些？

3-5　齿轮泵有哪些泄漏途径？如何减小泄漏？

3-6　试说明叶片泵的工作原理。单作用叶片泵和双作用叶片泵各有何优缺点？

3-7　柱塞泵分哪几种类型？各有何特点？

3-8　试说明常用液压泵中哪些能实现单向变量？哪些能实现双向变量？

第四章　液压执行元件

【导读】 液压执行元件是将液压能转化为机械能的工作装置。本章讨论液压马达和液压缸两类液压执行元件。其中液压马达将液压能转换成连续回转的机械能，而液压缸将液压能转换成往复直线运动或摆动运动的机械能。

液压马达和液压泵从原理上来说，同类型的是可以互相使用，但事实上，由于二者功能不同，导致结构存在差异。学习中注意相互对照。

液压缸是应用最广泛的一种液压执行元件，本章着重介绍液压缸的类型和工作原理、液压缸的典型结构和密封，并对液压缸的设计计算进行了简介。

第一节　液 压 马 达

液压马达和液压泵在结构上是基本相同的，从原理上讲，液压马达可以当作液压泵用，液压泵也可以当作液压马达用。事实上，由于两者的使用目的不一样，导致了它们在结构上的某些差异。例如，液压马达需要正、反转，所以在内部结构上应具有对称性，其进、出油口大小相等；而液压泵一般是单方向旋转，因而没有这一要求，为了改善吸油性能，其吸油口往往大于压油口，故只有少数泵能当作马达使用。

一、概述

1. 液压马达的分类

液压马达的形式很多。按照转速的不同，液压马达可分为高速和低速两大类。一般认为额定转速高于 500r/min 的属于高速马达，额定转速低于 500r/min 的属于低速马达。

按照运动构件的形状和运动方式分为齿轮马达、叶片马达、柱塞马达和螺杆马达。

按照排量可否调节，液压马达可分为定量马达和变量马达两大类。变量马达又可分为单向变量马达和双向变量马达。

液压马达的图形符号见附录。

2. 液压马达的主要性能参数

在液压马达的各项性能参数中，压力、排量、流量等参数与液压泵同类参数有相似的含义，其原则差别在于：在泵中它们是输出参数，在马达中则是输入参数。从液压马达的输出来看，其主要性能表现为转速、转矩和效率。

（1）容积效率和转速　因为液压马达存在泄漏，输入马达的实际流量 q_m 必然大于理论流量 q_{mt}，故液压马达的容积效率为

$$\eta_{mv}=\frac{q_{mt}}{q_m} \tag{4-1}$$

将 $q_{mt}=V_m n_m$ 代入式（4-1），可得液压马达的转速公式为

$$n_m=\frac{q_m}{V_m}\eta_{mv} \tag{4-2}$$

式中，V_m 为液压马达的排量。

(2) 机械效率和转矩　由于液压马达工作时存在摩擦，它的实际输出转矩 T_m 必小于理论转矩 T_{mt}，故液压马达的机械效率为

$$\eta_m=\frac{T_m}{T_{mt}} \tag{4-3}$$

设马达进、出口间的工作压差为 Δp，则马达的理论功率（忽略能量损失时）表达式为

$$P_{mt}=2\pi n T_{mt}=\Delta p q_{mt}=\Delta p V_m n_m \tag{4-4}$$

则

$$T_{mt}=\frac{\Delta p V_m}{2\pi} \tag{4-5}$$

将式（4-5）代入式（4-3），可得液压马达的输出转矩公式为

$$T_m=\frac{\Delta p V_m}{2\pi}\eta_m \tag{4-6}$$

(3) 总效率　马达的输入功率为 $P_{mi}=\Delta p q_m$，输出功率为 $P_{mo}=2\pi n_m T_m$，马达的总效率 η 为输出功率 P_{mo} 与输入功率 P_{mi} 的比值，即

$$\eta=\frac{P_{mo}}{P_{mi}}=\frac{2\pi n_m T_m}{\Delta p q_m}=\frac{2\pi n_m T_m}{\Delta p\dfrac{V_m n_m}{\eta_{mv}}}=\frac{T_m}{\dfrac{\Delta p V_m}{2\pi}}\eta_{mv}=\eta_m\eta_{mv} \tag{4-7}$$

由式（4-7）可知，液压马达的总效率等于机械效率与容积效率的乘积。

3. 液压马达工作的基本条件

① 要形成密封和可变的工作容积；

② 要产生驱动负载转矩；

③ 要有适当的配流方式，即密封容积变大，高压油可以进入；密封容积变小，低压油可以排出。

二、高速马达

高速马达有齿轮马达、叶片马达、柱塞马达和螺杆马达等。高速马达的特点是：转速较高，转动惯量小，便于启动和制动，调节和换向灵敏度高。通常高速液压马达的输出转矩仅有数十到数百牛·米，转矩不大，所以又称为高速小转矩液压马达。

1. 齿轮高速马达

(1) 工作原理　齿轮马达的工作原理如图 4-1 所示。图中 P 点为两齿轮的啮合点。设齿轮的齿高为 h，啮合点 P 到两齿根的距离分别为 a 和 b。由于 a 和 b 都小于 h，所以当压力油作用到齿面上时（如图中箭头所示，齿面上两边受力平衡部分都未用箭头表示），在两个齿轮上就各有一个使它们产生转矩的作用力：其中作用在下齿轮的力为 $pB(h\text{-}a)$；作用在上齿轮的力为 $pB(h\text{-}b)$，p 为输入油液压力，B 为齿宽。在上述力的作用下，两齿轮按图示方向回转，并把油液带到低压腔随着轮齿的啮合而排出，同时在液压马达的输出轴上输出一定的转矩和

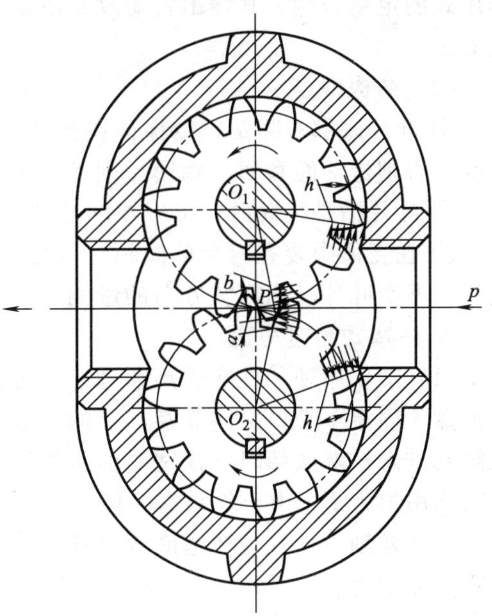

图 4-1　齿轮马达的工作原理

转速。

（2）结构特点

① 齿轮马达的进、回油通道对称布置，孔径相同，以使马达正反转时性能相同。

② 齿轮马达采用外泄油孔，一般回油也有背压。

③ 为适应齿轮马达正反转的工作要求，泄荷槽等必须对称布置。

④ 为减少转动脉动，齿轮马达的齿数比齿轮泵的齿数多。

⑤ 为了减小摩擦损失，改善启动性能，齿轮马达多采用滚动轴承。

2. 叶片高速马达

（1）工作原理　双作用叶片马达的工作原理如图 4-2 所示。当压力为 p 的油液从配油窗口进入相邻叶片间的密封工作腔时，位于进油腔的叶片 8、4 因两面所受的压力相同，故不产生转矩。位于回油腔的叶片 2、6 也同样不产生转矩。而位于封油区的叶片 1、5 和 3、7 因一面受进油的高压作用，另一面受回油的低压作用，故可产生转矩，且叶片 1、5 的转矩方向与叶片 3、7 相反，但因叶片 1、5 的承压面积大、转矩大，因此转子沿着叶片 1、5 的转矩方向作顺时针方向旋转。叶片 1、5 和 3、7 产生的转矩差就是液压马达的（理论）输出转矩。当定子的长短径差越大、转子的直径越大以及输入的油压越高时，马达的输出转矩也越大。当改变输油方向时，液压马达反转。所有的叶片泵在理论上均能作相应的液压马达。但由于变量叶片马达结构较复杂，相对运动部件多，泄漏较大，容积效率低，机械特性软和调节不便等原因，叶片马达一般都是双作用式的定量马达。其输出转矩 T_M 决定于输入的油压 p_M，输出转速 n_M 决定于输入的流量 Q_M。

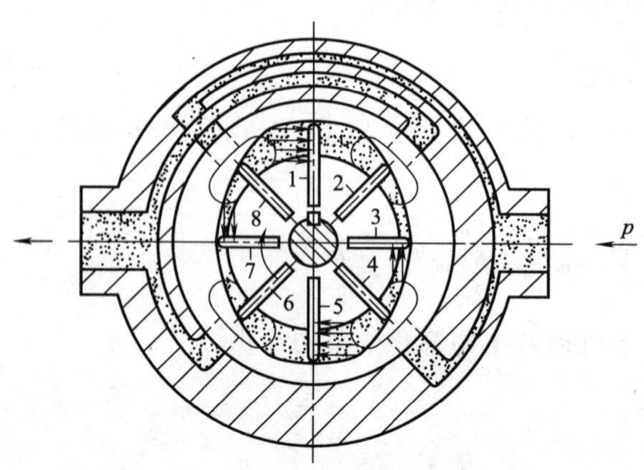

图 4-2　双作用叶片马达的工作原理

（2）结构特点

① 叶片底部有弹簧，以保证在初始条件下叶片能紧贴在定子内表面上，以形成密封工作腔。否则进油腔和回油相通，则无法形成油压，也无法输出转矩。

② 叶片槽是径向的，可以双向旋转。

③ 在壳体中装有两个单向阀，以使叶片底部能始终通压力油（让叶片和定子内表面压紧）而不受叶片马达回转方向的影响。

3. 柱塞式高速马达

（1）工作原理　柱塞式高速马达一般都是轴向式，图 4-3 所示为其工作原理。斜盘 1 和配油盘 4 固定不动，缸体 3 及其上的柱塞 2 可绕缸体的水平轴线旋转。当压力油经配油盘通入缸孔进入柱塞底部时，柱塞受油压作用而向外顶出，紧紧压在斜盘面上，这时斜盘对柱塞的反作用力为 F。由于斜盘有一倾斜角 γ，所以 F 可分解为两个分力；一个是轴向分力 F_x，平行于柱塞轴线，并与柱塞底部油压力平衡；另一个分力是 F_y，垂直于柱塞轴线。它们的计算值分别为

$$F_x = p\frac{\pi}{4}d^2$$

$$F_y = F_x \tan\gamma = p\frac{\pi}{4}d^2\tan\gamma$$

分力 F_y 对缸体轴线产生力矩，带动缸体旋转。缸体再通过主轴（图中未标明）向外输出转矩和转速，成为液压马达。由图可见，处于压油区（半周）内每个柱塞上的 F_y 对缸体产生的瞬时转矩 T' 为

$$T' = F_y h = F_y R\sin\alpha \qquad (4\text{-}8)$$

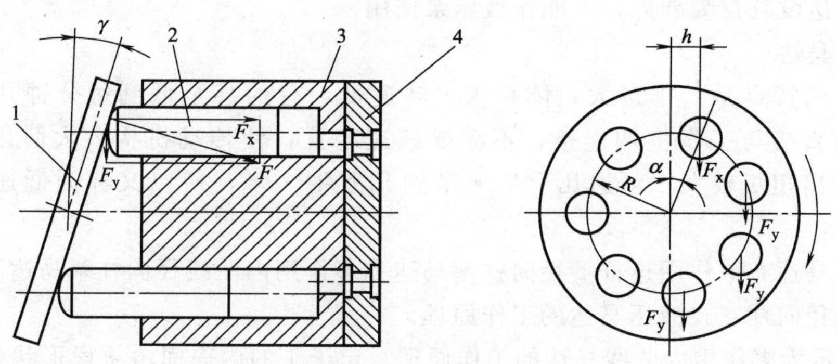

图 4-3 轴向柱塞式高速马达工作原理

1—斜盘；2—柱塞；3—缸体；4—配油盘

式中，h 为 F_y 与缸体轴心线的垂直距离；R 为柱塞在缸体上的分布圆半径；α 为压油区内柱塞对缸体轴心线的瞬时方位角。

液压马达的输出转矩，等于处在压油区（半周）内各柱塞瞬时转矩 T' 的总和。由于柱塞的瞬时方位角是变量，使 T' 也按正弦规律变化，所以液压马达输出的转矩也是脉动的。

若改变液压马达压力油的输入方向，则液压马达输出轴的旋转方向与原方向相反；改变斜盘倾角 γ 的大小和方向，可使液压马达的排量、输出扭矩和转向发生变化。

(2) 结构 图 4-4 所示为 ZM 型轴向柱塞液压马达的结构。斜盘 2（由止推滚动轴承组成）和配油盘 7 是固定不动的。回转缸体部分分成缸体 6 和鼓轮 3，装在输出轴 1 上。鼓轮用键与输出轴相连，作为传递动力之用。液压力通过柱塞 8，使推杆 9 作用在斜盘上。斜盘的反作用力则使推杆和鼓轮产生旋转运动，带动输出轴转动。鼓轮又利用拔销 5 带动缸体一

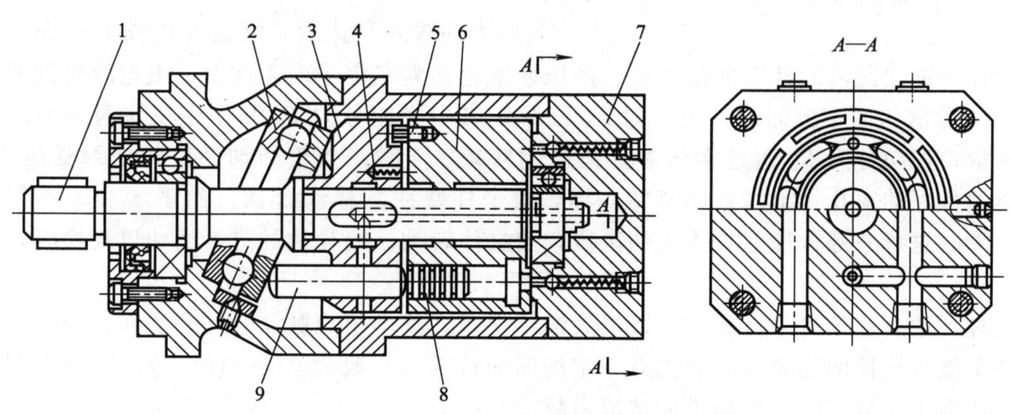

图 4-4 ZM 型轴向柱塞液压马达结构

1—输出轴；2—斜盘；3—鼓轮；4—预紧弹簧；5—拔销；6—缸体；7—配油盘；8—柱塞；9—推杆

起转动。这样，推杆和鼓轮承受的颠覆力矩不会传到配油盘表面上去，同样柱塞和缸体也只承受轴向力，于是减小了相对运动件之间的不均匀磨损，提高了配油盘表面的密封性能。缸体和输出轴之间接触长度很短，使缸体有一定的自位作用，能更好地保证配油盘表面和缸体端面的良好接触。同时，缸体在三个均布的预紧弹簧 4 和作用在缸孔底面的液压力作用下，压向配油盘表面，保证密封可靠，并使接触面磨损后能自动补偿。由于采取了这些措施，故容积效率较高。

该液压马达没有自吸能力，不能作液压泵使用。

三、低速马达

低速马达的特点是：排量大，体积大、转速低，有的甚至低到每分钟几转甚至不到一转。因此可直接与工作机构连接，不需要减速装置，使传动机构大大简化。通常低速液压马达的输出扭矩较大，可达几千牛·米到几万牛·米，所以又称为低速大扭矩液压马达。

低速液压马达有单作用连杆型径向柱塞马达和多作用内曲线径向柱塞马达等。下面介绍多作用内曲线径向柱塞式液压马达的工作原理。

图 4-5 所示为多作用内曲线马达的工作原理。定子 1 的内表面由 x 段形状相同作均匀分布的曲面组成，曲面的数目 x 就是马达的作用次数（本例 $X=6$）。每一曲面的凹部的顶点处分为对称的两半，一半为进油区段（即工作区段），另一半为回油区段。缸体 2 有 z 个（本例为 8 个）径向柱塞孔沿圆周均布，柱塞孔中装有柱塞 3。柱塞头部与横梁 4 接触，横梁可在缸体的径向槽中滑动。安装在横梁两端轴颈上的滚轮 5 可沿定子内表面滚动。在缸体内，每个柱塞孔底部都有一配流孔与配流轴 6 相通。配流轴是固定不动的，其上有 $2x$ 个配流窗孔沿圆周均匀分布，其中有 x 个窗孔 A 与轴中心的进油孔相通，另外 x 个窗孔 B 与回油孔道相通，$2x$ 个配流窗孔位置又分别和定子内表面的进、回油区段位置一一相对应。

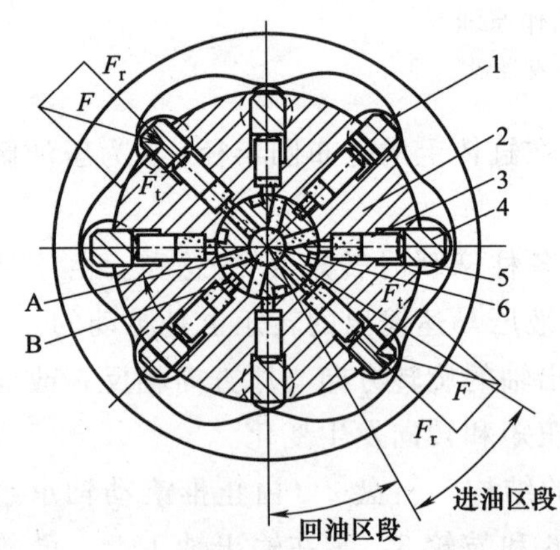

图 4-5　多作用内曲线马达的工作原理

1—定子；2—缸体；3—柱塞；4—横梁；5—滚轮；6—配流轴

当压力油输入马达后，通过配流轴上的进油窗孔分配到处于进油区段的柱塞底部油腔。油压使滚轮顶紧在定子内表面上，滚轮所受到的法向反力 F 可分解为两个方向的分力，即 F_r 和 F_t，其中径向分力 F_r 和作用在柱塞后端的液压力相平衡，切向分力 F_t 通过横梁对缸体产生转矩。同时，处于回油区段的柱塞受压缩回，把低压油从回油窗孔排出。缸体每转一周，每个柱塞往复移动 x 次。由于 x 和 z 不等，所以任一瞬时总有一部分柱塞处于进油区段，使缸体转动。当马达的进、回油口互换时，马达将反转。

这种马达有些具有多排柱塞，以增大输出扭矩，减小扭矩脉动。该马达在使用时，其回油管路不能直接接回油箱，必须具有一定的回油背压（一般为 0.5～1MPa），以防止在回油区段滚轮在工作过程中脱离轨道而造成事故。

多作用内曲线径向柱塞马达扭矩脉动小，径向力平衡，启动扭矩大，并能在低速下稳定地运转，因而获得了广泛的应用。

第二节 液 压 缸

一、液压缸的类型、特点及应用

液压缸有多种类型，按其结构形式不同，液压缸可以分为活塞缸、柱塞缸、摆动缸和组合缸四类。活塞缸和柱塞缸实现往复运动，输出推力和速度，摆动缸则能实现小于 360°的往复摆动，输出转矩和角速度；组合缸具有较特殊的结构和功用。

液压缸按液体压力的作用方式，又可分为单作用液压缸和双作用液压缸。单作用液压缸是利用液体压力产生的推力推动活塞向一个方向运动，反向复位靠外力来实现。双作用液压缸则是利用液体压力产生的推力推动活塞作正反两个方向的运动。

1. 活塞式液压缸

活塞式液压缸可分为双杆式和单杆式两种结构。其固定方式有缸体固定和活塞杆固定两种。

（1）双杆活塞式液压缸　图 4-6 所示为双杆活塞式液压缸的工作原理。活塞两侧均装有活塞杆。当两活塞杆直径相同（即有效工作面积相等）、供油压力和流量不变时，活塞（或缸体）在两个方向的运动速度和推力也都相等，即

$$v=\frac{q_v}{A}=\frac{4q_v}{\pi(D^2-d^2)} \tag{4-9}$$

$$F=(p_1-p_2)A=\frac{\pi}{4}(D^2-d^2)(p_1-p_2) \tag{4-10}$$

式中　v——活塞（或缸体）的运动速度；

q_v——输入液压缸的流量；

F——活塞（或缸体）上的液压推力；

p_1——液压缸的进油压力；

p_2——液压缸的回油压力；

A——活塞的有效作用面积；

D——活塞直径（即缸体内径）；

d——活塞杆直径。

这种两个方向等速、等力的特性使双杆液压缸可以用于双向负载基本相等的场合，如磨床液压系统。

图 4-6（a）所示为缸体固定式结构，缸的左腔进油，推动活塞向右移动，右腔则回油；反之，活塞向左移动。这种液压缸上某一点的运动行程约等于活塞有效行程的三倍，一般用于中小型设备。

图 4-6（b）所示为活塞杆固定式结构，缸的左腔进油，推动缸体向左移动，右腔回油，反之缸体向右移动。这种液压缸上某一点的运动行程约等于缸体有效行程的两倍，常用于大中型设备。

（2）单杆活塞式液压缸　图 4-7 所示为双作用单杆活塞式液压缸。它只在活塞的一侧装有活塞杆，因而两腔有效作用面积不同，当向缸的两腔分别供油，且供油压力和流量不变时，活塞在两个方向的运动速度和输出推力也不相等。方向的运动速度和输出推力也不相等。

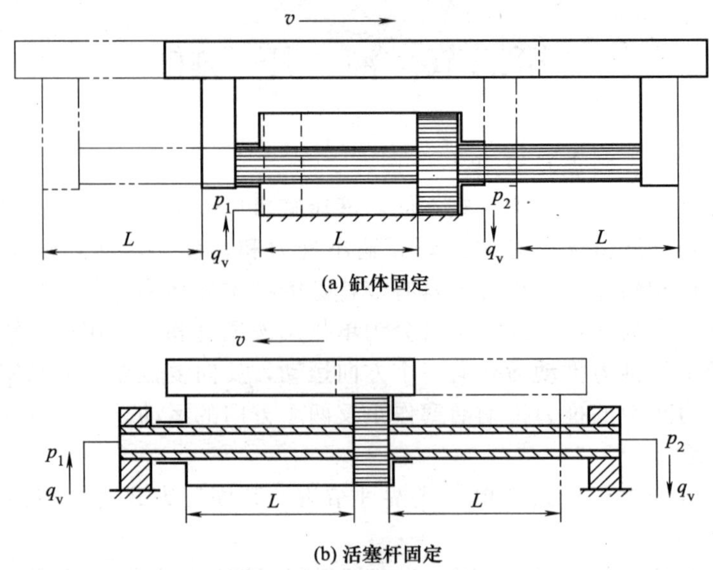

图 4-6　双杆活塞液压缸

① 无杆腔进油［图 4-7（a）］活塞的运动速度 v_1 为

$$v_1=\frac{q_v}{A_1}=\frac{4q_v}{\pi D_2} \tag{4-11}$$

推力 F_1：$F_1=p_1A_1-p_2A_2=\frac{\pi}{4}D^2p_1-\frac{\pi}{4}(D^2-d^2)p_2=\frac{\pi}{4}D^2(p_1-p_2)+\frac{\pi}{4}d_2p_2$ (4-12)

② 有杆腔进油时［图 4-7（b）］。活塞的运动速度 v_2 为

$$v_2=\frac{q_v}{A_2}=\frac{4q_v}{\pi(D_2-d_2)} \tag{4-13}$$

推力 F_2

$$F_2=p_1A_2-p_2A_1=\frac{\pi}{4}(D^2-d^2)p_1-\frac{\pi}{4}D^2p_2=\frac{\pi}{4}D^2(p_1-p_2)-\frac{\pi}{4}d^2p_1 \tag{4-14}$$

式中　q_v——输入液压缸的流量；

p_1——液压缸的进油压力；

p_2——液压缸的回油压力；

D——活塞直径（即缸体内径）；

d——活塞杆直径；

A_1，A_2——分别为液压缸无杆腔和有杆腔的活塞有效作用面积。

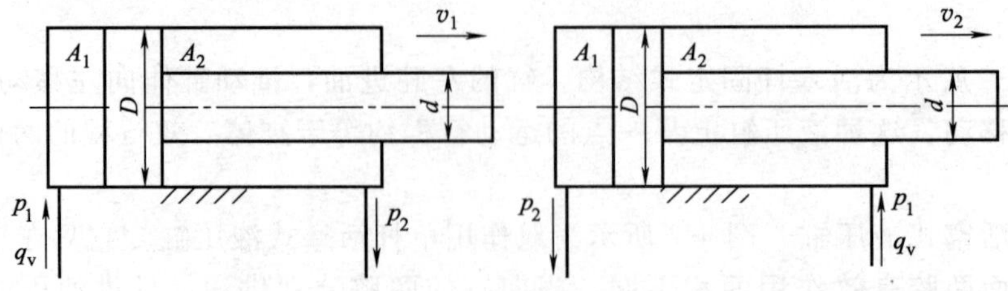

图 4-7　双作用单杆活塞式液压缸

比较上述各式，由于 $A_1>A_2$ 故 $v_1<v_2$，$F_1>F_2$。活塞杆伸出时，推力较大，速度较小；活塞杆缩回时，推力较小，速度较大。因而它常用于实现机床的工作进给（用 v_1、F_1）和快速退回（v_2、F_2）。

由式（4-11）和式（4-13）得液压缸往复运动时速比为

$$\lambda_v=\frac{v_2}{v_1}=\frac{D^2}{D^2-d^2} \tag{4-15}$$

式（4-15）表明，当活塞杆直径愈小时，速比愈接近于 1，两个方向的速度差值愈小。

③ 有杆腔和无杆腔同时进油（图 4-8）。在忽略两腔通油路压力损失的情况下，两腔的油液压力相等。但由于无杆腔受力面积大于有杆腔受力面积，活塞向右的作用力大于向左的作用力，活塞杆作伸出运动，并将有杆腔的油液挤出，流进无杆腔，加快活塞杆的伸出速度。通常把单杆液压缸有杆腔和无杆腔同时进油的这种油路连接方式称为差动连接。

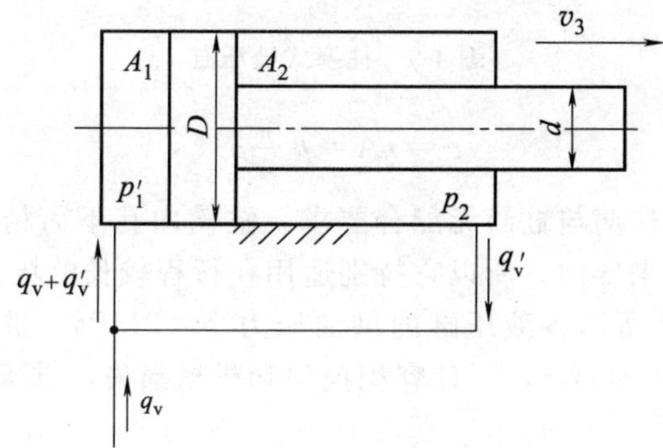

图 4-8　差动连接液压缸

差动连接时，有杆腔排出流量 $q_v'=v_3A_2$ 进入无杆腔，则根据连续性方程有

$$v_3A_1=q_v+q_v'=q_v+v_3A_2$$

则活塞速度 v_3

$$v_3=\frac{q_v}{A_1-A_2}=\frac{4q_v}{\pi d^2} \tag{4-16}$$

若要使活塞往返速度相等，即 $v_3=v_2$，则 $D=\sqrt{2}d$。

差动连接时，$p_2\approx p_1$

活塞推力 F_3

$$F_3=p_1A_1-p_2A_2\approx\frac{\pi}{4}D^2p_1-\frac{\pi}{4}(D^2-d^2)p_1=\frac{\pi}{4}d^2p_1 \tag{4-17}$$

由式（4-16）和式（4-17）可知，差动连接时实际起有效作用的面积是活塞杆的横截面积。

单杆缸往复运动范围约为有效行程的两倍，其结构紧凑，应用广泛。实际生产中，单活塞杆液压缸常用在实现“快速接近（v_3）→慢速进给（v_1）→快速退回（v_2）”工作循环的组合机床液压传动系统中。

2. 柱塞式液压缸

柱塞式液压缸是一种单作用液压缸，其工作原理如图 4-9（a）所示，柱塞与工作部件连接，缸筒固定在机体上，当压力油进入缸筒时，推动柱塞带动运动部件向右运动，但反向退回时必须靠其他外力或自重驱动。所以通常成对反向布置使用，如图 4-9（b）所示，当柱塞的直径为 d，输入液压油的流量为 q_v 压力为 p 时，则

柱塞的速度 v

$$v=\frac{q_v}{A}=\frac{4q_v}{\pi d^2} \tag{4-18}$$

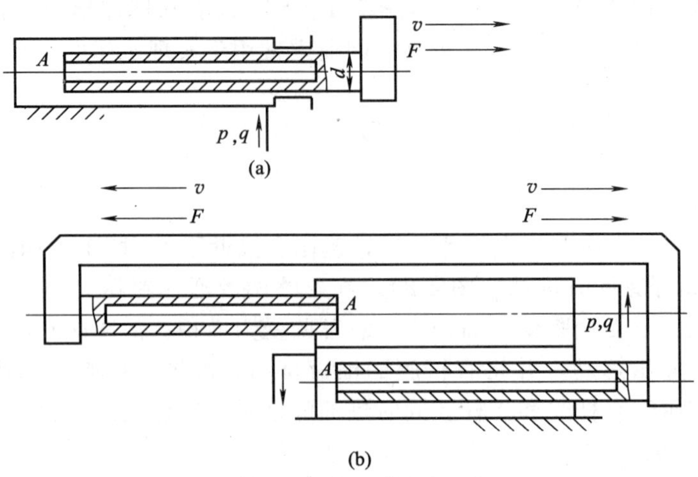

图 4-9 柱塞式液压缸

柱塞的推力 F $$F=pA=p\frac{\pi}{4}d^2 \quad (4\text{-}19)$$

因为柱塞式液压缸的柱塞与缸筒无配合要求，缸筒内孔不需精加工，甚至可以不加工。运动时由缸盖上的导向套来导向，所以它特别适用在行程较长的场合。

【例 4-1】 如图 4-10 所示各液压缸的供油压力 $p=2\text{MPa}$，供油流量 $q=30\text{L/min}$，横截面积 $A_1=100\text{cm}^2$、$A_2=50\text{cm}^2$，不计容积损失和机械损失，试确定各液压缸的运动方向、运动速度和牵引力。

解 （1）图 4-10（a）所示为柱塞缸

缸筒运动速度 v $v=q/A_2=30\times10^{-3}/50\times10^{-4}\text{m/min}=6\text{m/min}=10\text{cm/s}$

牵引力 F $F=pA_2=20\times10^5\times50\times10^{-4}\text{N}=10000\text{N}=10\text{kN}$

由于柱塞固定，则缸筒向左方向运动。

（2）图 4-10（b）所示为并联活塞缸

缸筒运动速度 v $v=0.5q/A_1=0.5\times30\times10^{-3}/100\times10^{-4}\text{m/min}=1.5\text{m/min}=2.5\text{cm/s}$

牵引力 F $F=pA_1=20\times10^5\times1000\times10^{-4}\text{N}=20000\text{N}=20\text{kN}$

由于活塞杆固定，则液压缸运动方向向左。

（3）图 4-10（c）所示为差动连接

缸筒运动速度 v $v=q/A_2=30\times10^{-3}/50\times10^{-4}\text{m/min}=6\text{m/min}=10\text{cm/s}$

牵引力 F $F=pA_2=20\times10^5\times50\times10^{-4}\text{N}=10000\text{N}=10\text{kN}$

由于活塞杆固定，则液压缸运动方向向左。

（4）图 4-10（d）所示为串联活塞缸

缸筒运动速度 v

$$v=q/(A_1-A_2)=30\times10^{-3}/[(100-50)\times10^{-4}]\text{m/min}=6\text{m/min}=10\text{cm/s}$$

牵引力 F $F=0.5\times p(A_1-A_2)=0.5\times20\times10^5\times(100-50)\times10^{-4}\text{N}=5000\text{N}=5\text{kN}$

由于活塞杆固定，则缸筒运动方向向右。

3. 摆动式液压缸

摆动式液压缸是输出转矩并实现往复摆动的一种液压缸。叶片式摆动液压缸如图 4-11 所示，按叶片数量可为单叶片、双叶片和多叶片摆动缸。图 4-11（a）为单叶片摆动缸，它的摆动角度较大，可达 300°。当摆动缸进出油口压力分别为 p_1 和 p_2，输入流量为 q_v

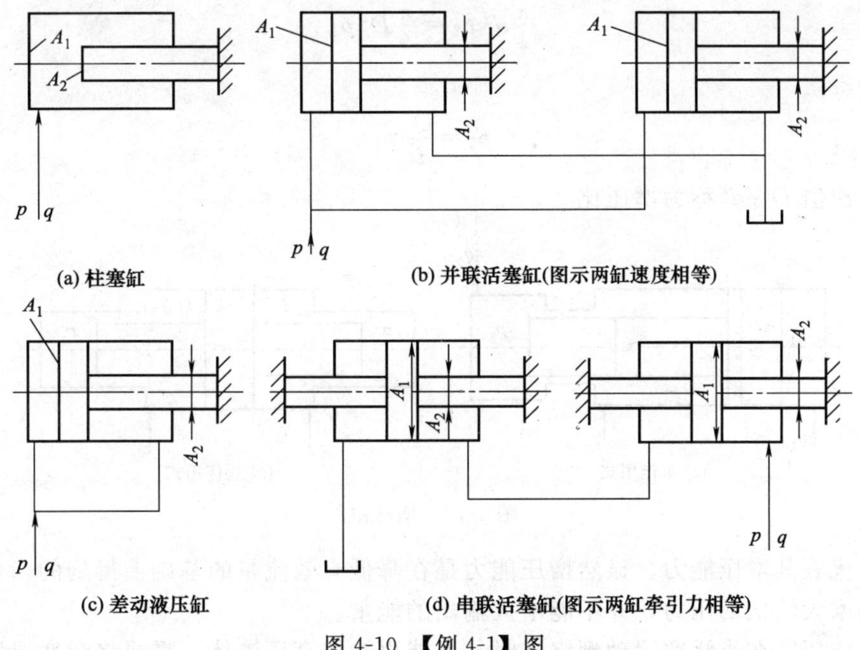

(a) 柱塞缸　(b) 并联活塞缸(图示两缸速度相等)

(c) 差动液压缸　(d) 串联活塞缸(图示两缸牵引力相等)

图 4-10 【例 4-1】图

时，则

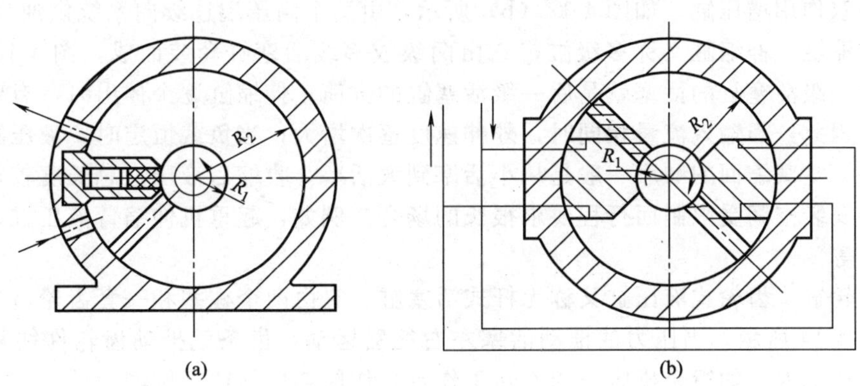

(a)　(b)

图 4-11　叶片式摆动液压缸

输出转矩 T
$$T=b\int_{R_1}^{R_2}(p_1-p_2)r\mathrm{d}r=\frac{b}{2}(R_2^2-R_1^2)(p_1-p_2) \tag{4-20}$$

角速度 ω
$$\omega=2\pi n=\frac{2q_v}{b(R_2^2-R_1^2)} \tag{4-21}$$

式中，b 为叶片的宽度，R_1、R_2 为叶片底部、顶部的回转半径。

图 4-11（b）所示为双叶片式摆动缸，它的摆动角度较小，可达 150°，它的输出转矩是单叶片式的两倍，而角速度则是单叶片式的一半。

4. 其他液压缸

（1）增压缸　增压缸又称增压器。增压缸将输入的低压油转变为高压油，供液压系统中的高压支路使用。其工作原理如图 4-12 所示。它由直径不同（D 和 d）的两个液压缸串联而成，大缸为原动缸，小缸为输出缸。设输入原动缸的压力为 p_1，输出缸的出油压力为 p_2，根据力平衡关系，有如下等式

$$\frac{\pi}{4}d^2 p_2 = \frac{\pi}{4}D^2 p_1$$

整理得

$$p_2 = \frac{D^2}{d^2}p_1 \tag{4-22}$$

式中，比值 D^2/d^2 称为增压比。

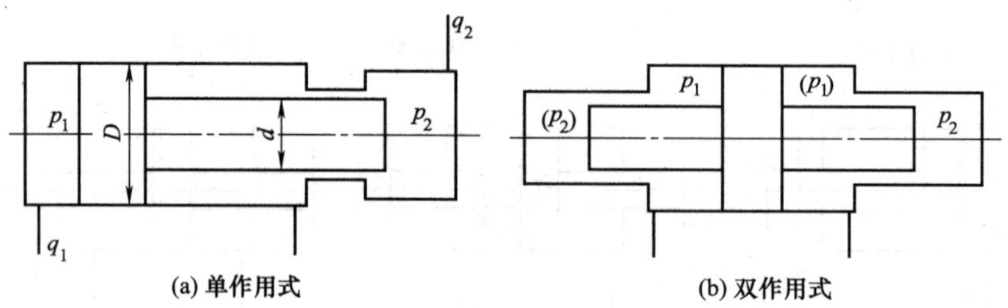

图 4-12 增压缸

增压比代表其增压能力。显然增压能力是在降低有效流量的基础上得到的，也就是说增压缸仅仅是增大输出的压力，并不能增大输出的能量。

单作用增压缸在小活塞运动到终点时，不能再输出高压液体，需要将活塞退回到左端位置，再向右行时才又输出高压液体，即只能在一次行程中输出高压液体。为了克服这一缺点，可采用双作用增压缸，如图 4-12（b）所示，由两个高压端连续向系统供油。

(2) 伸缩缸 伸缩缸又称多级缸，它由两级或多级活塞缸套装而成，图 4-13 所示为其示意图，前一级活塞缸的活塞就是后一级活塞缸的缸筒。伸缩缸逐个伸出时，有效工作面积逐次减小，因此，当输入流量相同时，外伸速度逐次增大；当负载恒定时，液压缸的工作压力逐次增高。空载缩回的顺序一般是从小活塞到大活塞，收缩后液压缸总长度较短，结构紧凑，适用于安装空间受限制而行程要求很长的场合。例如，起重机伸缩臂液压缸、自卸汽车举升液压缸等。

(3) 齿轮缸 齿轮式液压缸又称无杆式活塞缸，它由两个柱塞和一套齿轮齿条传动装置组成，如图 4-14 所示，当压力油推动活塞左右往复运动，齿条就推动齿轮件往复旋转从而齿轮驱动工作部件（如组合机床中的旋转工作台）作周期性的往复旋转运动。它多用于自动线、组合机床等的转位或分度机构中。

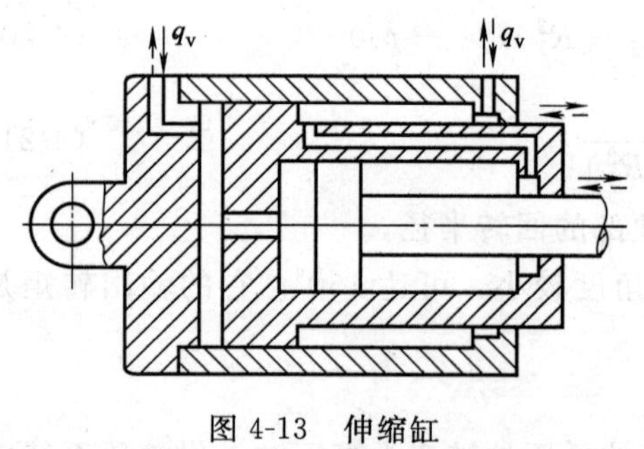

图 4-13 伸缩缸

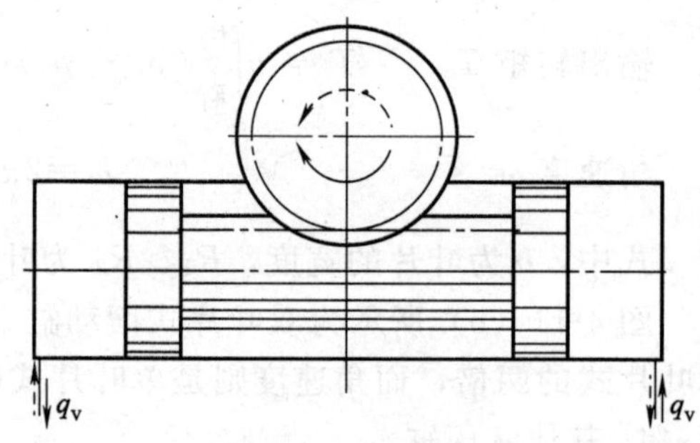

图 4-14 齿轮缸

二、液压缸的典型结构和组成

1. 液压缸的典型结构举例

图 4-15 所示为液压滑台的液压缸结构。它由端盖、缸筒、活塞、活塞杆等组成，液压

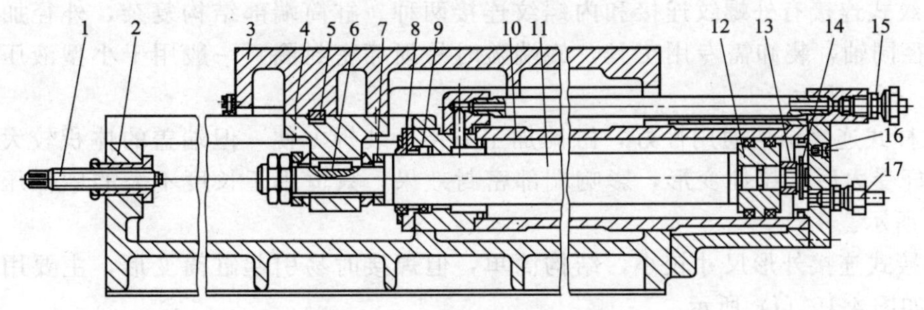

图 4-15　液压滑台的液压缸

1—调节螺钉；2—滑座；3—滑台；4—支架；5,6—键；7—球面垫圈；8—防尘圈；9—Y形密封圈；10—缸体；11—活塞杆；12—活塞；13—螺母；14—销钉；15,17—油管；16—排气阀

缸固定在滑座上，活塞杆通过支架和滑台固定在一起，活塞杆往复移动时，带动滑台作进给运动。

为了防止油液的内泄漏和外泄漏，在缸筒与端盖、活塞与缸筒、活塞杆与端盖之间均设置有密封圈。为防止脏物进入液压缸内部，装有防尘圈。为防止活塞快速退回到行程终端时撞击后端盖，液压缸端部还设置了缓冲装置。为了提高低速进给时的工作稳定性，防止由于空气渗入而产生爬行现象，在缸筒上装有排气阀。为增加连接刚度和改善连接螺钉的工作条件，在支架和滑台的结合面处放置了平键。

2. 液压缸的组成

从图 4-15 所示液压缸的典型结构中可以看到，液压缸的结构由缸体组件（缸体和缸盖等）、活塞组件（活塞、活塞杆等）、密封装置、缓冲装置和排气装置五个部件组成。

（1）缸体组件

① 缸筒与缸盖的连接方式　在设计过程中，采用何种连接方式主要取决于液压缸的工作压力、缸筒的材料和具体工作条件。图 4-16 为常用的缸筒和缸盖的连接方式。

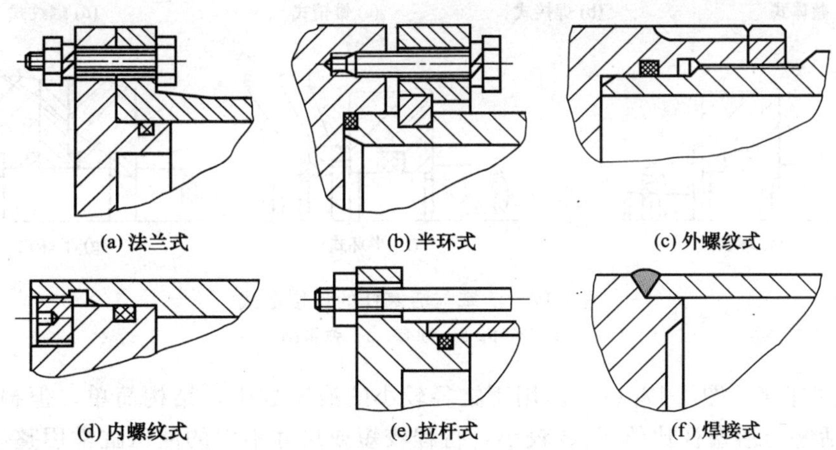

图 4-16　缸体组件的连接形式

a. 法兰式结构简单，易于加工和装拆。缸筒端部一般用铸造、镦粗或焊接方式制成粗大的外径，用以穿装螺栓或旋入螺钉。由于外形尺寸大，大、中型液压缸大部分采用此种结构。如图 4-16（a）所示。

b. 半环式连接分外半环连接和内半环连接两种。半环连接装拆方便，半环槽对缸筒强度有所削弱，需加厚筒壁，常用于无缝钢管缸筒与端盖的连接。如图 4-16（b）所示。

c. 螺纹式连接有外螺纹连接和内螺纹连接两种。缸筒端部结构复杂，外径加工时要求保证内外径同轴，装卸需专用工具，旋端盖时易损坏密封圈，一般用于小型液压缸。如图4-16（c）、（d）所示。

d. 拉杆式连接结构通用性好，缸筒加工方便，装拆方便，但端盖的体积较大，质量也较大，拉杆受力后会拉伸变形，影响端部密封效果，只适用于长度不大的中低压缸。如图4-16（e）所示。

e. 焊接式连接外形尺寸较小，结构简单，但焊接时易引起缸筒变形，主要用于柱塞式液压缸。如图4-16（f）所示。

② 缸筒、端盖和导向套

a. 缸筒是液压缸的主体，它与缸盖、活塞等零件构成密闭的容腔，承受油压，因此要有足够的强度和刚度。缸筒内孔一般采用精密加工工艺制造，以使活塞及其密封件、支承件能顺利滑动和保证密封效果，减少磨损。为了防止腐蚀，缸筒内表面有时需镀铬。

b. 缸盖装在缸筒两端，与缸筒形成密闭容腔，同样承受很大的液压力，因此它们及其连接部件都应有足够的强度。设计时既要考虑强度，又要选择工艺性较好的结构形式。

c. 导向套对活塞杆或柱塞起导向和支承作用。有些液压缸不设导向套，直接用缸盖孔导向，这种结构简单，但磨损后必须更换端盖。

（2）活塞组件

① 活塞和活塞杆的连接　活塞和活塞杆的连接方式很多，如图4-17所示，无论采用何种连接方式，都必须保证连接可靠。

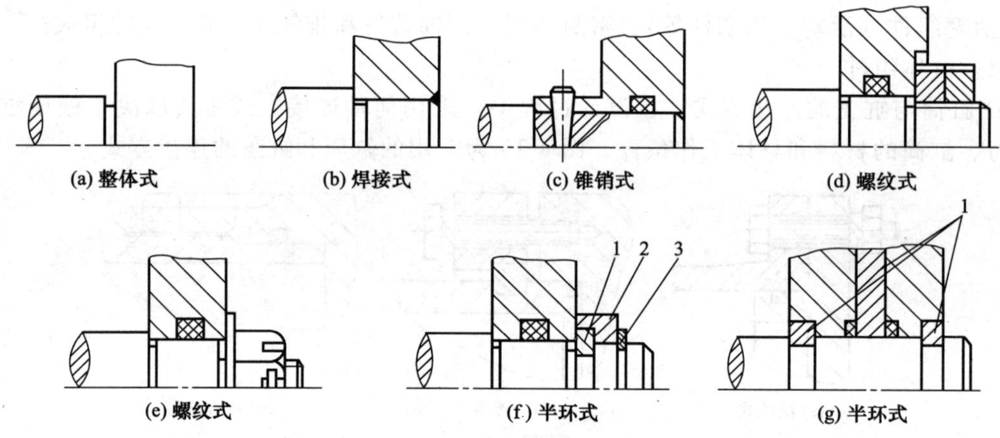

图4-17　活塞与活塞杆的连接形式

1—半环；2—轴套；3—弹簧圈

a. 整体式连接［图4-17（a）］。用于缸径较小的液压缸中，结构简单，但损坏后需整体更换。对于活塞与活塞杆比值 D/d 较小，行程较短或尺寸不大的液压缸常用整体式。

b. 焊接式连接［图4-17（b）］。结构简单，轴向尺寸紧凑，但损坏后也需整体更换。对于活塞与活塞杆比值 D/d 较小，行程较短或尺寸不大的液压缸常用焊接式。

c. 锥销式连接［图4-17（c）］。加工容易，但承载能力小，需采取必要的防止脱落措施。在轻载情况下采用此种连接。

d. 螺纹式连接［图4-17（d）、（e）］。结构简单，装拆方便，但在高压大负载下需有螺母防松装置。一般情况下使用螺纹式连接。

e. 半环式连接［图 4-17（f）、（g）］。强度高，结构较复杂，装拆不便，连接可靠。高压和振动较大时多用半环式连接。

② 活塞和活塞杆

a. 活塞受油压的作用，在缸筒内作往复运动，因此，活塞必须具备一定的强度和良好的耐磨性。活塞一般用铸铁制造。

b. 活塞杆是连接活塞和工作部件的传力零件，它必须具有足够的强度和刚度。活塞杆无论是实心还是空心，通常都用钢料制造。

（3）密封装置　液压缸的密封是指活塞、活塞杆和端盖等处的密封，用来防止液压缸内部和外部的泄漏。常见的密封方法有间隙密封、密封圈密封等，具体参见第六章第四节。

（4）缓冲装置　当运动部件的质量较大，运动速度较高（如大于 12m/min）时，由于惯性力较大，具有很大的动量，因而在活塞运动到缸体的终端时，会与端盖发生机械碰撞，产生很大的冲击和噪声，会引起液压缸的损坏。为此，在大型、高速和高精度的液压设备中，必须设置缓冲装置。

液压缸中缓冲装置的工作原理是利用活塞或缸筒在其走向行程终端时，在活塞和缸盖之间封住一部分油液，强迫它从小孔或细缝中挤出，产生很大的阻力，使工作部件受到制动，逐渐减慢运动速度，达到避免活塞和缸盖相互撞击的目的。

常见的缓冲装置有以下几种。

① 环状间隙式缓冲装置　图 4-18（a）所示为一种圆柱形环隙式缓冲装置。它由活塞的圆柱形柱塞 A 和液压缸端盖的内孔组成。当缓冲柱塞进入缸盖的内孔时，封闭在液压腔内的油液只能从环形间隙 δ 排出，产生缓冲压力，从而实现减速缓冲。这种装置在缓冲过程中，由于回油通道的节流面积不变，故缓冲开始时，产生缓冲制动力很大，但很快就降低了，其缓冲效果较差，但这种装置结构简单，便于设计和降低成本，所以在一般系列化的成品液压缸中多采用这种缓冲装置。图 4-18（b）所示为圆锥形环隙式缓冲装置。由于缓冲柱

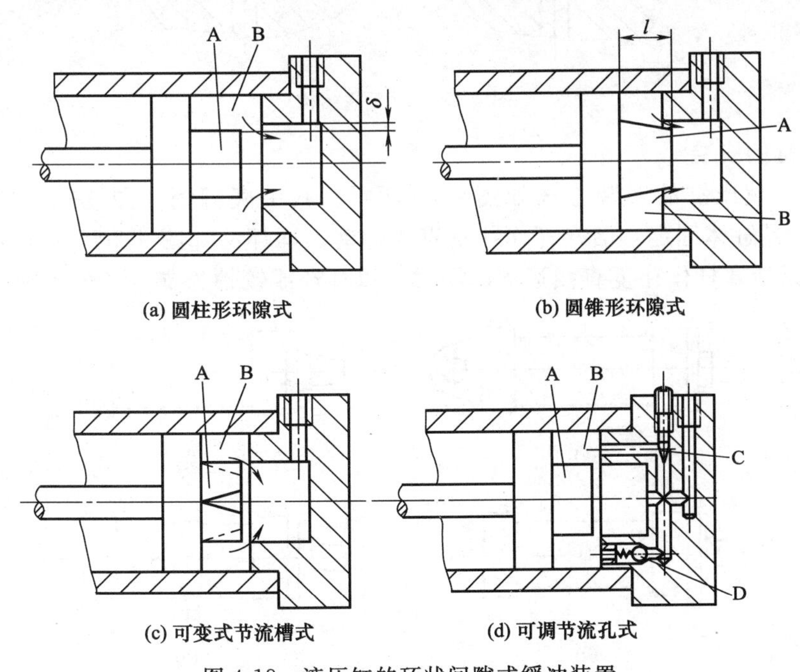

(a) 圆柱形环隙式　(b) 圆锥形环隙式

(c) 可变式节流槽式　(d) 可调节流孔式

图 4-18　液压缸的环状间隙式缓冲装置

A—缓冲柱塞；B—缓冲油腔；C—节流阀；D—单向阀

塞A为圆锥形，在缓冲过程中，由于节流面积随缓冲行程增大而减小，缓冲压力均匀，其缓冲效果较好。

② 可变节流槽式缓冲装置 如图4-18（c）所示，在缓冲柱塞A上开有三角节流沟槽，节流面积随着缓冲行程的增大而逐渐减小，其缓冲压力变化较平缓。

③ 可调节流孔式缓冲装置 如图4-18（d）所示，当缓冲柱塞A进入到缸盖内孔时，回油口被柱塞堵住，只能通过节流阀C回油，调节节流阀的开度，可以控制回油量，从而控制活塞的缓冲速度。当活塞反向运动时，压力油通过单向阀D很快进入到液压缸内，达到启动平稳、迅速的目的。这种缓冲装置可以根据负载情况调整节流阀开度的大小，改变缓冲压力的大小，因此适用范围较广。

（5）排气装置 液压系统往往会混入空气，使系统工作不稳定，产生爬行和前冲等现象，严重时会使系统无法正常工作。因此，在设计液压缸时，必须考虑空气的排除。

对于要求不高的液压缸，往往不设专门的排气装置，而是将油口布置在缸体两端的最高处，由流出的液压油将缸中的空气带走；对于速度稳定性要求较高的液压缸和大型液压缸，常在液压缸的最高处设置专门的排气装置，如排气塞、排气阀等。图4-19所示为排气塞，当松开排气塞螺钉时，让液压缸全行程空载往复运动若干次，带有气泡的油液就会排出，空气排完后拧紧螺钉，液压缸便可正常工作。

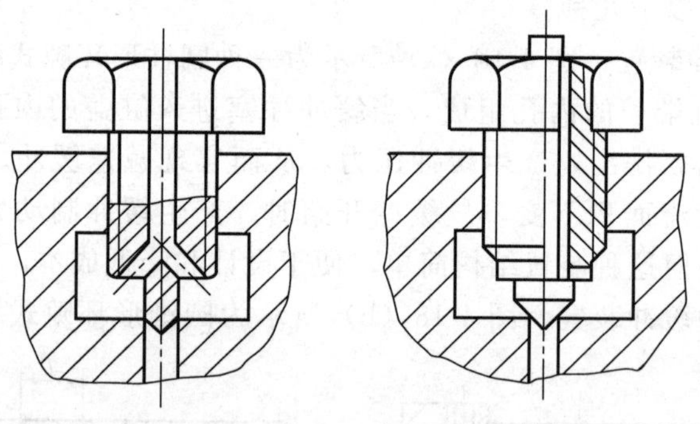

图4-19 排气塞结构

三、液压缸的安装

几种常用的液压缸的安装方式如图4-20所示。其中底脚型［图4-20（b）］和法兰型［图4-20（c）］是缸体固定，活塞杆作往复直线运动；耳环型［图4-20（a）］和铰轴型［图4-20（d）］则是活塞杆作往复直线运动的同时，以耳环或铰轴为支点，缸体轴线可摆动。

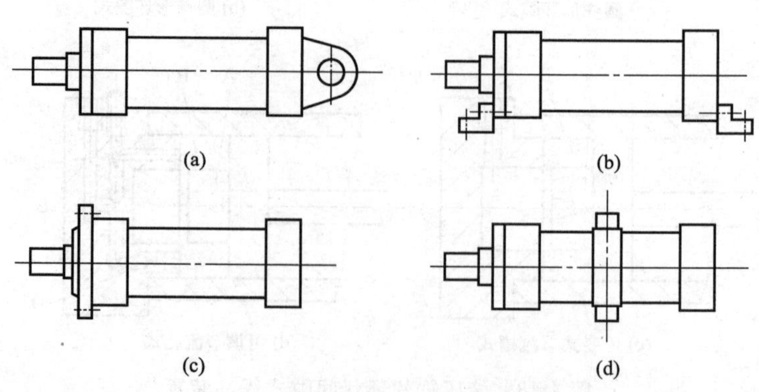

图4-20 液压缸的安装方式

活塞杆头部与工作机构的连接方式如图4-21所示。

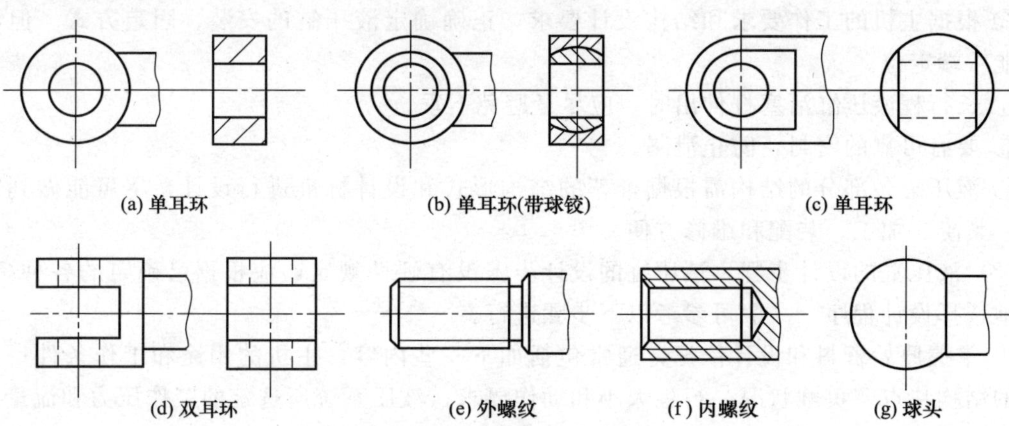

图4-21　活塞杆头部结构

在实际工程中，选择哪一种安装和连接方式，应根据工作机构的运动形式、安装空间和液压缸的强度等因素来确定。

四、液压缸常见故障的分析和排除方法

液压缸常见故障的分析和排除方法见表4-1。

表4-1　液压缸常见故障的分析和排除方法

故障现象	故障原因	排除方法
运动部件速度达不到或不运动	装配精度或安装精度超差	检查、保证达到规定的安装精度
	活塞密封圈损坏、缺内泄漏严重	更换密封圈
	间隙密封的活塞、缸壁磨损过大，内泄漏多	修研缸内孔，重配新活塞
	缸盖处密封圈摩擦力过大	适当调松压盖螺钉
	活塞杆处密封圈磨损严重或损坏	调紧压盖螺钉或更换密封圈
运动部件产生爬行	活塞式液压缸端盖密封圈压得太死	调整压盖螺钉(不漏油即可)
	液压缸中进入空气未排净	利用排气装置排气，无排气装置可在空载下反复动作若干次(应将油口向上布置安装)
运动部件换向有冲击	活塞杆与运动部件连接不牢固	检查并紧固连接螺栓
	不在缸端部换向，缓冲装置不起作用	在油路上设背压阀
冲击声	液压缸缓冲装置失灵	进行检修和调整

五、液压缸的设计计算简介

液压缸的设计是在对整个液压系统进行了工况分析、编制了负载图，选定了工作压力之后，先根据使用要求选择结构类型，然后按负载情况、运动要求，最大行程等确定其主要工作尺寸，进行强度、稳定性和缓冲验算，最后再进行结构设计。

1. 液压缸设计中应注意的问题及设计步骤

(1) 液压缸设计中应注意的问题　不同的液压缸有不同的设计内容和要求，一般在设计液压缸的结构时应注意以下几个问题。

① 尽量使液压缸的活塞杆在受拉状态下承受最大负载，或在受压状态下具有良好的纵向稳定性。

② 考虑液压缸行程终了处的制动问题和液压缸的排气问题。缸内如无缓冲装置和排气

装置，系统中需有相应的措施，但是并非所有的液压缸都要考虑这些问题。

③ 根据主机的工作要求和结构设计要求，正确确定液压缸的安装、固定方式。但液压缸只能一端定位。

④ 长行程液压缸活塞杆伸出时，应尽量避免下垂。

⑤ 要有可靠的密封，防止泄漏。

⑥ 液压缸各部分的结构需根据推荐的结构形式和设计标准进行设计，尽可能做到结构简单、紧凑、加工、装配和维修方便。

(2) 液压缸的设计步骤　液压缸的设计步骤没有硬性规定，应根据已确定的各种条件，灵活地选择设计程序，一般可参考以下步骤进行。

① 掌握原始资料和设计依据，通常包括如下一些内容：主机的用途和工作条件；工作机构的结构特点、负载状况、行程大小和动作要求；液压系统所选定的工作压力和流量；材料、配件和加工工艺的现实状况；有关的国家标准和技术规范等。

② 根据主机的动作要求和结构要求，选择缸的类型和结构形式。

③ 根据机构工作力的要求，确定缸的输出力。

④ 根据系统工作压力和往返速比，确定缸的主要尺寸，如缸径、活塞杆直径，并按标准尺寸系列选择适当的尺寸。

⑤ 根据机构运动的行程和速度要求，确定缸的长度和流量，并由此确定缸的通油口尺寸。

⑥ 根据工作压力及材料，进行缸的结构设计，确定缸的壁厚尺寸、活塞杆尺寸、螺钉尺寸及端盖结构。

⑦ 选择适当的密封结构。

⑧ 必要时设计缓冲、排气和防尘等装置。绘制液压缸装配图和零件图。

⑨ 整理设计计算书，审定图样及其他技术文件。

2. 液压缸主要尺寸的确定

液压缸的主要几何尺寸，包括液压缸内径 D，缸的长度 L，活塞杆的直径 d 和长度 l 等。确定上述尺寸的原始依据是液压缸的负载 F、运动速度 v 和行程长度 s 等。

(1) 液压缸内径 D 和活塞杆直径 d 的确定

① 液压缸内径 D　液压缸内径 D 的计算通常有两种方法。一种是根据液压缸需要产生的推力 F 和系统选定的工作压力 p 来计算。对单杆缸而言，无杆腔进油时，由式 (4-12) 得

$$D=\sqrt{\frac{4F_1}{\pi(p_1-p_2)}-\frac{d^2p_2}{p_1-p_2}} \tag{4-23}$$

有杆腔进油时，由式 (4-14) 得

$$D=\sqrt{\frac{4F_2}{\pi(p_1-p_2)}+\frac{d^2p_1}{p_1-p_2}} \tag{4-24}$$

液压缸设计中，常初步选取回油压力 $p_2=0$，这时，上面两式可简化，即

无杆腔进油时

$$D=\sqrt{\frac{4F_1}{\pi p_1}} \tag{4-25}$$

有杆腔进油时

$$D=\sqrt{\frac{4F_2}{\pi p_1}+d^2} \tag{4-26}$$

另一种方法是根据执行机构的速度要求和选定的液压泵流量来确定，同样对单杆缸而言，无杆腔进油时，由式（4-11）得

$$D=\sqrt{\frac{4q_v}{\pi v_1}} \tag{4-27}$$

有杆腔进油时，由式（4-13）得

$$D=\sqrt{\frac{4q_v}{\pi v_2}+d^2} \tag{4-28}$$

计算所得的液压缸内径 D（即活塞直径）应圆整为标准系列值（可查液压设计手册）。

② 活塞杆直径 d　活塞杆直径 d 可根据工作压力或设备类型选取，见表 4-2 和表 4-3。当液压缸的往复速度比 λ_v 有一定要求时，由式（4-15）得

$$d=D\sqrt{\frac{\lambda_v-1}{\lambda_v}} \tag{4-29}$$

推荐液压缸的往复速度比如表 4-4 所示。

表 4-2　液压缸工作压力与活塞杆直径

液压缸工作压力 p/MPa	≤5	5～7	>7
推荐活塞杆直径 d	(0.5～0.55)D	(0.6～0.7)D	0.7D

表 4-3　设备类型与活塞杆直径

设备类型	磨床、珩磨及研磨机	插、拉、刨床	钻、镗、车、铣床
活塞杆直径 d	(0.2～0.3)D	0.5D	0.7D

表 4-4　液压缸往复速度比推荐值

工作压力 p/MPa	≤10	1.25～20	>20
往复速度比 λ_v	1.33	1.46,2	2

计算所得的活塞杆直径 d 亦应圆整为标准系列值（可查液压设计手册）。

（2）液压缸长度 L 的确定　液压缸的长度 L 根据所需最大工作行程长度而定，一般长度 L 不大于直径 D 的 20～30 倍。

（3）液压缸壁厚 δ 的确定　在一般中、低压系统中，液压缸的壁厚不用计算的方法确定，而是由结构和工艺上的需要来确定，在高压系统中必须进行强度校核。

液压缸缸筒壁厚校核时分薄壁和厚壁两种情况。当 $D/\delta \geqslant 10$ 时为薄壁，壁厚按式(4-30)进行校核

$$\delta \geqslant \frac{p_y D}{2[\sigma]} \tag{4-30}$$

式中，D 为缸筒内径；p_y 为缸筒试验压力，当缸的额定压力 $p_n \leqslant 16\text{MPa}$ 时取 $p_y=1.5p_n$，当 $p_n>16\text{MPa}$ 时取 $p_y=1.25p_n$；$[\sigma]$ 为缸筒材料的许用应力，$[\sigma]=\sigma_b/n$，σ_b 为材料抗拉强度，n 为安全系数，一般取 $n=5$。

当 $D/\delta<10$ 时，壁厚按式（4-31）进行校核

$$\delta \geqslant \frac{D}{2}\times\sqrt{\frac{[\sigma]+0.4p_y}{[\sigma]-1.3p_y}-1} \tag{4-31}$$

在进行校核时，若液压缸缸筒与缸盖采用半环连接，δ应取缸筒壁厚最小处的值。

（4）液压缸其他尺寸的确定　活塞的宽度B，根据缸的工作压力和密封方式确定，一般取$B=(0.6\sim1.0)D$；导向套滑动面的长度A，当$D<80$mm时取$A=(0.6\sim1.0)D$，当$D>80$mm时取$A=(0.6\sim1.0)d$。活塞杆的长度l可根据液压缸的长度L、活塞的宽度B、导向套和端盖的有关尺寸及活塞杆的连接方式确定。对长径比$l/d\geqslant10$的受压活塞杆，应按材料力学中的有关公式进行稳定性校核计算。液压缸的端盖尺寸、紧固螺钉的个数和尺寸等一般由结构决定。对工作压力高的液压缸，应校核螺栓的强度。

小　结

1. 液压执行元件是将液压能转换成机械能的装置。常用的有液压马达和液压缸。液压马达输出转矩和转速；液压缸输出推力（或拉力）与直线运动速度。

2. 液压马达的形式很多。按照运动构件的形状和运动方式分为齿轮马达、叶片马达、柱塞马达等；按照转速的不同，液压马达可分为高速和低速两大类。

3. 液压缸的类型；液压缸的结构（一般由缸体组件、活塞组件、密封装置及缓冲装置、排气装置等五大部分所组成）。

4. 液压缸的差动连接及其特点、应用。

5. 液压缸设计应考虑的主要问题和设计步骤。

习　题　四

4-1　试述轴向柱塞式液压马达和内曲线径向柱塞式液压马达的工作原理。

4-2　一差动液压缸，要求：（1）$v_{快进}=v_{快退}$；（2）$v_{快进}=2v_{快退}$。求：活塞面积和活塞杆面积之比为多少？

4-3　液压马达的排量$V_m=100$mL/r，入口压力$p_1=10$MPa，出口压力$p_2=0.5$MPa，容积效率$\eta_{mv}=0.95$，机械效率$\eta_m=0.85$，若输入流量$q_m=50$L/min，求马达的转速n_m、转矩T_m、输入功率P_{mi}和输出功率P_{mo}各为多少？

4-4　已知单杆液压缸缸筒内径$D=100$mm，活塞杆直径$d=50$mm，工作压力$p_1=2$MPa，流量$q_v=10$L/min，回油压力$p_2=0.5$MPa，试求活塞往返运动时的推力和运动速度。

第五章　液压控制元件

【导读】 液压控制元件即液压控制阀（简称液压阀），是控制液压系统中油液的流动方向、调节系统的压力和流量的。将不同的液压阀经过适当的组合，可以达到控制液压系统的执行元件（液压缸与液压马达）的输出力和力矩、速度与运动方向等的目的。液压阀性能的优劣，工作是否可靠，对整个液压系统能否正常工作将产生直接影响，它是液压系统分析、设计和学习的关键部分之一，要引起足够重视。

本章重点介绍常用液压阀的典型结构、工作原理、性能特点及其应用范围，学习本章时应把图形符号和结构原理图联系起来，才能深入地理解其原理和功能。

第一节　液压阀的分类及基本要求

一、液压阀的分类

1. 按用途分类

液压阀按用途可分为三大类：方向控制阀（如单向阀、换向阀等）、压力控制阀（如溢流阀、顺序阀、减压阀等）、流量控制阀（如节流阀、调速阀等）。这三类阀还可根据需要互相组合成为组合阀，以减少管路连接，使其结构更为紧凑，连接简单，并提高效率。最常用的是由单向阀和其他阀类组成的组合阀，如单向减压阀、单向顺序阀、单向节流阀等。

2. 按操纵方式分类

液压阀按操纵方式可分为：手动阀、机动阀、电动阀、液动阀等。

3. 按控制方式分类

（1）定值或开关控制阀　包括普通控制阀、插装阀和叠加阀。

（2）电液控制阀　包括电液伺服阀、电液比例阀和电液数字阀，它们是液压技术和电子技术相结合的一类阀。其中伺服控制阀是一种根据输入信号（如电、机械、气动等信号）及反馈量，成比例地连续控制液压系统中的液流方向、压力和流量的阀类；比例控制阀是介于普通控制阀和伺服控制阀之间的一种阀，它可根据输入信号的大小，成比例地连续控制液压系统中的液流方向、压力和流量，但控制精度不高，是一种既具备一定的伺服性能，结构又较简单的控制阀；数字控制阀用数字信息直接控制阀口的启闭，从而控制系统中液流的方向、压力和流量。

4. 按安装方式分类

（1）管式连接　管式阀采用螺纹连接，又称螺纹连接。

（2）板式连接　将阀类元件安装在专门的连接板上。

（3）集成连接　为使结构紧凑，简化管路，将阀集中布置，有集成块式、叠加阀式和插装阀式等。

二、液压阀的基本要求

① 动作灵敏，使用可靠，工作时冲击和振动小。

② 油液通过阀时的压力损失小，密封性能好。

③ 结构简单紧凑，通用性好，制造装配方便。

第二节　方向控制阀

方向控制阀是液压系统中占数量比重较大的控制元件，它是利用阀芯与阀体间相对位置的改变来实现油路的接通或断开，以满足系统对油流方向的要求。它分为单向阀和换向阀两类。

一、单向阀

单向阀是控制油液单方向流动的控制阀，它分为普通单向阀和液控单向阀两种。

1. 普通单向阀

普通单向阀通常简称单向阀，它是控制油液从一个方向能通过反向则不能通过的，故又称止回阀或逆止阀。

单向阀的主要性能要求是：油液通过时压力损失要小，反向截止时密封性要好；动作灵敏；工作时没有撞击和噪声。

(1) 结构及工作原理　单向阀按其结构的不同，有钢球密封式直通单向阀（图 5-1）、锥阀芯密封式直通单向阀（图 5-2）和直角式单向阀（图 5-3）三种形式。

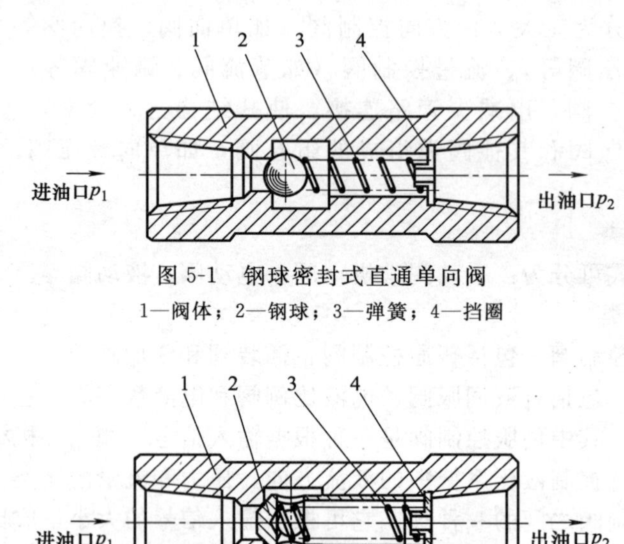

图 5-1　钢球密封式直通单向阀

1—阀体；2—钢球；3—弹簧；4—挡圈

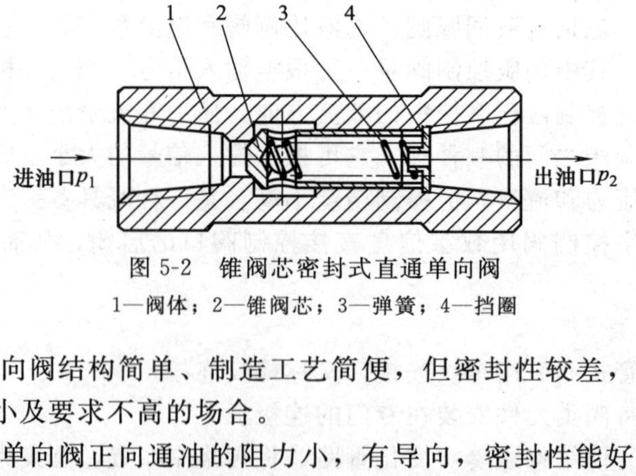

图 5-2　锥阀芯密封式直通单向阀

1—阀体；2—锥阀芯；3—弹簧；4—挡圈

① 钢球密封式单向阀结构简单、制造工艺简便，但密封性较差，由于无导向，易产生振动，一般用于流量小及要求不高的场合。

② 锥阀芯密封式单向阀正向通油的阻力小，有导向，密封性能好，但加工工艺要求严格，阀体孔和阀座孔必须有较高的同轴度，一般在高压大流量的场合采用。

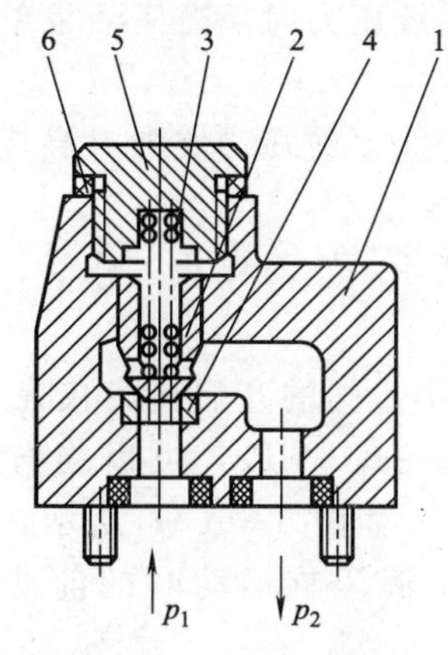

图 5-3　直角式单向阀

1—阀体；2—阀芯；3—弹簧；4—阀座；5—顶盖；6—密封圈

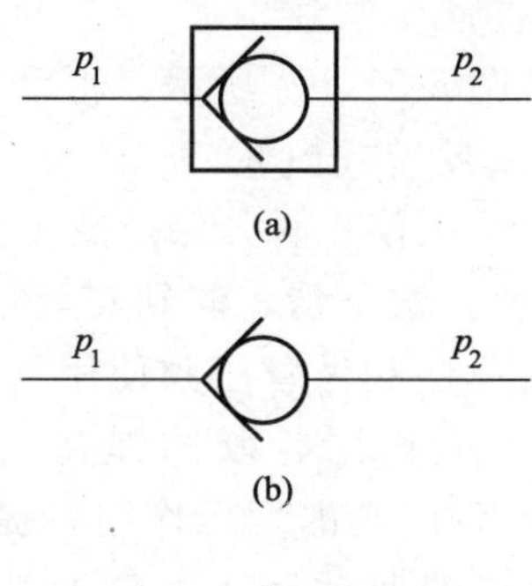

图 5-4　单向阀的职能符号

不管哪种形式的单向阀，其工作原理都相同。如图 5-1～图 5-3 所示，当压力为 p_1 的油液从阀体 1 的入口流入时，压力油克服压在钢球 2 或锥阀芯 2 上的弹簧 3 的作用力以及阀芯与阀体之间的摩擦力，顶开钢球或阀芯，压力降为 p_2，从阀体的出口流出。而当油液从相反方向流入时，油液压力和弹簧力一起使钢球或锥阀芯紧紧地压在阀体 1 的阀座处，截断油路，使油液不能通过。

(2) 职能符号　图 5-4 (a) 为单向阀单独使用时的职能符号；图 5-4 (b) 为单向阀与其他阀（如节流阀、顺序阀、减压阀等）组合使用时的职能符号。

(3) 应用举例

① 选择液流方向，使压力油或回油只能以单向阀限定的方向流动，构成特定的回路。

② 区分高、低压力油，防止高压油进入低压系统。有些液压系统同时采用高压小流量泵和低压大流量泵向系统供油，如图 5-5 (a) 所示。当高压回路空载时，低压泵 1 经单向阀

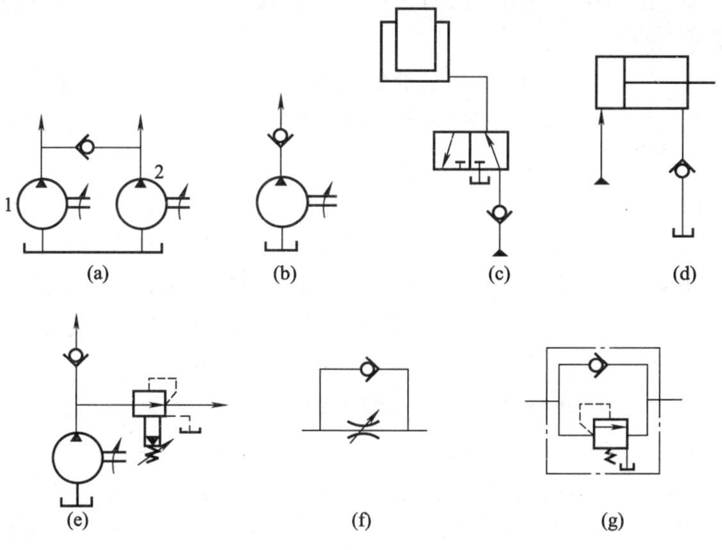

图 5-5　单向阀的应用

1—低压大流量泵；2—高压小流量泵

与高压泵2同时供油。当高压系统压力升高，并高于低压系统压力时，高压油将单向阀关闭，只用高压泵供油。

③ 如图5-5（b）所示，将单向阀安置在泵的出口处，防止系统压力突然升高反向转给泵，避免泵反转或损坏。

④ 液压泵停止时，保持液压缸的位置。如图5-5（c）所示，在泵停止工作时，单向阀用于防止液压缸下滑，起到安全保护作用。

⑤ 将单向阀做背压阀使用（单向阀的弹簧刚度一般较小，阀的开启压力仅需0.03～0.05MPa。若选用较硬的弹簧，使阀的开启压力达到0.2～0.6MPa，可以当背压阀使用），利用单向阀的背压作用，提高执行元件运动的稳定性。如图5-5（d）所示，单向阀接在液压缸的回油路上，使回油产生背压，这样可以减小液压缸运动时的前冲和爬行现象。

⑥ 利用单向阀的背压作用，保持低压回路的压力。如图5-5（e）所示，单向阀出口接主油路，进油口接控制油路，当主油路空载或回油时，控制回路仍能保持一个较小的控制压力。

⑦ 与其他控制阀并联使用，使之在单方向上起作用。如图5-5（f）所示，单向阀与节流阀并联使用，则实现只在单方向起节流或调速作用。又如图5-5（g）所示，单向阀与顺序阀并联使用，组成组合阀。

2. 液控单向阀

液控单向阀由单向阀和液控装置（微型活塞缸）两部分组成，当液控装置不通压力油时，它和普通单向阀一样，能够起单向通油的作用；当液控装置通以压力油时，阀就保持开启状态，油液双向都能通过。

（1）结构及工作原理　液控单向阀根据泄漏方式的不同，可分为外泄式和内泄式两种。

图5-6所示为外泄式液控单向阀。在液控单向阀的下部有一个控制油口K，当控制油口不通压力油时，它的工作原理和普通单向阀一样。当控制油口K处通入控制压力油时，压力油从控制活塞2的环形槽a进入控制活塞下腔b，由于控制活塞上腔c通过小孔d与外泄口L相通，控制活塞在油压力的作用下上移，推动顶杆3将阀芯5强行顶开，这时P_2腔和P_1腔接通，油液可以反方向流动。

图5-7所示为内泄式液控单向阀。它的结构和工作原理与外泄式液控单向阀相似，只是通过控制活塞与阀体的配合间隙泄漏到反向出油腔P_1的流量与反向油液一起流出液控单向阀。

外泄式液控单向阀可用于反向开启前P_1腔压力较高的情况，这时P_1腔压力阻止控制活塞上移的作用力很小，有利于液控单向阀反向开启；而内泄式液控单向阀是将控制活塞上腔直接与P_1腔沟通而无外泄口，所以只能用于反向开启前P_1腔压力较低的情况。

（2）职能符号　外泄式液控单向阀的职能符号如图5-6（b）所示，内泄式液控单向阀的职能符号如图5-7（b）所示。

（3）应用举例　液控单向阀具有良好的反向密封性能，在液压系统中应用很广（详见第七章），常用于保压、锁紧和平衡回路。图5-8列出了液控单向阀的主要应用。

① 保持压力　滑阀式换向阀都有间隙泄漏现象，只能短时间保压。当有保压要求时，可在油路上加一个液控单向阀，如图5-8（a）所示，利用锥阀关闭的严密性，使油路长时间的保压。

② 用于液压缸的“支承”　液控单向阀接于液压缸下腔的油路，如图5-8（b）所示，

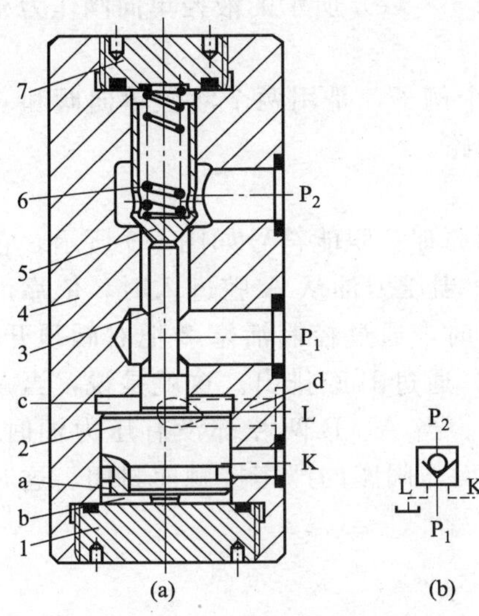

图 5-6　外泄式液控单向阀

1—下盖；2—控制活塞；3—顶杆；4—阀体；5—阀芯；6—复位弹簧；7—上盖

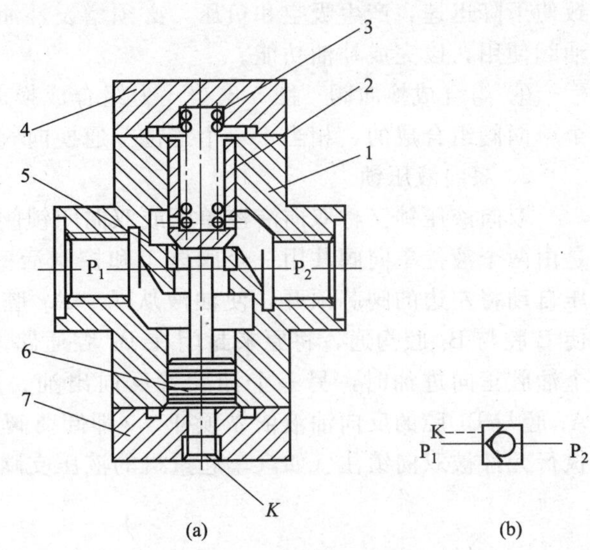

图 5-7　内泄式液控单向阀

1—阀体；2—阀芯；3—弹簧；4—上盖；5—阀座；6—控制活塞；7—下盖

可防止立式液压缸的活塞和滑块等活动部分因滑阀泄漏而下滑。

③ 实现液压缸的锁紧状态　换向阀处于中位时，两个液控单向阀关闭，严密封闭液压缸两腔的油液［见图 5-8（c）］，这时活塞就不能因外力作用而产生移动。

④ 大流量排油　如图 5-8（d）中液压缸两腔的有效工作面积相差很大。在活塞退回时，液压缸右腔排油量骤然增大，此时若采用小流量的滑阀，会产生节流作用，限制活塞的后退速度；若加设液控单向阀，在液压缸活塞后退时，控制压力油将液控单向阀打开，便可以顺利地将右腔油液排出。

⑤ 作为充油阀使用　立式液压缸的活塞在高速下降过程中，因高压油和自重的作用，

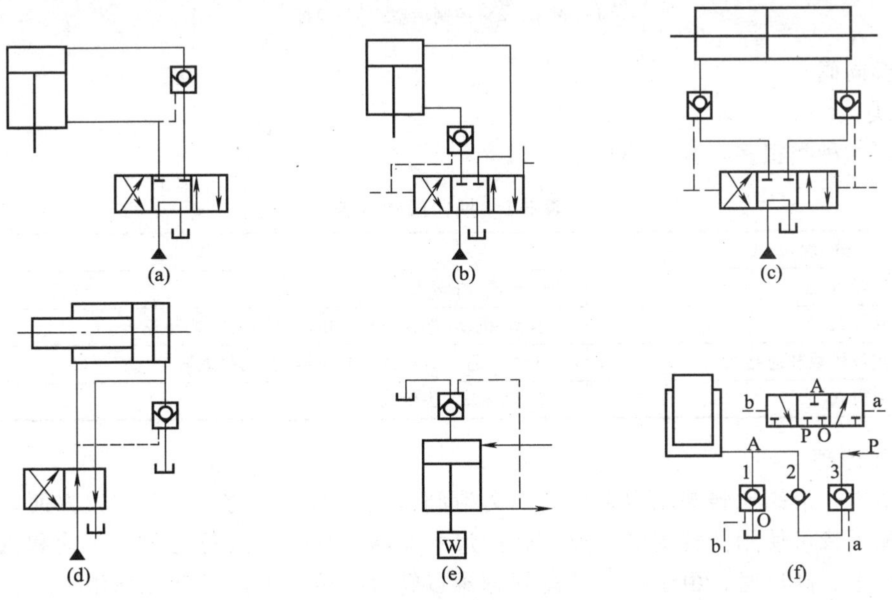

图 5-8　液控单向阀的应用

致使下降迅速，产生吸空和负压，必须增设补油装置。图 5-8（e）所示的液控单向阀作为充油阀使用，以完成补油功能。

⑥ 组合成换向阀　图 5-8（f）为组合成换向阀的一个例子，是用两个液控单向阀和一个单向阀组合成的，相当于一个三位三通换向阀的换向回路。

3. 双向液压锁

双向液压锁又称双向液控单阀或双向闭锁阀。其结构原理及职能符号如图 5-9 所示。它是由两个液控单向阀共用一个阀体 1 和控制活塞 2 组成。当压力油从 A 腔进入时，依靠油压自动将左边的阀芯顶开，使油液从 A→A_1 腔流动。同时，通过控制活塞 2 把右阀顶开，使 B 腔与 B_1 腔沟通，将原来封闭在 B_1 腔通路上的油液，通过 B 腔排出。这就是说，当一个油腔正向进油时，另一个油腔就反向出油。反之亦然。当 A、B 两腔都没有压力油时，A_1 腔与 B_1 腔的反向油液依靠顶杆 3（即卸荷阀芯）的锥面与阀座的严密接触而封闭。这时执行元件被双向锁住（如汽车起重机的液压支腿油路）。

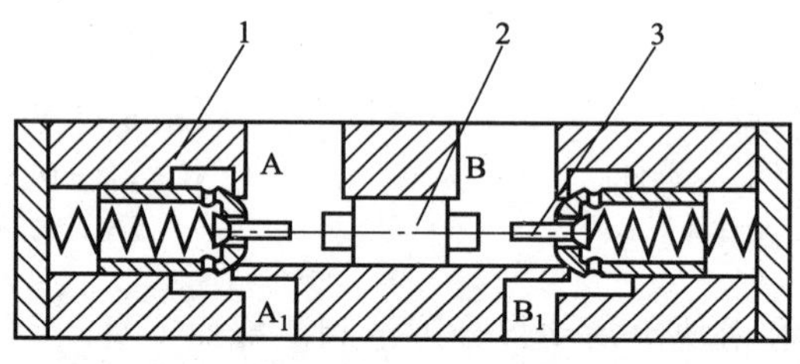

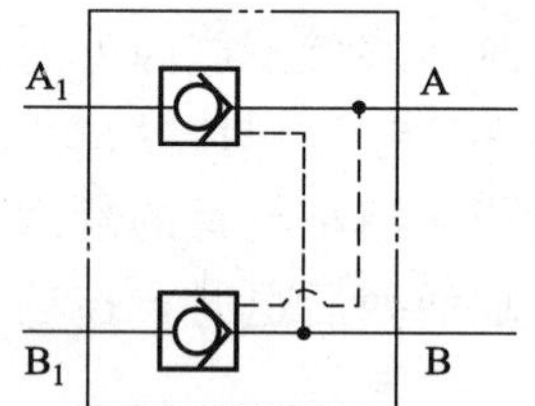

图 5-9　双向液压锁及职能符号

1—阀体；2—控制活塞；3—顶杆

二、换向阀

1. 分类

换向阀的种类很多，其分类见表 5-1。

表 5-1　换向阀的分类

分类方法	类　型
按阀芯的运动方式	转阀式、滑阀式
按阀的操纵方式	手动、机动（亦称行程）、电动、液动、电液动等
按阀的工作位置数和通路数	二位二通、二位三通、三位四通、三位五通等
按阀的安装方式	管式、板式、法兰式

2. 工作原理

在使用中，滑阀比转阀用得多些，因为滑阀采用电动、气动、液动比较方便，且在高压和低压情况下皆可使用。转阀的优点是轴向尺寸紧凑，但它一般只适用于手动和机动控制方式，而且在中、高压时，由于压力平衡问题难以解决，故只能用于低压系统。

所以下面以目前应用最广的滑阀式换向阀为例来说明换向阀的工作原理。

任何换向阀都是由有若干个沉割槽的阀体和有若干个台肩的阀芯两个主要部件组成，其工作原理都是通过外力（机械力、电磁力、液压力等）使阀芯在阀体内作相对运动来达到使油路换向的目的。如图 5-10 所示，当电磁铁吸合时，阀芯右移，阀体上的油口 P 与 A 连通，B 与 O 连通，压力油经 P、A 进入液压缸右腔，活塞左移，左腔油液经 B、O 回油箱。反之，当电磁铁不吸合时，P 与 B 连通，A 和 O 连通，活塞便右移。

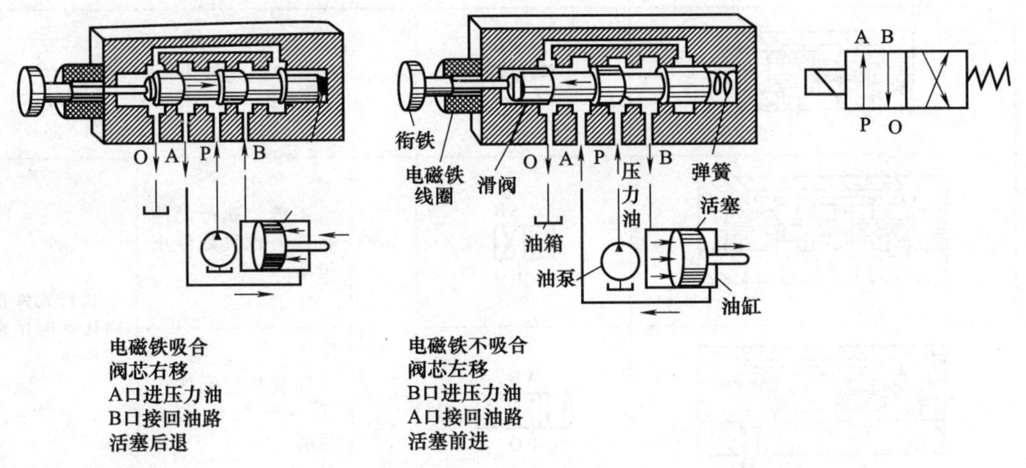

图 5-10　二位四通电磁换向阀工作原理

3. 职能符号

（1）“位”和“通”　换向阀的“位”是指改变阀芯与阀体的相对位置时，所能得到的通油口切断和相通形式的种类数，有几种就叫做几位阀；换向阀的“通”是指阀体上的通油口数目，即有几个通油口，就叫几通阀。例如图 5-10 所示的换向阀共有 P、O、A、B 四个通油口，并且无论如何变化阀芯与阀体间的相对位置，油口 P、O、A、B 只有上述两种相通与切断的形式，故称上述阀为二位四通换向阀，由于是采用电磁力的，所以全称为二位四通电磁换向阀。

（2）职能符号的规定和含义

① 用方框表示换向阀的工作位置，有几个方框就表示是几位阀；

② 方框内的箭头表示处在这一位置上油路的接通状态，但并不一定表示油流的实际流向；

③ 方框内符号“┬”或“┴”表示此油路被阀芯封闭；

④ 一个方框的上边和下边与外部连接的接口数就表示几“通”；

⑤ 通常，阀与液压泵或供油路相连的油口用字母 P 表示；阀与系统回油路（油箱）相连的回油口用字母 O（或 T 表示）；阀与执行元件相连的油口，称为工作油口，用字母 A、B 表示。有时还在职能符号上标出泄漏油口，用字母 L 表示。

根据以上规定，二位四通电磁换向阀的职能符号如图 5-10 所示。

（3）常用换向阀的结构原理和职能符号　表 5-2 列出了几种常用滑阀式换向阀的结构原理和职能符号。

为了全面地表明阀的特性，一般命名某一换向阀时，总把位、通、操作方式等特征包括进去，如二位四通电磁换向阀等。一个完整的职能符号不仅要反映上述特征，还要反映阀芯复位方式或定位方式，如图 5-11 所示。

表 5-2　常用换向阀的结构原理和职能符号

<table>
<tr><th>名称</th><th>结构原理图</th><th>职能符号</th><th colspan="3">使用场合</th></tr>
<tr><td>二位二通阀</td><td>A P</td><td>A P</td><td colspan="3">控制油路的接通与切断（相当于一个开关）</td></tr>
<tr><td>二位三通阀</td><td>A P B</td><td>AB P</td><td colspan="3">控制液流方向（从一个方向变换成另一个方向）</td></tr>
<tr><td>二位四通阀</td><td>A P B O</td><td>AB PO</td><td rowspan="4">控制执行元件换向</td><td>不能使执行元件在任一位置处停止运动</td><td rowspan="2">执行元件正反向运动时回油方式相同</td></tr>
<tr><td>三位四通阀</td><td>A P B O</td><td>AB PO</td><td>能使执行元件在任一位置处停止运动</td></tr>
<tr><td>二位五通阀</td><td>O_1 A P B O_2</td><td>AB O_1PO_2</td><td>不能使执行元件在任一位置处停止运动</td><td rowspan="2">执行元件正反向运动时可以得到不同的回油方式</td></tr>
<tr><td>三位五通阀</td><td>O_1 A P B O_2</td><td>AB O_1PO_2</td><td>能使执行元件在任一位置处停止运动</td></tr>
</table>

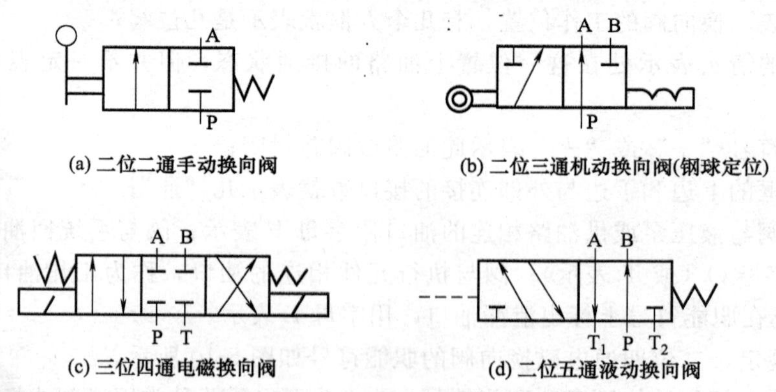

(a) 二位二通手动换向阀　(b) 二位三通机动换向阀(钢球定位)

(c) 三位四通电磁换向阀　(d) 二位五通液动换向阀

图 5-11　换向阀职能符号举例

4. 换向阀的中位机能

多位换向阀处于不同位置时，其各油口的连通情况是不同的，控制机能也不一样。因此，把滑阀阀口的连通形式称为滑阀机能。对于三位阀来说，则把阀芯处于常态位（即中位）各油口的连通形式称为滑阀的中位机能（类似，三位阀的左、右位分别称为左、右位机能）。表 5-3 列出了阀的常见中位机能。三位五通阀的情况与之相似。不同的中位机能是通过改变阀芯的形状和尺寸实现的，它可以实现不同的控制和满足不同的使用要求。

中位机能不仅直接影响液压系统的工作性能，而且在换向阀由中位向左位或右位转换时对液压系统的工作性能也有影响。因此，在使用时应合理选择阀的中位机能。通常，中位机能的选用原则如下。

表 5-3 阀的常见中位机能

滑阀机能	中间位置的符号	中间位置油口的状况及性能特点
O 型	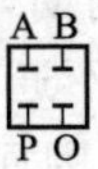 A B / P O	P、A、B、O 口全部封闭；液压泵不卸荷，系统保持压力，执行元件闭锁；可用于多个换向阀并联工作
H 型	 A B / P O	P、A、B、O 口全部连通；液压泵卸荷，执行元件两腔连通，处于浮动状态，在外力作用下可移动
Y 型	 A B / P O	P 口封闭，A、B、O 口连通；液压泵不卸荷，执行元件两腔连通，处于浮动状态，在外力作用下可移动
K 型	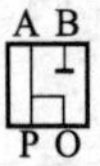 A B / P O	P、A、O 口连通，B 口封闭；液压泵卸荷
M 型	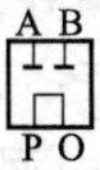 A B / P O	P、O 口连通，A、B 口封闭；液压泵卸荷，执行元件处于闭锁状态
X 型	 A B / P O	P、A、B、O 口处于半开启状态；液压泵基本卸荷，但仍保持一定压力
P 型	 A B / P O	P、A、B 口连通，O 口封闭；液压泵与执行元件两腔相通，可以实现液压缸的差动连接
J 型	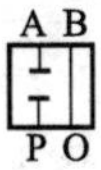 A B / P O	P、A 口封闭，B、O 口连通；液压泵不卸荷
C 型	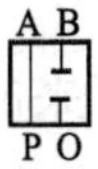 A B / P O	P、A 口连通，B、O 口封闭；液压泵的出口和执行元件的 A 腔相连
N 型	 A B / P O	P、B 口封闭，A、O 口连通；液压泵不卸荷
U 型	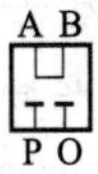 A B / P O	A、B 口连通，P、O 口封闭；液压泵不卸荷，执行元件两腔连通，双活塞杆液压缸和液压马达处于浮动状态

① 当系统有卸荷要求时，应选用油口 P 与 O 畅通的形式，如 H、K、M 型，这时液压泵可卸荷。

② 当系统有保压要求时，可选用油口 P 是封闭式的中位机能，如 O、Y、J、U、N 型。这时一个油泵可用于多缸的液压系统；或者选用油口 P 和油口 O 接通但不畅通的形式，如 X 型中位机能。这时系统能保持一定压力，可供压力要求不高的控制油路使用。

③ 当系统对换向精度要求较高时，应选用工作油口 A、B 都封闭的形式，如 O、M 型。这时液压缸的换向精度高，但换向过程中易产生液压冲击，换向平稳性差。

④ 当系统对换向平稳性要求较高时，应选用 A 口、B 口都接通 O 口的形式，如 Y 型。这时换向平稳性好，冲击小，但换向过程中执行元件不易迅速制动，换向精度低。

⑤ 若系统对启动平稳性要求较高时，应选用油口 A、B 都不通 O 口的形式，如 O、C、P、M 型。这时液压缸某一腔的油液在启动时能起到缓冲作用，因而可保证启动的平稳性。

⑥ 当系统要求执行元件能浮动时，应选用油口 A、B 相连通的形式，如 U 型。这时通过某些机械装置按需要改变执行元件的位置（立式液压缸除外）；当要求执行元件能在任意位置上停留时，应选用 A、B 油口都与 P 口相通的形式（差动液压缸除外），如 P 型。这时液压缸左右两腔作用力相等，液压缸不动。

三位换向阀除了有各种中位机能外，有时也把阀的左位或右位设计成特殊的机能。这时就分别用两个字母来表示阀的中位和左（或右）位机能。图 5-12 所示为常见的 MP 型［图 5-12（a）］和 OP 型［图 5-12（b）］三位阀的职能符号。这两种阀主要用于差动连接回路，以得到快速行程。

对于二位四通或二位五通换向阀，如果对换向时的中间状态有一定要求时，可在换向阀的符号上把中间的过渡位置表示出来，并用虚线和两端的位置隔开。图 5-13 为具有 X 型过渡机能的二位四通换向阀，它在阀芯移过中间的位置瞬间，使 P、A、B、O 四个油口呈半开启连通。这样既可以避免换向过程中由于油口 P 突然封闭而引起系统的压力冲击，同时也能使油口 P 保持一定的压力。在某种场合下，三位阀从中位向左位或右位转换时，也有过渡机能的要求，其表示方法与二位阀类似。

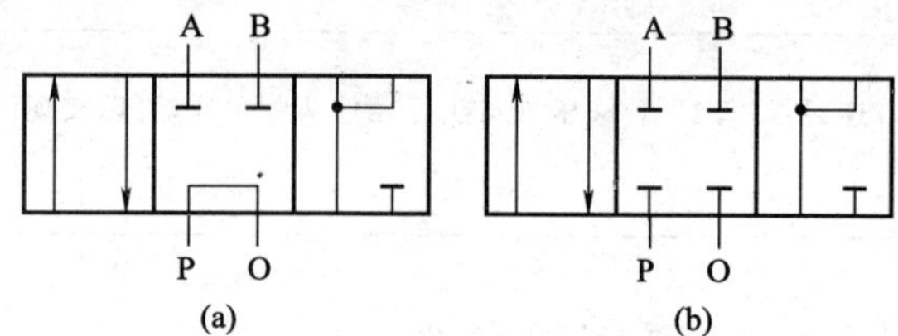

图 5-12　具有 MP 型、OP 型机能的三位四通阀

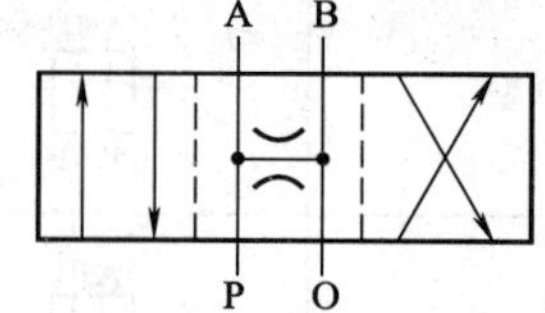

图 5-13　具有 X 型过渡机能的二位四通阀

5. 几种常用的换向阀

（1）手动换向阀　手动换向阀是用手动杠杆操纵阀芯移动，来改变阀的工作位置，控制液体流动的方向。

手动换向阀阀芯的定位方式有钢球定位式和弹簧复位式两种。图 5-14 为弹簧复位式三位四通手动换向阀，左端为操纵手柄，右端为弹簧自动复位机构。推动手柄 1 向右，阀芯 8 向左移动直至左右弹簧座 7 和 4 相碰为止（这时弹簧 5 受压缩）。此时，P 口和 A 口相通，B 口经阀芯轴向孔与 O 口相通；推动手柄向左，阀芯向右移动至左右弹簧座 7 和 4 相碰为止。此时，P 口与 B 口相通，A 口与 O 口相通。钢球定位式是当操纵手柄外力取消后，阀芯依靠钢球定位保持在换向位置。弹簧复位式是当操纵手柄外力取消后，弹簧使阀芯自动回

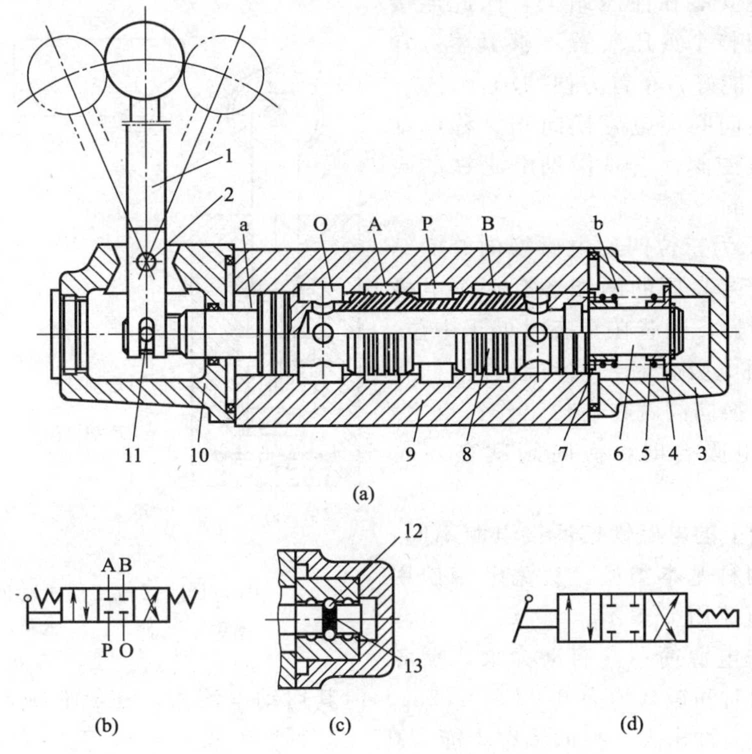

图 5-14　三位四通手动换向阀

1—手柄；2—销轴；3—右阀盖；4—右弹簧座；5,13—弹簧；6—右端小轴；7—左弹簧座；
8—阀芯；9—阀体；10—左阀盖；11—销子；12—钢球

复到初始位置。松开手柄，阀芯在弹簧力的作用下自动回到中间位置（中位），这时 P、O、A、B 全部封闭（即图示位置）。这种换向阀适用于动作频繁、工作持续时间短的场合，其操作比较安全，常应用于工程机械。

图 5-14（c）所示为钢球定位式三位四通换向阀的定位原理：当用手柄拨动阀芯时，阀芯可以借助弹簧 13 和钢球 12 保持在左、中、右任何一个位置上。这种结构应用于机床、液压机、船舶及工程机械等。图 5-14（d）为其职能符号。

手动换向阀有一个特点就是：可通过操纵手柄控制阀芯和行程在一定范围内（中间位置到换向终止位置之间）变动，即各油口的开度可以根据需要进行调节，使其在换向的过程兼有节流的功能。

（2）机动换向阀　机动换向阀又称行程换向阀，它是借助于运动部件上的行程挡块（或凸轮）推动滚轮使阀芯移动来实现换向的。

机动换向阀一般只有二位，可以是二通、三通、四通等形式。

图 5-15（a）所示为二位二通机动换向阀的结构，它由滚轮 1、阀芯 2、阀体 3 、弹簧 4 等主要部件组成。在图示位置上，阀芯 2 在弹簧 4 的推力作用下，处在最上端位置，把进油口 P 与出油口切断。当行程挡块将滚轮压下时，P、A 口接通；当行程挡块脱开滚轮时，阀芯在其底部弹簧的作用下又恢复到初始位置。图 5-15（b）所示为该阀的职能符号。

机动换向阀结构简单，动作可靠，换向精度高，改变挡块斜面的角度 α（或凸轮外廓的形状），便可改变阀芯移动的速度，因而可以调节换向过程的时间。但这种阀要安放在它的操纵件旁，不能安装在液压站上，因此连接管路较长，并使整个液压装置不够紧凑。常用于要求换向性能好、布置方便的场合。

（3）电磁换向阀　电磁换向阀又称电动换向阀，简称电磁阀，它是借助电磁铁的吸力推动阀芯移动的。

图 5-16 所示为三位四通电磁换向阀的结构原理和职能符号。阀的两端各有一个电磁铁和一个对中弹簧，阀芯在常态时处于中位。当右端电磁铁通电吸合时，衔铁通过推杆将阀芯推至左端，换向阀就在右位工作；反之，左端电磁铁通电吸合时，换向阀就在左位工作。

电磁换向阀上的电磁铁按所接电源不同，分交流和直流两种基本类型，交流电磁铁用字母 D 表示，直流用 E 表示。

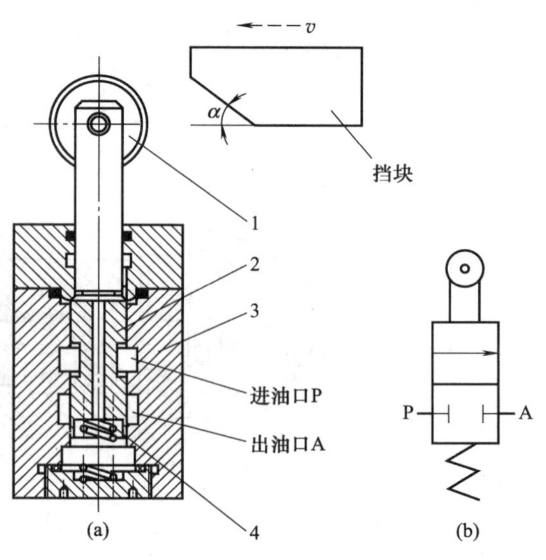

图 5-15　二位二通机动换向阀

1—滚轮；2—阀芯；3—阀体；4—弹簧

交流电磁铁电源简单，启动力大，反应速度较快，换向时间短（约为 0.03～0.05s），但其启动电流大，在阀芯被卡住时会使电磁铁线圈烧毁，换向冲击大，换向频率不能太高（每分钟 30 次左右），工作可靠性差。常用交流电磁铁的电压一般为交流 220V。

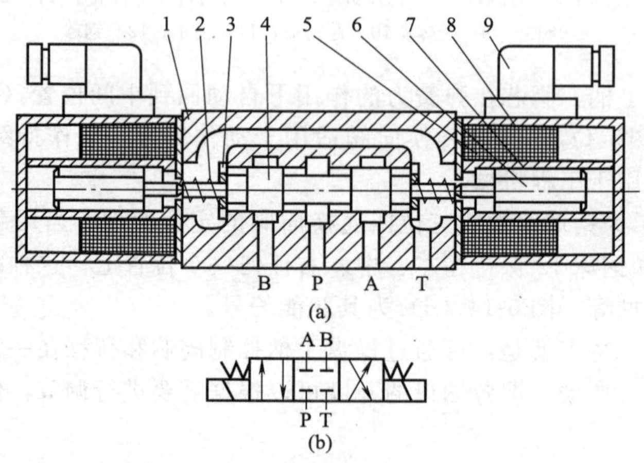

图 5-16　三位四通电磁换向阀

1—阀体；2—弹簧；3—弹簧座；4—阀芯；5—线圈；6—衔铁；7—隔套；8—壳体；9—插头组件

直流电磁铁在工作或过载情况下，其电流基本不变，因此不会因阀芯被卡住而烧毁电磁铁线圈，工作可靠，换向冲击、噪声小，换向频率较高（可达每分钟 240 次以上），但需要直流电源，并且启动力小，反应速度较慢，换向时间长。常用直流电磁铁的电压为直流 12V、24V、110V。

按照电磁铁的衔铁是否浸在油里，电磁铁又分为干式和湿式两种。

干式电磁铁（见图 5-17）不允许油液进入电磁铁内部，因此推动阀芯的推杆处要有可靠的密封（图 5-17 中的密封圈 2），密封处摩擦阻力较大，影响了换向可靠性，也易产生泄

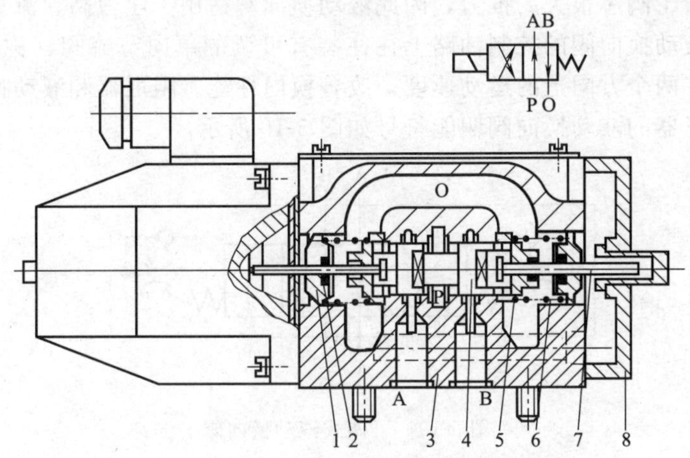

图 5-17　二位四通电磁换向阀

1—O 形圈座；2—密封圈；3—阀体；4—阀芯；5—弹簧座；6—弹簧；7—推杆；8—后盖板

漏。而湿式电磁铁（见图 5-16）的衔铁可以在油液中工作，因而无需推杆处的密封圈，只是在电磁铁与阀的结合面上安装密封圈防止外泄漏。由于油液的润滑和阻尼作用，减缓了衔铁与阀芯间的撞击，提高了衔铁运动的平稳性，延长了电磁铁的使用寿命，同时也使换向时间较干式的略有增加，允许的换向频率较高；而衔铁的往复动作，使油液循环进入和排出电磁铁内，能起到一定的冷却作用；由于推杆处没有密封圈的摩擦阻力，可以充分地利用电磁铁有限的推力，提高阀换向的可靠性。

湿式电磁铁较干式电磁铁结构复杂、价格高，但由于它的一系列突出优点，得到了迅速发展，使用日益广泛。

电磁换向阀由电气信号操纵，控制方便，布局灵活，在实现机械自动化方面得到了广泛的应用。但电磁换向阀由于受到磁铁吸力较小的限制，其流量一般在 63L/min 以下。故对于要求流量较大、行程较长、移动阀芯阻力较大或要求换向时间能够调节的场合，宜采用液动或电液式换向阀。

（4）液动换向阀　液动换向阀是靠液压力来改变阀芯位置的换向阀。

图 5-18（a）所示为一种三位四通液动换向阀的结构原理。当控制油口 K_1 通压力油、K_2 回油时，阀芯右移，P 与 A 通，O 与 B 通；当油口 K_2 通压力油、K_1 回油时，阀芯左移，P 与 B 通，O 与 A 通；当 K_1、K_2 都不通压力油（即如图所示的位置）时，阀芯在两端对中弹簧的作用下处于中间位置。图 5-18（b）为其职能符号。

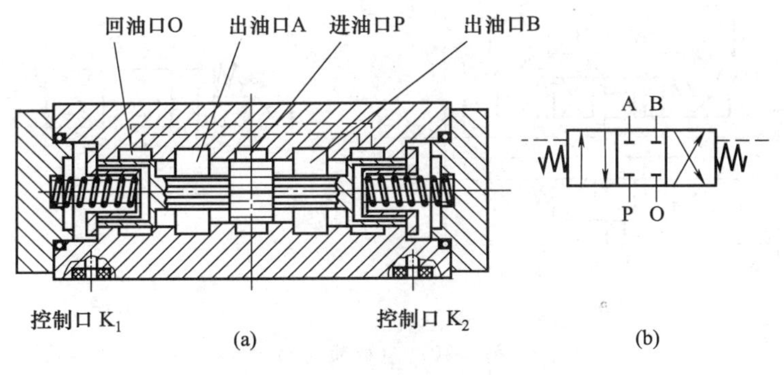

图 5-18　三位四通液动换向阀

液压操纵可给予阀芯很大的推力，因此液动换向阀适用于压力高、流量大、阀芯移动行程长的场合。在液动换向阀的控制油路上往往装有可调的单向节流阀（称阻尼器），以便分别调节换向阀芯在两个方向上的运动速度，改善换向性能。阻尼器和液动换向阀可连成一体也可独立。带阻尼器的液动换向阀职能符号如图 5-19 所示。

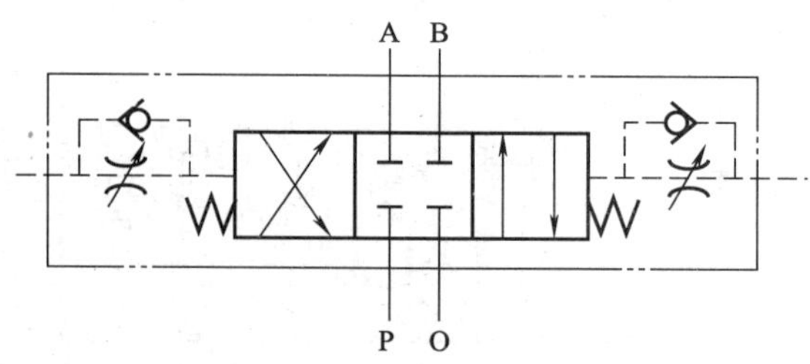

图 5-19　可调式液动换向阀

（5）电液换向阀　电液换向阀是由一个普通的电磁换向阀和液动换向阀组合而成的。其中电磁换向阀起先导阀的作用，它通过电磁铁的通电和断电，改变控制油路的方向，继而推动液动换向阀的阀芯移动；液动换向阀是主阀，它在控制油液的作用下，改变阀芯的位置，使油路换向。为保证主阀芯在先导电磁铁都断电时由弹簧作用回到中位，先导电磁阀的中位机能应是“Y”型。由于控制油液的流量不必很大，因而可实现以小容量的电磁阀来控制大通径的液动换向阀。

图 5-20（a）所示为电液换向阀的结构原理。电磁铁 1、3 都不通电时，电磁阀阀芯处于中位，液动阀阀芯 6 因其两端未接通控制油液（而接通油箱），在对中弹簧的作用下，也处

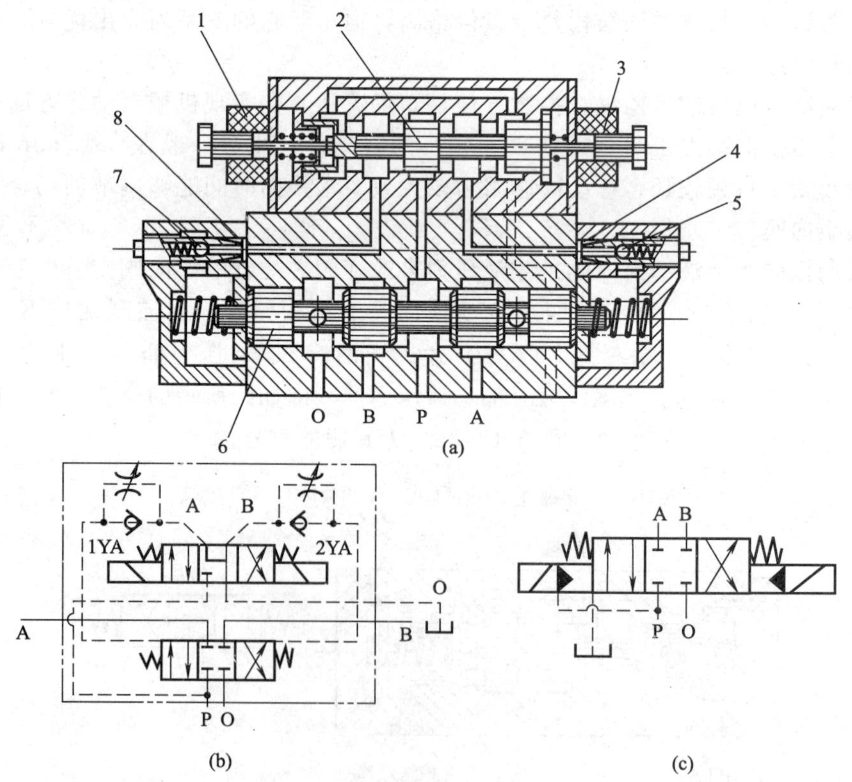

图 5-20　电液换向阀

1，3—电磁铁；2，6—阀芯；4，8—节流阀；5，7—单向阀

于中位。电磁铁 1 通电时，阀芯 2 向右移，控制油经单向阀 7 通入阀芯 6 的左端，推动阀芯 6 移向右端，阀芯 6 右端的油液则经节流阀 4、电磁阀流回油箱。阀芯 6 移动的速度由节流阀 4 的开口大小决定。同样道理，若电磁铁 3 通电，阀芯 6 移向左端（使油路换向），其移动速度由节流阀 8 的开口大小决定。

图 5-20（b）和（c）分别为电液换向阀的详细职能符号和简化的职能符号。

在电液换向阀中，由于阀芯 6 的移动速度可调，因而就调节了液压缸换向的停留时间，并可使换向平稳而无冲击，所以电液换向阀的换向性能较好，适用于高压大流量场合。

第三节　压力控制阀

控制和调节液压系统油液压力，或利用液压力作为控制信号控制其他元件动作的阀类，称为压力控制阀。

压力控制阀按其功能和用途可分为溢流阀、减压阀、顺序阀、压力继电器等，它们的共同特点是利用作用于阀芯上的液压力与弹簧力相平衡的原理进行工作的。

一、溢流阀

溢流阀是通过阀口的开启溢流，使被控制系统或回路的压力维持恒定，实现稳压、调压或限压作用，简称为定压、稳压。

溢流阀的基本要求是：调压范围大，调压偏差小，压力振摆小，动作灵敏，过流能力大，噪声小。

1. 结构和工作原理

根据结构不同，溢流阀可分为直动式和先导式两类。

（1）直动式溢流阀　直动式溢流阀是利用阀芯上端的弹簧力直接与下端面的液压力相平衡来控制溢流压力的，直动式溢流阀由此得名。

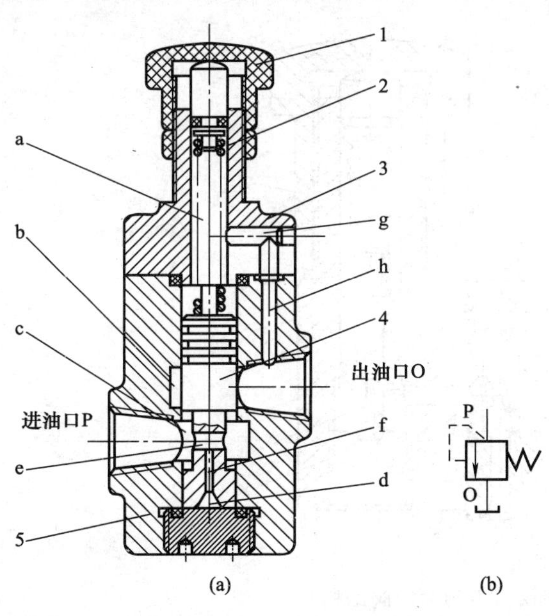

图 5-21　直动式溢流阀

1—调节螺母；2—调压弹簧；3—上盖；4—阀芯；5—阀体

直动式溢流阀按其阀芯形式不同可分为球阀式、锥阀式、滑阀式等。现以滑阀式为例来说明直动式溢流阀的结构和工作原理。其结构如图 5-21（a）所示，它主要由阀体 5、阀芯 4、调节螺母 1、调压弹簧 2 及上盖 3 等主要零件组成，油口 P 和 O 分别为进油口和回油口。

来自液压泵的油液，从进油口 P 进入，经过阀芯 4 的径向孔 e、轴向小孔 f 流入阀芯 4 下端的 d 腔，并对阀芯 4 产生向上的推力。当进油压力较低、向上的推力还不足以克服弹簧 2 的作用力时，阀芯处于最下端位置，此时进油口 P、回油口 O 不通，处于关闭状态。当进油口 P 的压力不断升高，d 腔的油压同时也等值增高。当 d 腔内的油压力增高到大于弹簧 2 的作用力时，阀芯 4 被顶起，并停止在某一平衡位置上。这时进油口 P、回油口 O 接通，油液从回油口 O 排回油箱，实现溢流。而阀入口、d 腔处油压不再增高，且与此时的弹簧力相平衡，为某一确定的常值。这就是直动式溢流阀的定压原理。很显然，调整调节螺母 1，可以改变调压弹簧 2 的预紧力，从而改变顶起阀芯的油压力（称为阀的开启压力），也就改变了阀入口的定压值。故溢流阀弹簧的调定压力就是溢流阀入口压力的调定值。需要说明的是，当调节螺母 1 调整好后，应用其下面的锁紧螺母并紧，防止误操作使调整压力改变。另外，溢流阀工作时，因为阀芯和阀体之间有间隙，通过间隙泄漏到阀芯上端弹簧腔 a 的油液如果不将其排出，则将形成一个附加背压，所以在直动式溢流阀的上盖 3 和阀体 5 上开设了孔 g、h，使泄漏油经过这些孔流回到回油口 O，随同溢流油液一起流回油箱，这种方式称为内泄。孔 g 的外端用螺塞或钢球堵住。

溢流阀的稳压作用是指，在工作过程中由于某种原因（如负载的突然变化）引起溢流阀入口压力发生波动时，经过阀本身的调节，能将入口压力很快地调回到原来的数值上。如溢流阀入口压力为某一初始定值 p_1，当入口油压突然升高时，d 腔油压也等值、同时升高，这样就破坏了阀芯初始的平衡状态，阀芯上移至某一新的平衡位置，阀口开度加大，将油液多放出去一些（即阀的过流量增加），因而使瞬时升高的入口油压又很快降了下来，并基本上回到原来的数值上。反之，当入口油压突然降低（但仍然大于阀的开启压力）时，d 腔油压也等值、同时降低，于是阀芯下移至某一新的平衡位置，阀口开度减小，使油液少流出去一些（阀的过流量减小），从而使入口油压又升上去，即基本上又回升到原来的数值上。这就是直动式溢流阀的稳压过程。其职能符号见图 5-21（b），职能符号表明了以下内容：

①溢流阀在常态下（非工作状态）阀口关闭（方框内箭头错开）；②控制压力取自进油口压力（虚线表示）；③出口接油箱；④采用内泄漏方式（弹簧处没有接油箱的标志）。

（2）先导式溢流阀　先导式溢流阀和直动式溢流阀的作用是相同的，即在溢流的同时定压和稳压。图 5-22 所示为一种先导式溢流阀（主阀为滑阀结构）。它由先导阀（简称导阀）和主阀两部分组成，由图可见，先导阀就是一个锥阀结构的小规格的直动式溢流阀。先导阀

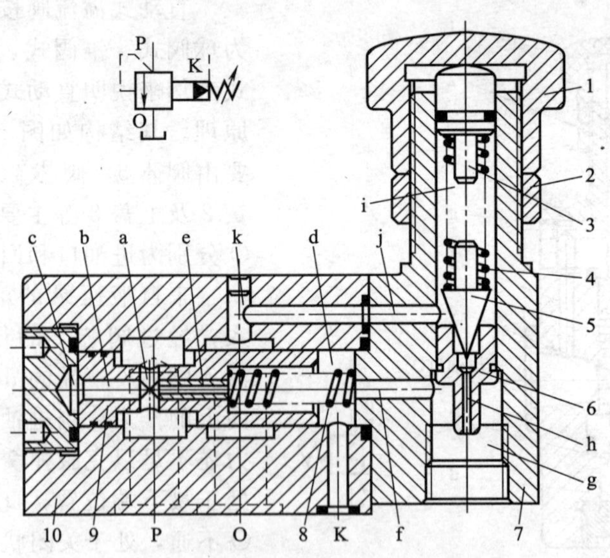

图 5-22　先导式溢流阀（主阀为滑阀结构）

1—调节螺母；2—锁紧螺母；3—调节杆；4—调压弹簧；5—先导阀阀芯；
6—先导阀阀座；7—先导阀阀体；8—复位弹簧；9—主阀芯；10—主阀体

部分由调节螺母1、调压弹簧4、先导阀阀芯（锥阀）5、先导阀阀座6、先导阀阀体7等组成；主阀部分主要由复位弹簧8（或称之为平衡弹簧）、主阀芯9、主阀体10等组成。

压力油从入油口P进入，通过a孔、b孔进入c腔，作用于主阀芯的左端，同时又经主阀芯中间的阻尼孔e进入d腔，并经过f孔、g腔、阀座6内的h孔作用于先导阀阀芯5上。由于油腔c、d、g形成一个密闭的容积（腔），所以腔内各点的压力均相等（根据帕斯卡定律），并都等于阀的入口油压。当入口油压较低时，作用于先导阀阀芯上的液压力小于先导阀调压弹簧4的预紧力，先导阀阀芯5关闭，阻尼小孔e中的油液不流动，这时主阀芯9两端的油压相等，在复位弹簧8的作用下主阀芯9处于最左端位置，隔断了进油口和回油口的通道，将溢流口关闭。

当入口油压升高，使作用于先导阀阀芯5上的液压力大于先导阀弹簧4的预紧力时，阀芯5上移，压缩弹簧4将先导阀口打开（经过一段振荡过程后停在某一平衡位置上），压力油便经阻尼孔e、孔f、g腔、孔h、j、k流入回油腔。由于油液流经阻尼孔e后要产生压力降，所以主阀芯9右端的油压力小于左端的油压力，当这个压力差较小、还不足以克服复位弹簧8的作用力时，主阀芯9仍然处在最左端。随着阀入口油压的不断升高，这个压力差也提高。当这个压力差对主阀芯9的作用力超过复位弹簧8的作用力时，主阀芯9向右移动，溢流口开启，将阀的进油口P和回油口O接通，实现溢流。此后，溢流阀入口油压不再升高，其值为与此时调压弹簧4的预紧力相对应的某一确定值。调整调节螺母1，通过调节杆3可以改变调压弹簧4的预紧力大小，从而实现调整溢流阀的进油压力的作用。这就是先导式溢流阀的定压过程。其稳压过程与直动式溢流阀相同，故不赘述。其职能符号见图5-22。

阀体上有一远程调压口K，采用不同的控制方式，可以使先导式溢流阀实现不同的作用。例如：将远程调压口K通过管道接到一个远程调压阀（远程调压阀的结构和先导式溢流阀的导阀部分相同）上，并且远程调压阀的调整压力小于先导阀的调整压力，则溢流阀的进口压力就由远程调压阀决定，从而通过使用远程调压阀可以实现对液压系统的远程调压。又如：将远程调压口K接一个换向阀，通过换向阀接通油箱，主阀芯的右端的压力接近于零，主阀芯在进油腔压力很小的情况下，就可压缩复位弹簧，移动到最右端，阀的开口最大，这时系统的压力很低就通过溢流阀流回到油箱，实现卸荷作用。

图5-23为另一种先导式溢流阀（主阀为锥阀结构），其工作原理和上述先导式溢流阀基

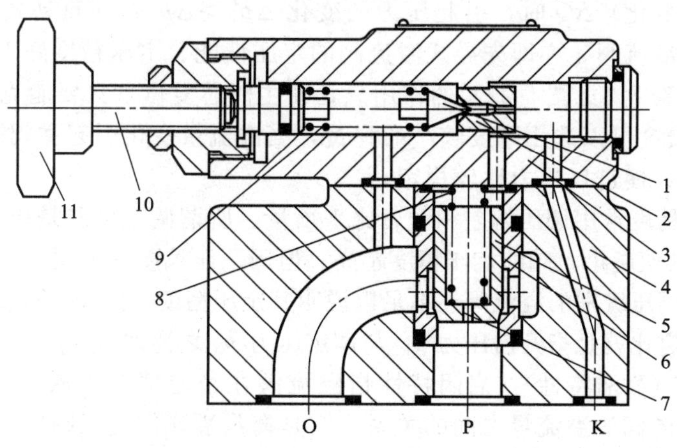

图5-23　先导式溢流阀（主阀为锥阀结构）

1—先导阀阀芯；2—先导阀阀座；3—先导阀阀体；4—主阀体；5—主阀芯；6—主阀套；7—阻尼孔；8—主阀复位弹簧；9— 调压弹簧；10—调节螺钉；11—调压手轮

本相同，不同的是主阀芯为锥形阀，因而过流面积大，溢流量变化引起的主阀芯位移量小，使得进口压力更稳定。这种结构的先导式溢流阀适用于高压、大流量场合。

2. 性能特点

这里所说的性能特点，是指溢流阀在溢流同时的定压、稳压能力。由溢流阀的工作原理可知，溢流阀是通过改变阀口开度，即改变过流量来调整入口压力、并使之基本上（不是绝对）稳定在初始调定值上的。这就是说，溢流阀的流量发生变化时，其入口的压力值也随之变化（波动）。如流量的变化引起入口压力的变化越小，则溢流阀的定压能力越强，定压精度越高，性能（静态性能）越好。反之亦然。

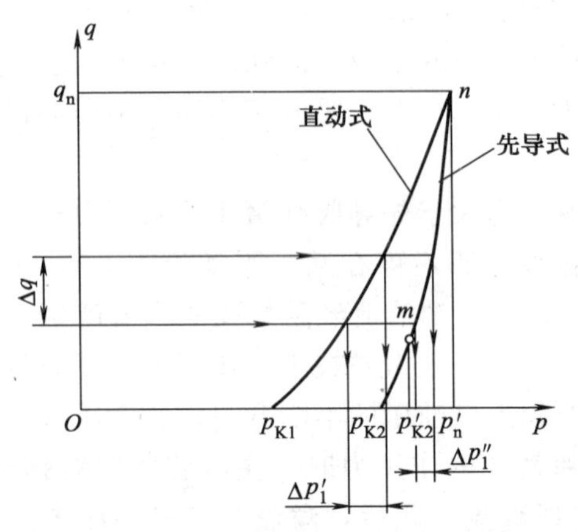

图 5-24　溢流阀的流量-压力静特性曲线

图 5-24 为溢流阀的流量-压力静特性曲线，即入口压力和流量的关系曲线。

图中 p_{K1} 是直动式溢流阀的开启压力。当阀入口压力小于 p_{K1} 时，阀处于关闭状态，其过流量为零；当阀入口压力大于 p_{K1} 时，阀打开、溢流，直动式溢流阀便处于工作状态（溢流的同时定压）。图中 p'_{K2} 是先导式溢流阀的导阀开启压力，曲线上的拐点 m 所对应的压力 p_{K2} 是其主阀的开启压力。当压力小于 p'_{K2} 时，导阀关闭，阀的流量为零；当压力大于 p'_{K2} 时，导阀打开，此时通过阀的流量只是先导阀的泄漏量，故很小，曲线上 $p'_{K2}m$ 段即为导阀的工作段；当阀入口压力大于 p_{K2} 时，主阀打开，开始溢流，先导式溢流阀便进入工作状态。在工作状态下，无论是直动式还是先导式溢流阀，其溢流量都随入口压力增加而增加。当压力增加到 p_n 时，阀芯上升到最高位置，阀口最大，通过溢流阀的流量也最大——为其额定流量值 Q_n，这时入口的压力叫做溢流阀的调定压力或全流压力。

结合上面的特性曲线，可以从以下几个方面来比较直动式溢流阀和先导式溢流阀的性能特点。

（1）定压精度　如图 5-24 所示，曲线 mn 段的斜率大于曲线 $p_{K1}n$ 段，所以当流量发生相同变化（或单位变化）ΔQ 时，引起压力的变化 $\Delta p'_1 > \Delta p''_1$，即直动式溢流阀入口压力的波动量大于先导式溢流阀。亦即先导式溢流阀的定压性能、定压精度好于直动式。这是由于先导式溢流阀的弹簧 8（见图 5-22）的作用只是使主阀芯复位（只要能克服阀芯的摩擦力就可以了），因此弹簧 8 可以选用刚度较小的弹簧，当溢流量变化引起主阀芯 9 的位置变化时，弹簧力的变化较小，使进口压力比较稳定。

溢流阀的定压精度常用调压偏差和开启比来衡量。所谓调压偏差是指调定压力 p_n 与开启压力 p_K 的差值。其值越小，阀的定压精度越高。但因调压偏差只能说明溢流阀工作压力的绝对变化量，对不同调压级别的溢流阀还不足以说明其定压精度。因此，进一步用开启比来衡量定压精度，所谓开启比就是指开启压力 p_K 与调定压力 p_n 之比即 p_K/p_n。其值越大越好。

（2）启闭特性（黏滞特性）　启闭特性指溢流阀在稳定情况下从开启到闭合的过程中，被控压力和通过溢流阀的溢流量之间的关系。它是衡量溢流阀定压精度的一个重要指标，一般用溢流阀处于额定流量、调定压力 p_S 时，开始溢流的开启压力 p_K 和停止溢流的闭合压力 p_B 分别与 p_S 的百分比来衡量。前者称开启比，后者称闭合比。显然上述两个百分比越大，开启压力和闭合压力越接近调定压力，溢流阀的启闭特性就越好，一般规定开启比应不小于 90%，闭合比应不小于 85%。直动式和先导式溢流阀的启闭特性曲线如图 5-25 所示。

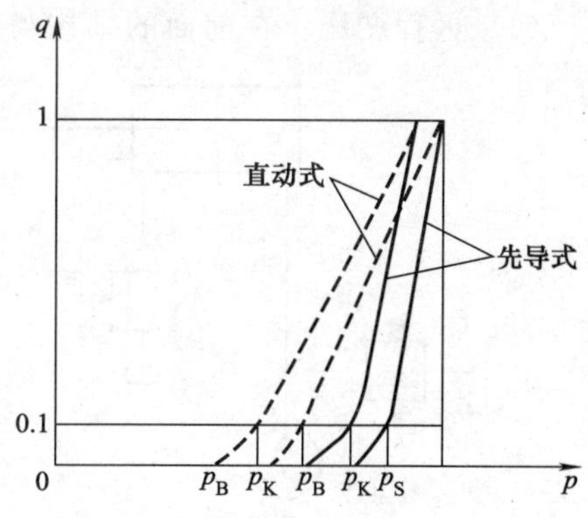

图 5-25　直动式和先导式溢流阀的启闭特性曲线

(3) 快速性和稳定性　直动式溢流阀在阀芯抬起、动作后就对入口压力起控制作用，而先导式溢流阀却要在导阀和主阀都动作后才起控制作用。另外，直动式溢流阀弹簧刚度大。因此，直动式溢流阀反应灵敏、动作快，但稳定性不如先导式溢流阀。

(4) 卸荷压力　卸荷压力是指把先导式溢流阀的遥控口接通油箱，使泵的额定流量全部通过溢流阀流回油箱时，阀的进油腔压力与出油腔压力之差值。该值与通道阻力和主阀弹簧预紧力有关。对直动式溢流阀则不存在卸荷压力。

(5) 直动式溢流阀结构简单、成本低；先导式溢流阀结构较复杂、成本较高。

(6) 适用场合　直动式溢流阀随着工作压力和流量的提高，其调压弹簧的刚度要加得很大，这不仅使阀的调整费力，也使溢流量变化时阀的调定压力波动较大，所以直动式溢流阀适用于低压小流量场合。而对于先导式溢流阀而言，其先导阀部分的结构尺寸一般都很小，调压弹簧的刚度不必太大，因此调整轻便。同时工作压力和流量的提高对调压弹簧的影响不大，故先导式溢流阀适用于高压大流量系统。

3. 应用举例

(1) 作溢流阀用　在采用定量泵节流调速的液压系统中，调节流量控制阀（节流阀）的开口大小可调节进入执行元件的流量，而定量泵多余的油液则从溢流阀溢回油箱。在工作过程中阀是处于常开状态，液压泵的工作压力决定于溢流阀的调整压力且基本保持恒定。如图 5-26 所示。

(2) 作安全阀用　在正常工作时阀是处于常闭状态。例如在容积调速回路中（如图 5-27 所示），系统正常工作时，其压力低于溢流阀的调定值，液压泵供应的压力油全部进入执行元件，阀关闭，没有油液从溢流阀流出；当因某种原因（如管路堵塞、过载等）而使系统压力超过溢流阀的调定值时，阀才打开，油液经阀流回油箱，系统压力不再增高，因而可以防止液压系统过载，起安全保护作用。

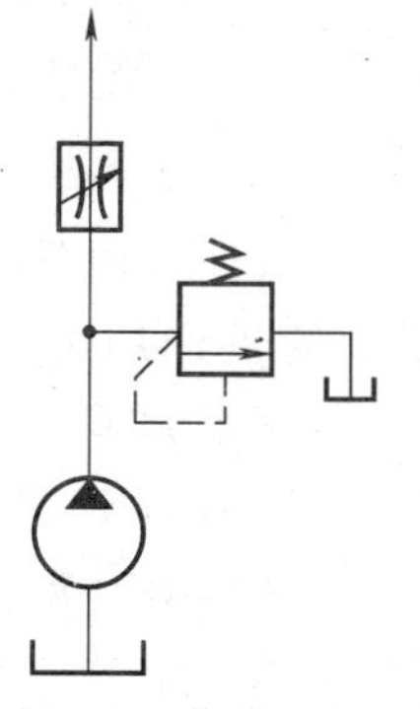

图 5-26　作溢流阀用

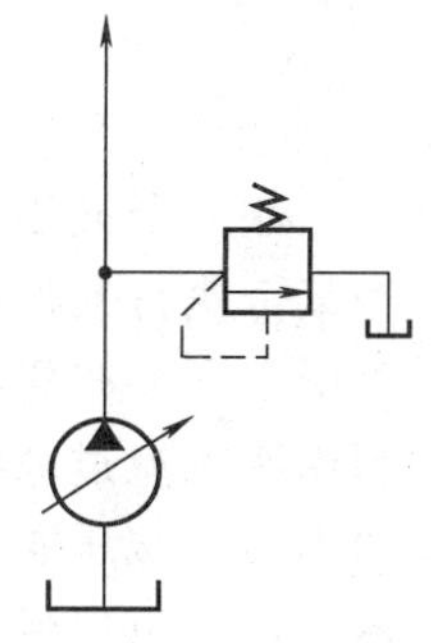

图 5-27　作安全阀用

(3) 作背压阀用　在液压系统的回油路上接一溢流阀（如图 5-28 所示），可造成一定的回油阻力即背压。背压的存在可提高执行元件运动的平稳性。调节溢流阀的调压弹簧可调节背压力大小。

(4) 远程调压 在前面的结构与工作原理介绍中已述及，具体回路如图 5-29 所示。

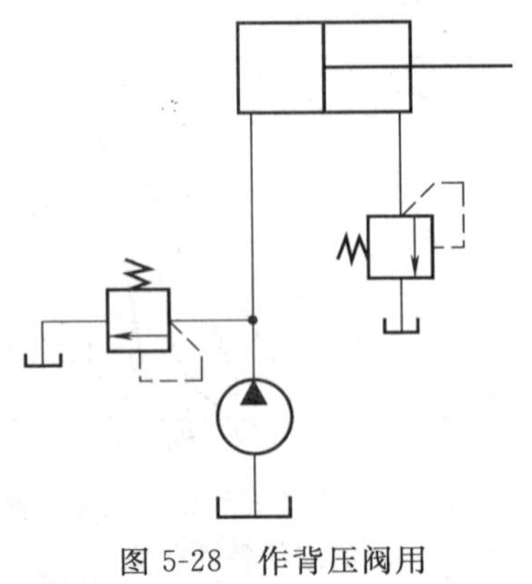

图 5-28 作背压阀用

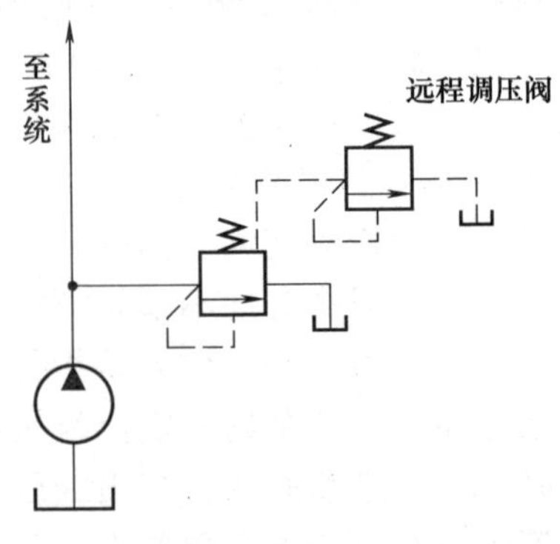

图 5-29 远程调压

(5) 实现系统的二级调压 如图 5-30 所示，当阀 2 断开时，泵的出口压力由先导式溢流阀 1 调定；当阀 2 接通时，泵的出口压力由远程调压阀 3 调定。为了达到对系统的二级调压的目的，阀 3 的调定压力必须小于阀 1 的调定值。

(6) 使系统卸荷 前面已介绍，具体回路如图 5-31 所示。

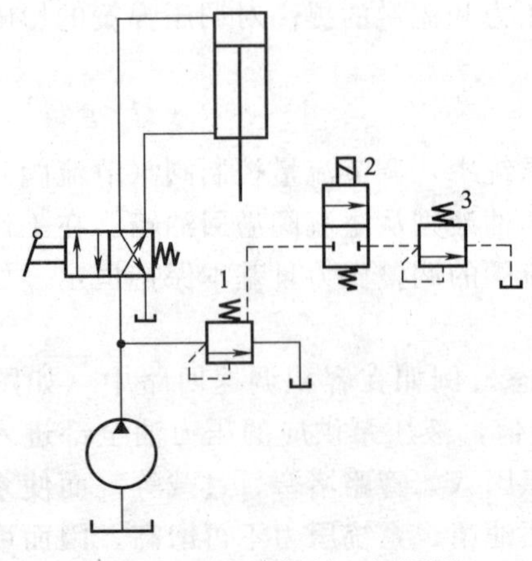

图 5-30 溢流阀的二级调压

1—先导式溢流阀；2—电磁阀；3—远程调压阀

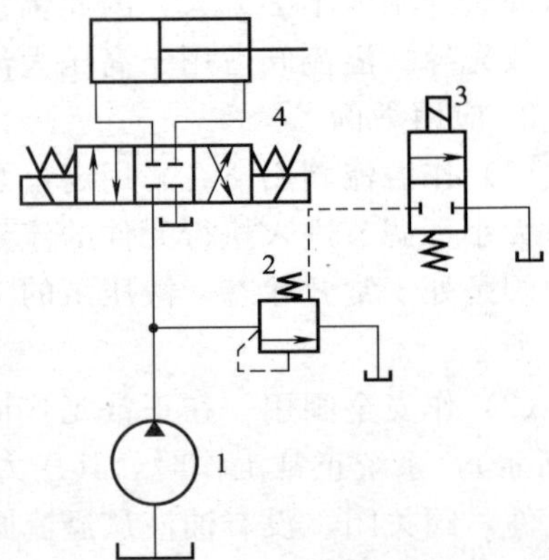

图 5-31 溢流阀用于系统卸荷

1—液压泵；2—溢流阀；3—电磁阀；4—三位四通换向阀

二、减压阀

在液压系统中，往往一个液压泵需要同时向几个执行元件供油，而各执行元件所需的工作压力不尽相同。若某个执行元件所需的工作压力较液压泵的供油压力（即系统压力）低时，可在该分支油路中串联一减压阀，所需压力大小可用减压阀来调节。

减压阀是一种利用液流流过隙缝产生压降的原理，使出口压力低于进口压力的压力控制阀。根据调节性能的不同，减压阀又可分为定值减压阀、定比减压阀和定差减压阀三种。其中定值减压阀应用最广，它可以保持出口压力为定值，使液压系统中某一支路的压力低于系统压力且保持压力稳定。以下只介绍定值减压阀。

1. 结构与工作原理

减压阀也分直动式和先导式两种，直动式减压阀在系统中较少单独使用，先导式减压阀则应用较多。

图 5-32 为先导式减压阀的结构。它由先导阀和主阀两部分组成。先导阀阀芯 5 在调压弹簧 4 的作用下，紧压在先导阀阀座 6 上，调节螺母 1 可改变弹簧 4 对先导阀作用的预紧力。主阀芯 9 在主阀复位弹簧 8 的作用下处在主阀体 10 的最左端，弹簧 8 刚度很小，其作用是克服摩擦力、将主阀芯压向最左端。减压阀的作用有两个：一是将较高的入口压力（通常称为一次压力）p_1 减低为较低的出口压力（通常称为二次压力）p_2；二是保持 p_2 的稳定。简单地说，就是减压和稳压的作用。

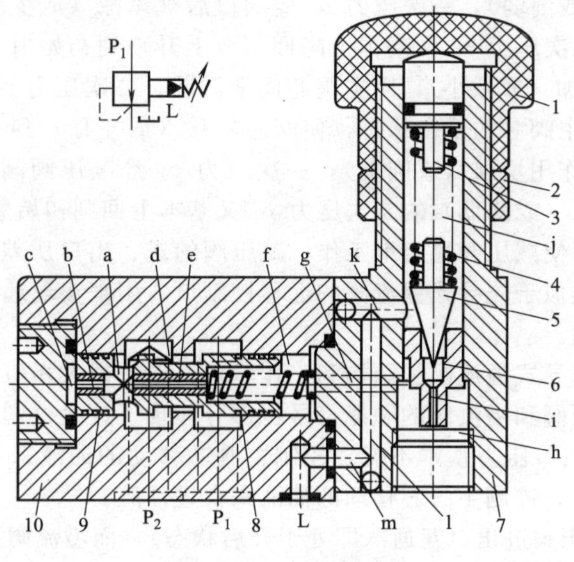

图 5-32　先导式减压阀

1—调节螺母；2—锁紧螺母；3—调节杆；4—调压弹簧；5—先导阀阀芯；6—先导阀阀座；7—先导阀阀体；8—主阀复位弹簧；9—主阀芯；10—主阀体

(1) 减压阀的启动和减压　如图 5-32 所示，来自液压泵或其他油路的高压油（也称为一次压力油）从减压阀的进油腔 P_1 进入，经节流口 d 产生压力降，变成低压油（也称为二次压力油）进入出油腔 P_2。出油腔 P_2 的油液一部分经出口流向减压阀的负载；另一部分经主阀芯 9 孔 a 和 b 流入主阀芯 9 左端的 c 腔，同时经主阀芯 9 的阻尼孔 e 进入主阀芯右端的 f 腔，再经 g 孔、油腔 h 和先导阀下腔阻尼孔 i 进入先导阀下腔，作用在先导阀的锥面上。当减压阀的负载较小时，二次压力 p_2 较小，作用于先导阀阀芯 5 锥面上的油压力还不足以克服弹簧 4 的作用力，先导阀处于关闭状态。阻尼小孔 e 中的油液不流动。由于油腔 c、f、h 形成一个密闭的容积（腔），所以根据帕斯卡定律，腔内各点的压力都相等，并且都等于减压阀出油口压力 p_2，因而主阀芯左右两端油压相等，主阀芯在弹簧 8 的作用下处在最左端，减压阀阀口最大，不起减压作用。因此此时减压阀入口油压与出口油压基本相等，即 $p_1 \approx p_2$。当减压阀负载增加，压力 p_2 也随之增加，并增加到使作用于先导阀阀芯 5 上的液压力大于弹簧 4 的作用力时，先导阀打开，减压阀出口的油液便经阻尼孔 e、f 腔、g 孔、h 腔、阻尼孔 i、先导阀阀口、j 腔、先导阀阀体 7 中的孔道 k、l 和 m 及油口 L 排回油箱。因液体流经阻尼孔 e 时产生压力降，所以此时主阀芯右腔的压力低于其左腔 c 的压力，在左右压差还不足以克服主阀弹簧力时，主阀芯仍处在最左端位置，减压阀阀口开度仍然最大，$p_1 \approx p_2$。由于入口的流量不断输入，而先导阀阀口排出的流量又很有限，故使减压阀出口油压憋高，主阀芯左右压差加大。当该压差大于弹簧 8 的作用力（严格来讲还应包括摩擦力）时主阀芯右移，并平衡在某一位置上，因而使阀口关小，对液流减压。这时出口压力

p_2 为与调压弹簧 4 的预紧力相对应的某一确定值。与此同时，减压阀入口油压 p_1 因减压阀阀口关小，也很快将压力憋高并达到主油路溢流阀的调定压力值 p_n，即 $p_1=p_n$。这样，减压阀便启动完毕，进入正常工作状态，即将较高的一次压力 p_1 减低为较低的二次压力 p_2。

（2）减压阀的稳压　减压阀在工作中的稳压作用包括两个方面。一方面，当减压阀的出口压力 p_2 突然增加（或减小）时，主阀芯左端 c 腔的压力也等值同时增加（或减小），这样就破坏了主阀的平衡状态，使阀芯右移（或左移）到达一个新的平衡位置，阀口关小（或开大），减压作用增强（或削弱），一次压力 p_1 经阀口后被多减（或少减）一些，从而使得瞬时升高（或降低）的二次压力 p_2 又基本上降回（或上升）到初始值上。另一方面，当减压阀入口压力 p_1 突然增加（或减小），因主阀芯尚未调节，二次压力 p_2 也随之突然增加（或减小），这样就破坏了主阀芯的平衡状态，使阀芯右移（或左移）到一新的平衡位置，阀口关小（或开大），减压作用增强（或削弱），一次压力 p_1 经减压阀阀口后被多减（或少减）一些，从而使瞬时升高（或降低）的二次压力 p_2 又基本上回到初始数值上。

应当指出的是，为使减压阀稳定地工作，减压阀的进、出口压差必须大于 0.5MPa。另外，有些减压阀也有类似于先导式溢流阀的远程控制口，用来实现远程控制。其工作原理与溢流阀的远程控制相同。

先导式减压阀和先导式溢流阀从结构和工作原理上看有很大相似之处，但它们存在着如下几点不同之处（减压阀和溢流阀的职能符号也部分体现了这些差别，读者应予以注意）。

① 减压阀是保持出口压力基本不变，控制主阀芯移动的油液来自出油腔；而溢流阀是保持进口压力基本不变，控制主阀芯移动的油液来自进油腔。

② 不工作时，减压阀进出口互通（即处于开启状态），而溢流阀进出口不通（即处于关闭状态）。

③ 减压阀由于进、出油腔都有压力，所以泄漏油不能从出油腔排出，只能从泄油口 L 单独引回油箱（这种泄漏方式称为外泄）；而溢流阀的泄漏采用内泄方式回油箱。

其职能符号如图 5-32 所示（直动式减压阀的职能符号请参见附录），职能符号简要表明了以下几点：①减压阀在常态下阀口是打开的（方框内的箭头沟通了进、出油口）；②控制压力取自出口压力（虚线表示）；③出油口接二次压力油路；④弹簧腔设有专门泄油口，为外泄漏方式。

2. 性能特点

减压阀是控制其出口压力为某一常值的，因此希望该值不受其他因素影响，然而这是不可能的。事实上，当通过减压阀的流量或一次压力发生变化时，二次压力都要变化（波动）。二次压力随流量（或一次压力）变化而变化的大小称为减压阀的定压精度。变化小，则定压精度高；反之，则定压精度低。

（1）$p_2=f(p_1)$ 的特性曲线　图 5-33 所示为通过减压阀的流量 q 不变时，二次压力 p_2 随一次压力 p_1 变化的静特性曲线。曲线由两段组成。拐点 m 所对应的二次压力 p_{20} 为减压阀的调定压力。曲线的 0m 段是减压阀的启动阶段，此时减压阀主阀芯尚未抬起，减压阀阀口开度最大，不起减压作用，因此一次压力和二次压力相等，角 θ 呈 45°（严格说 $p_1 \approx p_2$，角 θ 也略小于 45°）。曲线 mn 段是减压阀的工作段，此时减压阀主阀芯已抬起，阀口已关小，并随着 p_1 的增加，p_2 略有下降。实验证明，引起曲线下降的主要因素是稳态液动力，并且在流量 q 相同、压力 p_2 不同条件下，压差（p_1-p_2）越大，曲线段 mn 越接近水平，p_2 随 p_1 的变化越小，减压阀定压精度越高。因此，在实际工作中，为得到良好的定压性能，提高定压精度，减压阀的压降不能太小。

(2) $p_2=f(q)$ 的特性曲线 如图 5-34 所示为在一次压力 p_1 不变时，二次压力 p_2 随流量 q 变化的静特性曲线。由图可知，随着流量的增加（或减少），p_2 略有所下降（或上升）。曲线的下降亦是稳态液动力所致。实验表明，当压差（p_1-p_2）较大时，曲线 $p_2=f(q)$ 较平直，即阀的稳定性较好。图中还可以看出，当减压阀的负载流量为零时，它仍然可以处于工作状态，保持出口压力为常值。这是因为此时仍有少量油液经主阀口从导阀口泄回油箱。

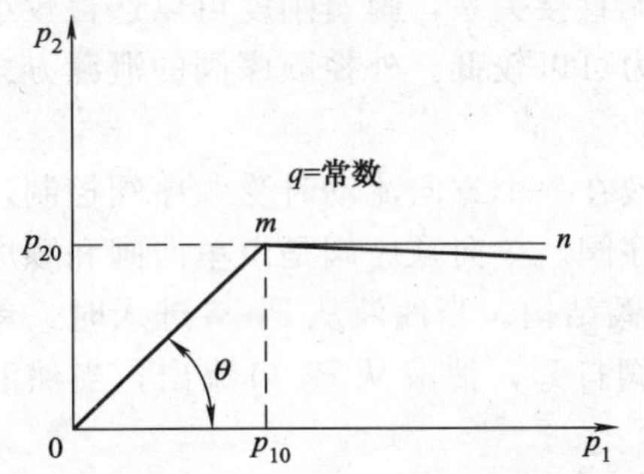

图 5-33 减压阀的 $p_2=f(p_1)$ 的特性曲线

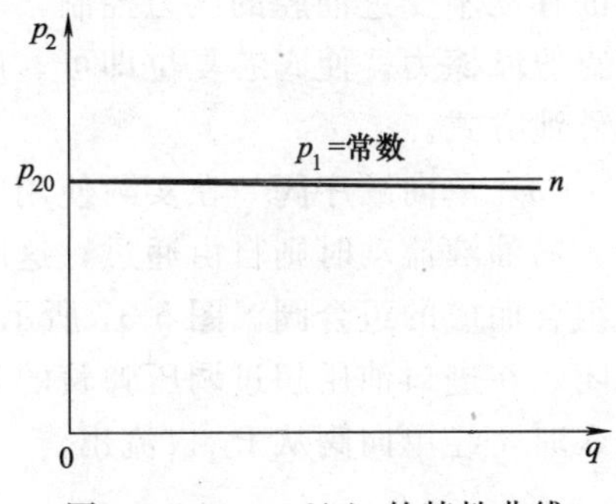

图 5-34 $p_2=f(q)$ 的特性曲线

3. 应用

减压阀在液压系统中主要用在要求获得稳定低压的回路中，如夹紧回路、控制回路、润滑回路等。此外减压阀还可用来限制执行元件的作用力，减少压力波动的影响，改善系统的控制性能。

三、顺序阀

顺序阀是以压力作为控制信号，在一定的控制压力作用下自动接通或切断某一油路，控制执行元件做顺序动作的压力阀。

根据控制方式的不同，顺序阀可分为内控式和外控式。内控式顺序阀是直接利用阀进口处的油压力来控制阀芯的动作，从而控制阀口的启闭；而外控式顺序阀是用外来的控制油压控制阀口的启闭，也称为液控顺序阀。

根据结构形式的不同，顺序阀可分为直动式顺序阀和先导式顺序阀两种。目前应用较多的是直动式顺序阀，因为它具有结构简单、调节压力低、工艺性好、反应灵敏等优点。但在调节压力较高时，应采用先导式顺序阀，因为此时若仍然采用直动式顺序阀，调压弹簧会很粗、很硬，使阀的工作不灵敏，性能变差，甚至在结构上不易实现。

1. 结构与工作原理

(1) 内控式 图 5-35 所示为内控式直动式顺序阀。从图中可以看出，直动式顺序阀与直动式溢流阀相似，其主要差别是：顺序阀的出油口连接到系统中的其他压力回路，以操纵另一个液压缸或其他元件的动作，而溢流阀的出油口直接连接油箱；顺序阀的泄漏油单独接油箱（外泄方式），而溢流阀的泄漏油则经阀的内部孔道与回油腔相通。

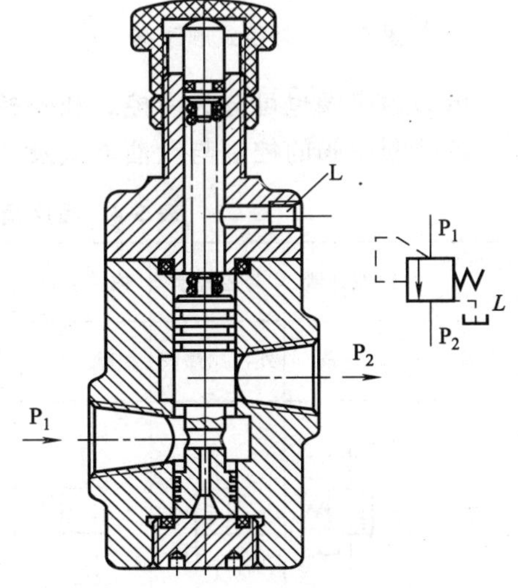

图 5-35 内控式直动式顺序阀

当顺序阀的进油口压力低于其调压弹簧的调定

压力时，阀口关闭；当进油口压力超过弹簧的调定压力时，阀口开启，接通油路，使其下游的执行元件动作。调节调压弹簧的预紧力可调节顺序阀的开启压力。

（2）外控式 外控式顺序阀是在普通顺序阀的基础上增加了液控部分。外控顺序阀的阀芯的移动不再受进油腔的压力控制，而是由与控制油口 K 相通的外部控制油液压力来控制。如图 5-36 所示，来自外部的控制油液从控制口 K 进入阀芯底部，当控制油液的压力超过调压弹簧的调定值时，阀芯向上移动，阀口打开，P_1 口和 P_2 口接通。因为外控式顺序阀的阀芯的移动不受进油腔的压力控制，和进油腔的压力无直接关系，弹簧刚度可以选得较小，只需克服摩擦力，使阀芯复位即可，所以外部控制压力可以较低。外控顺序阀的泄漏方式也采用外泄方式。

（3）单向顺序阀 在实际使用中往往只希望油液在一个方向流动时受顺序阀控制，但在反方向油液流动时则自由通过，这时可采用单向顺序阀。单向顺序阀是由单向阀和顺序阀并联组合而成的组合阀。图 5-37 所示为一种单向顺序阀结构。当油液从 P_1 口进入时，单向阀关闭，在进口油压超过调压弹簧的调定值时，顺序阀打开，油液从 P_2 口流出；当油液反向进入时，经单向阀从 P_1 口流出。

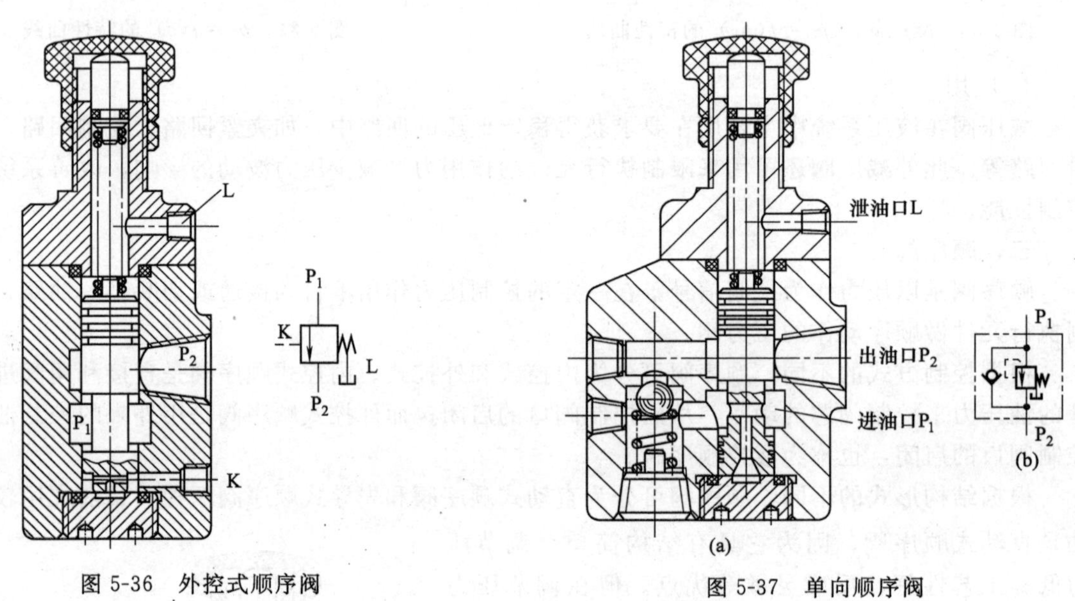

图 5-36 外控式顺序阀　　图 5-37 单向顺序阀

单向顺序阀也可分为内控式和外控式两类，还可分为内泄式和外泄式两类。

各种顺序阀的控制与泄油方式及其职能符号如表 5-4 所示。

表 5-4 顺序阀的控制与泄油方式及其职能符号

控制与泄油方式	内控外泄	外控外泄	内控内泄	外控内泄	内控外泄加单向阀	外控外泄加单向阀	内控内泄加单向阀	外控内泄加单向阀
名称	顺序阀	外控顺序阀	背压阀	卸荷阀	内控单向顺序阀	外控单向顺序阀	内控平衡阀	外控平衡阀
职能符号								

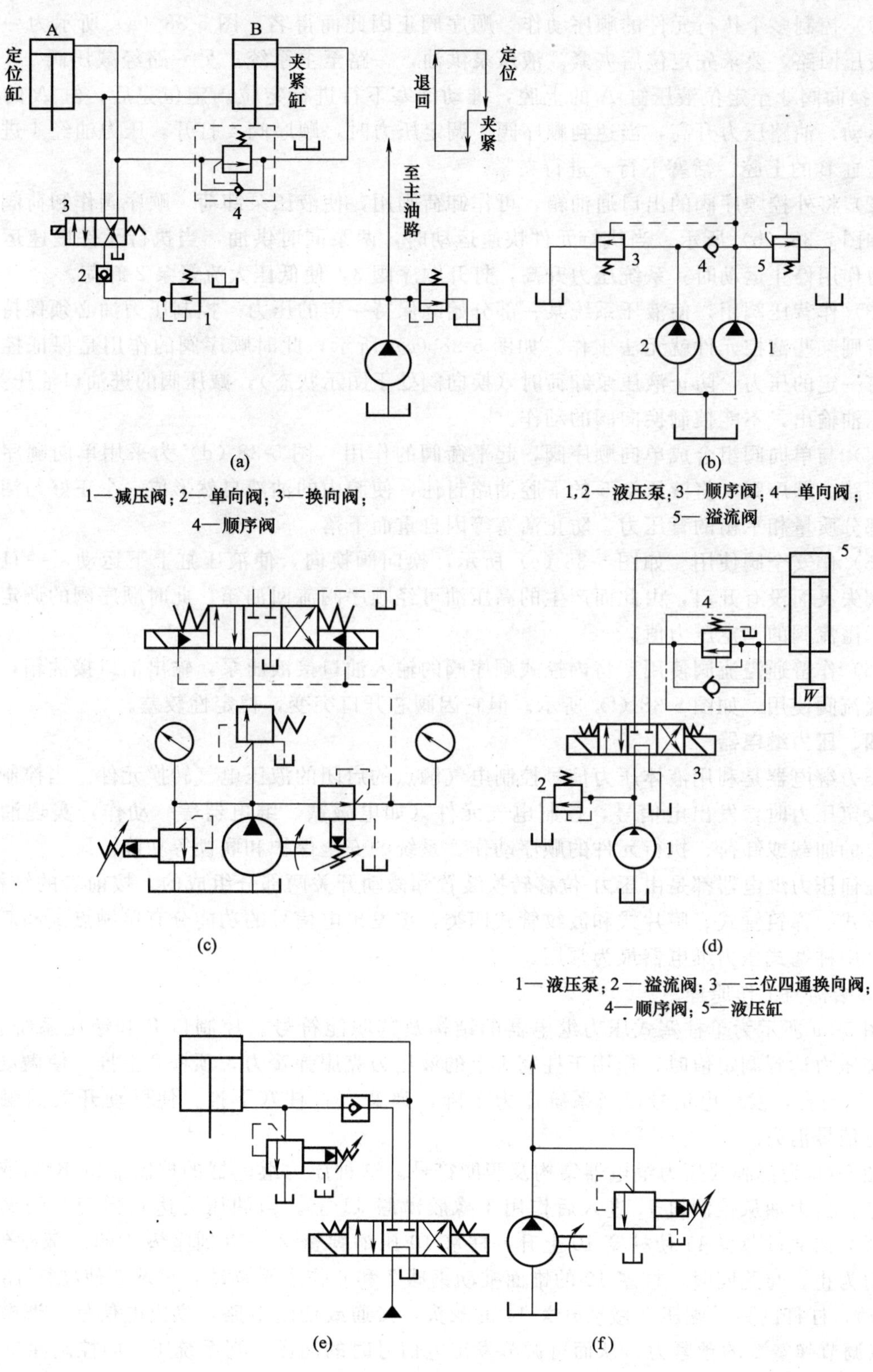
A
定位缸
B
夹紧缸
定位
退回
夹紧
至主油路
3
2
1
4
(a)
1—减压阀；2—单向阀；3—换向阀；
4—顺序阀
3
4
5
2
1
(b)
1，2—液压泵；3—顺序阀；4—单向阀；
5—溢流阀
1
(c)
5
4
W
3
2
1
(d)
1—液压泵；2—溢流阀；3—三位四通换向阀；
4—顺序阀；5—液压缸
(e)
(f)

图 5-38　顺序阀的应用

2. 应用举例

(1) 控制多个执行元件的顺序动作 顺序阀正因此而得名。图 5-38 (a) 所示为一定位夹紧液压回路，要求先定位后夹紧。液压泵供油，一路至主系统，另一路经减压阀 1、单向阀 2、换向阀 3 至定位液压缸 A 的上腔，推动活塞下行进行定位。定位完后，缸 A 的活塞停止运动，油路压力升高，当达到顺序阀 4 调定压力时，顺序阀 4 打开，压力油经 4 进入夹紧液压缸 B 的上腔，活塞下行，进行夹紧。

(2) 将外控顺序阀的出口通油箱，可作卸荷阀用，使液压泵卸荷 顺序阀作卸荷阀用的系统如图 5-38 (b) 所示。当执行元件快速运动时，两泵同时供油，当执行元件慢速运动或受外力作用停止运动时，系统压力升高，打开顺序阀 3，使低压大流量泵 2 卸荷。

(3) 作背压阀用，使液压系统某一部分始终保持一定的压力 控制压力油必须保持液压力，否则某些液控元件就无法工作。如图 5-38 (c) 所示，此时顺序阀的作用是保证控制油路具有一定的压力，防止液压泵卸荷时（换向阀处于图示状态），减压阀的进油口油压为零，无减压油输出，不能控制换向阀的动作。

(4) 与单向阀组合成单向顺序阀，起平衡阀的作用 图 5-38 (d) 为采用单向顺序阀的平衡回路。顺序阀 4 将液压缸 5 的下腔油路封住，使腔内的油液自然形成一个正好与活塞等活动部分质量相平衡的背压力，防止活塞等因自重而下落。

(5) 作安全阀使用 如图 5-38 (e) 所示，换向阀换向，使液压缸上下运动，一旦液控单向阀失灵而没有开启，由此而产生的高压油可经顺序阀流回油箱，此时顺序阀的调定压力应高于溢流阀的调定压力值。

(6) 作普通溢流阀使用 将内控式顺序阀的输入油口接液压泵，输出油口接油箱，可作普通溢流阀使用，如图 5-38 (f) 所示。但它因阀芯开口突变，稳定性较差。

四、压力继电器

压力继电器是利用液体压力信号控制电气触点的启闭的液压电气转换元件。当控制压力达到设定压力时，发出电信号，控制电气元件（如电磁铁、继电器等）动作，实现油路转换、泵的加载或卸荷、执行元件的顺序动作、系统的安全保护和联锁等功能。

任何压力继电器都是由压力-位移转换装置和微动开关两部分组成的。按前者的结构分，有柱塞式、弹簧管式、膜片式和波纹管式四类，按发出电信号的功能分有单触点式和双触点式。其中柱塞式压力继电器最为常用。

1. 结构与工作原理

图 5-39 所示为单柱塞式压力继电器的结构及其职能符号。控制口 P 和液压系统相连，当系统压力达到调定值时，作用于柱塞 1 上的液压力克服弹簧力，顶杆 2 上推，使微动开关 4 的触点闭合，发出电信号；当系统压力下降，弹簧力将柱塞下推，使微动开关的触点断开，电信号消失。

图 5-40 为薄膜式压力继电器结构及职能符号。这种压力继电器的控制油口 K 和液压系统相连。压力油从控制口 K 进入后作用于橡胶薄膜 11 上。当油压力达到弹簧 2 的调定值时，压力油通过薄膜 11 使柱塞 10 上升，柱塞 10 压缩弹簧 2 一直到座垫 4 的肩部碰到套 3 的台肩为止。与此同时，柱塞 10 的锥面推动钢球 7 和 6 作水平移动，钢球 6 使杠杆 13 绕轴 12 转动，杠杆的另一端压下微动开关 14 的触头，接通或切断电路，发出电信号。调节螺钉 1 可以调节弹簧 2 的预紧力，从而可调节发出电信号时的油压。当系统压力即控制油口 K 的油压降低到一定值时，弹簧 2 通过钢球 5 把柱塞 10 压下，钢球 7 依靠弹簧 9 使柱塞定位，微动开关触头的弹力使杠杆 13 和钢球 6 复位，电气信号撤销。

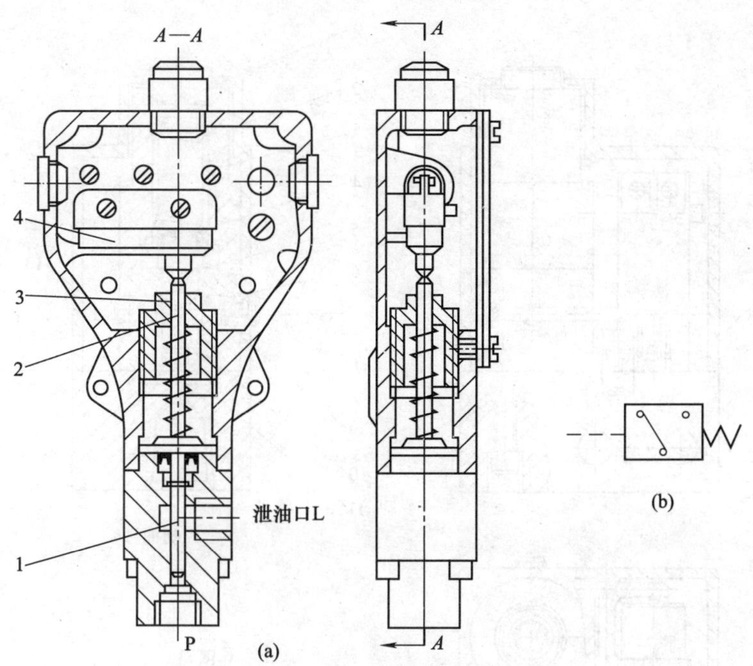

图 5-39　单柱塞式压力继电器

1—柱塞；2—顶杆；3—调节螺套；4—微动开关

钢球 7 在弹簧 9 的作用下使柱塞 10 与柱塞孔之间产生一定的摩擦力，当柱塞上移（微动开关闭合）时，摩擦力与油压力方向相反；当柱塞下移（微动开关断开）时，摩擦力与油压力方向相同。因此，使微动开关断开时的压力比使它闭合时的压力低。用螺钉 8 调节弹簧 9 的作用力，可改变微动开关闭合和断开之间的压力差值。螺钉 15 用于调节微动开关与杠杆之间的相对位置，16 为垫圈。

2. 应用举例

压力继电器的应用非常广泛。如：当机床切削力过大时自动退刀、润滑系统因堵塞发生故障时自动停车等都是由压力继电器发出电信号来控制的。压力继电器的应用例子不胜枚举，但归纳起来，都是起自动顺序控制和安全保护两种作用。

（1）压力继电器起顺序控制作用　图 5-41 所示为一种利用压力继电器控制电磁换向阀以实现油缸顺序动作的回路，首先 1YA 通电，阀 1 换向，压力油进入缸 5 使其活塞右移。当到达终点后，系统压力升高。压力继电器 3 发出电信号使 3YA 通电，压力油进入缸 6 的左腔使其活塞前进，前进到终点后，电路设计使 4YA 通电（3YA 断电）。阀 2 换向，压力油进入缸 6 右腔，使其活塞返回。当活塞返回至原位时，系统压力升高，压力继电器 4 发出信号，使 2YA 通电（1YA 断电），压力油进入缸 5 的右腔，使其活塞返回。为了防止压力继电器误动作，压力继电器的预调压力应比油缸的工作压力高 300～500kPa，但比溢流阀的调定压力低 300～500kPa。

（2）压力继电器起安全保护作用　图 5-42 为压力继电器用于安全保护作用的一种回路，压力继电器装在油缸的进油腔。当油缸前进碰上挡铁或切削力过大时，缸的进油腔（左端）压力升高，达到压力继电器的调定值时，压力继电器发出电信号使电磁阀 2 断电，油缸快速返回。

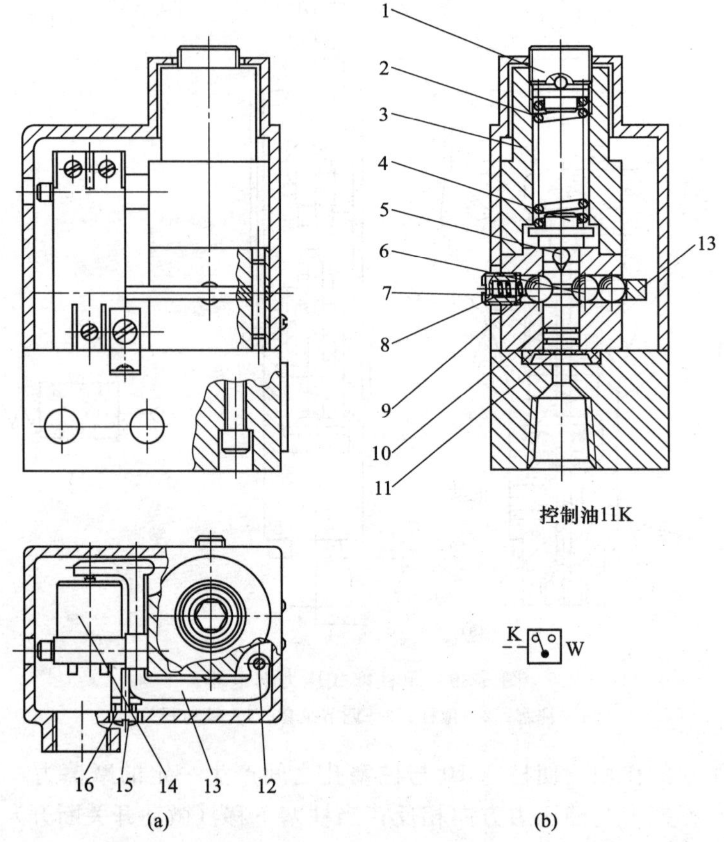

图 5-40 薄膜式压力继电器

1—调节螺钉；2,9—弹簧；3—套；4—座垫；5～7—钢球；8,15—螺钉；10—柱塞；11—橡胶薄膜；12—轴；13—杠杆；14—微动开关；16—垫圈

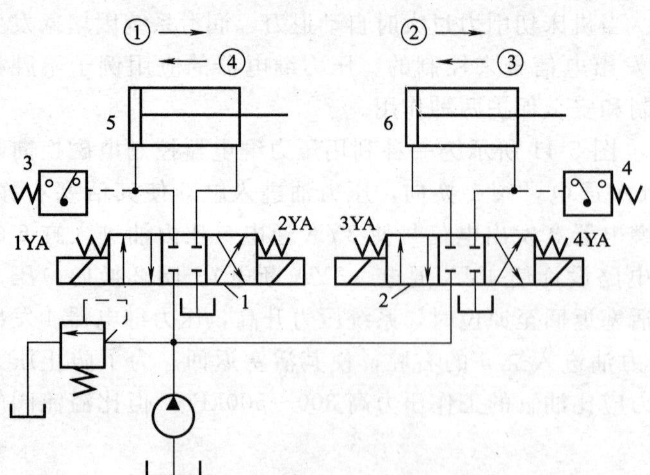

图 5-41 压力继电器用于顺序控制

1,2—换向阀；3,4—压力继电器；5,6—液压缸

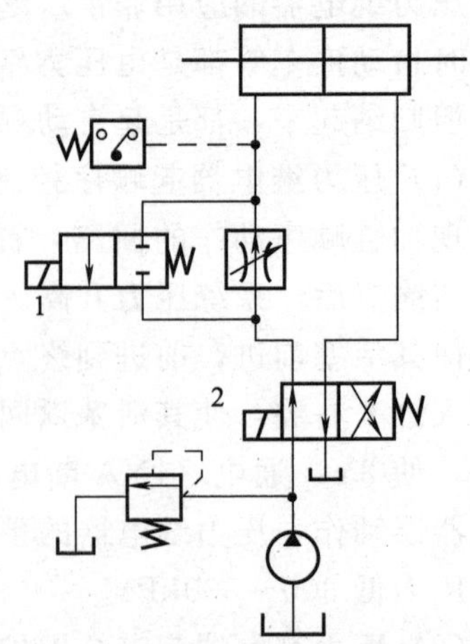

图 5-42 压力继电器用于安全保护

1,2—电磁阀

第四节　流量控制阀

流量控制阀是液压系统中控制液流流量的元件。按其功能和用途，可分为节流阀、调速阀等。它们的共同特点是，依靠改变阀口通流面积的大小或通流通道的长短来改变液阻（压力降、压力损失），从而控制通过阀的流量，达到调节执行元件的运行速度的目的。

液压系统中使用的流量控制阀应满足以下要求：调节范围足够大；能保证稳定的最小流量；温度和压力对流量的影响要小；调节方便；泄漏小等。

一、流量控制阀的节流口形式和流量特性

起节流作用的阀口称为节流口，其大小以通流面积来度量。

1．节流口的形式

节流口的形式很多，最常用的如图 5-43 所示。

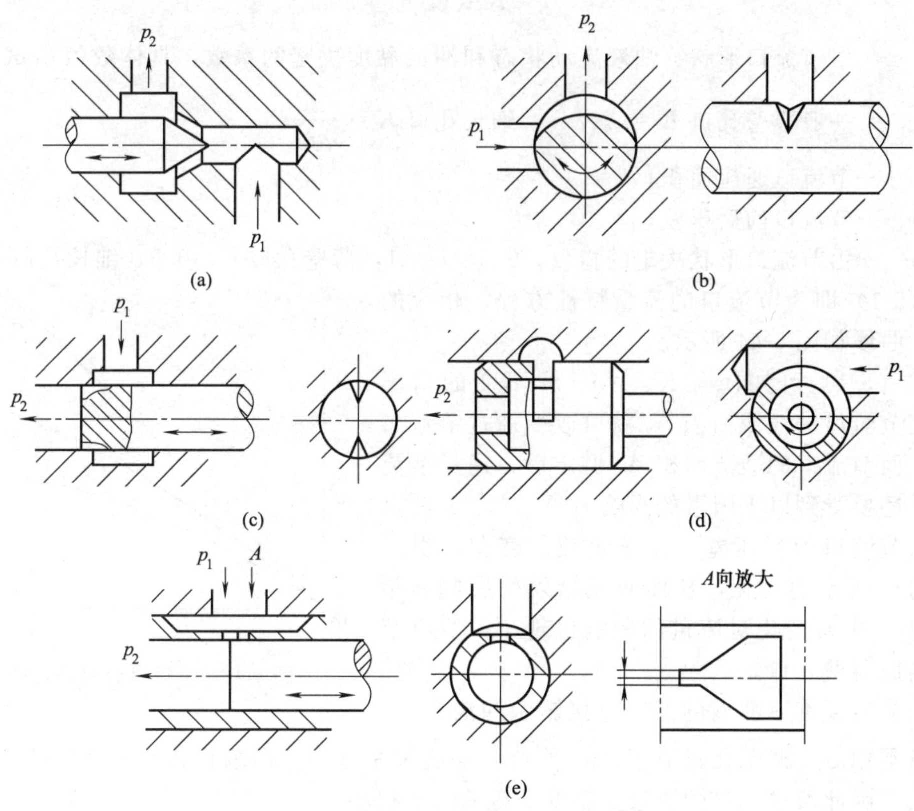

图 5-43　节流口的形式

(1) 针阀式节流口　如图 5-43（a）所示。阀芯作轴向移动，可调节环形通道的大小，从而调节流量。这种节流口形式，结构简单，制造容易，但容易堵塞，流量受温度影响较大，一般只用于要求不高的液压系统。

(2) 偏心槽式节流口　如图 5-43（b）所示。在阀芯上开有一个截面为三角形（或矩形）的偏心槽，转动阀芯时就可调节通道的大小，即调节流量。这种节流口形式，结构也较简单，制造容易，节流口通流截面是三角形的，能得到较小的稳定流量。但偏心处压力不平

衡，转动较费力，并且油液流过时的摩擦面较大，温度变化对流量稳定性影响较大，容易堵塞，常用于性能要求不高的地方。

（3）轴向三角沟槽式节流口　如图 5-43（c）所示。在阀芯端部开有一个或两个斜三角沟，轴向移动阀芯时，可以改变三角沟通流截面的大小，使流量得到调节。这种节流形式，结构简单，制造容易，小流量时稳定性好，不易堵塞，应用广泛。

（4）周向缝隙式节流口　如图 5-43（d）所示。阀芯上开有狭缝，旋转阀芯可以改变缝隙的通流面积，使流量得到调节。这种节流形式，油温变化对流量影响很小，不易堵塞，流量小时工作仍可靠，应用广泛。

（5）轴向缝隙式（薄壁型）节流口　如图 5-43（e）所示。在套筒上开有轴向缝隙，轴向移动阀芯可以改变缝隙的通流截面，使流量得到调节。这种节流形式不易堵塞，性能好，可以得到较小的稳定流量，但结构较复杂，工艺性差。

2. 节流口的流量特性

根据流体力学的理论和试验，通过节流口的流量可用下式表示

$$q=KA_{\mathrm{v}}(\Delta p)^{m} \tag{5-1}$$

式中　K——由节流口形状、油液流动状态和油液黏度决定的系数，具体数值由试验得出，一般薄壁孔口 $K=C_q\sqrt{\dfrac{2}{\rho}}$，细长孔口 $K=\dfrac{\pi d^2}{32\mu l}$；

A_{v}——节流口通流面积；

Δp——节流口前后压差；

m——由节流口形状决定的指数，$0.5\leqslant m\leqslant 1$，薄壁孔口 $m=0.5$，细长孔口 $m=1$。

式（5-1）即为节流口的流量特性方程，相应的流量特性曲线如图 5-44 所示。

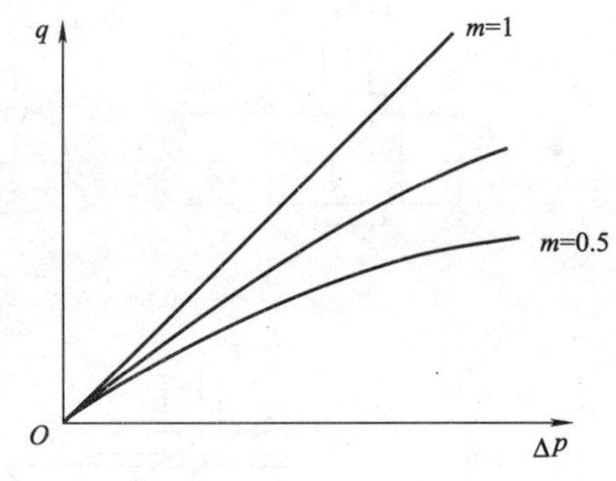

图 5-44　节流口流量特性曲线

由式（5-1）可知，当 K、Δp、m 不变的情况下，改变节流口的通流面积 A_{v} 就可改变通过节流口的流量。而节流口的通流面积 A_{v} 调定后，通过节流口的流量还要受到以下因素的影响。

（1）节流口前后压差　由于负载的变化，引起节流口前后压差的变化，从而对流量发生影响。指数 m 越小，压差变化对流量的影响也越小，所以节流口应制成薄壁孔口。

（2）油液温度　油液的温度直接影响油液黏度，使得流量不稳定。薄壁孔式节流口的 K 值与黏度关系很小，而细长孔式节流口的 K 值与黏度关系大，因此薄壁孔口的流量受温度变化的影响很小。

（3）节流口的堵塞　流量控制阀在工作时，节流口的过流断面通常是很小的，当系统速度较低时尤其如此。因此节流口很容易被油液中所含的金属屑、尘埃、砂土、渣泥等机械杂质和在高温高压下油液氧化所生成的胶质沉淀物、氧化物等杂质所堵塞。节流口被堵塞的瞬间，油液断流，随之压力很快增高，直到把堵塞的小孔冲开，于是流量突然加大。如此过程不断重复，就造成了周期性的流量脉动。

节流口堵塞与节流口的形状有很大关系。不同形式的节流口，其水力半径也不一样。水力半径大，则通流能力强，孔口不容易堵塞，流量稳定性就较好；反之，则较差。此外，油

液的质量或过滤精度好时，也不容易产生堵塞现象。

二、普通节流阀

1. 结构及工作原理

图 5-45 所示为一种普通节流阀的结构及职能符号。节流阀阀口采用轴向三角槽式［见图 5-43（c)］，主要由阀体 6、阀芯 7、推杆 5、调节手柄 3、弹簧 8 等组成。油液从进油口 P_1 流入，经孔道 b 流至环形槽 d，再经过三角槽节流口进入孔道 a，再从出油口 P_2 流出。出油口的压力油同时经过阀芯 7 的内腔 e 和孔 f 流入阀芯的右腔 g，由于压力油同时作用在阀芯 7 左、右两端的承压面积上，且阀芯 7 两端的承压面积相等，所受的液压作用力也相等，所以阀芯 7 便只受复位弹簧 8 的作用紧靠在推杆 5 上。调节手柄 3，使推杆 5 作轴向移动，改变节流口的通流面积来调节流量。

这种节流阀的特点是出油口的压力油通过阀芯中间的通孔，同时作用在阀芯左右两端，使阀芯只受复位弹簧的作用。因此调节比较轻便。

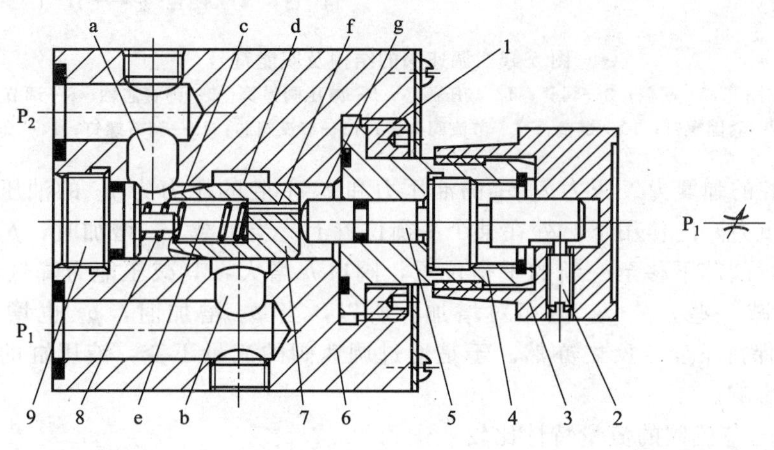

图 5-45　普通节流阀

1—紧固螺钉；2—紧定螺钉；3—调节手柄；4—套；5—推杆；6—阀体；7—阀芯；8—弹簧；9—后盖

2. 应用

节流阀的主要应用是在定量泵液压系统中，与溢流阀配合组成节流调速回路，即进口、出口和旁路节流调速回路（参见第七章第三节），以调节执行元件的运动速度。但由节流阀的流量特性［式（5-1)］可知，当负载变化时，节流阀前后压差 Δp 随之发生变化，通过节流阀的流量 q 也就变化。这样，执行元件的运动速度将受到负载变化的影响。所以只能用在恒定负载或对速度稳定性要求不高的场合。节流阀也可做背压阀用。

三、调速阀

1. 结构及工作原理

图 5-46 所示为调速阀的结构及职能符号。调速阀是由一减压阀和一普通节流阀串联而成的组合阀。

其工作原理如图 5-47 所示。它是利用前面的减压阀保证后面节流阀的前后压差不随负载而变化，进而来保持速度稳定的。当压力为 p_1 的油液流入时，经减压阀阀口 h 后压力降为 p_2，并又分别经孔道 b 和 f 进入油腔 c 和 e。减压阀出口即 d 腔，同时也是节流阀 2 的入口。油液经节流阀后，压力由 p_2 降为 p_3，压力为 p_3 的油液一部分经调速阀的出口进入执行元件（液压缸），另一部分经孔道 g 进入减压阀芯 1 的上腔 a。调速阀稳定工作时，其减

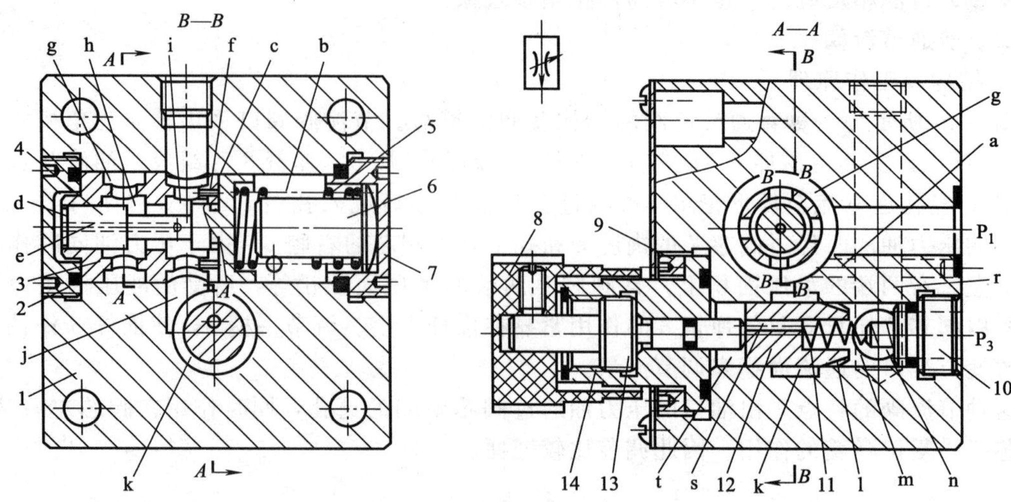

图 5-46　调速阀的结构及职能符号

1—阀体；2,7—阀盖；3—阀套；4—减压阀芯；5—减压阀弹簧；6—弹簧芯轴；8—调节手柄；9—紧固螺钉；10—螺塞；11—节流阀弹簧；12—节流阀芯；13—调节螺钉；14—套

压阀芯 1 在 a 腔的弹簧力、压力为 p_3 的油压力和 c、e 腔的压力为 p_2 的油压力（不计液动力、摩擦力和重力）的作用下，处在某个平衡位置上。当负载 F_L 增加时，p_3 增加，a 腔的液压力亦增加，阀芯下移至一新的平衡位置，阀口 h 增大，其减压能力降低，使压力为 p_1 的入口油压少减一些，故 p_2 值相对增加。所以，当 p_3 增加时，p_2 也增加，因而差值 (p_2-p_3) 基本保持不变。反之亦然。于是通过调速阀的流量不变，液压缸的速度稳定，不受负载变化的影响。

2. 调速阀与节流阀的流量特性比较

调速阀与节流阀的流量特性比较如图 5-48 所示。由图中曲线可以看出，节流阀的流量随其进出口压差的变化而变化；调速阀在其进出口压差大于一定值后，流量基本不变。但在调速阀进出口压差很小时，较小的压差不能使调速阀中的减压阀芯抬起，减压阀芯在弹簧力的作用下处在最下端，减压口全部打开，不起减压作用，整个调速阀相当于节流阀的结果，

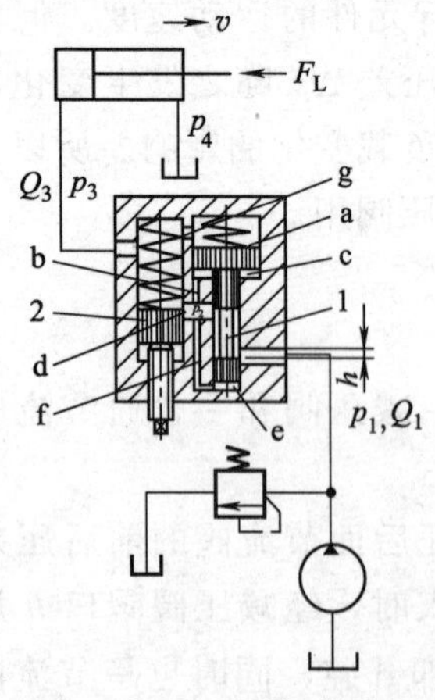

图 5-47　调速阀的工作原理

1—减压阀芯；2—节流阀

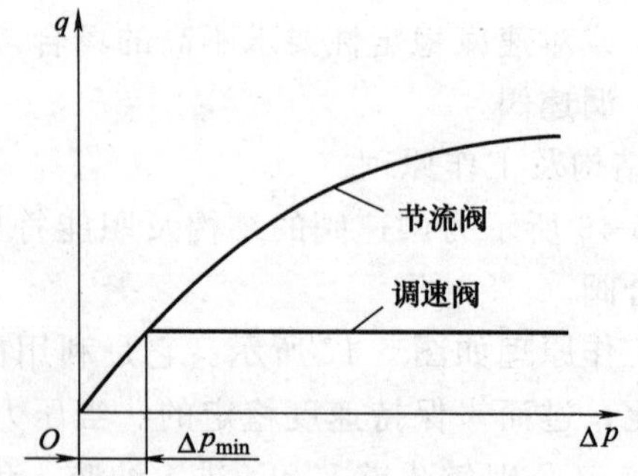

图 5-48　调速阀与节流阀的流量特性比较

此时流量特性与节流阀相同（曲线重合部分）。所以要保证调速阀正常工作，应使其进出口最小压差 $\Delta p_{\min} > 0.5\text{MPa}$。

3. 应用

调速阀的应用与普通节流阀相似，即与定量泵、溢流阀配合，组成节流调速回路；与变量泵配合，组成容积节流调速回路等。与普通节流阀不同的是，由于调速阀的流量与负载变化无关，因此适用于执行元件的负载变化大，而运动速度稳定性又要求较高的节流调速系统中。

四、溢流节流阀

1. 结构及工作原理

图 5-49 所示为溢流节流阀的结构及职能符号。溢流节流阀和调速阀一样，也能保证通过阀的流量基本上不受负载变化的影响。溢流节流阀是由压差式溢流阀和节流阀并联而成的。

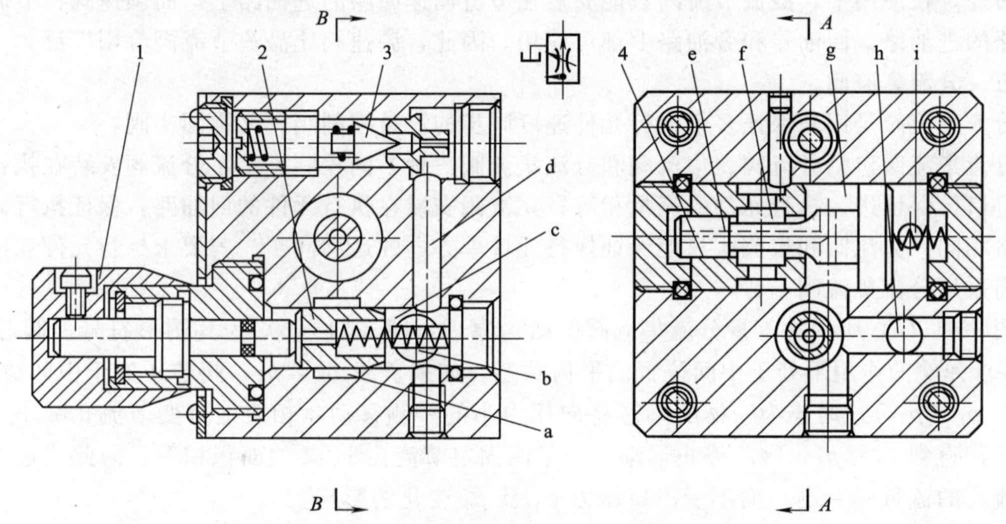

图 5-49　溢流节流阀的结构及职能符号

1—调节手柄；2—节流阀；3—安全阀；4—溢流阀

图 5-50 所示为溢流节流阀的工作原理。来自液压泵压力为 p_1 的油液，进入阀后，一部分经节流阀 2（压力降为 p_2）进入执行元件（液压缸），另一部分经溢流阀阀芯 1 的溢油口流回油箱。溢流阀阀芯上腔 a 和节流阀出口相通，压力为 p_2；溢流阀阀芯大台肩下面的油腔 b、油腔 c 和节流阀入口的油液相通，压力为 p_1。当负载 F_L 增大时，出口压力 p_2 增大，因而溢流阀阀芯上腔 a 的压力增大，阀芯下移，关小溢流口，使节流阀入口压力 p_1 增大，因而节流阀前后压差（$p_1 - p_2$）基本保持不变；反之亦然。

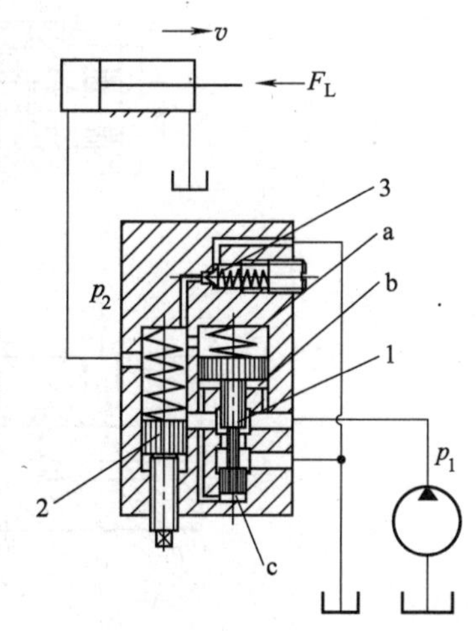

图 5-50　溢流节流阀的工作原理

1—溢流阀阀芯；2—节流阀；3—安全阀

溢流节流阀上设有安全阀 3。当出口压力 p_2 增大到等于安全阀的调整压力时，安全阀打开，使 p_2（因而也使用 p_1）不再升高，防止系统过载。

2. 溢流节流阀与调速阀的比较

溢流节流阀与调速阀都有压力补偿作用，使输出的流量不随负载而变化。

液压系统用溢流节流阀调速时，液压泵的供油压力是随负载而变化的，负载小时供油压力也低，因此功率损失较小；但是该阀通过的流量是液压泵的全部流量，故阀芯的尺寸要取得大一些，又由于阀芯运动时的阻力也较大，因此它的弹簧一般比调速阀的减压阀部分的弹簧刚度要大。这使得它的节流口前后的压力差值不如调速阀稳定，所以流量稳定性不如调速阀。溢流节流阀适用于对速度稳定性要求稍低一些，而功率较大的节流调速系统中，如插床、拉床、刨床中应用较多。

液压系统中使用调速阀调速时，系统的工作压力由溢流阀根据系统工作压力而调定，基本保持恒定，即使负载较小时，液压泵也按此压力工作，因此功率损失较大；但该阀中的减压阀所调定的压力差值（Δp）波动较小，流量稳定性好，因此适用于对速度稳定性要求较高，而功率又不太大的节流调速回路中。

另外，在使用中，溢流节流阀只能安装在节流调速回路的进油路上，而调速阀在节流调速回路的进油路、回油路和旁油路上都可应用。因此，调速阀比溢流节流阀应用广泛。

五、分流集流阀

分流集流阀是用来保证多个执行元件速度同步的流量控制阀，又称同步阀。

分流集流阀包括分流阀、集流阀和分流集流阀三种不同控制类型。分流阀安装在执行元件的进口，保证进入执行元件的流量相等；集流阀安装在执行元件的回油路，保证执行元件回油量相同。分流阀和集流阀只能保证执行元件单方向的运动同步，若要求执行元件双向同步则需采用分流集流阀。

图 5-51（a）所示为等量分流集流阀的结构原理，图 5-51（b）为其图形符号。阀芯 5、6 在各自弹簧的作用下处于中间位置的平衡状态。如果负载 $p_3 \neq p_4$，阀芯还处于中间位置，必然有 $p_1 \neq p_2$，这时连为一体的阀芯将向压力小的一侧移动，相应地可变节流孔减小，压力上升，直到 $p_1 = p_2$，阀芯停止运动，由于两固定节流孔 1、2 的面积相等，因此通过两固定节流孔的流量 $q_1 = q_2$，而不受出口压力 p_3 及 p_4 变化的影响。

图 5-51（c）所示为分流的工况，由于进口压力 p_0 大于 p_1 和 p_2，所以阀芯 5、6 处于相互分离，但相互钩住。由图可知，进口压力为 p_0，流量为 q_0，进入阀后分为两路分别通

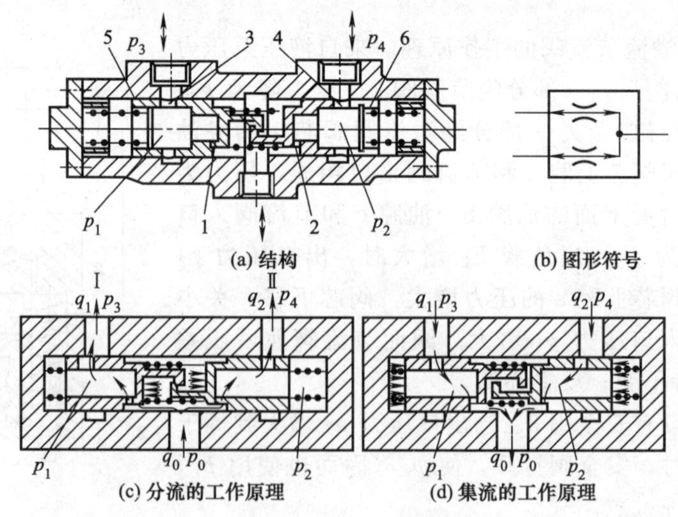

图 5-51 分流集流阀

1，2—固定节流孔；3，4—可变节流孔；5，6—阀芯

过两个面积相等的固定节流孔 1、2，再分别进入油室，然后从可变节流孔 3、4 经出口进入两执行元件。如果两执行元件负载相等则分流阀的出口压力 $p_3=p_4$，因为阀中两支流通道尺寸完全对称，所以输出流量 $q_1=q_2=q_0/2$，且 $p_1=p_2$。如果负载不对称使得 $p_3\neq p_4$，且 $p_3<p_4$，阀芯来不及运动而处于中间位置，则 $p_1<p_2$。此时阀芯左移，使得节流孔 3 减小，这样使得 p_1 增大，直到 $p_1=p_2$，阀芯停止运动，在一个新的平衡位置稳定，故 $q_1=q_2$。

图 5-51（d）所示为集流的工况，由于出口压力 p_0 小于 p_1 和 p_2，所以阀芯处于相互压紧。如果左回油压力 p_3 小于右回油压力 p_4，而阀芯仍处于中间位置，必然有 $p_1<p_2$。此时压紧成一体的阀芯左移，使得节流孔 4 减小，这样使得 p_2 减小，直到 $p_1=p_2$，阀芯停止运动，故 $q_1=q_2$。

第五节　叠加阀和插装阀

叠加阀和插装阀（即逻辑阀）是近年来随着工业技术的发展，在液压技术领域中出现的新型液压件，本节予以简要介绍。

一、叠加阀

以叠加的方式连接的液压阀称为叠加阀。它是近年内发展起来的集成化液压元件，采用这种阀组成液压系统时，不需要另外的连接块，它以自身的阀体作为连接体直接叠合而成所需的液压系统。

叠加阀的工作原理与一般液压阀基本相同，但在具体结构和连接尺寸上则不相同，它自成系列。我国叠加阀现有 ϕ6mm、ϕ10mm、ϕ16mm、ϕ20mm 和 ϕ32mm 五个通径系列，额定工作压力为 20MPa，额定流量为 10～200L/min。每个叠加阀既有一般液压元件的控制功能，又起到通道体的作用，每一种通径系列的叠加阀其主油路通道和螺栓连接孔的位置都与所选用的相应通径的换向阀相同，因此同一通径的叠加阀都能按要求叠加起来，组成各种不同控制功能的系统。

叠加阀的分类与一般液压阀相同，同样分为压力控制阀、流量控制阀和方向控制阀三大类，其中方向控制阀仅有单向阀类，换向阀不属于叠加阀。

下面简单介绍几种常用的叠加阀。

1. 叠加式液控单向阀

图 5-52 所示为叠加式液控单向阀。其工作原理与一般的液控单向阀相同。图中油口 A 和 B 分别通过单向阀才能与上、下元件相对应的油口相通。

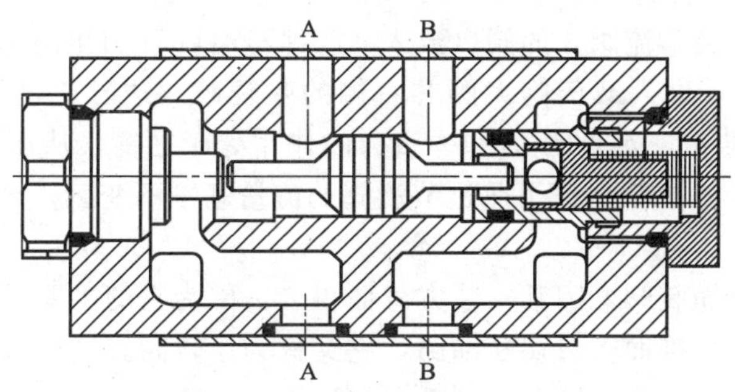

图 5-52　叠加式液控单向阀

2. 叠加式溢流阀

如图 5-53 所示的先导型叠加式溢流阀，由主阀和先导阀两部分组成。主阀芯为二级同心式结构，先导阀为锥阀式结构。其工作原理与一般的先导式溢流阀相同。图中油口 P 和 T 除分别与溢流阀的进油口和回油口相通外，还与上、下元件相应的油口相通。A、B、T_1 油口则是沟通上、下元件相对应的油口而设置的。

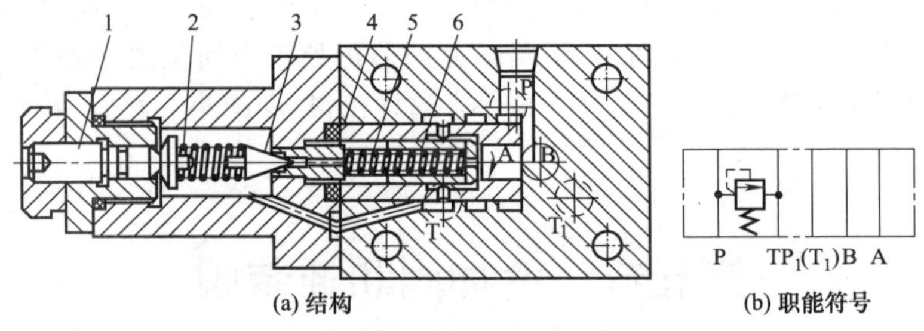

图 5-53　叠加式溢流阀

1—调压杆；2,5—弹簧；3—锥阀；4—阀座；6—主阀芯

3. 叠加式调速阀

图 5-54 所示为 QA-F6/10D-BU 型单向调速阀。QA 表示流量阀，F 表示压力等级（20MPa），6/10 表示该阀芯通径为 ϕ6mm，其接口尺寸属于 ϕ10mm 系列的叠加式液压阀，BU 表示该阀适用于出口节流调速的液压缸 B 腔油路上，工作原理与一般调速阀基本相同。

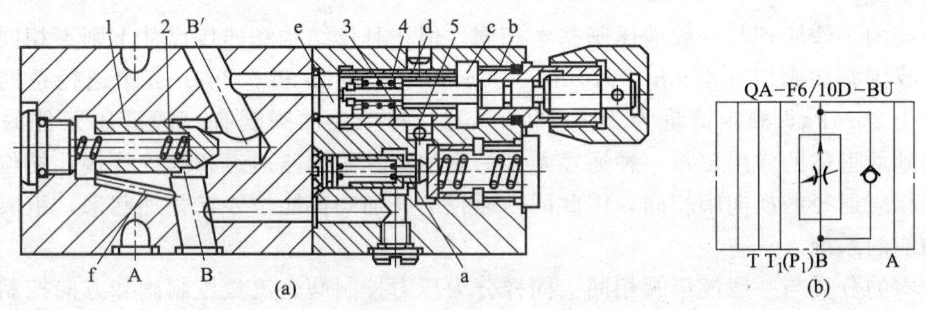

图 5-54　叠加式调速阀

1—单向阀；2,4—弹簧；3—节流阀；5—减压阀

当压力为 p 的油液经 B 口进入阀体后，经小孔 f 流到单向阀 1 左侧的弹簧腔，液压力使锥阀式单向阀关闭，液压油经另一孔道进入减压阀（分离式阀芯），油液经控制口后，压力降为 p_1，压力为 p_1 的油液经阀芯中心小孔 a 流入阀芯左侧弹簧腔，同时作用在大阀芯左侧的环行面积上，当油液经节流阀 3 的阀口流入 e 腔并经油口 B′引出的同时，油液又经油槽 d 进入油腔 c，再经孔道 b 进入减压阀大阀芯右侧的弹簧腔。这时通过节流阀的油液压力为 p_2，减压阀阀芯上受到 p_1、p_2 的压力和弹簧力的作用处于平衡，从而保证了节流阀两端压力差（p_1-p_2）为常数，也就保证了通过节流阀的流量基本不变。

二、插装阀

插装式锥阀，简称插装阀，因其安装方式而得名，因为它的主要元件均采用插入式的连接方式，并且大部分采用锥面密封切断油路。它又称为逻辑阀。这种阀不仅能满足常用液压控制阀的各种动作要求，而且在同等控制功率情况下，与普通液压阀相比，具有体积小、质量轻、功率损失小、动作速度快和易于集成等优点，特别适用于高压、大流量液压系统的调节和控制。但插装阀组成的系统易产生干扰现象，设计和分析时对其控制油路须给予充分的注意。目前在冶金、轧钢、锻压、塑料成型以及船舶等机械中均有应用。

1. 结构及工作原理

图 5-55 所示为插装阀的结构及职能符号。它由控制盖板、插装主阀（由阀套、弹簧、阀芯及密封件组成）、插装块体和先导元件（置于控制盖板上，图中未画）组成。插装主阀采用插装式连接，阀芯为锥形。根据不同的需要，阀芯的锥端可开阻尼孔或节流三角槽，也可以是圆柱形阀芯。

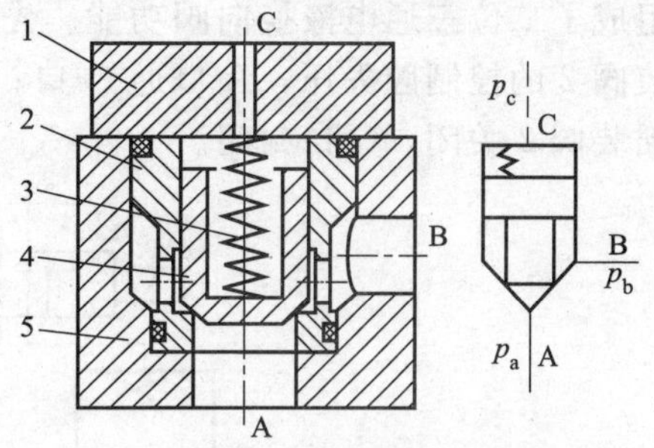

图 5-55　插装阀的结构及职能符号
1—控制盖板；2—阀套；3—弹簧；
4—阀芯；5—插装块体

盖板将插装主阀封装在插装块体内，并沟通先导阀和主阀。通过主阀阀芯的启闭，可对主油路的通断起控制作用。使用不同的先导阀可构成压力控制、方向控制或流量控制，并可组成复合控制。若干个不同控制功能的插装阀组装在一个或多个插装块体内便组成液压回路。

就工作原理而言，插装阀相当于一个液控单向阀。A、B 是分别与两个主油路相连的油腔，C 是控制腔。A_c、A_a、A_b 分别是控制油压 p_c、A 腔油压 p_a 和 B 腔油压 p_b 的有效承压面积，且 $A_c=A_a+A_b$。改变控制油压 p_c 的大小，就可以控制阀的开启。例如，若不考虑液动力和阀芯质量，则当调整 p_c，使 $p_aA_a+p_bA_b>p_cA_c+F_s$（F_s 为弹簧 3 的作用力）时，锥阀芯 4 开启，使油腔 A、B 接通，油液自 A 腔流入，从 B 腔流出，且通常是如此。但由于控制油液一般都引自送油腔或油源，即 $p_c \geqslant p_a$，而 $A_c=A_a+A_b$；且通常 $p_a \geqslant p_b$，所以只要控制腔 C 有控制油液时，不等式 $p_aA_a+p_bA_b>p_cA_c+F_s$ 就不会成立，锥阀芯 4 就不能打开。只有在控制腔接通油箱时，$p_c=0$，锥阀芯才能开启，使油腔 A、B 接通（可见这种阀的开、关动作很像受操纵的逻辑元件，所以称其为逻辑阀）。

如果 B 是进油腔，A 是出油腔，且 $p_b>p_a$ 时：若 C 腔与油箱连通，则阀开启，B 腔的压力油流向 A 腔；若 C 腔油压大于或等于 B 腔油压，即 $p_c \geqslant p_b$，则阀关闭，B 腔与 A 腔隔断。由此可见，插装阀的接通和切断油路的作用相当于一个液控单向阀。

2. 插装阀的应用

（1）插装阀用作方向阀　图 5-56 所示为插装阀做单向阀使用的情况。图 5-56（a）与普通单向阀功能相同，控制油腔 C 与 B 口连通，A 与 B 单向导通，反向流动截止。图 5-56（b）为控制油腔 C 与 A 口连通，B 与 A 单向导通，反向流动截止。图 5-56（c）相当于液控单向阀，先导控制油路 K 失压时（图示位置），即为单向阀功能；当先导控制油路 K 有压时，控制油腔 C 失压，可使 B 口反向与 A 口导通。

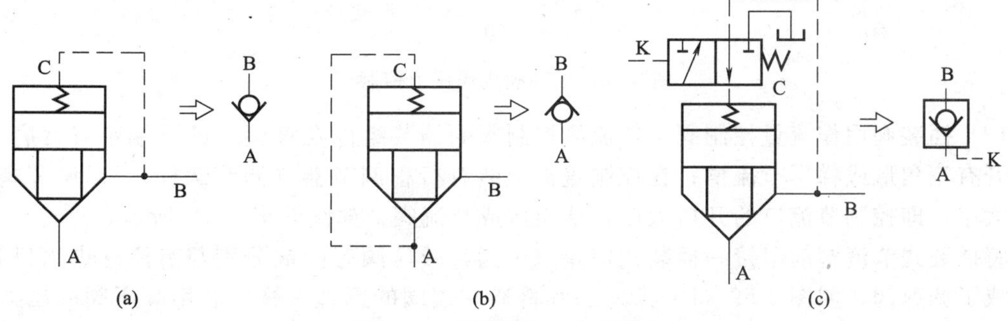

图 5-56　插装阀作单向阀使用

用小型的电磁换向阀做先导阀与插装阀组合，通过对电磁换向阀的控制，可组合成不同通数、位数的换向阀。图 5-57 所示为由两个插装组件和一个先导阀（二位四通电磁换向阀）组成了二位三通电液换向阀功能。先导阀断电（图示状态），插装阀 1 关闭，P 口封闭，插装阀 2 的控制腔失压，A 口通 O 口；先导阀通电时，插装阀 1 的控制腔失压，P 口通 A 口，插装阀 2 关闭，O 口封闭。

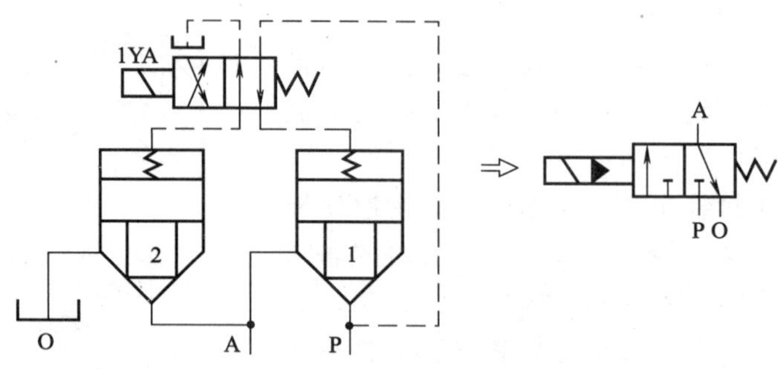

图 5-57　二位三通电液换向阀

1,2—插装阀

(2) 插装阀用作压力控制阀　用小型的直动式溢流阀作先导阀来控制插装组件，采用不同的控制油路，就可组成各种用途的压力控制阀。

图 5-58 (a) 所示为由先导溢流阀和内设阻尼孔的插装组件组成的溢流阀，其工作原理与普通的先导式溢流阀相同。

图 5-58 (b) 所示为由外设阻尼孔的插装组件和先导溢流阀组成的先导式顺序阀。其工作原理与普通的先导式顺序阀相同。

图 5-58 (c) 所示的插装阀芯是常开的滑阀结构，B 口为进口，A 口为出口，A 口压力经内设阻尼孔与 C 腔和先导压力阀相通。当 A 口压力上升达到或超过先导压力阀的调定压力时，先导压力阀开启，在阻尼孔压差作用下，滑阀芯上移，关小阀口，控制出口压力为一定值，所以构成了先导式定值减压阀的功能。

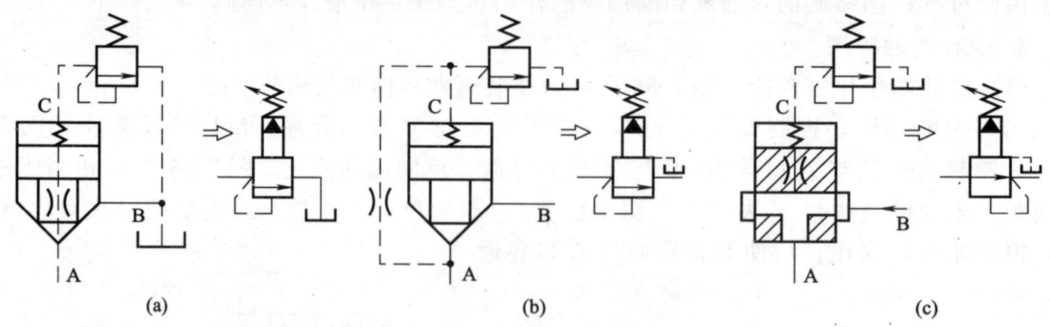

图 5-58　插装阀用作压力控制阀

(3) 插装阀用作流量控制阀　作流量控制阀的插装组件在锥阀芯的下端带有台肩尾部，其上开有三角形或梯形节流槽；在控制盖板上装有行程调节器（调节螺杆），以调节阀芯行程的大小，即控制节流口的开口大小，从而构成节流阀，如图 5-59 (a) 所示。

将插装式节流阀前串接一插装式定差减压阀，减压阀芯两端分别与节流阀进出口相通，就构成了调速阀，如图 5-59 (b) 所示。和普通调速阀的原理一样，利用减压阀的压力补偿功能来保证节流阀进出口压差基本为定值，使通过节流阀的流量不受负载压力变化的影响。

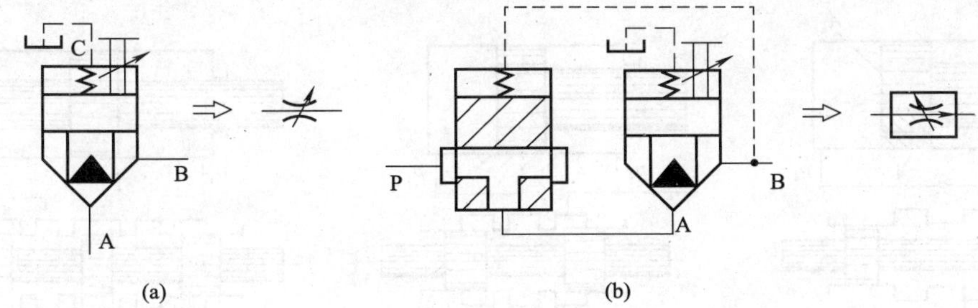

图 5-59　插装阀用作流量控制阀

第六节　电液控制阀简介

电液伺服阀、电液比例阀和电液数字阀是液压技术和电子技术相结合的一类阀，它们是电液控制系统的心脏。电液控制阀既是系统中电气控制部分和液压执行部分的接口，又是用小信号控制大功率的放大元件。由于结合了液压技术能传递较大功率、刚性大、响应快等优越性与电子控制技术的灵活性，使其应用到几乎所有的工业部门和航空、航天军事领域中。电液控制阀的特性直接影响甚至决定着系统的特性，因此了解电液控制阀的功能及特点、组成及工作原理，是正确分析、设计和使用电液控制系统的前提。

一、电液伺服阀

1. 电液伺服阀功用及组成

电液伺服阀是一种自动控制阀，它既是电液转换元件，又是功率放大元件。它能将输入的微小电信号转换为大功率的液压信号输出，实现对执行元件的位移、速度、加速度和力的控制。电液伺服阀可分为电液流量控制伺服阀和电液压力控制伺服阀两大类，最常用的是电液流量控制伺服阀。

电液伺服阀由力矩马达（或力马达）、液压放大器、反馈机构（或平衡机构）三部分组成。力矩马达或力马达是一个电磁元件，其作用是将输入的电信号变成力或力矩，控制液压放大器运动。液压放大器控制液压能源流向液压执行器的流量或压力，通常包括前置放大器和功率放大器两级。前置放大器将力矩马达或力马达的输出加以放大，再去控制功率级阀。常用的液压控制元件有滑阀、喷嘴挡板阀和射流管阀，其中以滑阀应用最为普遍。

2. 液压放大器

(1) 滑阀　滑阀按其工作的边数（起控制作用的阀口数，也就是节流口的数目）可分为单边滑阀、双边滑阀和四边滑阀。

图 5-60 (a) 所示为单边滑阀的工作原理，它只有一个控制边。压力油进入液压缸左腔（有杆腔）后，经活塞上的固定节流孔 a 进入液压缸右腔（无杆腔），压力由 p_s 降为 p_1，再通过滑阀唯一的控制边（可变节流口）流回油箱。这样固定节流口与可变节流口控制液压缸右腔的压力和流量，从而控制了液压缸缸体运动的速度和方向。液压缸在初始平衡状态下，有：$p_1A_1=p_sA_2$，对应此时阀的开口量为 x_{v0}（零位工作点）。当阀芯向右移动时，开口 x_v 减小，p_1 增大，于是 $p_1A_1>p_sA_2$，缸体向右运动。阀芯反向移动，缸体亦反向运动。

图 5-60 (b) 所示为双边滑阀的工作原理，它有两个控制边，压力油一路进入液压缸左腔，另一路经左控制边开口 x_{v1} 与液压缸右腔相通，并经右控制边开口 x_{v2} 流回油箱。所以

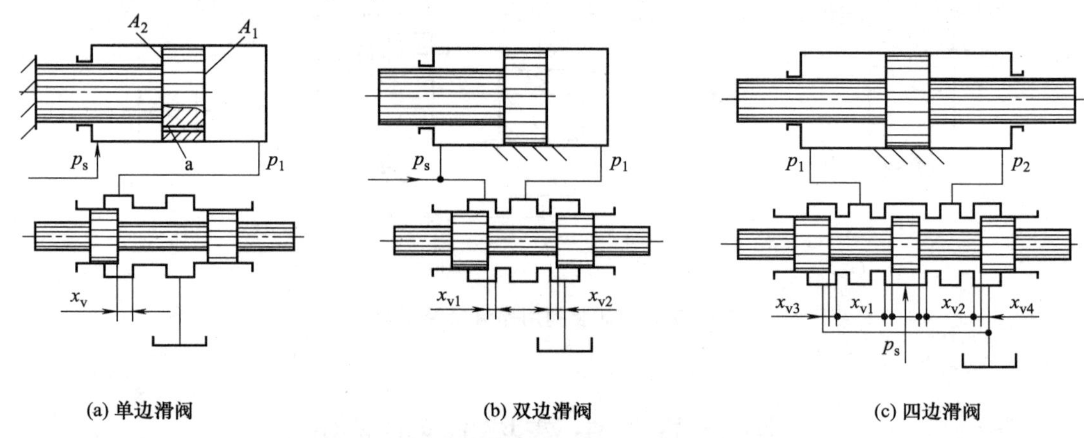

(a) 单边滑阀　　(b) 双边滑阀　　(c) 四边滑阀

图 5-60　滑阀的工作原理

是两个可变节流口控制液压缸右腔的压力和流量。当滑阀阀芯移动时，x_{v1} 与 x_{v2} 此增彼减，共同控制液压缸右腔的压力，从而控制液压缸活塞的运动方向。显然，双边滑阀比单边滑阀的调节灵敏度高，控制精度也高。

图 5-60（c）所示为四边滑阀的工作原理，它有四个控制边，开口 x_{v1} 和 x_{v2} 分别控制液压缸两腔的进油，而开口 x_{v3} 和 x_{v4} 分别控制液压缸两腔的回油。当阀芯向右移动时，进油开口 x_{v1} 增大，回油开口 x_{v3} 减小，使 p_1 迅速提高；与此同时，x_{v2} 减小，x_{v4} 增大，p_2 迅速降低，导致液压缸活塞迅速右移。反之，活塞左移。与双边滑阀相比，四边滑阀同时控制液压缸两腔的压力和流量，故调节灵敏度更高，控制精度也更高。

由上可知，滑阀的工作原理是利用阀芯相对阀体移动时，改变节流口通流面积，从而控制进入执行元件的压力或流量。

从控制质量上看，控制边数越多越好；从结构工艺上看，控制边数越少越容易制造。

滑阀根据在平衡状态时阀口初始开口量的不同，分为正开口阀、零开口阀和负开口阀三种形式，如图 5-61 所示。在图 5-61（a）中，阀芯台肩的宽度 h 小于阀套上开口的宽度 H，为正开口阀；在图 5-61（b）中，$h=H$，为零开口阀；在图 5-61（c）中，$h>H$，为负开口阀。零开口阀的控制性能最好，但加工精度要求高；负开口阀有一定的不灵敏区，较少应用；正开口阀的控制性能较负开口阀的好，但零位功率损耗较大。

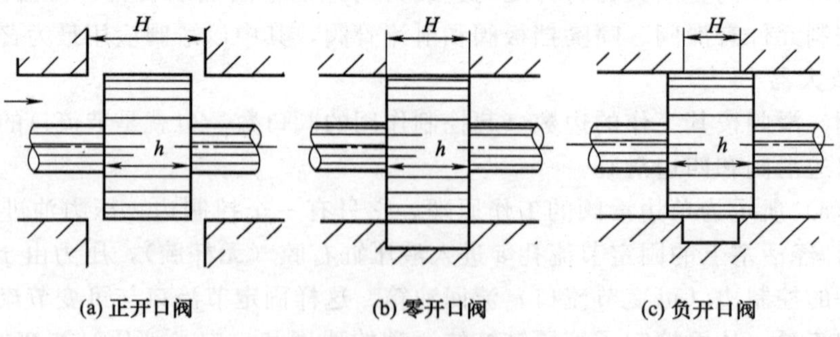

(a) 正开口阀　　(b) 零开口阀　　(c) 负开口阀

图 5-61　滑阀的开口形式

（2）喷嘴挡板阀　喷嘴挡板阀有单喷嘴和双喷嘴两种结构形式，它们的工作原理基本相同，图 5-62 所示为双喷嘴挡板阀的工作原理。它由挡板 1、喷嘴 2 和 3、固定节流孔 4 和 5 等组成。挡板与喷嘴之间形成两个可变节流缝隙 δ_1 和 δ_2。当挡板处于中间位置时，两缝隙所形成的节流阻力相等，两喷嘴内的油液压力也相等，即 $p_1=p_2$，液压缸不动。压力油经固定节流孔 4 和 5、节流缝隙 δ_1 和 δ_2 流回油箱。当输入信号使挡板向左摆动时，缝隙 δ_1 变小，δ_2 变大，p_1 上升，p_2 下降，液压缸缸体向左移动。因机械负反馈作用，当喷嘴跟随缸体移动到挡板两边缝隙对称时，液压缸停止运动。

喷嘴挡板阀的结构简单、加工方便，挡板运动部件惯性小、位移小，因而反应快、灵敏度高，抗污染能力较滑阀强。但是无用的功率损耗大。一般用于小功率系统或用作多级放大元件中的前置级。

(3) 射流管阀 图 5-63 所示为射流管阀的工作原理。它由射流管 1 和接收器 2 组成。当流体流经射流管时，射流管将压力能转变为动能射入接收器，而接收器是一个扩压管，液流流经它时减速扩压，使进入液压缸的流体恢复其压力能。改变射流管与接收器的相对位置就实现了能量的分配。当射流管位于两接收孔道 a 和 b 的中间位置时，两个接收孔道压力相等，液压缸不动，处于平衡状态。当射流管向左偏移时，b 接收孔道内压力大于 a 接收孔道内压力，使液压缸左移，直到跟随缸体一起移动的接收器到达使射流管又位于两接收孔道中间位置时为止；反之亦然。液压缸运动方向取决于输入信号的方向。

射流管阀结构简单、加工精度要求较低、成本低廉，对污染不敏感。但受射流力的影响，高压易产生干扰振动，射流管运动惯量较大、响应不如喷嘴挡板阀快，同时其无用的功率损耗较大。射流管阀适用于低压小功率的伺服系统及对抗污染能力有特殊要求的场合。

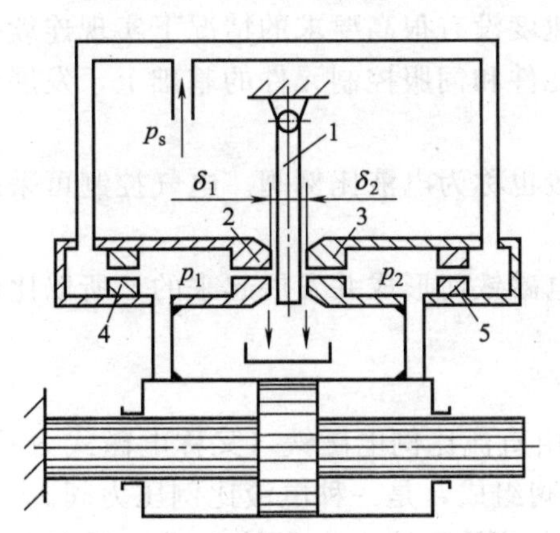

图 5-62 双喷嘴挡板阀的工作原理

1—挡板；2,3—喷嘴；4,5—固定节流孔

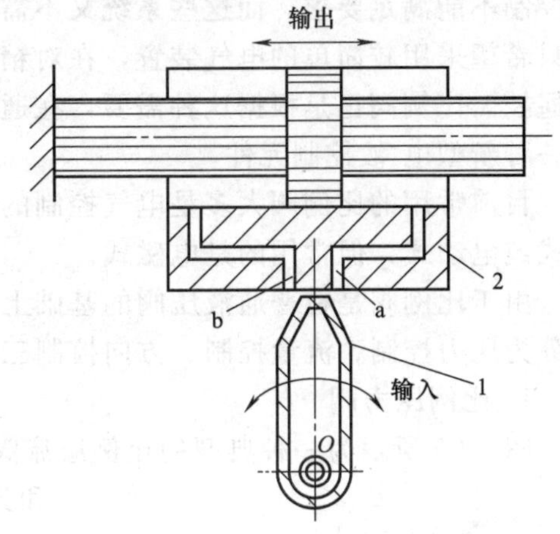

图 5-63 射流管阀的工作原理

1—射流管；2—接收器

3. 电液伺服阀结构及工作原理

图 5-64 所示为一种典型的电液伺服阀的结构原理。力矩马达由一对永久磁铁 1、一对导磁体 2、衔铁 3、线圈 4 和弹簧管 5 组成。双喷嘴挡板阀构成了前置放大器；功率放大器为四边滑阀。衔铁 3、弹簧管 5 与喷嘴挡板阀的挡板 6 连接在一起，挡板末端为小球状，嵌放在滑阀 8 的中间凹槽内，构成反馈杆传递滑阀对力矩马达的反馈力。

其工作原理如下：当线圈中无信号电流输入时，衔铁、挡板和滑阀都处于中间对称位置，如图所示。当线圈中有信号电流输入时，衔铁被磁化，与永久磁铁和导磁体形成的磁场合成产生电磁力矩，使衔铁连同挡板偏转 θ 角，挡板的偏转使两喷嘴与挡板之间的缝隙发生相反的变化，滑阀阀芯两端压力 p_{v1}、p_{v2} 也发生相反的变化，一个压力上升，另一个压力下降，从而推动滑阀阀芯移动。阀芯移动的同时使反馈杆产生弹性变形，对衔铁挡板组件产生一反力矩。当作用在衔铁挡板组件上的电磁力矩与弹簧管反力矩、反馈杆反力矩达到平衡时，滑阀停止移动，保持在一定的开口上，并有相应的流量输出。由于衔铁、挡板的转角、滑阀的位移都与信号电流成比例变化，在负载压差一定时，阀的输出流量也与输入电流成比例。当输入信号电流反向时，输出油液的方向也发生改变。所以，这是一种流量控制电液伺服阀。

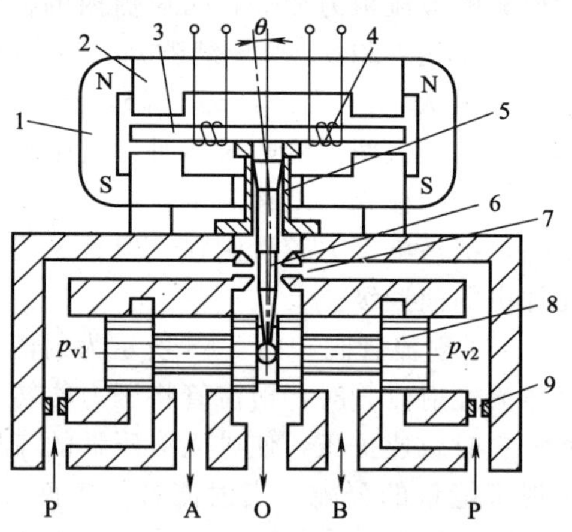

图 5-64　电液伺服阀的结构原理

1—永久磁铁；2—导磁体；3—衔铁；4—线圈；5—弹簧管；6—挡板；7—喷嘴；8—滑阀；9—固定节流孔

4. 电液伺服阀的应用

电液伺服阀在航空、航天和军事等要求高精度和快速控制的领域普遍使用，在机床、轧钢机、车辆等各种工业设备的开环或闭环的电液控制系统，特别是高的动态响应、大的输出功率的场合也广泛应用。

二、电液比例阀

一般的液压阀都是手调的，都是对系统的液压参数——流量、压力等进行通断式控制的元件。但在相当一部分液压系统中，手调的通断式控制不能满足要求，而这些系统又不需要像电液伺服阀那样有较高的精度和响应速度，通常只希望采用较简单的电气装置，在对精度和响应速度没有很高要求的情况下实现连续控制或遥控。比例阀正是根据这种需要，在通断式控制元件和伺服控制元件的基础上，发展起来的一种新型电-液控制元件。

目前常用的比例阀大多是电气控制的，所以一般也称为电液比例阀。电气控制可采用电磁式或电动式，但常用的是电磁式。

由于比例阀是在普通液压阀的基础上加设比例电磁铁而形成并发展起来的，所以比例阀也分为压力控制、流量控制、方向控制三大类。

1. 比例压力阀

图 5-65 所示为一种典型的比例溢流阀结构。它由直流比例电磁铁（又称电磁式力马达）和先导式溢流阀组成，是一种电液比例压力阀。

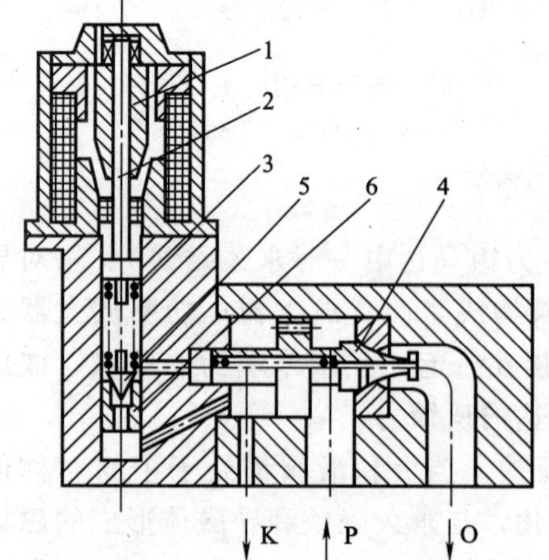

图 5-65　比例溢流阀结构

1—电磁铁；2—推杆；3—弹簧；4—主阀芯；5—导阀芯；6—导阀座

当电流（电信号）输入电磁铁 1 后，便产生与电流成比例的电磁推力，该力通过推杆 2、弹簧 3 作用于导阀芯 5 上，这时顶开导阀芯所需的压力就是系统所调定的压力。因此，系统压力与输入电流成比例。如果输入电流按比例或按一定程序地变化，则比例溢流阀所控制的系统压力也按比例地或按一定程序地变化。

由于一般先导式压力阀都由先导阀和主阀两部分构成，因此，只要改变图 5-65 所示结构的主阀，就可以获得比例减压阀、比例顺序阀等不同类型的比例阀。若将图 5-65 所示结构的主阀部分去掉，便是直动式比例压力阀的结构形式。

比例压力阀的应用很广，图 5-66 所示为各种压力机经常采用的多级压力控制回路［图 5-66（a）］及改用比例压力阀后进行连续控制的实例［图 5-66（b）］。图中表示的是三级压力控制，还可以有五级或更多级的控制。采用比例控制后不仅大大减少了液压元件，简化了管路，方便了安装、使用和维修，降低了成本，显著提高了控制性能，使压力调整由原来的阶跃式变为比例阀控制的缓变式［图 5-66（c）］，因此避免了压力调整引起的液压冲击和振动，提高了性能。

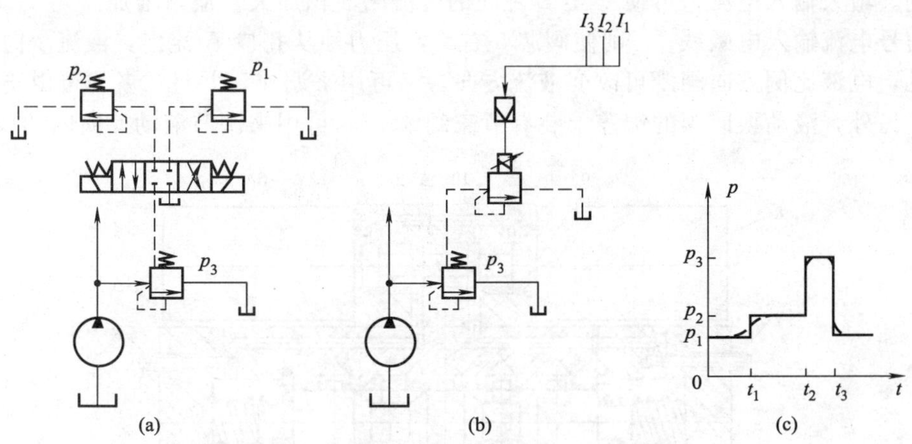

图 5-66　采用比例压力阀的压力控制回路

2. 比例流量阀

图 5-67 所示为电磁比例调速阀结构。它是在普通调速阀的基础上，采用比例电磁铁取代节流阀或调速阀的手调装置，以输入电信号控制节流口开度，便可连续地或按比例地远程控制其输出流量。当电流输入比例电磁铁 5 后，比例电磁铁便产生一个与电流成比例的电磁力。此力经推杆 4 作用于节流阀阀芯 3 上，使阀芯左移，阀口开度增加。当作用于阀芯上的电磁力与弹簧力相平衡时，节流阀阀芯停止移动，节流口保持一定的开度，调速阀通过一确定的流量。因此，只要改变输入比例电磁铁的电流的大小，即可控制通过调速阀的流量。若输入的电流连续地或按一定程序地变化，则比例调速阀所控制的流量也按比例或按一定程序地变化。

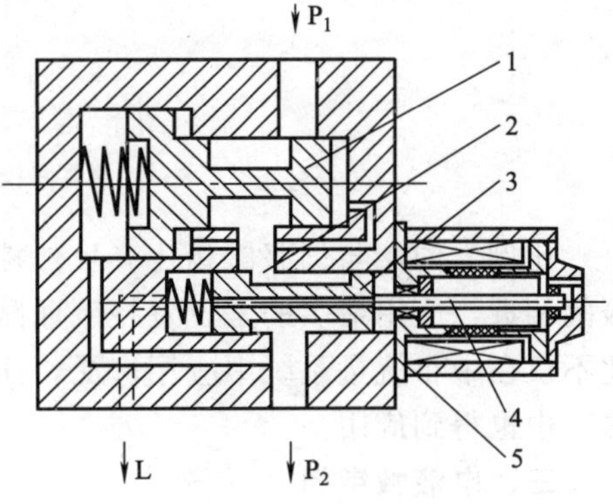

图 5-67　电磁比例调速阀

1—减压阀阀芯；2—节流口；3—节流阀阀芯；4—推杆；5—比例电磁铁

比例调速阀常用于注射成型机（如注塑机）、抛砂机、多工位加工机床等的速度控制系统中。进行多种速度控制时，只需要输入对应于各种速度的电流信号就可以实现，而不必像一般调速阀那样，对应一个速度值需要一个调速阀及换向阀等。当输入电流信号连续变化时，被控制的执行元件的速度也连续变化。

3. 比例方向阀

图 5-68 所示为电液比例方向阀结构。它由两个比例电磁铁 4、8，比例减压阀 10 和液动换向阀 11 三部分组成，以比例减压阀为先导阀，利用减压阀出口压力来控制液动换向阀的正反开口量，从而来控制系统的油流方向和流量。因此这种阀也叫比例流量-方向阀。

当直流电信号输入电磁铁 8 时，电磁铁 8 产生电磁力，经推杆将减压阀芯推向右移，通道 2 与 a 沟通，压力油 p_1 则自 P 口进入，经减压阀阀口后压力降为 p_2，并经孔道 b 流至液动换向阀 11 的右侧，推动阀芯 5 左移，使阀 11 的 P、B 口接通。同时，反馈孔 3 将压力油 p_2 引至减压阀芯的右侧，形成压力反馈。当作用于减压阀芯的反馈油压与电磁力相等时，减压阀处于平衡状态，液动换向阀则有一相对应的开口量。压力 p_2 与输入电流成比例，阀 11 的开口量又与压力 p_2 成线性关系，所以阀 11 的开口量即阀 11 的过流量与输入电流的大小成比例。增大输入电流，可使 P 至 B 之间的过流断面积加大，流量增加。

若信号电流输入电磁铁 4，则使阀芯 5 右移，压力油从孔口 A 流出，液流变向。

可见，电液比例方向阀既可改变液流方向，又可用来调速，并且二者均可由输入电流连续控制。另外，液动换向阀的端盖上装有节流阀 6、7，可用来调节液动换向阀的换向时间。

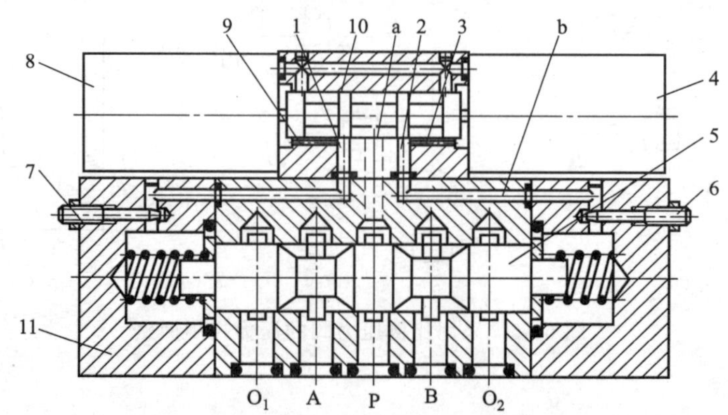

图 5-68 电液比例方向阀

1,2—孔道；3,9—反馈孔；4,8—比例电磁铁；5—阀芯；
6,7—节流阀；10—比例减压阀；11—液动换向阀

比例方向阀与伺服阀相比，虽然控制精度较低，但作用相似，因此其应用的回路也同伺服阀相近，应用最多的是位置控制回路。但由于比例阀的流量控制范围较伺服阀大得多，因此不仅在中小流量系统中应用广泛，而且在大型的液压机械（如注塑机、车辆、机床、船舶等）中也得到应用。

三、电液数字阀

用数字信号直接控制阀口的开闭，从而实现控制液流的压力、流量和方向的阀，称为电液数字阀（简称数字阀）。数字阀可直接与计算机接口，不要 D/A 转换器。相对伺服阀和比例阀而言，数字阀结构简单、价格低廉、抗污染能力强，抗干扰能力强，工作可靠，开环控制精度较高，因此在计算机实时控制的电液系统，数字阀已部分取代伺服阀和比例阀。

根据控制方式的不同，电液数字阀分为增量式数字阀和高速开关式数字阀两大类。

1. 增量式数字阀

增量式数字阀采用步进电动机带动，步进电动机直接用数字量控制，其转角与输入的数字式信号脉冲数成正比，其转速随输入的脉冲频率的不同而变化。因为步进电动机是用增量控制的方式进行工作的，故称此阀为增量式数字阀。

增量式数字阀按用途分为流量阀、压力阀和方向流量阀，在此只介绍数字流量阀。

图 5-69 所示为增量式数字流量阀的结构及图形符号。步进电动机 1 的转动通过滚珠丝杆 2 转化为轴向位移，带动节流阀阀芯 3 移动，控制阀口的开度，从而实现流量调节。该阀阀口由相对运动的阀芯 3 和阀套 4 组成，阀套有两个通流孔口，左边为全周开口，右边为非

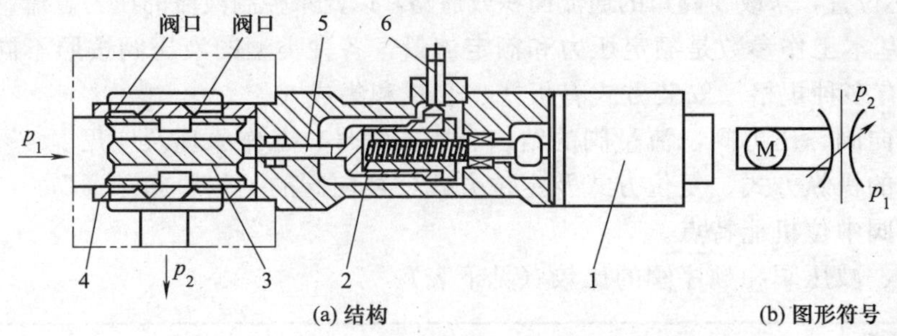

图 5-69　步进电动机直接驱动的增量式数字流量阀

1—步进电动机；2—滚珠丝杆；3—节流阀阀芯；4—阀套；5—连杆；6—零位移传感器

全周开口，阀芯移动时先打开右边的节流口，得到较小的流量；阀芯继续移动，则打开左边阀口，流量增大。连杆 5 的热膨胀可起温度补偿作用。零位移传感器 6 使阀芯在每个控制周期终了回零位，提高阀的重复精度。

2. 高速开关式数字阀

高速开关式数字阀的数字信号控制方式为脉宽调制式。与其他阀不同，它是一个快速切换的开关，只有全开、全闭两种工作状态。高速开关式数字阀可以用计算机进行，控制阀的开和关及开和关的时间间隔（脉宽），就可以控制油液的方向、压力和流量。

图 5-70 所示为二位二通电磁锥阀型高速开关式数字阀。线圈 4 通电时，衔铁 2 上移，使得锥阀芯 1 开启，压力油从 P 口经阀体流入 A 口。断电时，弹簧 3 让锥阀关闭。阀套 6 上的阻尼孔 5 用以补偿液动力。

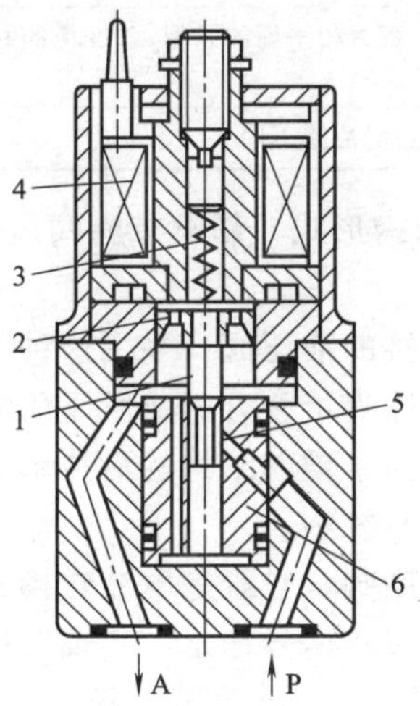

图 5-70　二位二通电磁锥阀型高速开关式数字阀

1—锥阀芯；2—衔铁；3—弹簧；4—线圈；5—阻尼孔；6—阀套

小　　结

1. 液压阀的基本概念

液压阀都由阀体、阀芯、调节或控制机构三部分组成，它们通过调节作用在阀芯上的弹簧力或直接调节阀芯位置，来改变阀口的通流面积或通路，以此来控制液流的压力、流量及方向。

液压阀的基本工作参数是额定压力和额定流量，各种类型的液压阀按照不同的额定压力和额定流量具有多种规格。安装方式有板式、管式和集成式。

2. 常用方向阀、压力阀、流量阀的结构、职能符号、工作原理及应用。

3. 换向阀的操纵方式、复位方式及定位方式，换向阀的“位”和“通”。

4. 常用滑阀中位机能特点。

5. 溢流阀、减压阀和顺序阀的比较（见下表）。

<table>
<tr><th colspan="2">阀类
项目</th><th>溢流阀</th><th>减压阀</th><th>顺序阀</th></tr>
<tr><td colspan="2">控制油路的特点</td><td>通过调定弹簧的压力，控制进油路的压力，保证进口压力恒定</td><td>通过调定弹簧的压力，控制出油路的压力，保证出口压力恒定</td><td>直控式顺序阀是通过调定弹簧的压力控制进油路的压力，而液控式顺序阀由单独油路控制压力</td></tr>
<tr><td colspan="2">出油口情况</td><td>出油口与油箱相连</td><td>出油口与减压回路相连</td><td>出油口与工作油路相连</td></tr>
<tr><td colspan="2">泄漏形式</td><td>内泄式</td><td>外泄式</td><td>外泄式</td></tr>
<tr><td rowspan="2">进出油口状态及压力值</td><td>常态</td><td>常闭</td><td>常开</td><td>常闭</td></tr>
<tr><td>工作状态</td><td>进出油口相通，进油口压力为调整压力</td><td>出口压力低于进口压力，出口压力稳定在调定值上</td><td>进出油口相通，进油口压力允许继续升高</td></tr>
<tr><td colspan="2">在系统中的联结方式</td><td>并联</td><td>串联</td><td>实现顺序动作时串联，作卸荷阀用时并联</td></tr>
<tr><td colspan="2">功用</td><td>限压、保压、稳压</td><td>减压、稳压</td><td>不控制系统的压力，只利用系统的压力变化控制油路的通断</td></tr>
<tr><td colspan="2">工作原理</td><td colspan="3">利用控制压力与弹簧力相平衡的原理，改变滑阀移动的开口量，通过开口量的大小来控制系统的压力</td></tr>
<tr><td colspan="2">结构</td><td colspan="3">结构大体相同，只是泄油路不同</td></tr>
</table>

6. 流量阀节流口通常采用的结构形式，影响节流阀最小稳定流量的主要因素。

7. 其他液压阀

（1）叠加阀是以叠加的方式连接的液压阀。采用这种阀组成液压系统时，不需要另外的连接块，它以自身的阀体作为连接体直接叠合而成所需的液压系统。

（2）插装阀（或称逻辑阀）相当于锥阀结构的液控单向阀，配以不同的先导阀可实现各种动作要求。适用于高压、大流量系统中。

（3）电液伺服阀是一种自动控制阀，它既是电液转换元件，又是功率放大元件。它能将输入的微小电信号转换为大功率的液压信号输出，实现对执行元件的位移、速度、加速度和力的控制。

（4）电液比例阀介于普通液压阀和电液伺服阀之间，与电液伺服阀功能相似。

（5）电液数字阀是用数字信号直接控制阀口的开启和关闭，从而实现控制液流的压力、流量和方向的阀。

习 题 五

5-1 什么是换向阀的“位”和“通”？其职能符号如何表示？

5-2　若先导式溢流阀的远程控制口当成泄油口接回油箱，液压系统会出现什么现象？若先导式溢流主阀芯阻尼孔堵塞，将会出现什么现象？为什么？

5-3　如图 5-71 所示液压系统，各溢流阀的调整压力分别为 $p_1=7\text{MPa}$，$p_2=5\text{MPa}$，$p_3=3\text{MPa}$，$p_4=2\text{MPa}$。问当系统的负载趋于无穷大时，电磁铁通电和断电的情况下，液压泵出口压力各为多少？

5-4　如图 5-72 所示为一夹紧回路。若溢流阀的调定压力 $p_Y=5\text{MPa}$，减压阀的调定压力为 $p_J=2.5\text{MPa}$。试分析活塞空载运动时，A、B 两点的压力各为多少？减压阀的阀芯处于什么状态？工件夹紧活塞运动停止后，A、B 两点的压力各为多少？减压阀的阀芯又处于什么状态？此时减压阀阀口有无流量通过？为什么？

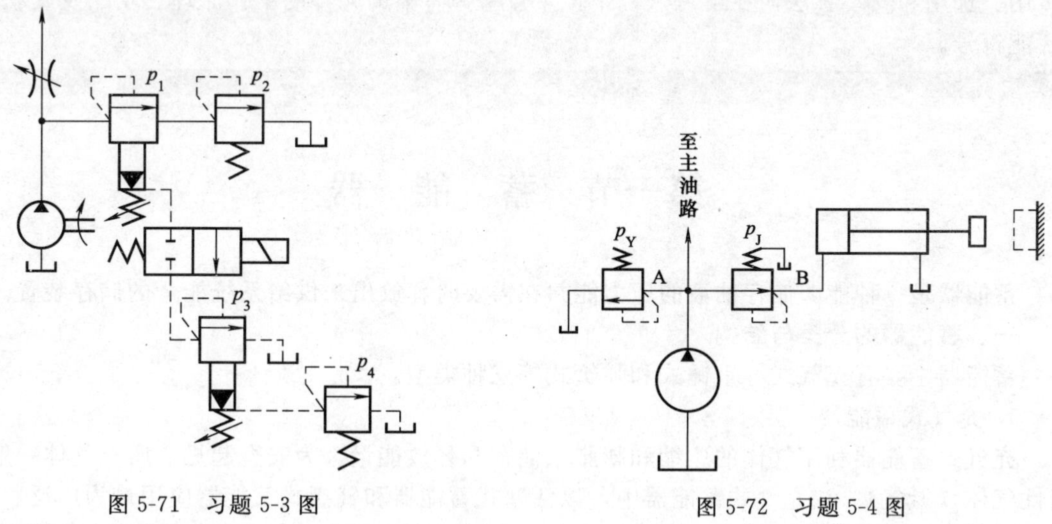

图 5-71　习题 5-3 图　　图 5-72　习题 5-4 图

5-5　试说明溢流阀、减压阀、顺序阀各有什么作用？它们在原理上和职能符号上有何异同？

5-6　为什么说调速阀比节流阀的调速性能好？两种阀各用在什么场合较为合理？

5-7　试分析叠加阀、插装阀、电液伺服阀、电液比例阀和电液数值阀与普通液压阀相比，有何优缺点？

第六章　液压辅助元件

【导读】 液压辅助元件是液压系统中既不直接参与能量转换，也不直接参与方向、压力和流量等控制的，但是在液压系统中不可缺少的元件或装置。本章主要介绍了蓄能器、滤油器、油箱、管道和管接头及压力表等液压辅助元件的分类、特点、功用、选用和安装方法。在学习过程中，重点掌握各辅助元件的工作原理、功用及其职能符号。

第一节　蓄　能　器

蓄能器是一种能够储存油液的压力能并在需要时释放出来供给系统能量的储存装置。

一、蓄能器的分类与结构

蓄能器主要有充气式、重锤式和弹簧式等三种类型。

1. 充气式蓄能器

充气式蓄能器利用气体的压缩和膨胀来储存和释放能量。为安全起见，所充气体一般为惰性气体（氮气）。在充气式蓄能器中，以活塞式蓄能器和气囊式蓄能器应用最为广泛。

（1）活塞式蓄能器　图 6-1 所示为活塞式蓄能器结构。活塞的上部为压缩气体，下部为压力油液，压力油从下部进油口 a 进入，推动活塞，压缩活塞上腔的气体储存能量；当系统压力低于蓄能器内压力时，气体推动活塞，释放压力油，满足系统需要。

这种蓄能器的优点是结构简单，安装容易，维护方便，使用寿命长。缺点是受活塞运动时惯性和摩擦力的影响，反应不够灵敏，不适于作吸收脉动及缓和液压冲击用。此外，缸筒和活塞之间有密封性能要求，且密封件磨损后，会使气液混合，影响系统的工作稳定性。

（2）气囊式蓄能器　图 6-2 所示为气囊式蓄能器结构。气囊 3 安装在壳体 2 内的上部，由充气阀 1 为气囊充入氮气，蓄能器工作时充气阀 1 关闭。壳体 2 下部有一菌形限位阀 4，它能使油液通过阀门进入蓄能器，又可防止油液全部排出时气囊膨胀出壳体而损坏。工作时，压力油从下入口顶开菌形限位阀 4 进入蓄能器压缩气囊，气囊内的气体被压缩而储存能量；当系统压力低于蓄能器压力时，气囊膨胀压力油输出，蓄能器释放能量。其特点是气囊惯性小，反应灵敏，可吸收急速的压力冲击和脉动，体积小，质量轻，安装方便，是目前应用最广泛的一种蓄能器，已形成系列化批量生产。

2. 重锤式蓄能器

重锤式蓄能器的结构如图 6-3 所示。它是利用重物的位置变化来储存和释放能量的。重物 1 通过活塞 2 作用于液压油 3 上，使之产生压力。当要储存能量时，油液从孔 a 经单向阀进入蓄能器内，通过柱塞推动重物上升；释放能量时，柱塞同重物一起下降，油液从 b 孔输出。

这种蓄能器的特点是：结构简单，压力稳定，体积大，笨重，运动惯性大，反应不灵敏，密封处易漏油，有摩擦损失。目前只有少数大型固定设备使用。

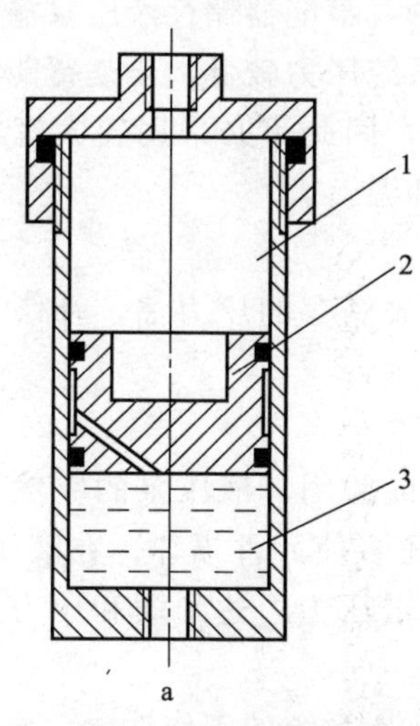

图 6-1　活塞式蓄能器

1—气体；2—活塞；3—液压油

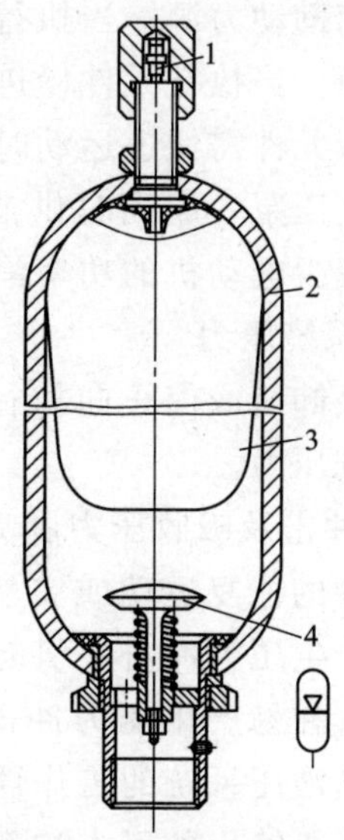

图 6-2　气囊式蓄能器

1—充气阀；2—壳体；3—气囊；4—菌形限位阀

3. 弹簧式蓄能器

图 6-4 所示为弹簧式蓄能器的结构。它是利用弹簧的伸缩来储存和释放能量的。弹簧 1 的力通过活塞 2 作用于液压油 3 上。液压油的压力取决于弹簧的预紧力和活塞的面积。由于弹簧伸缩时弹簧力会发生变化，所形成的油压也会发生变化。为减少这种变化，一般弹簧的刚度不可太大，弹簧的行程也不能过大，从而限制了这种蓄能器的工作压力。这种蓄能器具有结构简单，体积小，反应较灵敏等特点。仅供小容量及低压系统中作蓄能及缓冲用。

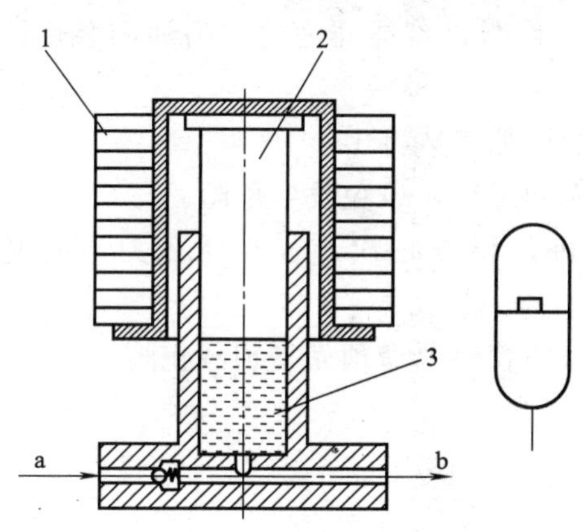

图 6-3　重锤式蓄能器

1—重物；2—活塞；3—液压油

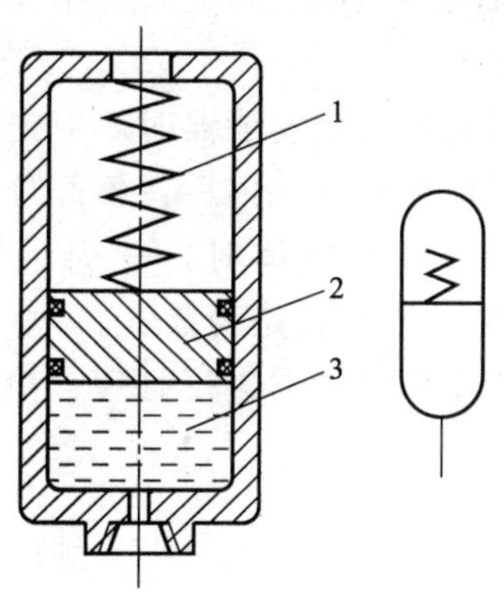

图 6-4　弹簧式蓄能器

1—弹簧；2—活塞；3—液压油

二、蓄能器的功用

1. 储存能量

蓄能器可储存一定容积的压力油，在需要时释放出来，供液压系统使用。

（1）作应急动力源　液压系统在工作中突然停电、阀或泵发生故障等，供油突然中断，可能会发生事故。如果在液压系统中增设蓄能器作为应急动力源，当供油突然中断时，在短时间内仍可维持一定的压力，使执行元件继续完成必要的动作。

(2) 作辅助动力源 当执行元件作间歇运动或只作短时间的快速运动时，可采用蓄能器作辅助动力源。当执行元件慢进或不动时，需要的流量较少，蓄能器储存液压泵输出多余的油量。当执行元件需快速运动时，需要的流量较大，这时系统压力较低，于是蓄能器将压力油排出，与液压泵一起同时供油。由于有蓄能器参与供油，因此不必采用较大流量的液压泵，不但可减少电动机的功率消耗，还可降低液压系统的油温。

2. 维持系统压力

在液压泵卸荷或停止向执行元件供油时，由蓄能器释放储存的压力油，补偿系统的泄漏，维持系统压力。

3. 缓和冲击及吸收压力脉动

执行元件的往复运动或突然停止、控制阀的突然切换或关闭、液压泵的突然启动或停止，往往会产生压力冲击，引起机械振动，冲击压力过大还会使元件损坏。在液压系统中，将蓄能器设置在易产生压力冲击的部位，由蓄能器吸收冲击压力，达到缓和压力冲击的目的，从而提高液压系统的工作性能。

一般液压泵输出的压力油都存在压力脉动，从而影响液压系统的工作性能。为了减轻或消除压力脉动，可在液压泵附近设置一个蓄能器，用以吸收压力脉动。

三、蓄能器的安装与使用

蓄能器在液压系统中安装的位置，由蓄能器的功能来确定。在安装和使用蓄能器时应注意以下问题。

① 蓄能器一般垂直安装，油口向下。倾斜或水平安装会使蓄能器的气囊与壳体接触磨损，影响蓄能器的使用寿命。

② 安装在管路上的蓄能器必须用支架或挡板固定，以承受蓄能器蓄能或释放能量时所产生的动量反作用力。

③ 泵与蓄能器之间应设置单向阀，防止泵停止工作时，蓄能器内的压力油向泵倒流而使泵反转。

④ 搬运或拆装蓄能器时，应先将充入蓄能器内的压缩气体排出。

⑤ 蓄能器充入气体后，各部分绝对不准拆开或松动螺钉，以免发生危险。

⑥ 最初装入气体时，一周后检查一次，以后每月检查一次。若气体压力下降超过0.5MPa时，应检查是否漏气。

⑦ 为了对蓄能器进行修理、检查和充气，通油口的管路上需预先安装截止阀。

第二节 滤 油 器

有数据显示，在液压系统中约有75%以上的故障是由于油液污染造成的。液压油液的污染会直接影响液压元件和系统的正常工作及可靠性。因此，为了使液压元件和系统正常工作，一方面要减少污染源，另一方面应采取适当的过滤措施，对液压油中的杂质和污染物的颗粒进行清理，保持油液清洁。

消除油液中原固体杂质最有效的办法是使用各种滤油器，油液经过滤油器的无数微小间隙或小孔时，油液中各种尺寸大于间隙或小孔的固体颗粒被阻隔，从而使油液保持清洁。滤油器的主要功用就是对液压油进行过滤，控制油的洁净程度。

一、滤油器的主要性能指标

滤油器的主要性能指标有过滤精度、通流能力、纳垢容量、压降特性、工作压力和温度等，其中过滤精度为主要指标。

1. 过滤精度

过滤精度是指滤油器从液压油中所过滤掉的杂质颗粒的最大尺寸（以污物颗粒平均直径 d 表示）。粒度越小，精度越高。国产滤油器的精度系列分为粗（$d \geqslant 100\mu m$）、普通（$d \geqslant 10 \sim 100\mu m$）、精（$d \geqslant 5 \sim 10\mu m$）和特精（$d \geqslant 1 \sim 5\mu m$）四个等级。

不同类别的液压系统，对过滤精度的要求不同，工作压力越高，过滤精度的要求也越高。

2. 通流能力（过滤能力）

指在一定压力差下允许通过滤油器的最大流量。

3. 纳垢容量

纳垢容量是指过滤器在压力降达到规定值以前，可以滤除并容纳的污染物数量。滤油器的纳垢容量越大，使用寿命就越长，一般来说，过滤面积越大，其纳垢容量也越大。

4. 压降特性

压降特性主要是指油液通过滤油器滤芯时所产生的压力损失，滤芯的精度越高，所产生的压降越大，滤芯的有效过滤面积越大，其压降就越小。压力损失还与油液的流量、黏度和混入油液的杂质数量有关。为了保持滤芯不破坏或系统的压力损失不致过大，要限制滤油器最大允许压力降，滤油器的最大允许压力降取决于滤芯的强度。

5. 工作压力和温度

滤油器在工作时，要能够承受住系统的压力，在液压力的作用下，滤芯不致破坏；在系统的工作温度下，滤油器要有较好的抗腐蚀性，且工作性能稳定。

二、滤油器的分类与结构

1. 滤油器的分类

按滤油器的精度不同可分为粗滤油器、普通滤油器、精滤油器和特精滤油器四类。按滤油器滤芯形式不同可分为网式、线隙式、纸芯式、烧结式和磁性式等多种形式。

2. 各类滤油器的结构特点

（1）网式滤油器　网式滤油器的结构如图 6-5 所示。它是由上端盖 1、下端盖 4 和开有若干孔的筒形塑料骨架（或金属骨架）3 等组成。在骨架外包裹一层或几层过滤铜丝网 2。工作时，液压油从滤油器外通过过滤网进入滤油器内部，再从上盖管口处进入系统。此滤油器属于粗滤油器，其过滤精度为 0.04～0.13mm，压力损失不超过 0.025MPa，这种滤油器的过滤精度与铜丝网的网孔大小、铜网的层数有关。网式滤油器的特点是：结构简单，通油能力强，压力损失小，清洗方便，但是过滤精度低，一般安装在液压泵的吸油管口上用以保护液压泵。

（2）线隙式滤油器　图 6-6 所示为线隙式滤油器结构。它由端盖 1、壳体 2、带孔眼的筒形骨架 3 和绕在骨架外部的金属绕线 4 组成。工作时，油液从孔 a 进入滤油器内，经线间的间隙、骨架上的孔眼进入滤芯中再由孔 b 流出。这种滤油器利用金属绕线间的间隙过滤，其过滤精度取决于间隙的大小。过滤精度有 $30\mu m$、$50\mu m$ 和 $80\mu m$ 三个精度等级，其额定流量为 6～25L/min。线隙式滤油器分为吸油管用和压油管用两种。前者安装在液压泵的吸油管道上，其过滤精度为 0.05～0.1mm，通过额定流量时压力损失小于 0.02MPa，后者用于液压系统的压力管道上，过滤精度为 0.03～0.08mm，压力损失小于 0.06MPa。线隙式滤油器的特点是：结构简单，通油性能好，过滤精度较高，所以应用较普遍；缺点是不易清洗，滤芯强度低，多用于中、低压力系统中。

（3）纸芯式滤油器　纸芯式滤油器与线隙式滤油器的结构基本相同，差别只在于以纸芯代替了线隙式滤芯。把厚度为 0.35～0.7mm 的平纹或波纹的酚醛树脂或木浆的微孔滤纸，环绕在带孔的镀锡铁皮骨架上，如图 6-7 所示。为了增大过滤面积，纸芯一般都做成折叠式。滤芯分三层，外层 2 为粗眼钢板网，中间层 3 为折叠的滤纸，滤芯内层 4 由金属丝与滤纸一并折叠在一起制成。外层和内层起增大滤纸的强度和均匀折叠空间的作用。滤芯中央装有支撑弹簧 5。工作时，油液从滤芯外面经滤纸进入滤芯内，然后从孔道 a 流出。这种滤油器的过滤精度有 10μm 和 20μm 两种规格，压力损失为 0.01～0.04MPa。其特点是：过滤精度高，质量轻，结构紧凑，通流能力大，缺点是堵塞后无法清洗，需定期更换纸芯，强度低，一般用于精过滤系统。

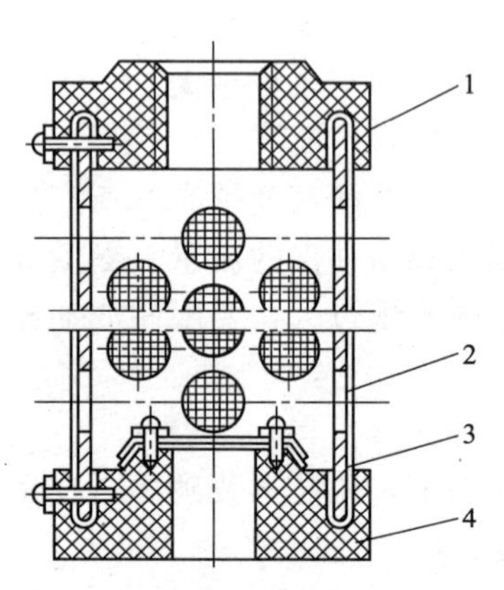

图 6-5　网式滤油器

1—上端盖；2—过滤铜丝网；3—骨架；4—下端盖

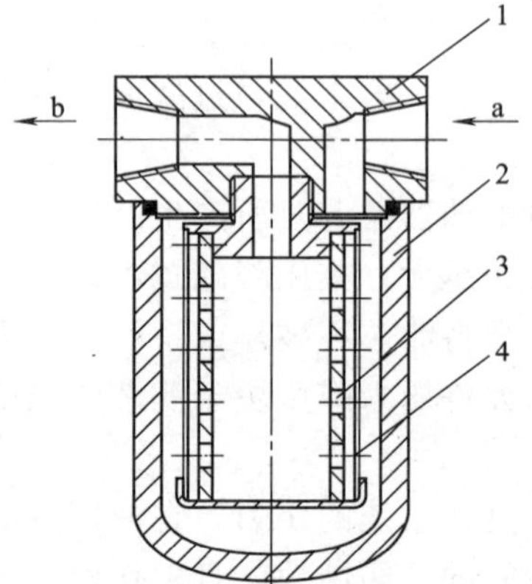

图 6-6　线隙式滤油器

1—端盖；2—壳体；3—骨架；4—金属绕线

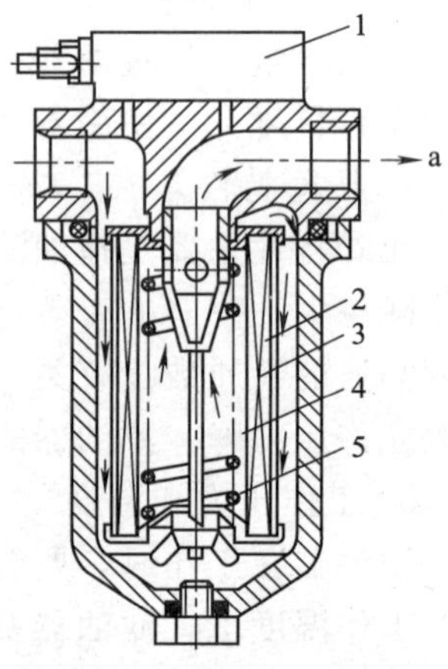

图 6-7　纸芯式滤油器

1—污染指示器；2—滤芯外层；3—滤芯中间层；4—滤芯内层；5—支撑弹簧

这种滤油器工作时，因杂质逐渐积聚在纸芯上而使滤芯压差逐渐增大，为了避免将纸芯压破，防止未过滤的油液进入系统，在滤油器的顶部设置了污染指示器，其工作原理如图 6-8 所示。滤芯压差作用在活塞 6 上，并与弹簧 5 的弹簧力平衡。当滤芯堵塞严重时，流经滤油器时产生的压力差达到一定值时，压差作用力大于弹簧力，推动活塞右移，使触点 4 吸合，便接通电路，报警器 3 发出信号，提醒操作人员更换滤芯。

（4）烧结式滤油器　烧结式滤油器的结构如图 6-9 所示。它由端盖 1、壳体 2、滤芯 3 组成。滤芯是由颗粒状铜粉烧结而成。它利用铜粉颗粒之间的微孔滤除油液中的杂质，选择不同粒度的粉末，制成厚度不同的滤芯，就能得到不同的过滤精度。烧结式滤油器的过滤精度为 10～100μm 之间，压力损失为 0.03～0.2MPa。工作时，压力油从 a 孔进入，经铜颗粒之间的微孔进入滤芯内部，从 b 孔流出。这种滤油器的特点是：过滤精度高，强度高，耐压耐腐蚀，性能稳定，制造简单。缺点是难清洗，金属颗粒易脱落，常用于精过滤场合。

（5）磁性式滤油器　磁性式滤油器是利用磁铁来吸附油液中的铁质微粒。简易的磁性滤油器由几块磁铁组成。由于这种滤油器对其他弱磁性杂质不起作用，所以常与其他滤芯组成组合滤芯，制成复式滤油器。

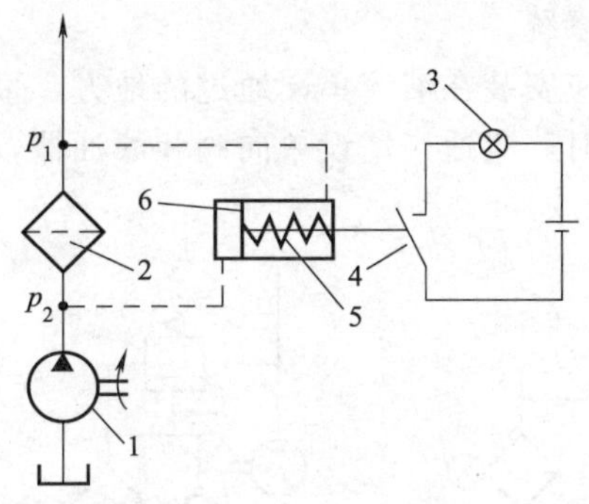

图 6-8　污染指示器原理

1—液压泵；2—滤油器；3—报警器；4—触点；5—弹簧；6—活塞

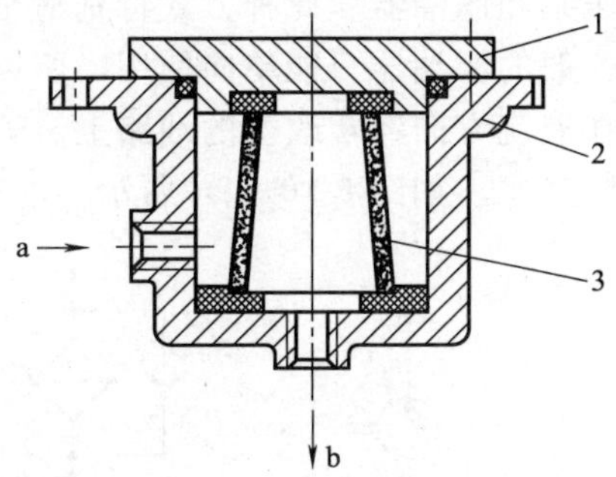

图 6-9　烧结式滤油器

1—端盖；2—壳体；3—滤芯

三、滤油器的选用

选用滤油器时，应综合考虑以下因素，以获得最佳的工作可靠性和经济性。

① 过滤精度。确定过滤精度时，应根据系统中关键零件对过滤精度的要求，以及液压设备停机检修所造成的损失来综合考虑，并不是越高越好。

② 通流能力。滤油器的通流能力是根据系统的最大流量而确定的。一般滤油器的额定流量不能小于系统的流量，否则滤油器的压力损失会增加，滤芯易堵塞，寿命也缩短。但滤油器额定流量越大，其体积及造价也越大。因此应选择合适的流量。

③ 系统的压力和温度。滤芯要具有足够的强度，不因液压力的作用而损坏。滤芯要有好的抗腐蚀性能，能在规定的温度下持久地工作。

④ 便于清洗或更换滤芯。

四、滤油器的安装

(1) 安装在泵的吸油管路上　如图 6-10 (a) 所示，它主要是用来保护液压泵，防止泵遭受较大杂质颗粒的直接伤害，也可以保护系统中的所有元件。但为了不影响泵的吸油性能，只能选用压力损失小的网式滤油器。这种滤油器过滤精度低，泵磨损所产生的颗粒将进入系统，对系统其他液压元件无法完全保护，还需其他滤油器串在油路上使用。

(2) 安装在泵的出油口上　如图 6-10 (b) 所示，这种安装方式可以保护除泵以外的所有液压元件，但由于在高压下工作，要求滤油器能够承受系统的工作压力和冲击力，要能够通过压油管路的全部流量。为了防止滤油器堵塞而引起液压泵过载或滤油器损坏，常在滤油器旁并联一个单向阀或污染指示器，单向阀的开启压力等于滤油器允许的最大压降。

(3) 安装在回油管路上　如图 6-10 (c) 所示，将滤油器安装在系统的回油管路上。这种方式可以滤除油液流入油箱前的污染物，虽不能直接防止污染物进入系统，但可以间接地保护系统。由于安装在低压回路上，故可用承压能力低的滤油器。为了防备滤油器堵塞，也可并联一个单向阀或污染指示器。

(4) 安装在分支油路上　当泵的流量较大时，全部过滤将使滤油器过大，为此可将滤油器安装在系统的支路上，如图 6-10 (d) 所示。采用这种方式滤油时，不会增加主油路的压力损失，滤油器的流量也可小于泵的流量，比较经济，但不能过滤全部油液，也不能保证杂质不进入系统。一般要求通过滤油器的流量不应小于总流量的 20%～30%。

(5) 单独过滤　如图 6-10 (e) 所示，这是用辅助泵和滤油器单独组成一个独立于系统之外的过滤回路，这样可以连续清除系统内的杂质，保证系统内油液的清洁，不过需增加一套液压泵和滤油器。此种方式特别适用于大型的液压系统。

一般的滤油器只能单向使用，所以安装滤油器时应安装在液流单向通过的地方，最好不要装在液流方向经常改变的油路上。若必须这样设置时，应适当增设单向阀和滤油器，以保证双向过滤，如图 6-10（f）所示。

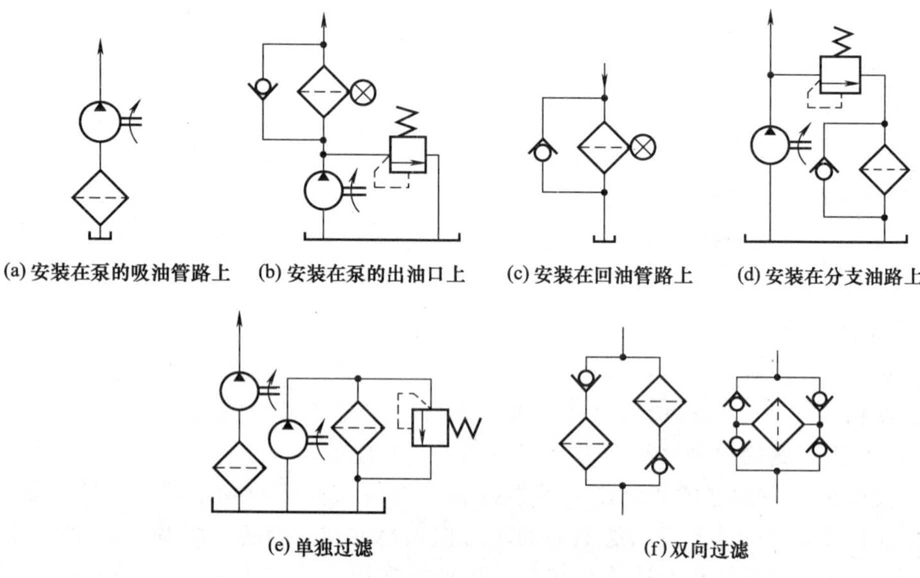

图 6-10　滤油器的安装

第三节　油　　箱

油箱的主要功用是储存油液、散热、沉淀污物和分离油液中渗入的空气以及作为安装平台等。油箱有开式和闭式之分，开式油箱上部开有通气孔，使油面与大气相通，用于一般的液压系统。闭式油箱完全封闭，箱内充有压缩气体，用于水下、高空或对工作稳定性等有严格要求的场合。本节只介绍应用广泛的开式油箱。

一、油箱的结构

开式油箱的典型结构如图 6-11 所示。隔板 11 将吸油管 5 和回油管 3、泄油管 4 隔开。顶部、侧部及底部分别装有空气过滤器 6、注油管 2、液面针 1 以及过滤器 12。安装液压泵及其驱动电动机的安装板 7 可固定在油箱的顶面上。油箱的箱体 10 通常用 2.5～5mm 钢板焊接而成。

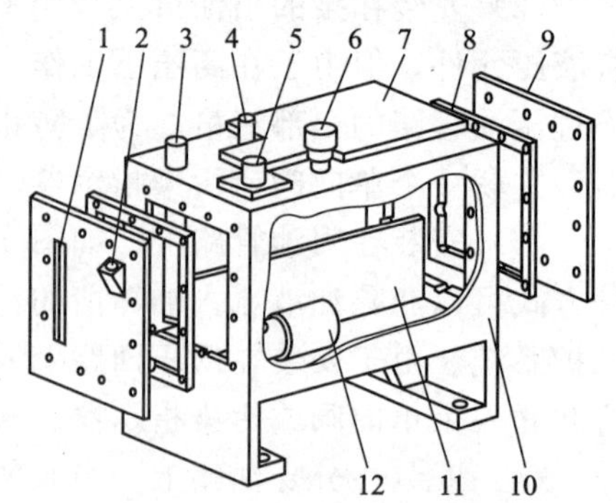

图 6-11　油箱结构

1—液面针；2—注油管；3—回油管；4—泄油管；5—吸油管；6—空气过滤器；7—安装板；8—垫片；9—端盖；10—箱体；11—隔板；12—过滤器

二、油箱的设计

油箱属于非标准件，在实际情况下常根据需要自行设计。油箱设计时主要考虑的因素有：油箱的容积、结构、散热等问题。

1. 油箱容积的估算

油箱的容积是油箱设计时需要确定的主要参数。

油箱体积大时散热效果好，但用油多，成本高；油箱体积小时，占用空间少，成本降低，但散热条件不足。在实际设计时，先可用经验公式初步确定油箱的容积，然后再验算油箱的热平衡。当不设冷却器，以自然环境冷却时油箱的有效容积（为油箱总容积的 80%）的估算经验公式为

$$V=\alpha q \tag{6-1}$$

式中　V——油箱的有效容积；

q——液压泵的总额定流量；

α——经验系数，对低压系统 $\alpha=2\sim4$，对中压系统 $\alpha=5\sim7$，对中、高压或高压大功率系统 $\alpha=6\sim12$。

2. 设计时的注意事项

设计油箱结构时应注意以下几点。

① 泵的吸油管上应安装 100～200 目的网式滤油器，滤油器不允许露出油面，防止泵卷吸空气产生噪声。滤油器与箱底间的距离不小于 20mm，离箱壁应不小于管径的 3 倍，以便四周进油。

② 吸油管路与回油管路之间的距离应尽量远，分别安装在油箱的两端，以增加油液的循环距离，并使它有充分的时间沉淀污物，排出气泡，同时，也有利于油液冷却。为此一般在油箱中设置隔板，使油液曲折迂回流动，隔板高度一般为取油面高度的 3/4。

③ 回油管在油面最低时仍能浸入油面以下，防止回油冲入油箱时搅动油面，混入气泡。回油管的端部应切成 45°角并面向最近的箱壁，以防止回油冲击油箱底部的沉积物，管口与箱底、箱壁距离一般不小于管径的 3 倍。

④ 中小型油箱的箱体常用 3～4mm 厚的钢板焊接而成，大型油箱的箱体则用角钢焊成骨架后再焊上钢板。箱体的强度和刚度要能承受住装在其上的元器件的重量、机器运转时的转矩及冲击等，为此，油箱顶部的钢板比侧壁要厚些。为了便于散热、放油和搬运，油箱体底脚高度应为 150～200mm，箱体四周要有吊耳，箱体的底部应设置放油口，且底面最好向放油口倾斜，以利清洗和排除油污。

⑤ 液位计的窗口尺寸应满足对最高、最低油位的观察，且要装在易于观察的地方。液位计是标准件，可根据需要选用。

⑥ 为防止油液污染，盖板及窗口各连接处均需加密封垫，各油管通过的孔都要加密封圈。通气孔要装空气滤清器。

⑦ 油箱内壁应涂耐油防锈涂料，以防生锈。必要时，还应安装温度计和热交换器，以保证油箱正常的工作温度（15～65℃）。

第四节　其 他 辅 件

除上述液压辅件外，还有其他一些辅件如油管、管接头、密封件、压力表等，也是液压系统中必不可少的元件。

一、油管和管接头

对分散的液压元件要用油管和管接头连接，才能构成一个完整的液压系统，油管的性能对液压系统的工作状态有直接的关系。

1. 油管

(1) 油管的种类和选用 在液压系统中所使用的油管有铜管、钢管、橡胶软管、尼龙管、塑料管等多种。采用哪种油管，主要由工作压力、安装位置及使用环境等条件决定。

① 紫铜管 紫铜管性质柔软，装配时便于弯曲，强度较低，能承受的工作压力不超过10MPa，价格较贵，抵抗振动能力较差，所以尽量不用或用于流量不大的中、低压液压系统中。

② 黄铜管 黄铜管性质柔软，装配时弯曲不如紫铜管，强度较紫铜管高，可承受较高的压力。因铜管直径小，适用于流量不大的中、低压液压系统中。

③ 钢管 钢管具有强度高，刚度好，承压能力强，耐油性和抗腐蚀性较好，价格便宜等优点；但装配和弯曲较困难。多用于高压、大功率、装配空间不受限制的条件下。中、高系统用无缝钢管，低压系统吸油管和回油管可用焊接钢管。目前在各种液压设备中，钢管应用最为广泛。

④ 橡胶软管 橡胶软管具有可挠性、吸振性和消声性等特点，但价格高，寿命短，弹性变形大，容易引起运动部件动作滞后和爬行。常用于有相对运动的部件的连接。橡胶软管有高压和低压两种，高压管用加有钢丝的耐油橡胶制成，钢丝有交叉编织和缠绕两种，一般有1～3层，钢丝层数越多，耐压越高；低压橡胶软管是由加有帆布的耐油橡胶制成，多用于回油管路。

⑤ 尼龙管 尼龙管呈乳白色半透明，可观察油液的流动情况，加热后可任意弯曲成形和扩口，冷却后固定成形。常用于中、低压系统中。

⑥ 塑料管 塑料管的特点是耐油，价格低，装配方便；但承压能力低，只适用于回油管和泄油管等低压管路系统中。但因容易老化变质，应用较少。

(2) 油管的计算 为了减小油液流经管道时的能量损失，要求管道及其连接部分必须有合适的直径和厚度、光滑的内壁、最短的长度，并尽量避免急转弯和截面突变。管道的内径和壁厚可用以下两式计算

$$d=2000\sqrt{\frac{q}{\pi v}} \tag{6-2}$$

$$\delta=\frac{pd}{2[\sigma]} \tag{6-3}$$

式中 d——管子内径，mm；

q——管道内的最大流量，m^3/s；

v——管道允许流速，m/s，各部位流速的荐用值为：吸油管 $v\leqslant 0.6\sim1.2$m/s（一般取1m/s以下），压油管取 $v\leqslant 3\sim6$m/s（压力高、管道短、油液黏度小时取大值，反之取小值），回油管取 $v\leqslant 1.5\sim2.5$m/s，橡胶软管取 $v<4$m/s；

δ——管道壁厚，mm；

p——工作压力，MPa；

$[\sigma]$——管材的许用应力，MPa，对于钢管 $[\sigma]=\frac{\sigma_b}{S}$，$\sigma_b$ 为抗拉强度，S 为安全系数，当 $p<7$MPa 时，$S=8$，当 $p\leqslant 17.5$MPa 时，$S=6$，$p>17.5$MPa 时，$S=4$。对于铜管，$[\sigma]\leqslant 25$MPa。

油管的内、外径都有标准规格，由上述公式计算出的管道内径 d 和壁厚 δ，应圆整为标准管径尺寸。在生产实践中，选用管子时经常不需要计算，管子尺寸主要根据系统中所用元件联结口径的大小来决定。为了检查选用的管径是否合适，可用上述公式进行校核。

（3）管路设计及安装注意事项　设计管路时，应遵循以下原则。

① 要求管子有足够的强度和韧性。以保证在规定的压力下，传递适当流量的液体而不产生破裂。

② 管子尺寸的选取要适当。

③ 对于吸油管，阻力要小，尽量畅通，密封好，防止液压泵吸空或产生空穴现象。

④ 回油管路的尺寸必须大些，防止排油背压大。液压元件本身的泄油管一般应与回油管分开，单独通回油箱，以免产生背压和虹吸。

⑤ 管子要尽量短，弯曲角度尽量小，避免急剧弯曲，接头和配件尽量少。

⑥ 为减少压力损失和泄漏，高压管应靠近工作机构。

⑦ 管道的最高处应设有放气装置，用以放掉系统中的空气。

⑧ 与接头或法兰联结处的管子必须是直的，以保证联结牢固可靠。

⑨ 压力管道必须牢固可靠，否则当系统压力变化较剧烈时，会造成管路振动和噪声。

在安装油管时要注意机器和管内无杂物，各开口处应加盖，防止杂物进入。油管的交叉要尽量少，并行或交叉的油管之间必须留有间隙，防止互相接触，以免产生振动。

2. 管接头

管接头是油管与油管、油管与液压元件中间的连接件，它应满足连接牢固、密封可靠、外形尺寸小、压降小、通流能力大、装拆方便、工艺性能好等要求，特别是管接头的密封性能是影响系统外泄漏的重要原因。所以对管接头要给予足够的重视。

在液压系统中，外径大于 50mm 的金属管一般都采用法兰连接。对于小直径的油管用管接头连接，常用的管接头的种类很多，按其通路数和流向可分为直通式、角通式、三通式、四通式等；按油管与管接头的连接方式不同又可分为扩口式、焊接式、卡套式等。

管接头与其他元件之间的连接可采用普通细牙螺纹连接，对于高压系统，接头体与连接部位可采用组合密封垫圈来密封，如图 6-12（b）所示；对于中低压系统，可直接用锥螺纹与机体连接即可，如图 6-12（a）、（c）、（d）所示。

（1）扩口式管接头　如图 6-12（a）所示为扩口式管接头。装配前，先把被连接的管子 6 在专用工具上扩成喇叭口，再用螺母 2 将管套 3 连同油管 6 一起压紧在接头体 1 上的锥形面上形成密封。管套的作用是防止拧紧螺母时管子跟着转动。这种管接头结构简单、连接可靠、装配维护方便，适用于铜管和薄壁钢管以及其他低压薄壁管道的连接。

（2）卡套式管接头　如图 6-12（b）所示为卡套式管接头的结构形式。管接头由接头体 1、螺母 2 和卡套 4 组成，卡套是一个在内圆端部带有锋利刃口的金属环，拧紧螺母 2 时，卡套与接头体内锥面接触形成密封，同时刃口切入油管 6 的表面，起到连接和密封的作用。这种管接头性能良好，质量轻，体积小，密封和工作可靠，装拆方便，广泛用于液压系统中，工作压力可达 32MPa。它要求管子尺寸精度高。

（3）焊接式管接头　如图 6-12（c）、（d）为焊接式管接头的结构和连接情况，先将螺母 2 套在接管 5 上，然后再把接管 5 与油管 6 的端部焊接起来，当拧紧螺母时，把接管和接头体 1 连接起来。接管和接头体结合处的密封有两种形式：一种是用球面与锥面接触密封，如图 6-12（c）所示；另一种是用端面加 O 形密封圈，如图 6-12（d）所示。前者具有自位性，安装要求不严格，但密封性能较差，使用压力不高，适用于中、低压系统；后者则可用于高压系统，使用压力也可达 32MPa。焊接式管接头结构简单、制造容易、工作可靠，对管子尺寸精度要求不高。但对焊接质量要求高。

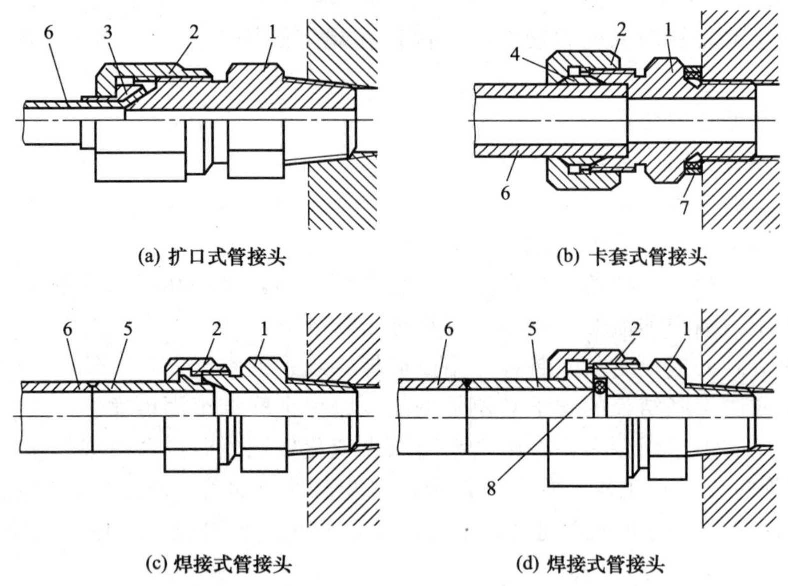

(a) 扩口式管接头　(b) 卡套式管接头

(c) 焊接式管接头　(d) 焊接式管接头

图 6-12　常用管接头

1—接头体；2—螺母；3—管套；4—卡套；5—接管；6—管子；7—组合密封垫圈；8—O形密封圈

(4) 软管接头　对于软管接头，除要求具备一般管接头的工作可靠性外，还应具备耐振动、耐冲击和耐反复屈伸等性能。常见的有可拆式和扣压式两种，各有A、B、C三种形式，A型采用焊接式管接头，B型采用卡套式管接头，C型采用扩口式管接头。图 6-13 所示为扣压式软管接头的连接情况，它由接头外套 3 和接头芯 2 组成。装配前先剥去橡胶软管 1 的一段外胶层，然后把外套套在剥去外胶的胶管上，再插入接头芯，最后利用专用模具进行挤压收缩，使外套内锥面上的环形齿嵌入钢丝层达到牢固的连接，也使接头芯与胶管内胶层压紧而达到密封的目的。这种管接头结构紧凑、密封可靠、耐冲击和振动，但扣压后不能拆开重复使用。

(5) 快换接头　当管路中的某处需要经常拆装时，可以采用快换接头。图 6-14 所示为快换接头的连接工作情况。两单向阀芯 3、10 的前端顶杆相互挤顶，迫使阀芯后退并压缩弹簧，使油路接通。需要断开油路时，可用力将外套 7 向左推，钢球 6（一般有 6～12 颗）即从接头体 9 的槽中退出，再拉出接头体 9，两单向阀分别在弹簧 2 和 11 的作用下将两个阀口关闭，油路即断开。同时，外套 7 在弹簧 5 的作用下复位。这种接头结构比较复杂，局部阻力损失较大。

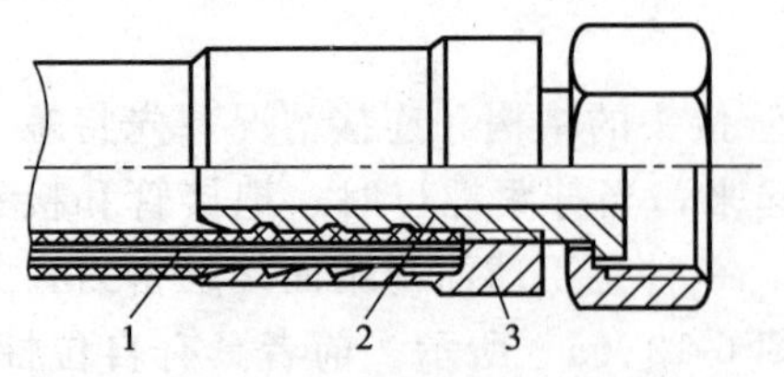

图 6-13　扣压式软管接头

1—橡胶软管；2—接头芯；3—接头外套

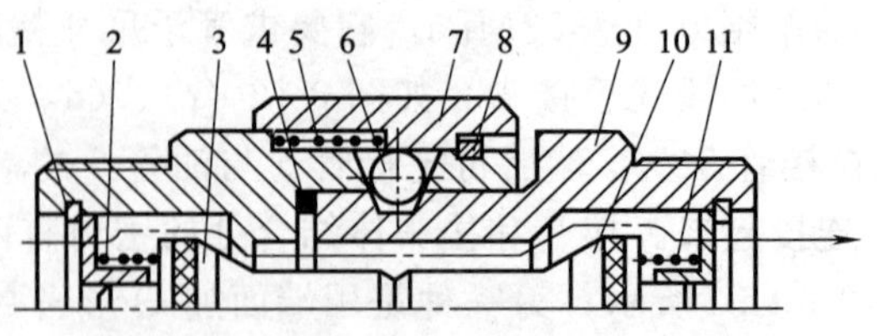

图 6-14　快换接头

1—卡环；2,5,11—弹簧；3,10—单向阀芯；4—密封圈；6—钢球；7—外套；8—卡环；9—接头体

二、密封装置

密封装置是保证液压系统正常工作的最基本的也是最重要的装置之一，它主要用来防止液体的泄漏。

1. 密封装置的要求

① 在规定的工作压力和温度范围内具有良好的密封性。

② 密封装置和运动部件间的摩擦力要小，摩擦因数要稳定。

③ 密封件的耐磨性好，不易老化，磨损后能在一定程度上自动补偿。

④ 结构简单，使用、维护方便，价格低廉。

2. 密封件的材料

常用的液压密封材料有以下两种。

（1）丁腈橡胶　是最常用的耐油橡胶，具有良好的弹性和耐磨性，工作温度一般为－20～100℃，有一定的强度，摩擦因数较大。

（2）聚氨酯　是目前应用广泛的密封材料。它的耐油性能比丁腈橡胶好，既具有高强度又具有高弹性。拉断强度比一般橡胶好。它有很好的耐磨性。适应温度为－30～90℃。

3. 常见的密封装置和特点

（1）间隙密封　间隙密封是通过精密加工，使相对运动件之间有极微小间隙（0.02～0.05mm）而起密封作用，如图 6-15 所示。这是最简单的一种密封形式。为了减少液压卡紧力，增加泄漏油的阻力，减少泄漏量，通常在圆柱面上开几条等距均压槽。此种密封方式常用于柱塞、活塞或阀的圆柱副配合中。

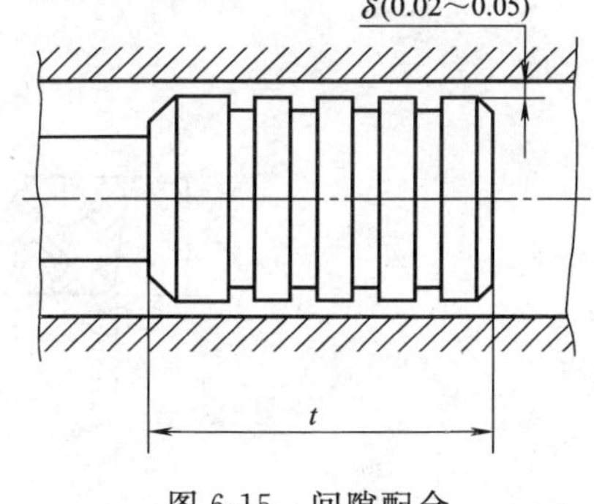

图 6-15　间隙配合

间隙密封的特点是结构简单，摩擦阻力小，耐高温；缺点是总有泄漏存在，压力越高，泄漏量越大，且配合面磨损后不能自动补偿。

（2）密封圈密封

① O 形密封圈　O 形密封圈的横截面呈圆形，具有良好的密封性能，内外侧和端面都能起密封作用，结构紧凑，运动件的摩擦阻力小，制造容易，装拆方便，成本低，应用广泛。

O 形密封圈的结构和工作情况如图 6-16 所示。图 6-16（a）为其外形；图 6-16（b）为装入密封沟槽的情形，δ_1、δ_2 为 O 形圈装配后的预压缩量，通常用压缩率 W 表示，$W=[(d_0-h)/d_0]\times100\%$。对于固定密封、往复运动密封和回转运动密封，应分别达到 15%～20%、10%～20%、5%～10%，才能取得好的密封效果。当油液工作压力超过 10MPa 时，O 形圈在往复运动中容易被油液压力挤入间隙而提早损坏，如图 6-16（c）所示，因此要在它的侧面安放 1.2～1.5mm 厚的聚四氟乙烯挡圈，单向受力时在受力侧的对面安放一个挡圈，如图 6-16（d）所示；双向受力时则在两侧各放一个挡圈，如图 6-16（e）所示。

O 形密封圈的安装沟槽，除矩形外，还有 V 形、燕尾形、半圆形和三角形等，实际应用中可查阅有关手册和国家标准。

② Y 形密封圈　Y 形密封圈的截面形状为 Y 形（图 6-17），其结构简单、密封效果好、适应性广，常用于动密封，特别是往复直线运动的密封，如液压缸缸体和活塞之间、活塞杆与缸体端盖之间。

Y 形密封圈的密封原理如图 6-18 所示。其中图 6-18（a）、（b）分别为自由状态时及装

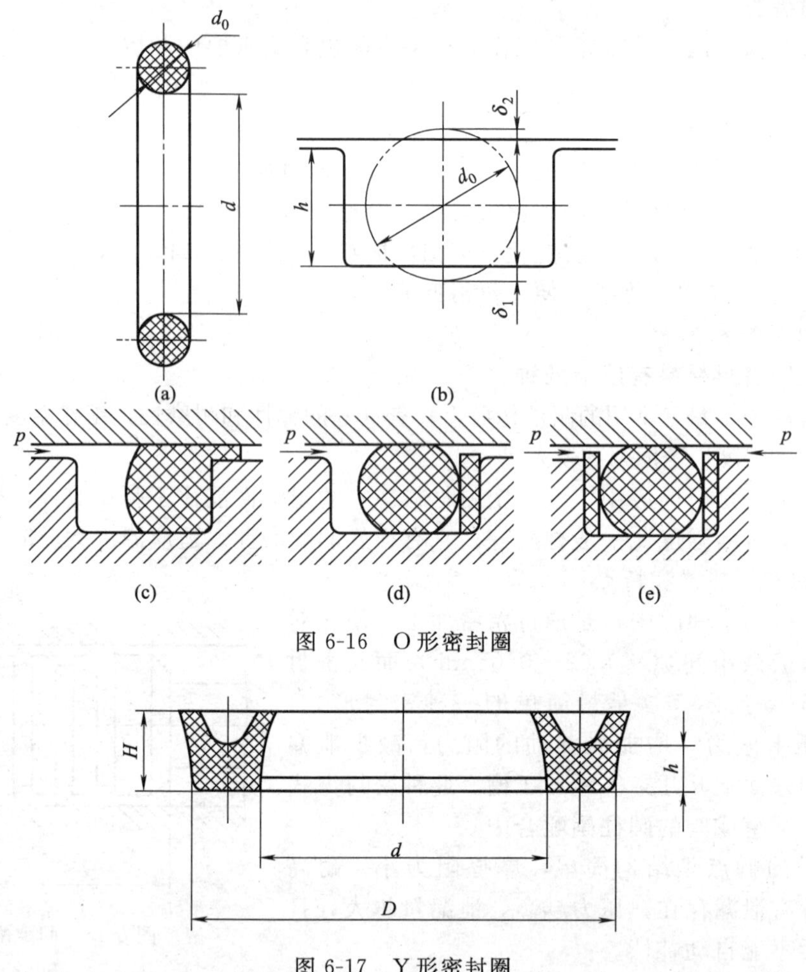

图 6-16　O 形密封圈

图 6-17　Y 形密封圈

配后和工作时的截面形状。Y 形密封圈的唇边靠弹性力和液压力压向形成间隙的两个零件的表面，实现密封。由于唇边的弹性变形，可使密封圈在工作磨损后能自动补偿，保证密封性能不降低。

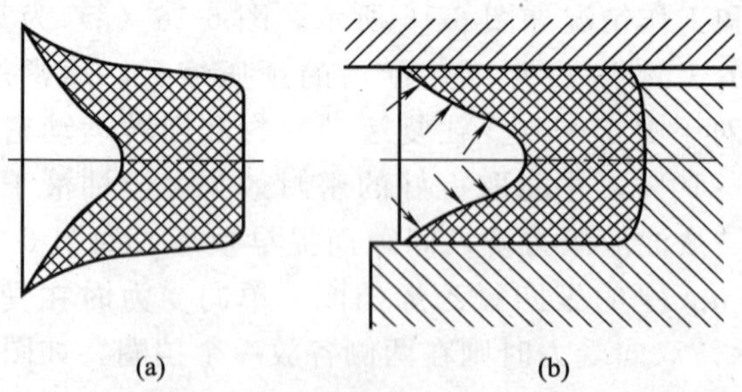

图 6-18　Y 形密封圈的密封原理

Y 形密封圈的弹性比 O 形密封圈差，伸张性小，在设计时要考虑其安装和拆卸。

目前在液压缸中活塞和活塞杆的密封普遍使用的是小 Y 形密封圈，如图 6-19 所示。图 6-19（a）是轴用密封圈，图 6-19（b）是孔用密封圈。这种小 Y 形密封圈的特点是两个唇边不等，增加了底部宽度，可以避免摩擦力造成的密封圈的翻转和扭曲。

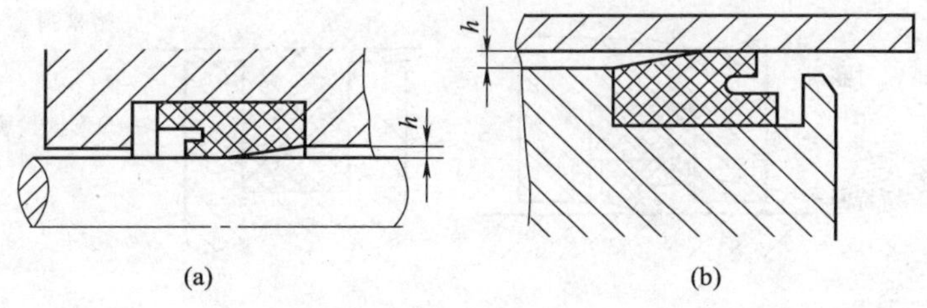

图 6-19　小 Y 形密封圈

③ V 形密封圈　V 形密封圈（图 6-20）截面形状为 V 形，它有夹织物橡胶和聚氯乙烯两种。V 形夹织物橡胶密封由多层涂胶织物压制而成。它是由形状不同的支承环、密封环和压环三种密封件组合在一起使用的。它的优点是耐高压，通过调节压环压力使密封效果最佳，多用于液压缸端盖与活塞杆之间的动密封。当工作压力高于 10MPa 时，可增加 V 形密封圈的数量，提高密封效果。安装时，V 形密封圈的开口应面向压力高的一侧。

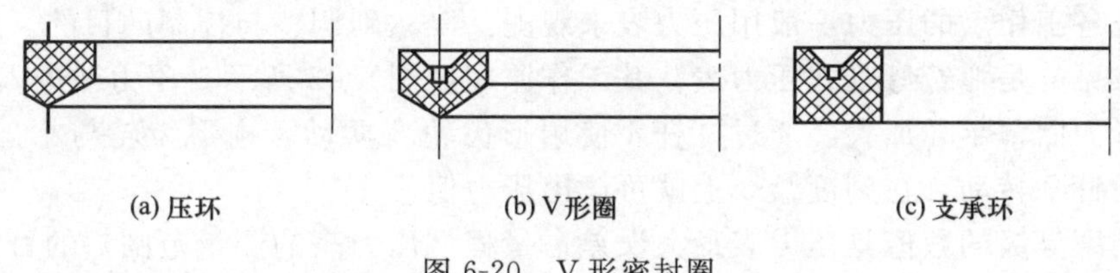

图 6-20　V 形密封圈

(3) 组合密封　组合密封装置是由两个以上元件组成的密封装置。最简单、最常见的是由钢和耐油橡胶压制成的组合密封垫圈。随着液压技术的发展，出现了聚四氯乙烯与耐油橡胶组成的橡胶组合密封装置。

① 组合密封垫圈　图 6-21 所示的组合密封垫圈的外圈 1 由 Q235 钢制成，内圈 2 为耐油橡胶，主要用于管接头或油塞的端面密封，安装时外圈紧贴两密封面，内圈厚度 h_2 与外圈厚度 h_1 之差为橡胶的压缩量。它的特点是安装方便，密封可靠，因此应用很广泛。

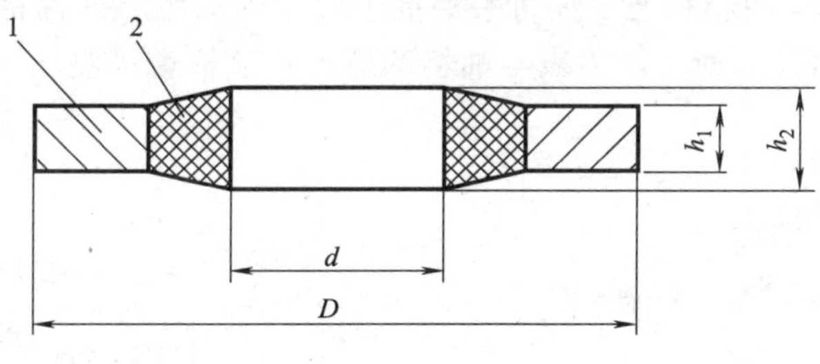

图 6-21　组合密封垫圈

1—Q235 钢圈；2—耐油橡胶

② 橡胶组合密封装置　图 6-22 所示的橡胶组合密封装置由 O 形密封圈和聚四氯乙烯做成的格来圈或斯特圈组合而成，其中图 6-22（a）为阶梯形断面斯特圈与 O 形密封圈组合的装置，用于轴密封；图 6-22（b）为方形断面格来圈和 O 形密封圈组合的装置，用于孔密封。

这种组合密封装置是利用 O 形密封圈的良好弹性变形性能，通过预压缩所产生的预压力将格来圈或斯特圈紧贴在密封面上起密封作用。O 形密封圈不与密封面直接接触，不存在磨损、扭转等问题。而与密封面接触的格来圈或斯特圈为聚四氯乙烯，这种材料的摩擦因数很小，而且动、静摩擦因数相当接近，同时还具有自润滑性，与金属组成摩擦副时不易黏

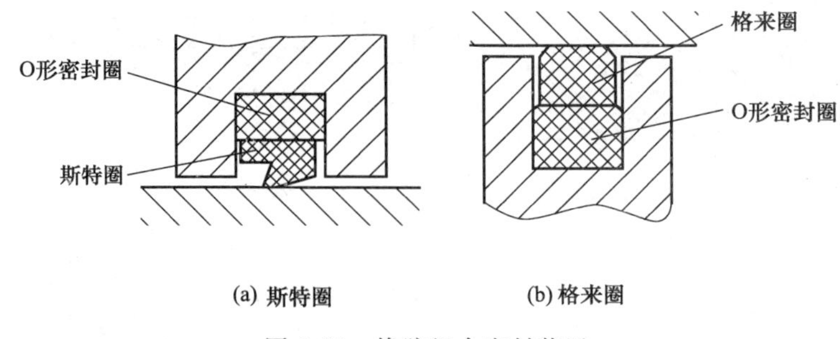

图 6-22　橡胶组合密封装置

着，启动摩擦力小，不存在橡胶密封低速时的爬行现象。

总之，橡胶组合密封综合了橡胶与塑料的各自优点，密封可靠，摩擦力低而稳定，使用寿命高，因此在工程特别是在液压缸上应用日益广泛。

三、压力表和压力表开关

液压系统各工作点的压力一般用压力表来观测，以达到调整与控制的目的。压力表的种类较多，最常见的是弹簧弯管式压力表，其工作原理如图 6-23 所示。压力油进入金属弯管 1 时，弯管变形而曲率半径加大，通过杠杆 4 使扇形齿轮 5 摆动，扇形齿轮与小齿轮 6 啮合，小齿轮带动指针 2 转动，在刻度盘 3 上就可读出压力值。

压力表精度等级的数值是压力表最大误差占量程（压力表的测量范围）的百分数。一般机床上压力表用 2.5～4 级精度即可。压力表的精度等级越高，测量误差就越小。考虑到测量仪表的线性度，在选用压力表时，一般选压力表的量程为系统最高工作压力的 1.5 倍。压力表必须直立安装，为了防止压力冲击而损坏压力表，常在压力表的通道上设置阻尼小孔。

压力表开关用于接通或切断压力表的油路，可以防止系统压力突变而损坏压力表。压力表开关按它所测量点的数目不同可分为一点、三点、六点几种；按连接方式不同，可分为板式和管式两种。

图 6-24 为板式连接的 K-6B 型压力表开关的结构原理。图示位置为非测量位置，此时压力表经油槽 a、小孔 b 与油箱相通。如将手柄推进去，则阀芯上的沟槽 a 一方面使压力表与测量点接通，另一方面又隔断了压力表与油箱的通道，这样就可测出一个点的压力。若将手

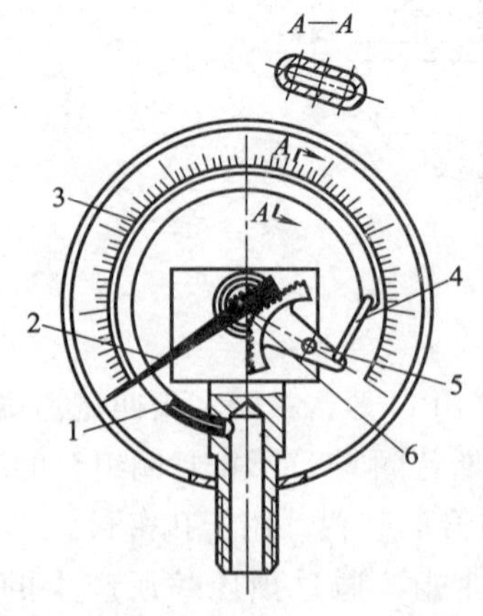

图 6-23　弹簧弯管式压力表

1—金属弯管；2—指针；3—刻度盘；4—杠杆；5—扇形齿轮；6—小齿轮

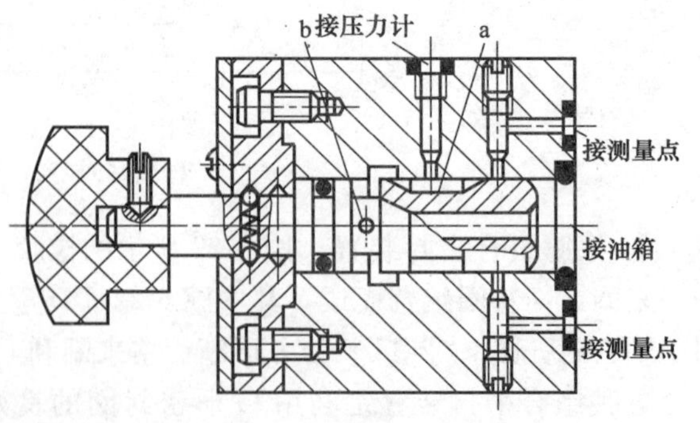

图 6-24　压力表开关的结构原理

柄转到另一个位置，便可测出另一点的压力。压力表的过油通道很小，可防止指针剧烈摆动。

在液压系统正常工作后，则应切断压力表与系统油路的通道。

小　结

1. 滤油器就是用于滤去油液杂质，维护油液清洁，保证系统正常工作的元件。根据滤除杂质颗粒度的大小不同，滤油器的过滤精度分为粗、普通、精和特精四级。不同的液压系统，应根据其工作压力和对过滤精度的要求，选用相应的滤油器。

2. 蓄能器是一种储存油液压力能的装置，它在液压系统中的功用主要有：作辅助动力源或紧急动力源；保压和补充泄漏；吸收压力冲击和消除压力脉动。根据液体加载的方式不同，蓄能器有弹簧式、配重式和充气式三类。实际应用时应按不同用途选用不同类型的蓄能器。

3. 油箱主要用于储存系统所需的足够油液，散发油液热量，分离溶入油液中的空气，沉淀油液中的杂质。它一般由钢板焊接而成，其容量大小和具体结构需要根据液压系统的实际要求专门设计制造。

4. 管件用来连接液压元件、输送液压油液，要求有足够的强度，良好的密封性能，较小的压力损失，且装拆方便。常用的油管有钢管、铜管、橡胶管、塑料管和尼龙管等。应根据液压系统的工作压力来选择油管的种类和壁厚，根据系统的通流量来确定油管的内径。对应于不同的油管，应选用相应的管接头：焊接式、卡套式、扩口式、橡胶软管接头、快换接头等。

5. 密封装置是保证液压系统正常工作的最基本的也是最重要的装置之一，它主要用来防止液体的泄漏。常见的密封装置有间隙密封、密封圈密封和组合密封。

6. 液压系统各工作点的压力通常用压力表来观测，考虑到测量仪表的线性度，选用压力表量程约为系统最高工作压力的1.5倍。压力表开关用于接通或切断压力表的油路，可防止系统压力突变损坏压力表。

习　题　六

6-1　简述液压辅助元件的作用。

6-2　滤油器有哪些类型？如何选用？一般安装在什么位置？

6-3　常用的蓄能器有哪些类型？各有何特点？

6-4　油箱的作用是什么？设计时应考虑哪些问题？

6-5　简述各种油管的特点和适用场合。油管的尺寸如何确定？

6-6　管接头的类型有哪些？分别用在什么场合？

6-7　常用的密封装置有哪几种？各有何特点？

6-8　如何选用压力表的量程？如何保护压力表不因压力冲击而损坏？

第七章　液压基本回路

【导读】 液压基本回路是液压系统分析、设计和学习的关键点之一。本章内容包括方向控制回路、压力控制回路、调速回路和快速运动回路等其他基本回路的组成、工作原理及其应用等。总之，内容多，涉及面广，应引起足够重视。

一台设备的液压系统不论复杂或简单，它不外乎由一些基本回路所组成。所谓基本回路，就是由若干个液压元件组成的，能实现某种特定功能的典型油路单元。基本回路按其在液压系统中的功能分为：方向控制回路、压力控制回路和速度控制回路和多执行元件控制回路等。熟悉和掌握基本回路的组成、工作原理、性能特点及其应用，对于正确分析和合理设计液压系统是非常重要的。

第一节　方向控制回路

方向控制回路的作用是利用各种方向阀来控制液压系统中液流的方向和通断，以使执行元件换向、启动或停止。

一、换向回路

换向回路是用来变换执行元件运动方向的。采用各种换向阀或改变变量泵的输油方向都可以使执行元件换向。

1. 采用换向阀的换向回路

采用二位四通、二位五通、三位四通或三位五通换向阀都可使执行元件换向。二位阀可以使执行元件正反两个方向运动，但不能在任意位置停止。三位阀有中位，可以使执行元件在其行程中的任意位置停止，利用滑阀不同的中位机能又可使系统获得不同的性能。五通阀有两个回油口，执行元件正反向运动时，两回油路上设置不同的背压可获得不同的速度。

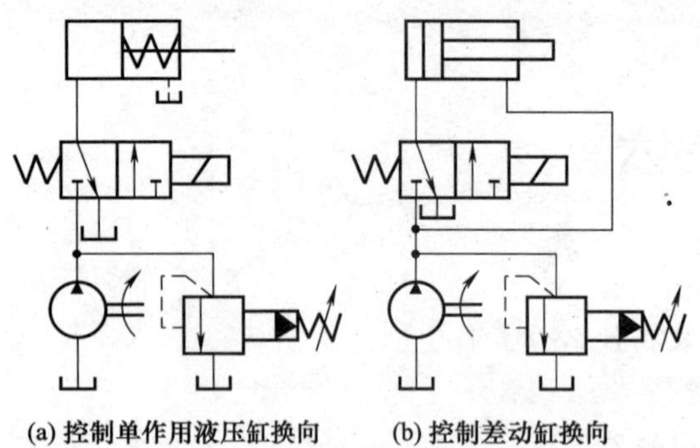

(a) 控制单作用液压缸换向　(b) 控制差动缸换向

图 7-1　二位三通换向阀的换向回路

如果执行元件是单作用液压缸或差动缸，则可用二位三通换向阀来换向，如图 7-1 所示。

换向阀的操作方式可根据工作需要来选择，如手动、机动、电磁或电液动等。其中，电磁阀动作快，但换向有冲击，且交流电磁阀又不宜作频繁的切换；电液换向阀换向时较平稳，但仍不适于频繁切换。因此，对换向性能（如换向频率、换向精度和换向平稳性等）有一定要求的某些机械设备（如平面磨床、牛头刨床等）常采用机-液换向阀的换向回路。在此仅介绍时间控制式机-液换向回路。

图 7-2 所示为时间控制式机-液换向回路。该回路主要由机动先导阀 C 和液动主阀 D 及

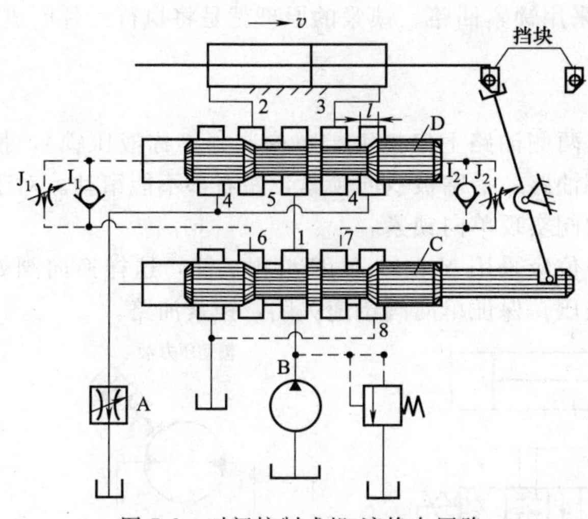

图 7-2　时间控制式机-液换向回路

节流阀 A 等组成。由执行元件带动工作台上的行程挡块拨动机动先导阀 C，机动先导阀使液动主阀 D 的控制油路换向，进而使液动阀换向，执行元件（液压缸）反向运动。执行元件的换向过程可分解为制动、停止和反向启动三个阶段。在图示位置上，泵 B 输出的压力油经机动先导阀 C、液动主阀 D 进入液压缸左腔，液压缸右腔的回油经液动主阀 D、节流阀 A 流回油箱，液压缸向右运动。当工作台上的行程挡块拨动拨杆，使机动先导阀 C 移至左位后，泵输出的压力油经机动先导阀 C 的油口 7、单向阀 I_2 作用于液动主阀 D 的右端，液动主阀 D 左移，液压缸右腔的回油通道 3 至 4 逐渐关小，工作台的移动速度减慢，这是执行元件（工作台）的制动过程。当阀芯移过一段距离 l（液动主阀 D 的阀芯移至中位）后，回油通道全部关闭，液压缸两腔互通，执行元件停止运动。当液动主阀 D 的阀芯继续左移时，泵 B 的油液经机动先导阀 C、液动主阀 D 的通道 5 至 3 进入液压缸右腔，同时油路 2 至 4 打开，执行元件开始反向运动。这三个阶段过程的快慢决定于液动主阀 D 阀芯移动的速度。该速度由液动主阀 D 两端的控制油路回油路上的节流阀 J_1（或 J_2）调整，即当液动主阀 D 的阀芯从右端向左端移动时，其速度由节流阀 J_1 调整；反之，则由 J_2 调整。由于阀芯从一端到另一端的距离一定，所以调整液动主阀 D 阀芯移动的速度，也就调整了时间，因此称这种换向回路为时间控制式换向回路。

2. 采用改变变量泵的输油方向的换向回路

在闭式系统中可用双向变量泵控制油流的方向来实现液压马达或液压缸的换向。若执行元件是双作用单活塞杆液压缸，回路中应考虑流量平衡问题，如图 7-3 所示。主回路是闭式回路，用辅助泵 6 来补充变量泵吸油侧流量的不足，低压溢流阀 7 用来维持变量泵吸油侧的压力，防止变量泵吸空。当活塞向左运动时，液压缸 3 回油流量大于其进油流量，变量泵吸油侧多余的油液，经二位二通液动换向阀 4 的右位和低压溢流阀 5 排回油箱。回路中用一个溢流阀 2 和四个单向阀组成的液压桥路来限定正反运动时的最高压力。

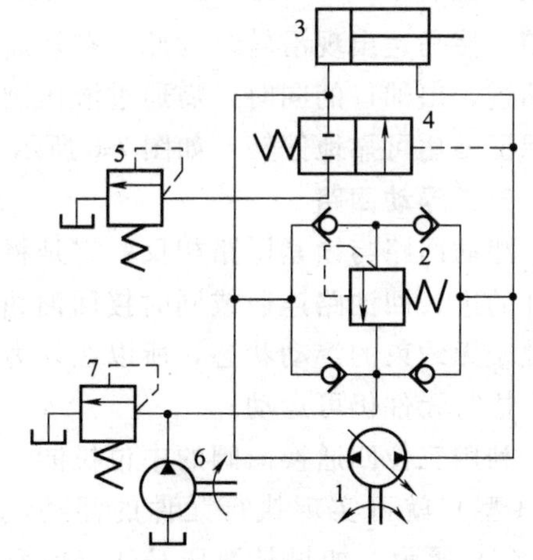

图 7-3　采用双向变量泵的换向回路
1—双向变量泵；2—溢流阀；3—液压缸；4—二位二通液动换向阀；5,7—低压溢流阀；6—辅助泵

二、锁紧回路

锁紧回路的作用是防止液压缸在停止运动时因外力的作用而发生窜动或位移。例如汽车起重机的动臂和伸缩臂，在工作中一直受到外负载与自重的作用，故始终存在着由于系统工作油渗漏造成的自行落臂与缩臂的危险，此时就需采用锁紧回路；又如轮胎起重机的液压支腿以及液压操纵的离合器中，为了防止因工作油渗漏造成的

“软腿”和离合器“松脱”现象，也都需要采用锁紧回路。锁紧的原理就是将执行元件的进、回油路封闭。

1. 液控单向阀锁紧回路

图 7-4 所示为双向锁紧回路，在液压缸两侧油路上串接液控单向阀（亦称液压锁），换向阀处中位时，液控单向阀关闭液压缸两侧油路，活塞被双向锁紧，左右都不能窜动。对于立式安装的液压缸，也可以用一个液控单向阀实现单向锁紧。

用液控单向阀的锁紧回路中，换向阀中位应采用 Y 型或 H 型滑阀机能，这样换向阀处于中位时，液控单向阀的控制油路可立即失压，保证单向阀迅速关闭，锁紧油路。

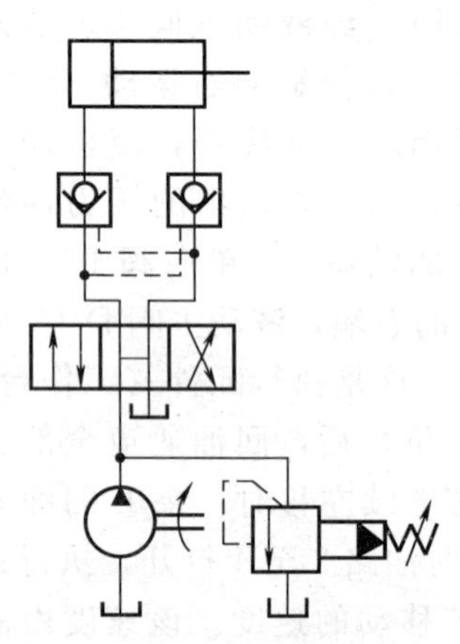
图 7-4　液控单向阀锁紧回路

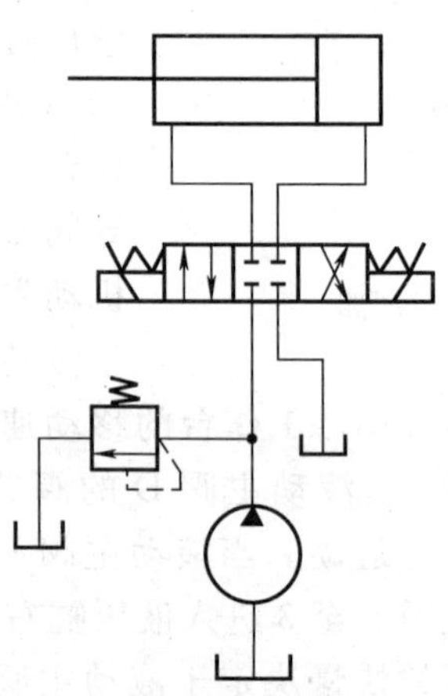
图 7-5　换向阀锁紧回路

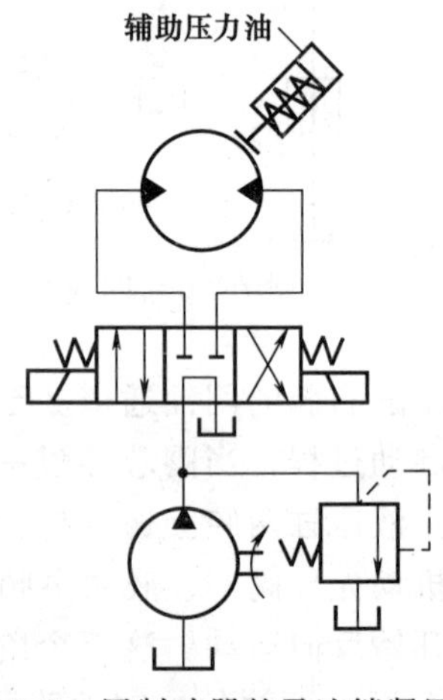

图 7-6　用制动器的马达锁紧回路

2. 换向阀锁紧回路

图 7-5 所示为换向阀锁紧回路。它是利用三位四通换向阀的中位机能（O 型或 M 型）使活塞在行程范围内的任意位置上停止运动并锁紧。但由于滑阀式换向阀的泄漏，这种锁紧回路能保持执行元件锁紧的时间不长，锁紧效果差。

3. 用制动器的马达锁紧回路

当执行元件是液压马达时，切断其进、出油口后理应停止转动，但因马达还有一泄油口直接通回油箱，当马达在重力负载力矩的作用下变成泵工况时，其出口油液将经泄油口流回油箱，使马达出现滑转。为此，在切断液压马达进、出油口的同时，需通过液压制动器来保证马达可靠地停转，如图 7-6 所示。

三、浮动回路

浮动回路与锁紧回路相反，它是将执行元件的进、回油路连通或同时接回油箱，使之处于无约束的浮动状态，所以在外力的作用下执行元件仍可运动。

利用三位四通换向阀的中位机能（Y 型或 H 型）就可实现执行元件的浮动，如图 7-7（a）所示。如果是液压马达（或双活塞杆缸）也可用二位二通换向阀将进、回油路直接连通实现浮动，如图 7-7（b）所示。

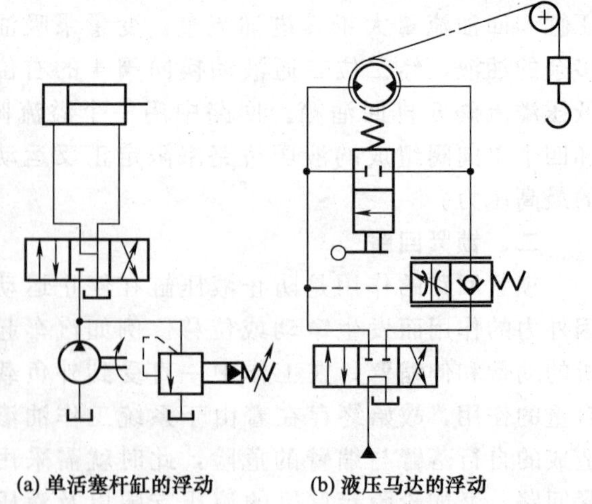
(a) 单活塞杆缸的浮动　(b) 液压马达的浮动

图 7-7　浮动回路

第二节　压力控制回路

液压系统的工作压力取决于负载的大小。执行元件所受到的总负载，即总阻力包括工作负载、执行元件由于自重和机械摩擦所产生的摩擦阻力，以及油流在管路中流动时所产生的沿程阻力和局部阻力等。由于负载使液流受到阻碍而产生一定的压力，并且负载越大，油压越高，但最高工作压力必须有一定的限制。为使系统保持一定的工作压力，或在一定的压力范围内工作，或能在几种不同压力下工作，因此要调整和控制整个系统的压力。压力控制回路就是利用压力控制元件来控制整个液压系统或局部油路的工作压力，以满足执行元件对力或力矩的要求，或者达到合理利用功率、保证系统安全等目的。

压力控制回路主要有调压回路、减压回路、增压回路、保压回路、卸荷回路和平衡回路。

一、调压回路

调压回路的功能是控制系统的最高工作压力，使其不超过某一预先调定的数值（即压力阀的调整压力）。

1. 单级调压回路

图 7-8 所示为最基本的调压回路。溢流阀 2 与液压泵 1 并联，溢流阀限定了液压泵的最高工作压力，也就调定了系统的最高工作压力。当系统工作压力上升至溢流阀的调整压力时，溢流阀开启溢流，便使系统压力基本维持在溢流阀的调定压力上（根据溢流阀的压力流量特性可知，在不同溢流量时，压力值稍有波动）；当系统工作压力低于溢流阀的调定压力时，溢流阀关闭，此时系统工作压力取决于负载的情况。此时溢流阀的调整压力必须大于执行元件的最大工作压力和管路上各种压力损失之和，作溢流阀使用时可大 5%～10%；作安全阀使用时可大 10%～20%。

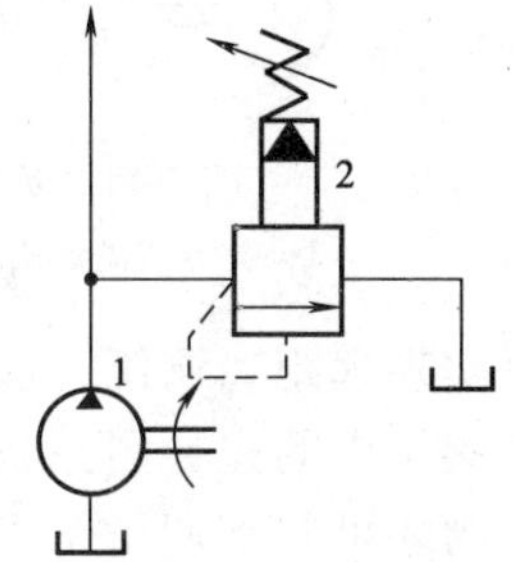

图 7-8　单级调压回路

1—液压泵；2—溢流阀

2. 多级调压回路

某些液压系统（如压力机、塑料注射机等液压系统）在工作过程中的不同阶段往往需要不同的工作压力，这时就应采用多级调压回路。

（1）二级调压回路　图 7-9 所示为应用于压力机的一种二级调压回路的实例。液压缸 1 的活塞下降为工作行程，其压力由高压溢流阀 4 调节；活塞上升为非工作行程，其压力由低压溢流阀 3 调节，且只需克服运动部件自身的重量和摩擦阻力即可。溢流阀 3、4 的规格都必须按液压泵最大供油量来选择。

（2）二级以上的调压回路　图 7-10 所示为三级调压回路。在图示状态下，系统压力由溢流阀 1 调节（为 10MPa）；当 1YA 通电时，系统压力由溢流阀 3 调节（为 5MPa）；2YA 通电时，系统压力由溢流阀 2 调节（为 7MPa）。这样可得到三级压力。三个溢流阀的规格都必须按泵的最大供油量来选择。这种调压回路能调出三级压力的条件是溢流阀 1 的调定压力必须大于另外两个溢流阀的调定值，否则溢流阀 2、3 将不起作用。

3. 远程调压回路

如图 7-11 所示，在先导式溢流阀的遥控口接一远程调压阀（小流量的直动式溢流阀），即

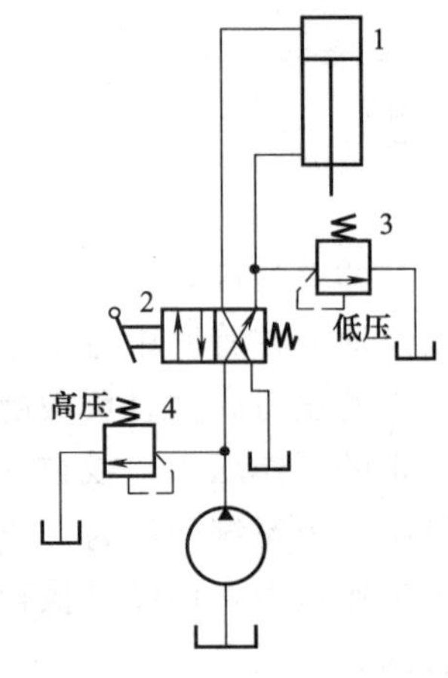

图 7-9　二级调压回路

1—液压缸；2—换向阀；3,4—溢流阀

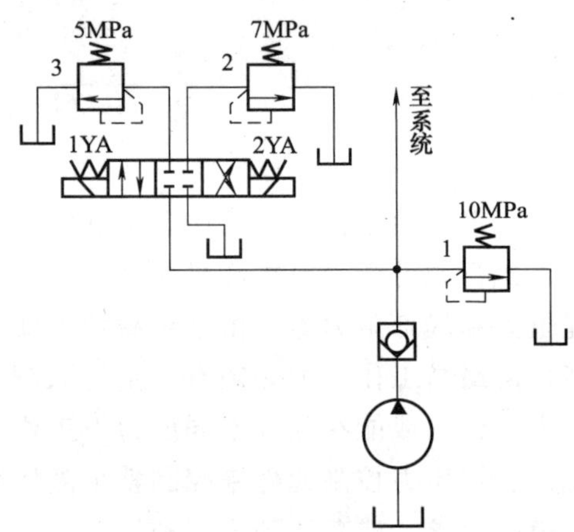

图 7-10　三级调压回路

1～3—溢流阀

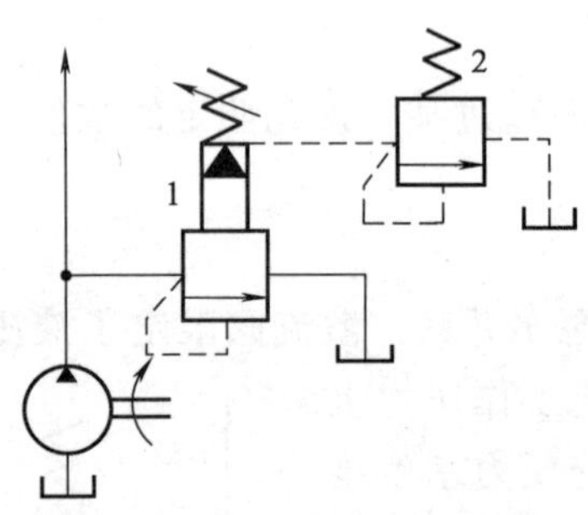

图 7-11　远程调压回路

1—先导式溢流阀；2—远程调压阀

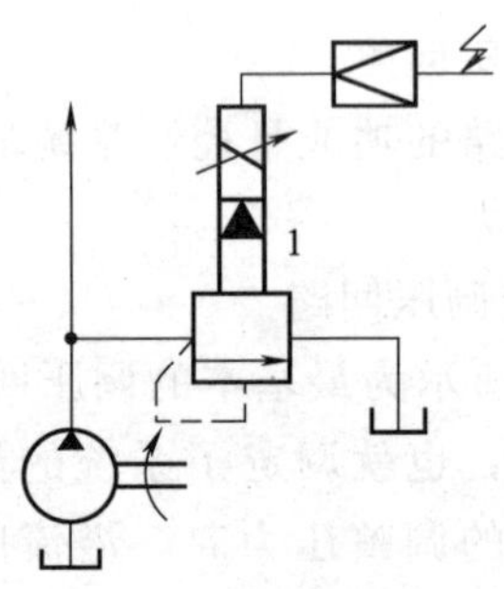

图 7-12　比例调压回路

1—电液比例溢流阀

可实现远距离调压。远程调压阀 2 可以安装在操作方便的地方。由于远程调压阀 2 是与主溢流阀 1 中的先导阀并联，故先导阀的调整压力须大于远程调压阀的调整压力，这样，远程调压阀才可起到调压作用。

4. 比例调压回路

图 7-12 所示为比例调压回路。它利用电液比例溢流阀 1 实现无级调压。根据执行元件在各个工作阶段的不同要求，调节比例溢流阀的输入电流，即可改变系统的调定压力。这种回路组成简单，压力变换平稳，冲击小，更易于实现远距离和连续控制。

二、减压回路

在单泵供油的液压系统中，某个执行元件或某个支路所需要的工作压力低于溢流阀调定的系统压力，并要求有较稳定的工作压力，一些辅助油路如夹紧油路、控制油路和润滑油路等的油压往往要求低于主油路的调定压力。在这种情况下，便要采用减压回路。常用的减压方法是在需要减压的油路前串联一个定值减压阀。下面介绍几种常见的减压回路。

1. 单级减压回路

图 7-13 所示为夹紧机构上常用的减压回路。液压泵 1 的供油压力根据主油路的负载由溢流阀 2 调定。夹紧液压缸 6 的工作压力根据它的负载由减压阀 3 调定。单向阀 4 的作用是在主油路压力降低（低于减压阀的调整压力）时，防止油液倒流，起短时保压作用。为了保证二次压力的稳定，减压阀的入口与出口压力差值最低不应小于 0.5MPa。若减压回路中执行元件的速度需要调节，可在减压阀的出口串联一流量控制元件。这种联法可避免先导式减

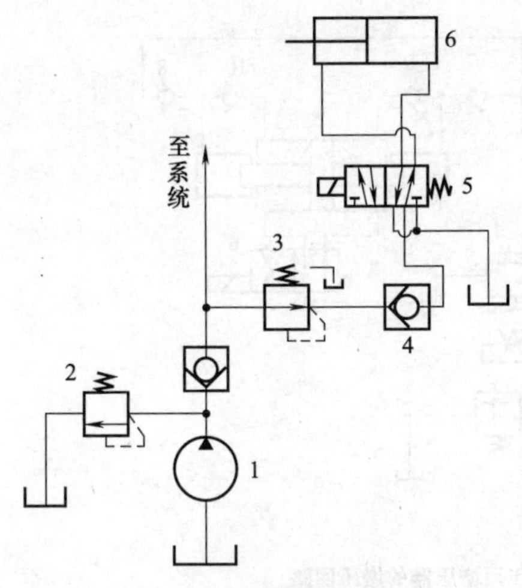

图 7-13　单级减压回路

1—液压泵；2—溢流阀；3—减压阀；
4—单向阀；5—换向阀；6—液压缸

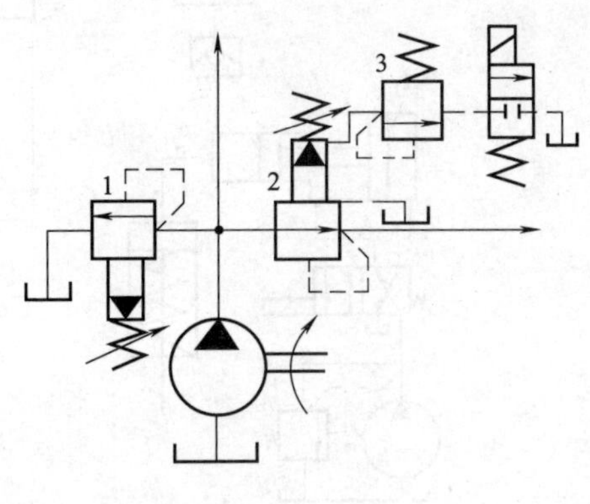

图 7-14　二级减压回路

1—溢流阀；2—减压阀；3—远程调压阀

压阀的泄漏量对流量控制元件调定流量的影响。

2．二级减压回路

图 7-14 所示为二级减压回路。减压阀 2 的外控口接一远程调压阀 3，使减压油路获得两种预定的减压压力，当二位二通阀处于图示位置时，减压油路的压力由减压阀 2 调定；当二位二通阀换接后，减压油路的二次压力由远程调压阀 3 调定。必须指出，远程调压阀 3 的调整压力一定要低于减压阀 2 的调整压力，这样才能得到二次压力。

减压回路中也可以采用比例减压阀实现无级调压。

由于减压阀工作时有阀口的压力损失和泄漏引起的容积损失，所以减压回路总有一定的功率损失。故大流量回路不宜采用减压回路，而应采用辅助泵低压供油。

三、增压回路

在液压系统中，若某一支路的工作压力需要高于主油路时，可采用增压回路。它能使系统的局部油路或某个执行元件获得压力比液压泵工作压力高若干倍（2～7 倍）的高压油。或用于气-液传动，利用压缩空气（压力一般为 6～8 个大气压）来获得较高的压力油，避免另置价格较贵的高压泵，使系统简单经济。凡具有负载大、行程小和作业时间短等工作特点的执行机构，如制动器、离合器等，均可考虑采用增压回路。在某些中、低压系统中，有时需要流量不大的高压油，这时也可用增压回路获得高压，以便节省高压泵，减少功率损失。此回路中实现压力放大的主要元件是增压器（又称增压泵或增压缸）。

1．单作用增压器的增压回路

图 7-15（a）所示为采用单作用增压器的增压回路，它适用于单向作用力大、行程小、作业时间短的场合，如制动器、离合器等。其工作原理如下：当换向阀处于右位时，增压器 1 输出压力为 $p_2=p_1A_1/A_2$ 的压力油进入工作缸 2；当换向阀处于左位时，工作缸 2 靠弹簧力回程，高位油箱 3 的油液在大气压力作用下经油管顶开单向阀向增压器 1 右腔补油。该回路的缺点是不能得到连续的高压油。

2．双作用增压器的增压回路

图 7-15（b）所示为采用双作用增压器的增压回路，它能连续输出高压油。适用于增压行程要求较长的场合。当工作缸 2 向左运动遇到较大负载时，系统压力升高，油液经顺序阀

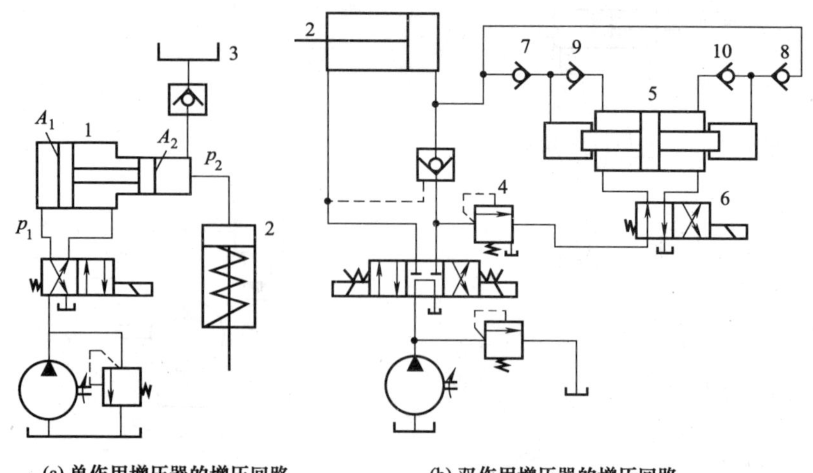

图 7-15　增压回路

1—增压器；2—工作缸；3—补油油箱；4—顺序阀；5—双作用增压器；6—换向阀；7～10—单向阀

4 进入双作用增压器 5，增压器活塞不论往左或往右运动，均能输出高压油，只要换向阀 6 不断切换，增压器 5 就不断往复运动，高压油就连续经单向阀 7 或 8 进入工作缸 2 右腔，此时单向阀 9 或 10 有效地隔开了增压器的高低压油路。工作缸 2 向右运动时增压回路不起作用。

四、卸荷回路

在液压系统工作过程中，当执行元件暂时停止运动或在某段工作时间内需保持很大作用力而运动速度极慢（甚至不动），此时若泵（定量泵）仍以原来的压力和流量供油，则大量压力油经溢流阀流回油箱，造成功率损失和油液发热。为减少损失，应使泵在空载或很小输出功率的工况下运转，此工况称为液压泵的卸荷。由于泵的输出功率为压力和流量的乘积，二者中只要有一项为零（或接近于零）就可使泵卸荷。故实际系统中的卸荷有两种方法：一种是让泵的全部流量或绝大部分流量能在零压（或很低的压力）下流回油箱，称为压力卸荷；另一种方法是使泵（变量泵）能在维持原来的高压，而流量为零（或接近零）的情况下运转，则称流量卸荷。下面介绍几种典型的卸荷回路。

1. 执行元件不需要保压的卸荷回路

（1）采用三位阀的卸荷回路　当滑阀中位机能为 H、K、M 型的三位换向阀处于中位时，泵输出的油液直接回油箱，泵卸荷，这种方法比较简单。图 7-16 所示为采用 M 型中位机能换向阀的卸荷回路。此回路采用了电液换向阀，适用于高压大流量系统。为使泵在卸荷时仍能提供一定的控制油压 0.2～0.3MPa，可在泵的出口处或回油路上增设一背压阀，这将使泵的卸荷压力相应增加。

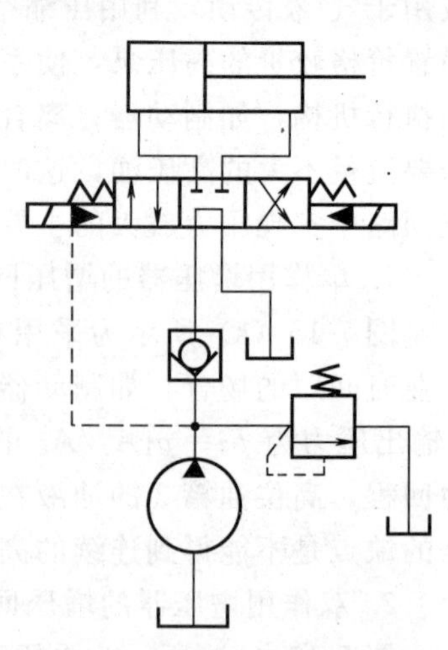

图 7-16　采用 M 型中位机能换向阀的卸荷回路

（2）采用二位二通阀的卸荷回路　图 7-17 所示为采用二位二通阀的卸荷回路，图示位置为泵的卸荷状态。这种卸荷回路，换向阀 2 的规格必须与泵 1 的额定流量相适应。

（3）用先导式溢流阀的卸荷回路　如图 5-31 所示，先导式溢流阀的远程控制口可通过二位二通电磁换向阀与油箱相通。当二位二通电磁阀 3 电磁铁通电时，溢流阀远程控制口通油箱，这时溢流阀主阀全部打开，泵排出的油液全部回油箱，液压泵卸荷。这一回路中二位二通阀只通过很少的流量，因此可用小流量规格。在实际产品中，可将小规格的电磁换向阀和先导式溢流阀组合在一起，这种组合阀称为电磁溢流阀。

2. 执行元件需要保压的卸荷回路

(1) 用蓄能器保压的卸荷回路 图 7-18 所示为采用蓄能器保压的卸荷回路。当电磁阀 2 通电时，液压泵正常工作，液压泵向蓄能器和液压系统供油；执行元件停止运动后，液压泵继续向蓄能器 3 供油，随着蓄能器充液容积的增大，压力升高至压力继电器 4 的调定值后，压力继电器使电磁阀断电，则液压泵 1 卸荷。此后由蓄能器 3 来保持系统的压力，保压时间决定于系统的泄漏、蓄能器的容量等。当压力降低到一定数值时，压力继电器使电磁阀 2 通电，泵 1 就继续向蓄能器和系统供油。这种回路适用于液压缸的活塞较长时间作用在物件上的系统。

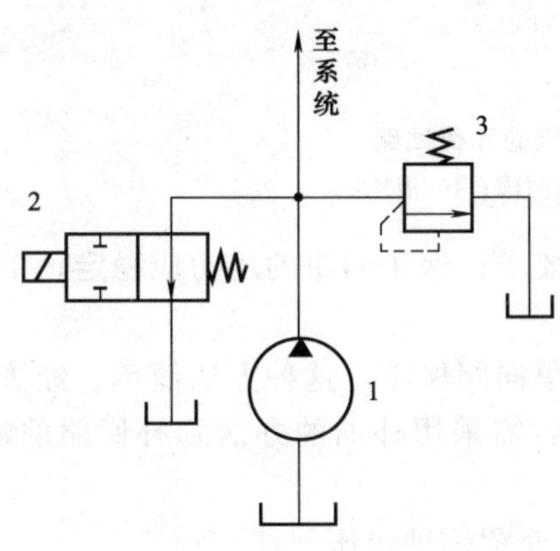

图 7-17 采用二位二通阀的卸荷回路

1—液压泵；2—换向阀；3—溢流阀

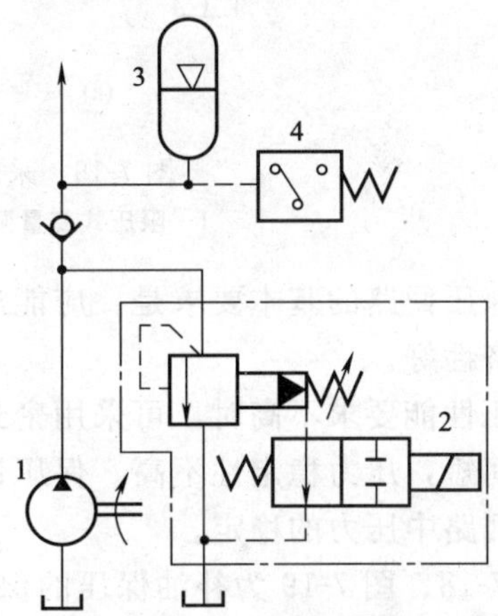

图 7-18 采用蓄能器保压的卸荷回路

1—液压泵；2—电磁阀；3—蓄能器；4—压力继电器

(2) 用限压式变量泵保压的卸荷回路 图 7-19 所示为用于塑料等制品压力机上利用限压式变量泵保压的卸荷回路。这种回路是利用泵输出的油压来控制它的输出流量的原理进行卸荷的。图 7-19 (a) 所示为压头（即活塞杆）快速接近工作，以缩短辅助时间的过程，此时泵 1 的压力很低（低于预调压力 p_b），而输出流量最大。当压头接触到工件后［图 7-19 (b)］，工件变形的阻力使液压泵的工作压力迅速上升。当压力超过预调压力 p_b 时，泵的流量自动减少，直至压力升到使泵的流量近于零（这只能用来补偿泵自身和回路的泄漏）为止。这时液压缸上腔的油压由限压式变量泵维持基本不变，即处于保压状态。泵本身则处于卸荷（流量卸荷）状态，压力机的压头以高压、静止（或移动速度极慢）的状态进行挤压工作。挤压完成后，操纵换向阀，使压头快速退回。

这种卸荷回路的卸荷效果取决于泵的效率，若泵的效率较低，卸荷时的功率损耗较大。

五、保压回路

其功用是使某些液压系统在工作过程中保持一定的压力，例如为使机床获得足够而稳定的进给力，保证加工精度，避免发生事故，对于加工或夹紧工件，都要求系统保持一定的压力，并使压力的波动保持在最小的限度内，在这些情况下则需保压回路。

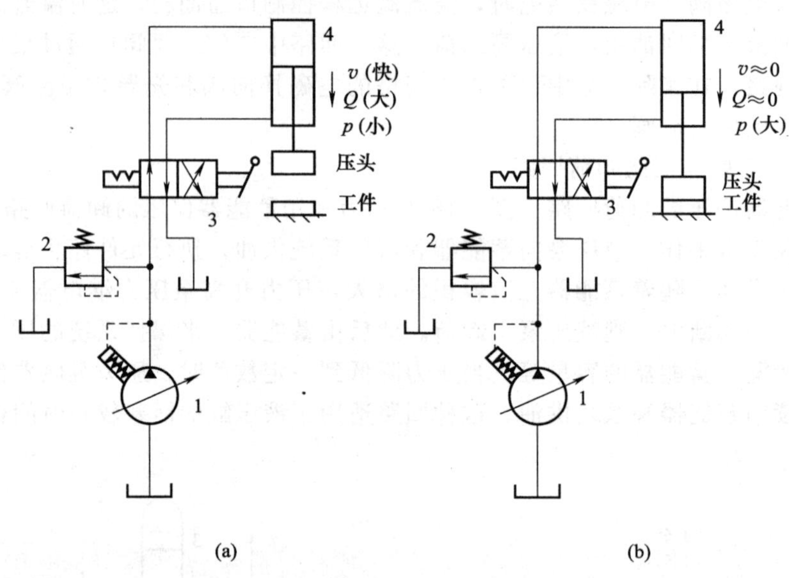

图 7-19 采用限压式变量泵保压的卸荷回路

1—限压式变量泵；2—溢流阀；3—换向阀；4—液压缸

对保压回路的基本要求是：应能满足保压时间的要求；保压回路的压力应稳定；工作可靠；经济性好。

保压性能要求不高时，可采用密封性较好的液控单向阀保压，这种方法简单、经济，但保压时间短，压力稳定性不高。保压性能要求较高时，需采用补油的办法弥补回路的泄漏，以维持回路中压力的稳定。

图 7-18、图 7-19 为补油保压的保压回路。下面再介绍一种保压回路。

图 7-20 所示为应用于压力机液压系统的自动补油的保压回路。其工作原理是：当阀 3 的右位机能起作用时，泵 1 经液控单向阀 4 向液压缸 6 上腔供油，活塞自初始位置快速前进，接近工件。当活塞触及工件后，液压缸上腔压力上升，并在达到预定压力值时，电接触式压力表 5 发出信号，将阀 3 移至中位，使泵 1 卸荷，液压缸上腔由液控单向阀保压。当液压缸上腔的压力下降到某一规定值时，电接触式压力表 5 又发出信号，使阀 3 右位又起作用，泵 1 再次重新向液压缸 6 的上腔供油，使压力回升。如此反复，实现自动补油保压。当阀 3 的左位机能起作用时，活塞快速退回原位。

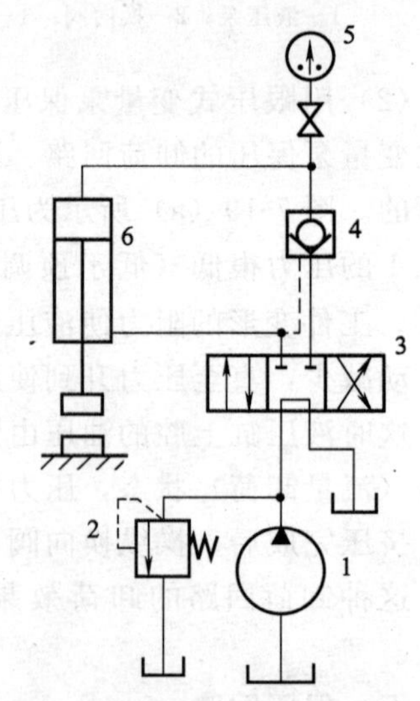

图 7-20 自动补油的保压回路

1—液压泵；2—溢流阀；3—换向阀；4—液控单向阀；5—电接触式压力表；6—液压缸

这种保压回路能在 20MPa 的工作压力下保压 10min，压力降不超过 2MPa。它的保压时间长，压力稳定性也较好。

六、平衡回路

对于执行元件与垂直运动部件相连的结构（如竖直安装的液压缸等），当垂直运动部件下行时，都会出现超越负载（或称负负载）。超越负载的特征是：负载力的方向与运动方向相同，负载力将助长执行元件的运动。图 7-21 所示为液

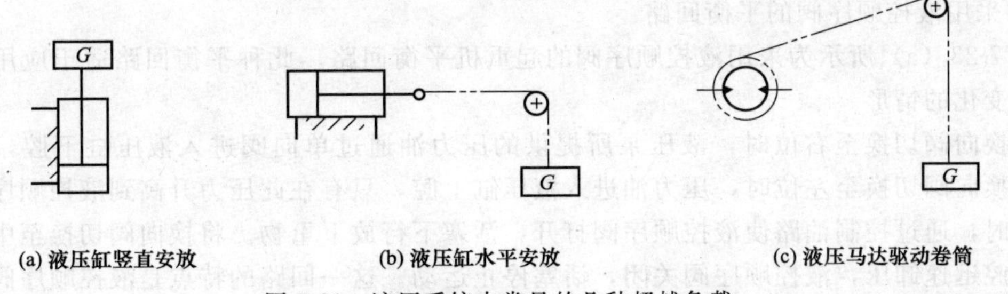

图 7-21　液压系统中常见的几种超越负载

压系统中常见的几种超越负载的情形。当出现超越负载时，若执行元件的回油路无压力，运动部件会因自重产生自行下滑，甚至可能产生超速（超过液压泵供油流量所提供的执行元件的运动速度）运动。如果在执行元件的回油路设置一定的背压（回油压力）来平衡超越负载，就可以防止运动部件的自行下滑和超速。这种设置背压与超越负载相平衡的回路，称平衡回路（或限速回路）。

1. 采用单向顺序阀的平衡回路

如图 7-22（a）所示，单向顺序阀 4 串接在液压缸下行的回油路上，其调定压力略大于运动部件自重在液压缸 5 下腔中形成的压力。当换向阀 3 处中位时，自重在液压缸 5 下腔形成的压力不足以使单向顺序阀 4 开启，防止了运动部件的自行下滑；当 1YA 通电，换向阀处于左位时，压力油进入液压缸上腔，液压力使缸下腔的压力超过顺序阀 4 的调定压力，顺序阀 4 开启。顺序阀开启后在活塞下腔建立的背压平衡了自重，活塞以液压泵 1 供油流量所提供的速度平稳下行，避免了超速。此种回路活塞下行运动平稳；但顺序阀调定后，所建立的背压即为定值，若下行过程中，超越负载变小时，将产生过平衡而增加泵的供油压力，故只适用于超越负载不变的场合。

这种平衡回路，由于单向顺序阀 4 的泄漏，当液压缸停留在某一位置后，活塞还会缓慢下降。因此，若在单向顺序阀 4 和液压缸 5 之间增加一液控单向阀 6［图 7-22（b）］，由于液控单向阀 6 密封性很好，就可防止活塞因单向顺序阀泄漏而下降。

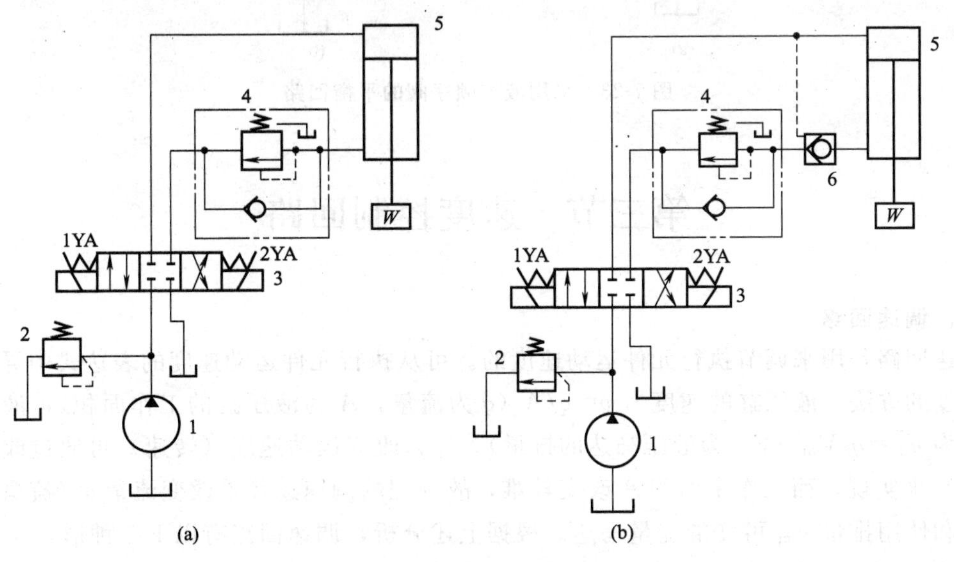

图 7-22　采用单向顺序阀的平衡回路

1—液压泵；2—溢流阀；3—换向阀；4—单向顺序阀；5—液压缸；6—液控单向阀

2. 采用液控顺序阀的平衡回路

图 7-23（a）所示为采用液控顺序阀的起重机平衡回路。此种平衡回路适于应用在超越负载有变化的情形。

当换向阀切换至右位时，液压泵所提供的压力油通过单向阀进入液压缸下腔，举起重物。当换向阀切换至左位时，压力油进入液压缸上腔，只有在此压力升高到液控顺序阀的调定压力时，通过控制油路使液控顺序阀打开，活塞下行放下重物。将换向阀切换至中位，液压缸上腔迅速卸压，液控顺序阀关闭，活塞停止运动。这一回路的特点是液控顺序阀的启闭取决于控制口的油压，与负载大小无关。但此平衡回路是不完善的。当压力油使液控顺序阀打开，活塞开始向下运动时，液压缸上腔的压力将迅速降低，这可能导致液控顺序阀关闭，活塞停止运动。紧接着压力升高，液控顺序阀又被打开，活塞又开始运动。所以活塞断续下降，产生所谓“点头”现象。为克服这一缺陷，可在控制油路上加一节流阀，如图 7-23（b）所示，使液控顺序阀的启闭减慢。

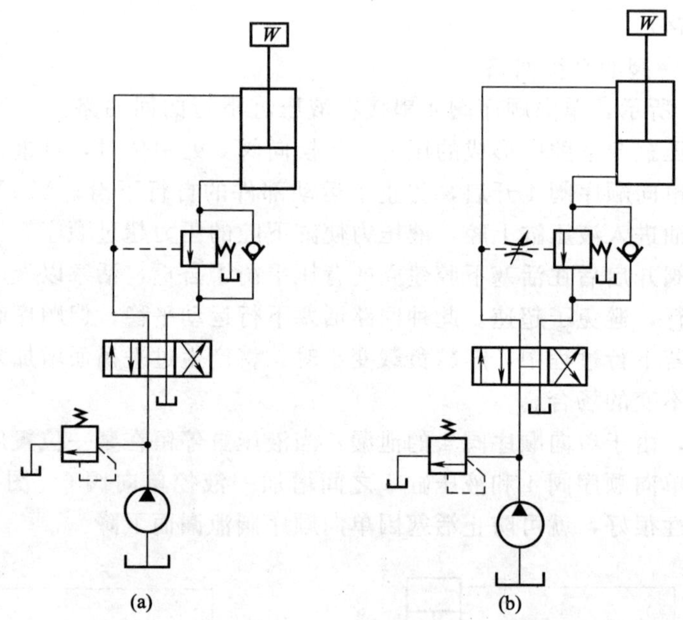

图 7-23　采用液控顺序阀的平衡回路

第三节　速度控制回路

一、调速回路

调速回路是用来调节执行元件运动速度的。可从执行元件运动速度的表达式中寻找改变运动速度的方法。液压缸的速度为 $v=q/A$（q 为流量，A 为液压缸的工作面积），液压马达的转速为 $n_m=q/V_m$（V_m 为液压马达的排量），那么改变运动速度（转速）可通过改变 q 或 A（V_m）来实现，而工作中面积 A 改变较难，故合理的调速途径是改变流量 q（流量阀或变量泵）和使用排量 V_m 可变的变量马达。根据上述分析，调速回路有以下三种形式。

节流调速——采用定量泵供油，依靠流量控制阀调节流入或流出执行元件的流量实现变速。

容积调速——依靠改变变量泵或改变变量液压马达的排量来实现变速。

容积节流调速（联合调速）——依靠变量泵和流量控制阀的联合调速。其特点是由流量控制阀改变输入或流出执行元件的流量来调节速度，同时又通过变量泵的自身调节过程使其输出的流量和流量阀所控制的流量相适应。

调速回路的基本要求是：在一定的范围内调节执行元件的速度，满足要求的最大速比；提供驱动执行元件所需的力或转矩；负载变化时，速度稳定不变或在允许的范围内变化，即液压系统具有足够的速度刚性；功率损失要小。

1. 节流调速回路

节流调速回路根据流量控制阀在回路的位置不同可分为进口节流、出口节流和旁路节流三种；根据流量控制阀的类型不同可分为普通节流阀的节流调速回路和调速阀的节流调速回路。

(1) 普通节流阀的节流调速回路

① 进口节流调速回路

a. 油路组成及调速原理。进口节流调速回路主要由定量泵、溢流阀、节流阀、执行元件——液压缸等组成，节流阀装在液压缸的进油路上，即串联在定量泵和液压缸之间，溢流阀与其并联成一溢流支路，如图 7-24 (a) 所示。

通过调节节流阀的阀口大小（即其通流面积），则改变了并联支路的油流分配（如调小节流阀阀口时，将减小进口油路的流量，增大溢流支路的溢流量），也就改变了进入液压缸的流量，从而调节执行元件的运动速度。必须注意，在这种调速回路，节流阀和溢流阀合在一起才起调速作用，因为定量泵多余的油液须通过溢流阀流回油箱。由于溢流阀有溢流，泵的出口压力就是溢流阀的调整压力，并基本保持定值。

b. 性能特点

ⅰ. 速度-负载特性。速度-负载特性是指执行元件的速度随负载变化而变化的性能。这一性能可用速度-负载特性曲线来描述。

当液压缸在稳定工作时（即液压缸克服外负载力 F 作等速运动时），其受力平衡方程式为

$$p_1A_1=p_2A_2+F \tag{7-1}$$

式中　A_1，A_2——液压缸无杆腔、有杆腔的有效工作面积；

p_1，p_2——液压缸进、回油腔的压力。

由于回油腔通油箱，不计管路的压力损失时，p_2 可视为零，则

$$p_1=F/A_1 \tag{7-2}$$

节流阀前后压力差为

$$\Delta p=p_{\rm p}-p_1=p_{\rm p}-F/A_1 \tag{7-3}$$

液压泵的供油压力 $p_{\rm p}$ 由溢流阀调定后基本不变，因此节流阀前后压差 Δp 将随负载 F 的变化而变化。

根据节流阀的流量特性方程，通过节流阀的流量为

$$q_1=KA_{\rm v}(\Delta p)^m=KA_{\rm v}\left(p_{\rm p}-\frac{F}{A_1}\right)^m \tag{7-4}$$

式中　$A_{\rm v}$——节流阀阀口的通流面积。

则活塞的运动速度为

$$v=\frac{q_1}{A_1}=\frac{KA_{\rm v}}{A_1}\left(p_{\rm p}-\frac{F}{A_1}\right)^m \tag{7-5}$$

此为进口节流调速回路的速度-负载特性，它反映了在节流阀通流面积 A_v 一定的情况下，活塞速度 v 随负载 F 的变化关系。若以 v 为纵坐标，以 F 为横坐标，以 A_v 为参变量，则可绘出如图 7-24（b）所示的速度-负载特性曲线。

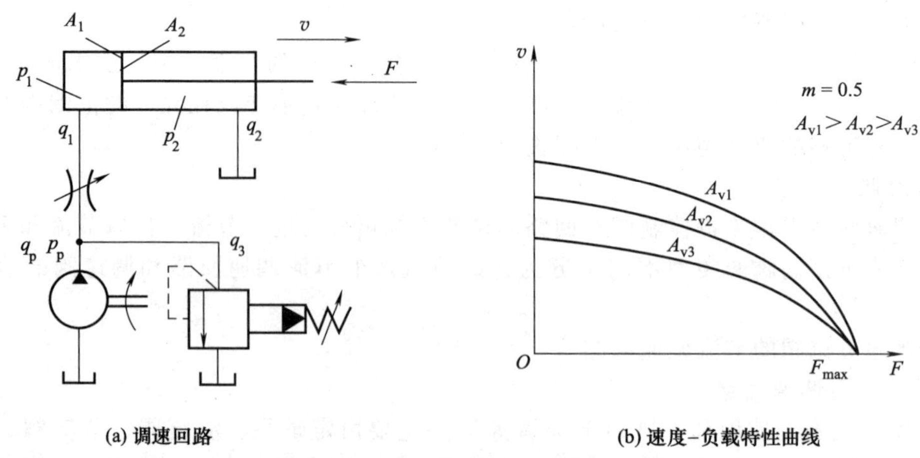

(a) 调速回路　　(b) 速度-负载特性曲线

图 7-24　节流阀的进口节流调速回路

由图 7-24（b）和式（7-5）可知，当其他条件不变时，活塞的运动速度 v 与节流阀的通流面积 A_v 成正比，故调节 A_v 就可调节液压缸的速度。由于薄壁小孔节流阀的最小稳定流量很小，故可得到较低的稳定速度。这种调速回路的调速范围（最高速度和最低速度之比）大，一般可大于 100。

由图 7-24（b）和式（7-5）还可知，当节流阀的通流面积 A_v 一定时，随着负载 F 的增加，节流阀两端压差减小，活塞的运动速度 v 按抛物线规律下降。通常负载变化对速度的影响程度用速度刚度 T_v 表示。所谓速度刚度就是速度负载特性曲线上某点切线斜率的倒数，斜率越小即曲线越平，速度刚度越大，负载变化对速度的影响越小，速度的稳定性就越好。

根据速度刚度的定义，则有

$$T_v=-\frac{\partial F}{\partial v}=-\frac{1}{\partial v/\partial F}=-\frac{1}{\tan\alpha} \tag{7-6}$$

式中，α 表示速度-负载特性曲线上某一点的切线角。因随着负载的增加，速度将下降。为保持 T_v 为正值，在式（7-6）前加一负号。

由式（7-5）、式（7-6）可求得速度刚度为

$$T_v=\frac{A_1^2}{KA_v m}\left(p_p-\frac{F}{A_1}\right)^{1-m} \tag{7-7}$$

由式（7-7）及图 7-24 可以看出，当节流阀通流面积 A_v 一定时，负载 F 越小，速度刚度越大；当负载 F 一定时，节流阀通流面积 A_v 越小，速度刚度越大；适当增加液压缸的有效工作面积 A_v 和提高液压泵的供油压力 p_p 可提高速度刚度。

由上述分析可知，这种调速回路在低速小负载时的速度刚度较高，但在低速小负载的情况下功率损失较大，效率较低。

ⅱ. 最大承载能力。由图 7-24（b）可以看出，三条（多条也一样）特性曲线交于横坐标轴上的一点，该点对应的 F 为最大负载，这说明在 p_p 调定的情况下，不论 A_v 如何变化，液压缸的最大承载能力 F_{max} 是不变的，即最大承载能力与速度调节无关。因最大负载时缸停止运动，令式（7-5）等于零，得 F_{max} 值为

$$F_{max}=p_pA_1 \tag{7-8}$$

故这种调速方式称为恒推力调速（执行元件是液压马达时为恒扭矩调速）。

ⅲ. 功率和效率。液压泵的输出功率为　$P_p = p_p q_p =$ 常量

液压缸输出的有效功率为　$P_1 = Fv = F(q_1/A_1) = p_1 q_1$

回路的功率损失（不考虑液压缸、管路和液压泵上的功率损失）为

$$\begin{aligned}\Delta P &= P_p - P_1 = p_p q_p - p_1 q_1 \\ &= p_p(q_1+q_3) - (p_p - \Delta p) q_1 \\ &= p_p q_3 + \Delta p q_1 \end{aligned} \tag{7-9}$$

从式（7-9）可知，这种调速回路的功率损失由溢流损失 $p_p q_3$ 和节流损失 $\Delta p q_1$ 两部分组成。

而回路的效率 η 为

$$\eta = P_1/P_p = p_1 q_1 / p_p q_p \tag{7-10}$$

由于两种损失的存在，故回路效率较低，特别是速度低、负载小时更是如此。

② 出口节流调速回路

a. 油路组成及调速原理　这种调速回路和进口节流调速回路的组成相同，只是将节流阀串联在液压缸的回油路上，如图 7-25 所示，借助节流阀控制液压缸的排油量 q_2 实现速度调节。由于进入液压缸的流量 q_1 受到回油路上排油量 q_2 的限制，因此用节流阀来调节液压缸排油量 q_2，也就调节了进油量 q_1。定量泵多余的油液经溢流阀流回油箱。

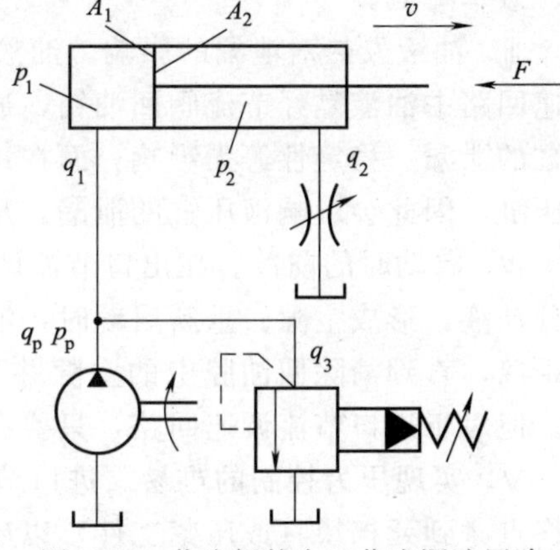

图 7-25　节流阀的出口节流调速回路

b. 性能特点

ⅰ. 速度-负载特性。如图 7-25 所示，其受力平衡方程式为

$$p_1 A_1 = p_2 A_2 + F \tag{7-11}$$

节流阀前后压差为

$$\Delta p = p_2 = \frac{A_1}{A_2}\left(p_p - \frac{F}{A_1}\right) = \frac{1}{n}\left(p_p - \frac{F}{A_1}\right) \tag{7-12}$$

式中，n 为活塞两腔的工作面积比，$n = A_2/A_1$。

通过节流阀的流量为

$$q_2 = KA_v(\Delta p)^m = KA_v \frac{1}{n^m}\left(p_p - \frac{F}{A_1}\right)^m \tag{7-13}$$

则活塞的运动速度为

$$v = \frac{q_2}{A_2} = \frac{KA_v}{A_2 n^m}\left(p_p - \frac{E}{A_1}\right)^m = \frac{KA_v}{A_1 n^{m+1}}\left(p_p - \frac{F}{A_1}\right)^m \tag{7-14}$$

速度刚度为

$$T_v = \frac{A_1^2 n^{m+1}}{KA_v m}\left(p_p - \frac{F}{A_1}\right)^{1-m} \tag{7-15}$$

比较式（7-7）与式（7-15），出口节流调速比进口节流调速仅多一个常系数 n^{m+1}，所以其速度-负载特性和速度刚度与进口节流调速相似。如果都使用的是双活塞杆液压缸（$n=1$），则两种回路的速度-负载特性和速度刚度的公式完全相同。

ⅱ. 通过以上分析可知，两者在速度-负载特性、最大承载能力及功率特性等方面是相同的，它们通常都适用于低压、小流量和负载变化不大的液压系统。

c. 进、出口节流调速回路的比较　上述分析表明，进、出口节流调速回路在速度-负载特性、承载能力和效率等方面性是相同的。但在选用这两种回路时，应注意两者在以下几方面的明显差别。

ⅰ. 承受负值负载的能力及运动平稳性。所谓负值负载（即超越负载）是指负载作用力的方向和执行元件运动方向相同，如铣床的顺铣等工况下工作时均属负值负载。出口节流调速回路中由于在回油路上有节流阀，形成局部阻力，使液压缸回油腔产生背压，而且运动速度越快，液压缸的背压也越高，背压力就形成了一个阻尼力。由于这个阻尼力的存在，在负值负载作用下，液压缸的速度仍受到限制，不会产生速度失控现象，即运动的平稳性较好；而进口节流调速回路中回油腔无背压，在负值负载作用下，执行元件被拉了向前运动，由于前腔中液体不能承受拉力，将使活塞运动速度失去控制，故进口节流调速回路不能承受负值负载（如果要使进口节流调速回路承受负值负载，需在回油路上加背压阀），且当负载突然减小时，因无背压将产生突然快进的前冲现象，所以这种回路的运动平稳性差。

ⅱ. 回油腔压力。出口节流调速回路中回油腔压力较高，特别是在轻载时，回油腔压力有可能比进油腔压力还要高。这样就会使密封摩擦力增加，降低密封件寿命，并使泄漏增加、效率降低。

ⅲ. 油液发热对泄漏的影响。油液流经节流阀时会产生能量损失并且发热。在出口节流调速回路中油液是经节流阀回油箱，通过油箱散热冷却后再重新进入泵和液压缸，因此对液压缸的泄漏、稳定性等无影响；而在进口节流调速回路中，经节流阀后发热的油液直接进入液压缸，因此会影响液压缸的泄漏，从而影响容积效率和速度的稳定性。

ⅳ. 启动时的前冲。在出口节流调速回路中，若停车时间较长，液压缸回油腔中要漏掉部分油液，形成空隙。重新启动时，液压泵全部流量进入液压缸，使活塞以较快速度前冲一段距离，直到消除回油腔中的空隙并形成背压为止。这种启动时的前冲现象可能会损坏机件。但对于进口节流调速回路，只要在启动时关小节流阀，就能避免前冲。

ⅴ. 实现压力控制的难易。进口节流调速回路较易实现压力控制，因为当工作部件在行程终点碰到死挡块（或压紧工件）以后，缸的进油腔油压会上升到某一数值，利用这个压力变化，可使并接于此处的压力继电器发出电气信号，对系统的下一步动作（例如另一液压缸的运动）实现控制。而在出口节流调速时，进油腔压力没有变化，不易实现压力控制。虽然在工作部件碰死挡块后，缸的回油腔压力下降为零，可以利用这个变化值使压力继电器实现降压发信，但电气控制线路比较复杂，且可靠性也不高。

③ 旁路节流调速回路

a. 油路组成及调速原理　图 7-26（a）所示为节流阀的旁路节流调速回路，这种回路与进、出口节流调速回路的组成相同，主要区别是将节流阀安装在与液压缸并联的进油支路上，此时回路中的溢流阀作安全阀用，正常工作时处于常闭状态。

其调速原理为：定量泵输出的流量 q_p，其中一部分流量 q_3 通过节流阀流回油箱，另一部分 q_1 进入液压缸，推动活塞运动。如果流量 q_3 增多，流量 q_1 就减少，活塞的速度就慢；反之，活塞的速度就快。因此，调节通过节流阀的流量 q_3，就间接地调节了进入液压缸的流量 q_1，也就调节了活塞的运动速度 v。这里，液压泵的供油压力 p_p（在不考虑路损失时）等于液压缸进油腔的工作压力 p_1，其大小决定于负载 F；安全阀的调定压力应大于最大的工作压力，它仅在回路过载时才打开。

b. 性能特点

ⅰ. 速度-负载特性。这种回路的速度-负载特性用上述同样的分析方法求得活塞的运动

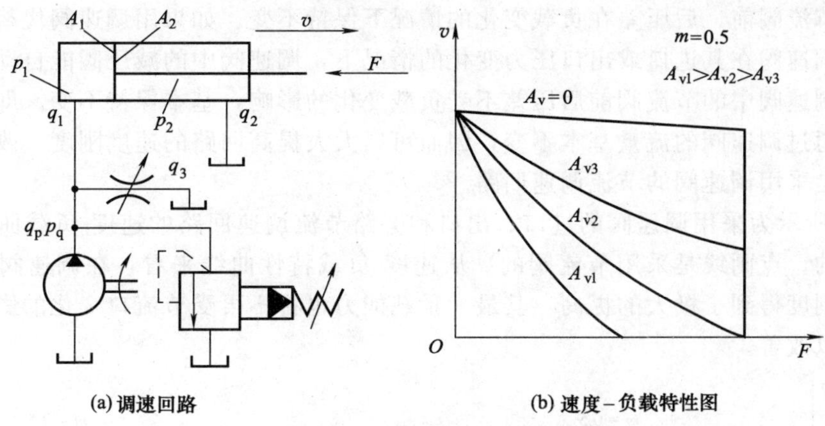

(a) 调速回路　　(b) 速度－负载特性图

图 7-26　节流阀的旁路节流调速回路

速度为

$$v=\frac{q_1}{A_1}=\frac{q_{pt}}{A_1}-\frac{k_p F}{A_1^2}-\frac{KA_v}{A_1}\left(\frac{F}{A_1}\right)^m \tag{7-16}$$

此为旁路节流调速回路的速度-负载特性，对应的速度-负载特性曲线如图 7-26（b）所示。因而速度刚度为

$$T_v=\frac{A_1^2}{k_p+KA_v m\left(\dfrac{F}{A_1}\right)^{m-1}} \tag{7-17}$$

由图 7-26（a）和式（7-17）可以得出：当节流阀的通流面积 A_v 一定而负载增加时，速度明显下降；当节流阀的通流面积一定时，负载越大，速度刚度越大；当负载一定时，节流阀的通流断面积越小，速度刚度越大；增大活塞面积可提高速度刚度。

可见，旁路节流调速回路在速度较高、负载大时，速度刚度相对较高，这与前两种调速回路正好相反。应当注意，在这种调速回路中，速度稳定性除受液压缸和阀的泄漏影响外，还受液压泵泄漏的影响。当负载增大，工作压力增加时，泵的泄漏量增加，使进入液压缸的流量 q_1 相对减少，活塞速度降低。由于泵的泄漏比液压缸和阀的要大得多，所以它对活塞运动速度的影响就不能忽略。因此旁路节流调速回路的速度稳定性比前两种回路还要差。

ⅱ. 最大承载能力。由图 7-26（b）可看出，旁路节流调速回路能承受的最大负载 F_{max} 随着活塞运动速度的降低而减少。最大负载值可在式（7-16）中令 $v=0$ 时得到。这时液压泵的全部流量 q_p 都经节流阀流回油箱。若继续增大节流阀的通流面积已不起调节作用，只能使系统压力降低，其最大承载能力也随之下降。因此，这种调速回路的最大承载能力在低速时低，调速范围也较小。

ⅲ. 功率和效率。旁路节流调速回路只有节流损失而无溢流损失，液压泵的输出功率随着工作压力 p_1 的增减而增减。因而回路的效率比前两种回路要高。

但是旁路节流调速回路速度-负载特性较差，一般只用在功率较大、对速度稳定性要求很低的场合，如牛头刨床主运动系统、输送机械液压系统等。

（2）采用调速阀的节流调速回路

由前面分析可知，采用节流阀的上述三种调速回路都存在着相同的问题：由于负载的变化引起节流阀前、后压差的变化，导致执行元件的速度也相应地发生变化，即速度稳定性差。所以在负载变化较大而又要求速度稳定时，这些调速回路就不能满足要求。为使速度稳定，就要使节流阀前、后压差在负载变化的情况下保持不变。如果用调速阀代替回路中的节流阀，由于调速阀在其进口或出口压力变化的情况下，调速阀中的减压阀能自动调节其开口的大小，使调速阀中的节流阀前后压差不受负载变化的影响，基本保持不变。即在负载变化的情况下，通过调速阀的流量基本不变，因而可以大大提高回路的速度刚度、改善速度的稳定性。这就是采用调速阀的节流调速回路。

图 7-27 所示为采用调速阀的进口、出口和旁路节流调速回路的速度-负载曲线，实线是采用调速阀的，点画线是采用节流阀的。从速度-负载特性曲线来看，在调速阀正常工作范围内，速度刚度得到了极大的提高，其最大承载能力也将不再受节流口变化的影响，速度的稳定性也得以改善。

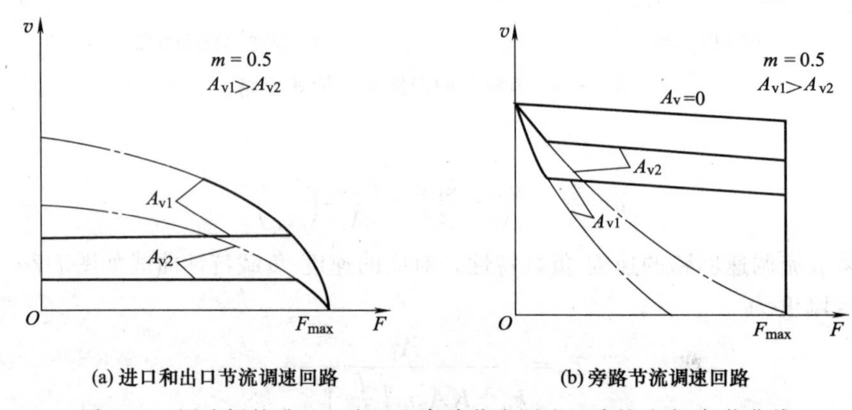

图 7-27　调速阀的进口、出口和旁路节流调速回路的速度-负载曲线

不过，这些性能上的改善是以加大整个流量控制阀的工作压差为代价的，必须保证调速阀工作压差最少要为 0.5MPa，否则调速阀的减压阀不起作用，仅相当于节流阀。从速度负载特性曲线上看，即实线与点画线重合的部分。

在采用调速阀的调速回路中，虽然解决了速度稳定性问题，但由于调速阀中包含了减压阀和节流阀的功率损失，并且同样存在着溢流阀的功率损失，所以此回路的功率损失比采用节流阀的相应的节流调速回路还要大些。调速阀的节流调速回路在机床的中、低压小功率系统中有广泛的应用。

2. 容积调速回路

容积调速回路可通过改变变量泵或（和）变量液压马达的排量来对液压马达（或液压缸）进行无级调速。这种调速回路无溢流损失和节流损失，所以效率高、发热少，适用于高压、大流量的大型机床、工程机械和矿山机械等大功率设备的液压系统。

容积调速回路按油液循环方式的不同分为开式回路和闭式回路两种。前者油液在油路的循环路线为：泵的出口→执行元件→油箱→泵的入口。其特点是油液在油箱中得以较好冷却，且利于油中杂质的沉淀和气体的逸出。但油箱尺寸较大，污物容易侵入。而后者油液在油路的循环路线为：泵的出口→执行元件→泵的入口，即油液形成闭式循环。其特点是油箱尺寸小，结构紧凑，空气和污物不易侵入，但结构较复杂，油液散热差，需要辅助泵向系统供油，以弥补泄漏和冷却。

根据液压泵和执行元件组合方式的不同，容积调速回路有泵-缸式和泵-马达式两类，它们的组成及性能分析如下。

(1) 泵-缸式容积调速回路

① 油路组成及工作原理　调速回路如图 7-28 所示，其中图 7-28（a）为开式回路，图

7-28（b）为闭式回路（图中只表示了单向运动，还可采用双向变量泵来使执行元件换向）。改变变量泵1的排量就能达到调节活塞速度的目的。3为安全阀，起过载保护作用，平时不打开，回路的最大压力由它限定。实际上，由于液压缸两腔有效面积不可能完全相等以及执行元件的外泄漏等原因，闭式油路中还需及时对系统补油。5为补油油箱，当油泵的吸油腔因缺油而使压力下降到低于大气压力时，通过单向阀4给系统补油。单向阀4用来防止系统停机时油液倒流入油箱和空气进入系统。

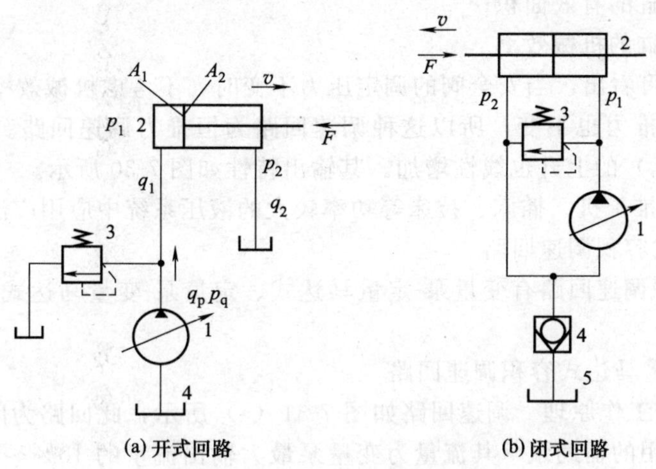

图 7-28 泵-缸式容积调速回路

1—变量泵；2—液压缸；3—安全阀；4—单向阀；5—补油油箱

② 性能特点

a. 速度-负载特性 以图7-28（a）所示开式回路为例分析回路的特性。若液压缸的速度为v，泵的理论流量为q_{tp}，泄漏系数为k_1，则活塞速度为

$$v=\frac{q_1}{A_1}=\frac{q_p}{A_1}=\frac{q_{tp}-k_1\left(\dfrac{F}{A_1}\right)}{A_1} \tag{7-18}$$

根据式（7-18）选取不同的q_{tp}值作图，可得一组平行曲线即速度-负载特性曲线，如图7-29所示。由于变量泵的泄漏，使得活塞速度随着负载的增加而明显下降，因此这种调速回路在低速下的承载能力很差。

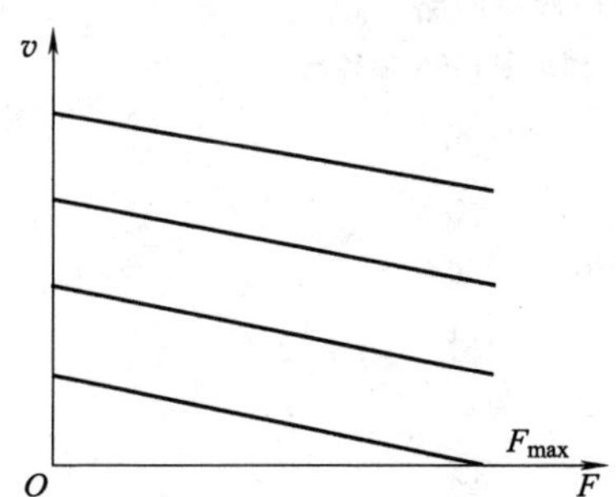

图 7-29 变量泵和液压缸的容积调速回路的速度-负载特性曲线

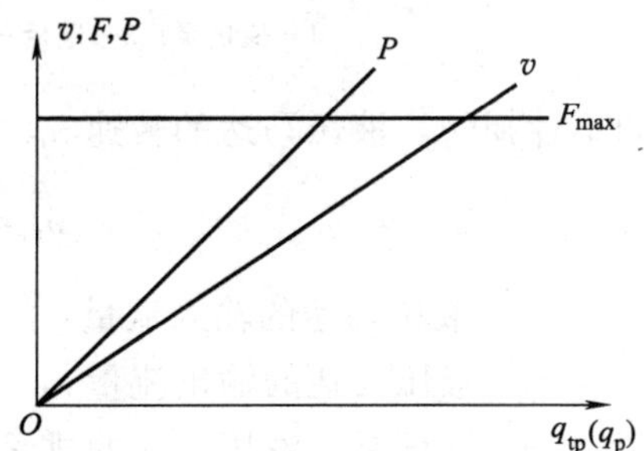

图 7-30 液压缸的输出特性

b. 调速范围 要确定调速范围应先确定回路的最高速度和最低速度。由式（7-18）可以看出，这种调速回路的最高速度决定于所选用变量泵的最大流量，而最低速度可以调得很

低（理想的空载最低速度可为零），因此调速范围较大。而对于图 7-28（b），如果采用双向变量泵，则可不需要换向阀，由变量泵直接操纵执行元件换向，并在正反向之间实现连续的无级变速。

c. 力特性　在调速范围内，液压缸的最大推力 $F_{\max}$ 为

$$F_{\max}=P_sA_1\eta_m \tag{7-19}$$

式中　p_s——安全阀 3（图 7-28）的调定压力；

A_1——液压缸的有效面积；

η_m——液压缸的机械效率。

由式（7-19）可看出，当安全阀的调定压力不变时，不考虑机械效率的变化，在调速范围内液压缸的最大推力也不变，所以这种调速回路为恒推力调速回路。而最大输出功率 P 随着速度（流量 q_{tp}）的上升也线性增加。其输出特性如图 7-30 所示。

本调速回路在推土机、插床、拉床等功率较大的液压系统中应用广泛。

（2）泵-马达式容积调速回路

泵-马达式容积调速回路有变量泵-定量马达式、定量泵-变量马达式和变量泵-变量马达式三种形式。

① 变量泵-定量马达式容积调速回路

a. 油路组成及工作原理　调速回路如图 7-31（a）所示，此回路为闭式回路。3 为安全阀，4 为补充泄漏用的辅助泵（其流量为变量泵最大输出流量的 10%～15%），其输出低压由溢流阀 5 调定。变量泵 1 输出的流量全部进入定量马达 2。

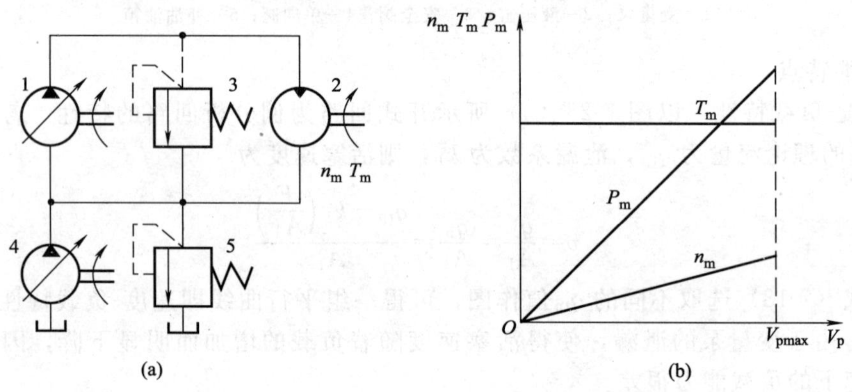

图 7-31　变量泵-定量马达式容积调速回路

1—变量泵；2—定量马达；3—安全阀；4—辅助泵；5—溢流阀

如不计损失，液压马达的转速 n_m 为

$$n_m=\frac{q_m}{V_m}=\frac{q_p}{V_m}=\frac{V_p}{V_m}n_p \tag{7-20}$$

式中　q_m——液压马达的输入流量；

q_p——液压马达的输出流量；

V_p，V_m——液压泵、液压马达的排量；

n_p——液压泵的转速。

因 V_m、n_p 都为常数，所以调节变量泵的排量 V_p 就可调节液压马达的转速 n_m。

b. 性能特点

ⅰ. 速度-负载特性。实际上，因泵与马达均有泄漏，且其泄漏量与负载压力成正比，

因此负载变化将直接影响液压马达速度的稳定性。即随负载转矩的增加液压马达的转速略有下降。但减少泵和（或）液压马达的泄漏量，增大液压马达的排量，均可提高回路的速度刚度。

ⅱ. 调速范围。由于变量泵的排量可以调得较小，因此这种调速回路有较大的调速范围。如果采用高质量的柱塞变量泵，其调速范围（n_{max}/n_{min}）可达 40，并可实现连续的无级调速。当回路中的液压泵能改变供油方向时，液压马达能实现平稳的换向。

ⅲ. 转矩特性。在不计损失的条件下，液压马达的输出转矩为

$$T_m = p_s V_m / 2\pi = \text{常数} \tag{7-21}$$

由式（7-21）可看出，当安全阀的调定压力 p_s 不变时，因定量马达的排量是固定的，则在调速范围内各种速度下液压马达的输出转矩也不变，所以这种调速为恒转矩调速。

而其最大输出功率 P_m 为

$$P_m = 2\pi n_m T_m = V_p n_p p_s \tag{7-22}$$

很显然，当 p_s、n_p 都为常数，最大输出功率 P_m 随着变量泵的排量 V_p 变化而线性变化。如图 7-31（b）所示。

② 定量泵-变量马达式容积调速回路

a. 油路组成及工作原理　这种调速回路的油路结构如图 7-32（a）所示。3 为安全阀；4 为补油用的辅助泵，5 为辅助泵定压的溢流阀。溢流阀 5 的压力调得较低，使主泵 1 的吸油腔有一定的压力。采用辅助泵补油可改善主泵的吸油条件。

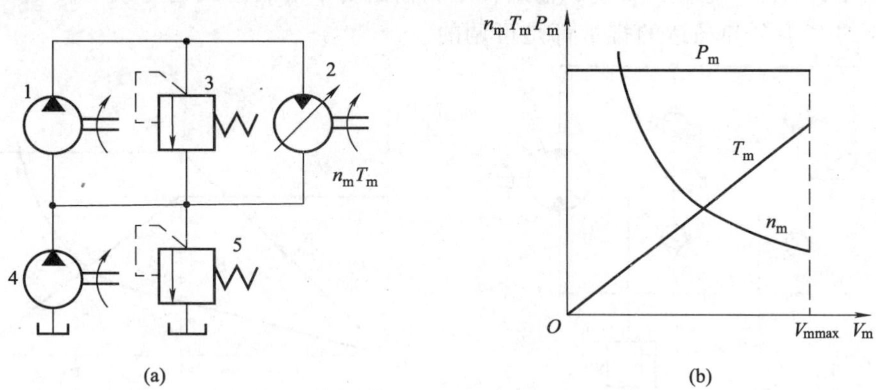

图 7-32　定量泵-变量马达式容积调速回路

1—定量泵；2—变量马达；3—安全阀；4—辅助泵；5—溢流阀

如不计损失，计算液压马达的转速 n_m 的公式和式（7-20）完全相同，只是 V_p 值不变而 V_m 改变。因 V_p、n_p 都为常数，故液压马达的转速与排量 V_m 成反比，变化液压马达的排量即可调节液压马达的转速。

b. 性能特点

ⅰ. 速度-负载特性。这种调速回路的速度-负载特性与变量泵-定量马达容积调速回路的完全相同。

ⅱ. 调速范围。从液压马达转速的计算公式可知，随着变量液压马达排量的减小，其转速提高，但其输出扭矩将减小，机械效率降低。当排量减小到一定程度后，其输出扭矩甚至不足以克服负载。因此，实际上液压马达排量的可调范围不大。即使是高质量的轴向柱塞马达，其排量的可调范围也只有 4 左右。所以这种调速回路的调速范围较小，一般只有 4 左右。

ⅲ. 转矩特性。液压马达的输出转矩仍然按式（7-21）计算，不同的是，此时液压马达的排量 V_m 是可变的，输出的转矩也是变化的，并且随着液压马达排量的增减而增减，如图7-32（b）所示。

液压马达的最大输出功率 P_m 的计算同式（7-22），当安全阀的调定压力 p_s 不变时，因 V_p 为定值（定量泵），液压马达的最大输出功率 P_m 与其排量无关，也为一定值。因此称回路的这一特性为恒功率特性，称这种调速为恒功率调速。

③ 变量泵-变量马达式容积调速回路　如图7-33（a）所示。其中1为辅助泵，2为辅助泵1定压的溢流阀，回路中设置了4个单向阀，单向阀3和5用于实现双向补油，而单向阀6和8使安全阀9能在两个方向起安全作用。双向变量泵4既可改变流量，又可以改变供油方向，用以实现液压马达7的调速和换向。

若双向变量泵4逆时针转动时，液压马达7的回油及辅助泵1的供油经单向阀3进入双向变量泵4的下油口，则其上油口排出的压力油进入液压马达7的上油口并使液压马达7逆时针方向转动，液压马达7下油口的回油又进入双向变量泵4的下油口，构成闭式循环回路。这时单向阀5和8关闭，3和6打开，如果液压马达7过载，可由安全阀9起保护作用。若双向变量泵4顺时针转动，则单向阀5和8打开，3和6关闭，双向变量泵4的上油口为进油口，下油口为排油口，液压马达也顺时针转动，实现液压马达的换向。这时若液压马达过载，安全阀9仍可起保护作用。

这种回路的液压马达输出转速、输出转矩和输出功率的表达式也与式（7-20）～式（7-22）相同，只不过其中泵和马达的排量都是可调的。

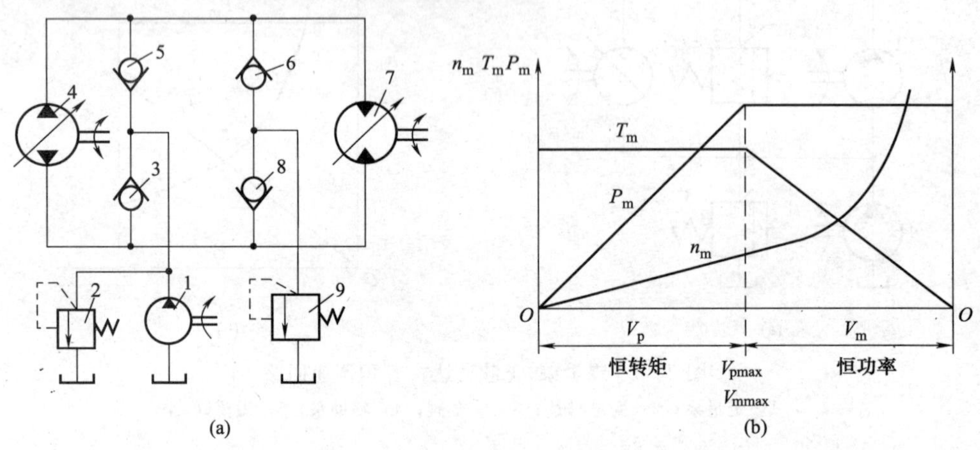

图7-33　变量泵-变量马达式容积调速回路

1—辅助泵；2—溢流阀；3,5,6,8—单向阀；4—双向变量泵；7—双向变量马达；9—安全阀

实际上，变量泵-变量马达式容积调速回路就是前两种回路的组合，液压马达的转速既可通过改变变量泵的排量又可以通过改变变量马达的排量来实现。因此拓宽了这种回路的调速范围（可达100）以及扩大了马达的输出转速和输出功率的可选择性。其调速特性曲线如图7-33（b）所示。一般执行元件都要求在启动时有低转速和大的输出转矩，而在正常工作时都希望有较高的转速和较小的输出转矩。因此，这种回路在使用中，先将液压马达的排量调到最大（$V_m=V_{mmax}$），使马达能获得最大输出转矩，由小到大改变泵的排量，直到最大值（$V_p=V_{pmax}$），此时液压马达转速随之升高，输出功率也线性增加，液压回路处于恒转矩输出状态；然后，保持 $V_p=V_{pmax}$，由大到小改变马达的排量，则马达的转速继续升高，而其输出转矩却随之降低，马达的输出功率恒定不变，这时的液压回路处于恒功率工作状态。

这种调速回路常用于机床主运动、纺织机械、矿山机械和行走机械中，以获得较大的调速范围。

3. 容积节流调速回路

容积调速回路的突出优点是效率高、发热小，但也存在着速度随载荷增加而下降的特性(由泵和马达的漏泄引起)，在低速时更为突出。与采用调速阀的节流调速回路相比，容积调速回路的低速稳定性较差。如果对系统既要求效率高，又要求有较好的低速稳定性，则容积节流调速回路是可取的方案。容积节流调速回路是用变量液压泵供油，用调速阀或节流阀改变进入液压缸的流量，以实现工作速度的调节，并且液压泵的供油量与液压缸所需的流量相适应。这种调速回路没有溢流损失，效率较高，速度稳定性也比容积调速回路好，常用于速度范围大、功率不太大的场合。下面仅介绍限压式变量泵和调速阀组成的容积节流调速回路。

图 7-34 (a) 所示的回路由限压式变量泵 1 供油，压力油经调速阀 2 进入液压缸 3 无杆腔，回油经背压阀 4 返回油箱。液压缸的运动速度由调速阀中的节流阀来调节。设泵的流量为 q_p，则稳定工作时 $q_p=q_1$。如果关小节流阀，则在关小阀口的瞬间，q_1 减小，而此时液压泵的输出量还未来得及改变，于是 $q_p>q_1$，因回路中阀 5 为安全阀，没有溢流，故必然导致泵出口压力 p_p 升高，该压力反馈使得限压式变量泵的输出流量自动减少，直至 $q_p=q_1$(节流阀开口减小后的 q_1)；反之亦然。由此可见，调速阀不仅能调节进入液压缸的流量，而且可以作为反馈元件，将通过阀的流量转换成压力信号反馈到泵的变量机构，使泵的输出流量自动地和阀的开口大小相适应，没有溢流损失。这种回路中的调速阀也可装在回油路上。

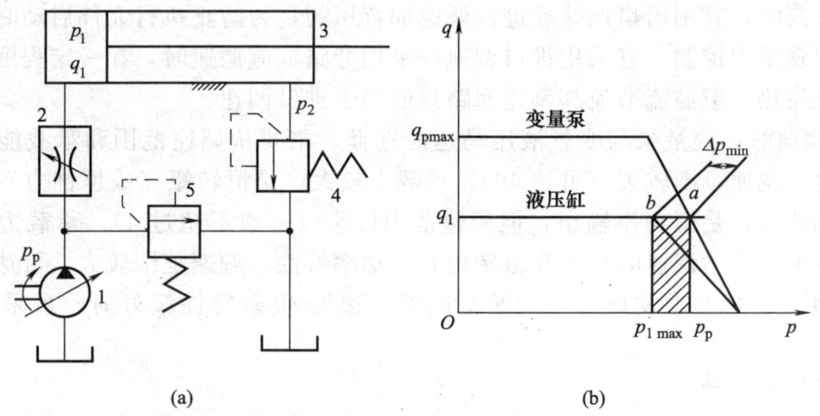

图 7-34　限压式变量泵和调速阀组成的容积节流调速回路

1—限压式变量泵；2—调速阀；3—液压缸；4—背压阀；5—安全阀

图 7-34 (b) 所示为这种回路的调速特性，由图可见，回路虽无溢流损失，但仍有节流损失，其大小与液压缸的工作腔压力 p_1 有关。液压缸工作腔压力的正常工作范围为

$$p_2\frac{A_2}{A_1}\leqslant p_1\leqslant(p_p-\Delta p) \tag{7-23}$$

式中　Δp——保持调速阀正常工作所需的压差，一般应在 0.5MPa 以上；

p_2——液压缸回油背压。

当 $p_1=p_{1max}$时，回路中的节流损失为最小［图 7-34 (b) 中阴影面积 S］，此时泵的工作点为 a，液压缸的工作点为 b，若 p_1 减小（即负载减小，b 点向左移动），则节流损失加

大。这种调速回路的效率为

$$\eta_c=\frac{\left(p_1-p_2\dfrac{A_2}{A_1}\right)q_1}{p_p q_p}=\frac{p_1-p_2\dfrac{A_2}{A_1}}{p_p} \tag{7-24}$$

式（7-24）中没有考虑泵的泄漏。由于泵的输出流量越小，泵的压力 p_p 就越高；负载越小，p_1 便越小，所以该调速回路在低速、轻载场合效率很低。

4．调速回路的选择

在节流、容积、容积节流三种调速回路中：节流调速回路的特点是结构简单，成本低，但其发热多，效率低；容积调速回路的特点是发热少，效率高，但结构复杂，成本高，且低速稳定性差；容积节流调速回路可改善低速稳定性，但是要增加压力损失，使回路效率略有降低。

选择调速方案时，首先考虑满足使用性能要求，同时应使结构简单、工作可靠、成本低廉。选择时，如下几点可供参考。

① 节流调速与容积调速的选择。从功率大小及对系统的温升要求出发：功率较大或对系统温升要求较严，又不能采用较大的油箱或其他办法来散热时，宜采用容积调速，其他情况用节流调速比较简单。

② 节流阀节流调速与调速阀节流调速的选择。从负载变化大小及对速度-负载特性的要求出发：负载变化大，且要求速度刚度较大时，宜采用调速阀节流调速回路，否则采用节流阀节流调速回路较简单。

③ 进口、出口、旁路节流调速回路的选择。根据性能要求出发：有负值负载或对运动平稳性要求较高时，宜用出口调速或进口调速加背压阀；为防止执行元件启动时的冲击（突跳）或为了实现压力控制，宜采用进口调速；采用旁路节流调速时，在一定程度上可减少功率损耗和系统发热。但溢流节流阀调速回路只能用于进口调速。

④ 容积调速时，变量泵与变量液压马达的选择。主要从调速范围和承载能力出发：用变量泵调速时，调速范围较大（可达 40），承载力较大，是恒转矩（或恒推力）输出；用变量液压马达调速时，是恒功率输出，但调速范围较小（一般不超过 4），承载力较低；采用变量泵和变量液压马达调速时，兼有恒转矩和恒功率特性，调速范围较大，可达 100。

⑤ 功率不大，但要求发热小、调速范围宽、速度-负载特性又好时，可采用容积节流调速。

二、快速运动回路

快速运动回路又称增速回路，其功能在于使执行元件获得必要（如空行程）的高速，以提高系统的工作效率或充分利用功率。实现快速运动的方法一般有三种：增加输入执行元件的流量；减小执行元件在快速运动时的有效面积；前面两种方法的联合使用。

下面介绍几种常见的快速回路。

1．液压缸差动连接的快速运动回路

如图 7-35 所示为一差动连接回路。图示位置时，若二位三通阀通电，液压缸差动连接，活塞便获得快速运动，其速度为非差动连接时的 $A_1/(A_1-A_2)$ 倍。如欲使快进与快退速度相等，则需使 $A_1=2A_2$，此时快进（退）速度为工进速度的 2 倍。

差动连接时，油缸右腔的回油 q_2 经二位三通阀后和液压泵供给的油液 q_1 一起进入液压缸左腔，相当于增大了供油量。此时，进油路上的某些管路与阀的通过流量增大，液压元件的规格必须按差动时的流量选择，以免压力损失与功耗过大。

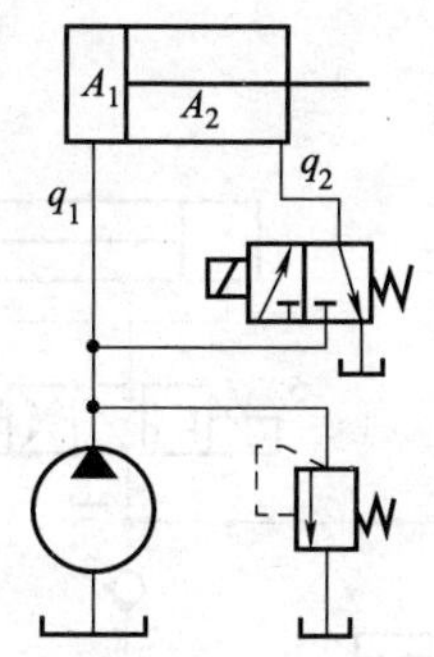

图 7-35 差动连接增速回路

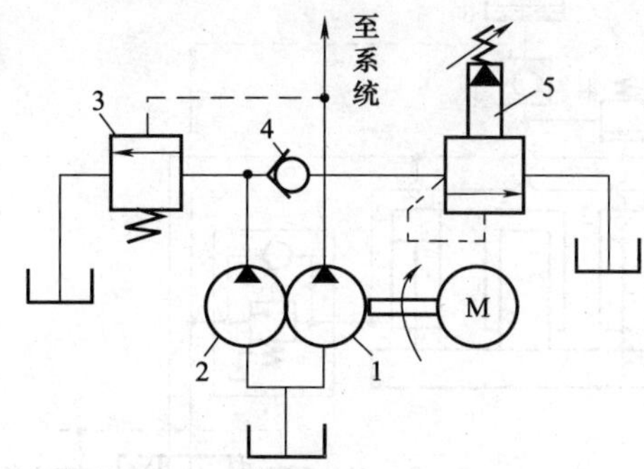

图 7-36 双泵供油的增速回路

1—高压小流量泵；2—低压大流量泵；3—液控顺序阀；4—单向阀；5—溢流阀

这种回路方法简单、经济，但由于差动时的推力减小，差动速度愈大，执行元件输出的推力愈小，故快速运动的速度不能太高。如欲获得较大的运动速度，常与双泵供油或限压式变量泵供油等方法联合使用。

2. 双泵供油的快速运动回路

如图 7-36 所示回路，液压泵 1 为高压小流量泵，其流量应略大于最大工进速度所需要的流量，其工作压力由溢流阀 5 调定。泵 2 为低压大流量泵（两泵的流量也可相等），其流量与泵 1 之和应等于液压系统增速运动所需要的流量，其工作压力应低于液控顺序阀 3 的调定压力。

空载时，液压系统的压力低于液控顺序阀 3 的调定压力，液控顺序阀 3 关闭，低压大流量泵 2 输出的油液经单向阀 4 与高压小流量泵 1 输出的油液汇集在一起进入液压缸，从而实现快速运动。当系统工作进给承受负载时，系统压力升高至大于液控顺序阀 3 的调定压力，液控顺序阀 3 打开，单向阀 4 关闭，低压大流量泵 2 的油经液控顺序阀 3 流回油箱，低压大流量泵 2 处于卸荷状态。此时系统仅由高压小流量泵 1 供油，实现慢速工作进给，其工作压力由阀 5 调节。

这种快速回路功率利用合理，效率较高，缺点是回路较复杂，成本较高。常用在快慢速差值较大的组合机床、注塑机等设备的液压系统中。

3. 采用辅助液压缸的快速运动回路

如图 7-37 所示回路，回路中共有三个液压缸，中间柱塞缸 3 为主缸，两侧直径较小的液压缸 2 为辅助缸。当电液换向阀 8 的右位起作用时，泵的压力油经电液换向阀 8 进入辅助液压缸 2 的上腔（此时顺序阀 4 关闭），因辅助缸 2 的有效工作面积较小，故辅助缸 2 带动滑块 1 快速下行，辅助缸 2 下腔的回油经单向顺序阀 7 流回油箱。与此同时，主缸 3 经液控单向阀 5（亦称充液阀）从油箱 6 吸入补充液体。当滑块 1 触及工件后，系统压力上升，顺序阀 4 打开（同时关闭液控单向阀 5），压力油进入主缸 3，三个液压缸同时进油，速度降低，滑块转为慢速加压行程（工作行程）。当电液换向阀 8 处于左位时，压力油经电液换向阀 8 后，一路经单向顺序阀 7 进入辅助液压缸下腔，使活塞带动滑块上移（而其上腔的回油则经电液换向阀 8 流回油箱）；另一路同时打开液控单向阀 5，使主缸的回油经液控单向阀 5 排回油箱。

4. 采用蓄能器的快速运动回路

如图 7-38 所示回路，采用蓄能器可以用较小的液压泵。当系统短时期需要较大流量时，

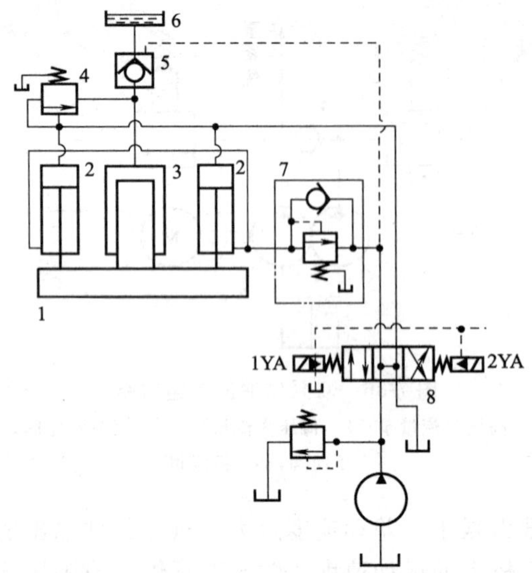

图 7-37　采用辅助液压缸的增速运动回路

1—滑块；2—辅助缸；3—主缸；4—顺序阀；5—液控单向阀；6—油箱；7—单向顺序阀；8—电液换向阀

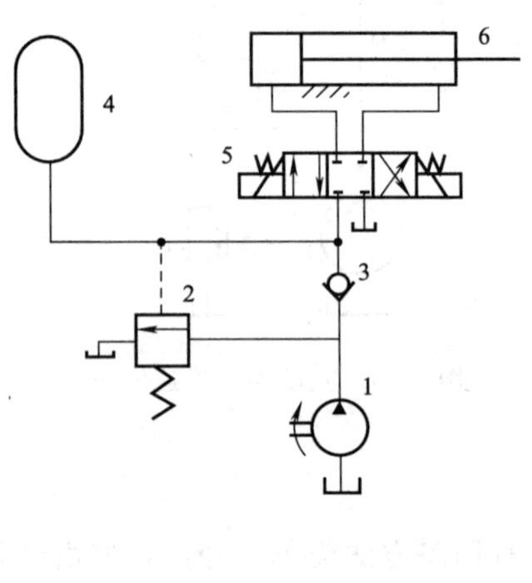

图 7-38　采用蓄能器的增速运动回路

1—液压泵；2—卸荷阀；3—单向阀；4—蓄能器；5—换向阀；6—液压缸

泵 1 和蓄能器 4 共同向液压缸 6 供油，使液压缸速度加快；当换向阀 5 处于中位，液压缸停止工作时，液压泵经单向阀 3 向蓄能器供油，蓄能器的压力升到卸荷阀 2 的调定压力后，卸荷阀开启，液压泵卸荷。

三、速度换接回路

机床在自动循环的过程中，工作部件往往需要有不同的运动速度，经常进行不同速度的变换，如快速趋近工件变换到慢进工作速度，从一种工作进给速度变换到另一种工作进给速度等。这就需要采用速度换接回路。

1. 采用行程阀（或电磁换向阀）的速度换接回路

如图 7-39 所示，当电磁铁 1YA 断电时，压力油进入液压缸左腔，缸右腔油经行程阀 5 回油箱，工作部件实现快速运动。当工作部件上的挡块压下行程阀 5 时，其回油路被切断，缸右腔油只能经调速阀 6 流回油箱，从而变为慢速运动。

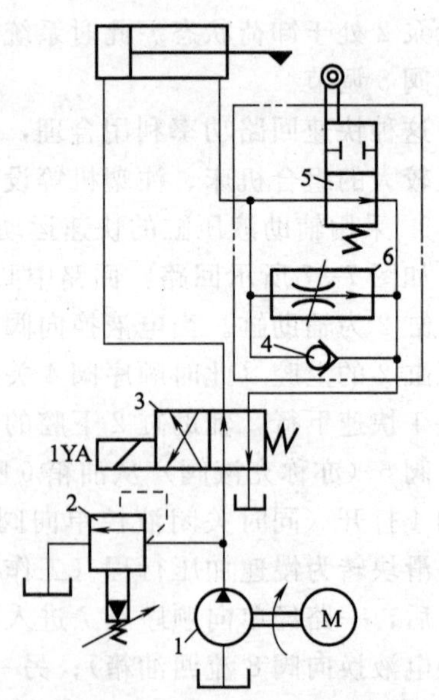

图 7-39　采用行程阀的速度换接回路

1—液压泵；2—溢流阀；3—换向阀；4—单向阀；5—行程阀；6—调速阀

这种回路中，行程阀的阀口是逐渐关闭（或开启）的，速度的换接比较平稳。其缺点是行程阀必须安装在运动部件附近，有时管路接得很长，压力损失较大。若将行程阀改为电磁换向阀，并通过挡块压下电气行程开关来操纵，也可实现速度的换接，其优点是安装连接比较方便，但速度换接的平稳性、可靠性以及换向精度都较差。

2. 两种工作速度的换接回路

图 7-40 所示为采用两个调速阀来实现不同工进速度的换接回路。图 7-40（a）中的两个调速阀并联，由电磁换向阀 3 实现速度换接。在图示位置，电磁换向

阀 3 处于左位，输入液压缸 4 的流量由调速阀 1 调节。当电磁换向阀 3 处于右位时，输入液压缸 4 的流量由调速阀 2 调节。

当一个调速阀工作，另一个调速阀没有油液通过时，没有油液通过的调速阀内的定差减压阀处于最大开口位置，所以当速度换接开始一瞬间会有大量油液通过该开口而使工作部件产生突然前冲现象，速度换接不够平稳，故应用较少。

在图 7-40（b）所示工作位置时，因调速阀 2 被电磁换向阀 3 短接，输入液压缸 4 的流量由调速阀 1 控制。当阀 3 处于右位时，由于调速阀 2 的节流口调得比调速阀 1 小，所以这时输入液压缸 4 的流量由调速阀 2 控制。在这种回路中由于调速阀 1 一直处于工作状态，它在速度换接时限制了进入调速阀 2 的流量，因此它的速度换接平稳性较好，但由于油液经过两个调速阀，所以能量损失较大。

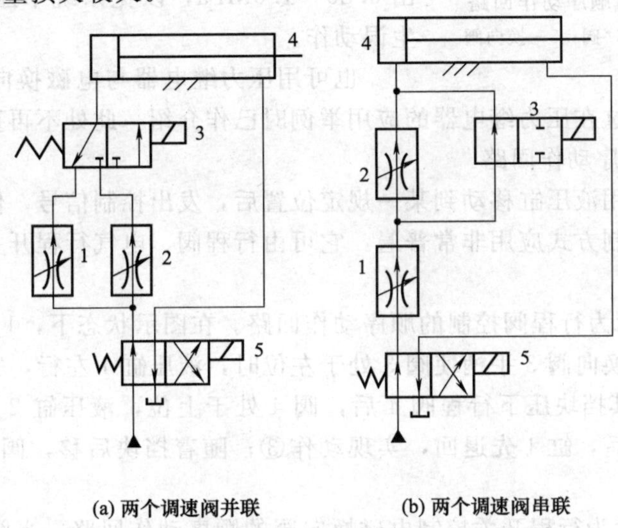

(a) 两个调速阀并联　　(b) 两个调速阀串联

图 7-40　采用调速阀实现不同工进速度的换接回路

1,2—调速阀；3,5—换向阀；4—液压缸

第四节　多执行元件动作控制回路

液压系统中，一个动力源往往要驱动多个液压执行元件（液压缸或液压马达）工作。系统工作时，要求这些执行元件或顺序动作，或同步动作，或互相不干扰，因而需要有实现这些要求的多执行元件动作控制回路。

一、顺序动作回路

某些机械，特别是自动化机床，在一个工作循环中往往要求各个液压缸按着严格的顺序依次动作（如机床要求实现夹紧、切削、退刀等），多缸顺序动作回路就是实现这种要求的回路。这种回路，按各液压缸顺序动作的控制方式，可分为压力控制式、行程控制式和时间控制式三种类型。

1. 压力控制式顺序动作回路

所谓压力控制式，是利用液压系统工作过程中的压力变化控制某些液压件（如顺序阀、压力继电器等）动作，进而控制执行元件按先后顺序动作的控制方式。

图 7-41 所示为使用顺序阀的压力控制式顺序动作回路。当换向阀 5 处于左位且顺序阀 4

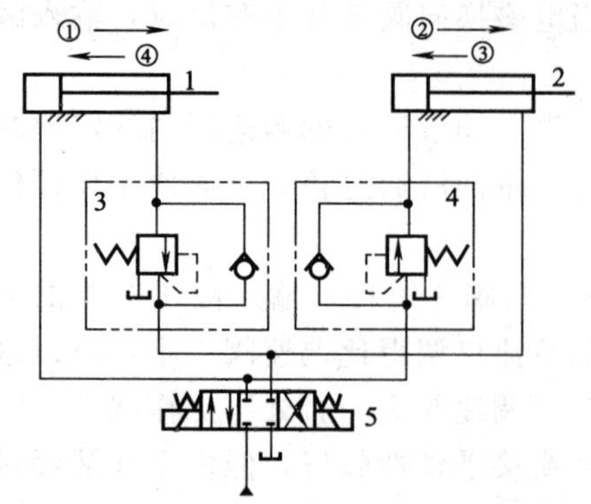

图 7-41 压力控制式顺序动作回路

1,2—液压缸；3,4—顺序阀；5—换向阀

的调定压力大于液压缸 1 的最大前进工作压力时，压力油先进入液压缸 1 的左腔，实现动作①；当液压缸 1 行至终点后，压力上升，压力油打开顺序阀 4 进入液压缸 2 的左腔，实现动作②；同样地，当换向阀 5 处于右位且顺序阀 3 的调定压力大于液压缸 2 的最大返回工作压力时，两液压缸按③和④的顺序返回。

这种顺序动作回路的可靠性主要取决于顺序阀的性能及其压力的调定值。为保证动作顺序可靠，顺序阀的调定压力应比先动作的液压缸的最高工作压力高出 0.80～1.0MPa，以免系统中压力波动时顺序阀产生误动作。

也可用压力继电器与电磁换向阀配合构成压力控制式顺序动作回路，这在压力继电器的应用举例时已作介绍，此处不再重复。

2. 行程控制式顺序动作回路

行程控制式是利用液压缸移动到某一规定位置后，发出控制信号，使下一个液压缸动作的控制方式。这种控制方式应用非常普遍，它可由行程阀、电气行程开关或特殊结构的液压缸等实现。

图 7-42（a）所示为行程阀控制的顺序动作回路。在图示状态下，1、2 两液压缸活塞均在右端。当推动手动换向阀 3 手柄使阀 3 处于左位时，液压缸 1 左行，完成动作①；当油缸 1 运动到规定位置，其挡块压下行程阀 4 后，阀 4 处于上位，液压缸 2 左行，完成动作②；当阀 3 复位处于右位后，缸 1 先退回，实现动作③；随着挡块后移，阀 4 复位，缸 2 退回，实现动作④。

图 7-42（b）所示为行程开关控制电磁换向阀的顺序动作回路。当阀 5 的 1YA 通电时，油缸 1 左行完成动作①；到达预定位置后，液压缸 1 挡块触动行程开关 S1，发出信号，使阀 6 的 2YA 通电换向，液压缸 2 左行完成动作②；当液压缸 2 左行至触动行程开关 S2，发出信号，使阀 5 的 1YA 断电，液压缸 1 返回，实现动作③；当液压缸 1 挡块触动 S3，发出信号，使阀 6 的 2YA 断电，液压缸 2 返回，完成动作④，最后油缸 2 的挡块触动 S4 使泵卸荷或引起其他动作，完成一个工作循环。

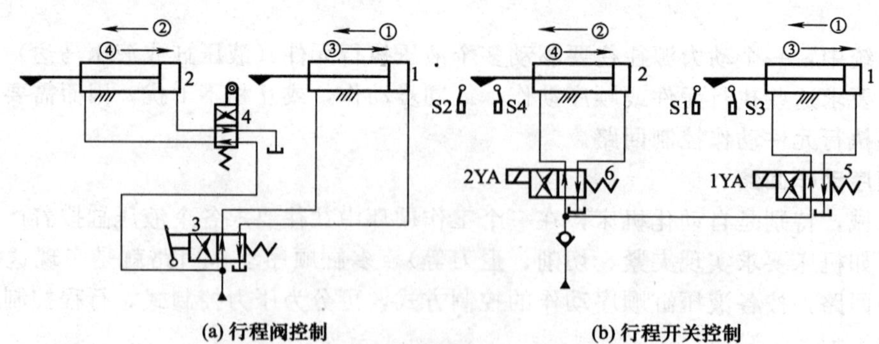

(a) 行程阀控制　　(b) 行程开关控制

图 7-42 行程控制式顺序动作回路

1,2—液压缸；3—手动换向阀；4—行程阀；5,6—电磁换向阀

这种回路的优点是控制灵活方便，特别适合于动作顺序要经常变动的场合。但其可靠程度主要取决于电气元件的质量。

3. 时间控制式顺序动作回路

时间控制式就是在一个液压缸开始动作后，经过一段规定的时间，另一个液压缸动作的控制方式。在液压系统中，时间的控制一般是由延时阀来完成的。

图 7-43 所示为延时阀的结构原理。它由单向节流阀和二位三通液动换向阀组成。当油口 1 通入压力油时，阀芯向右运动，将其右端油腔中的油液经节流阀排出后，油口 1、2 才能接通。故油口 1 和 2 是延时接通的。调节节流阀开口的大小，就改变了油口 1 和 2 延时接通的时间。

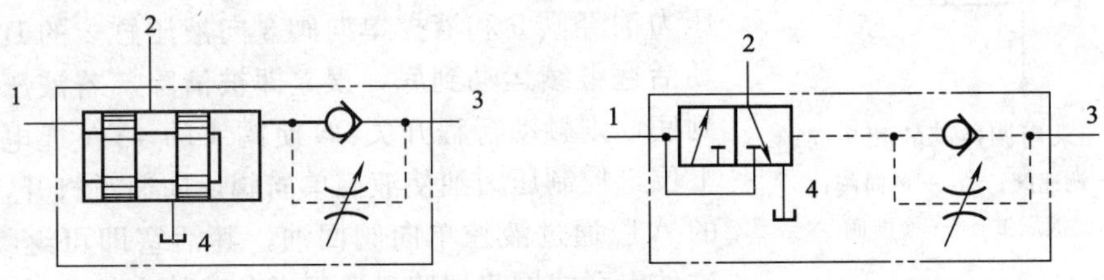

图 7-43　延时阀的结构原理

图 7-44 所示为采用延时阀的时间控制式顺序动作回路。其工作原理如下：阀 5 的左位机能起作用时，压力油经阀 5 进入液压缸 6 的左腔，推动活塞向右运动，实现运动①。压力油同时进入延时阀的油口 1，经延时阀延时一定时间后，油口 1 和油口 2 接通。压力油进入液压缸 7 的左腔，推动其活塞向右运动实现运动②。当阀 5 的右位机能起作用时，压力油同时进入液压缸 6、7 的右腔，使两液压缸快速返回、复位。同时，经延时阀的单向阀，使延时阀的二位三通液动阀阀芯复位。

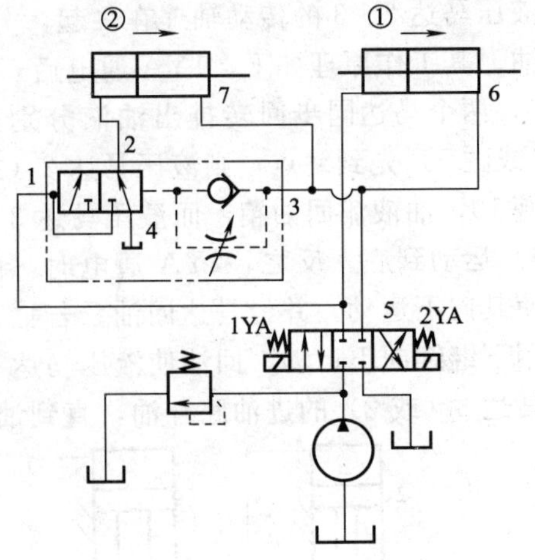

图 7-44　时间控制式顺序动作回路

1,2—油口；3—延时阀；4—油箱；5—换向阀；6,7—液压缸

这种控制方式简单易行。但由于通过节流阀的流量受压力、油温等影响，不能保持恒定，所以控制时间不够稳定。故这种回路很少单独使用，一般都需与行程控制配合使用。

二、同步动作回路

使两个或多个液压缸在运动中保持相对位置不变或保持速度相同的回路称为多缸同步动作回路。在多缸液压系统中，影响同步精度的因素很多，如液压缸的外负载、泄漏、摩擦阻力、制造精度、结构弹性变形以及油液中含气量等，都会使同步运动难以保证。为此，多缸同步动作回路要尽量克服或减少这些因素的影响。下面介绍几种常用的同步回路。

1. 用流量阀控制的同步回路

图 7-45 所示为采用并联调速阀的同步回路。液压缸 5 和 6 油路并联，分别用调速阀 1、3 调节其活塞的运动速度。仔细调节两个调速阀的流量使之相同，则两个工作面积相同的液压缸作同步运动。当换向阀 7 处在右位时，压力油可通过单向阀 2、4 使两缸的活塞快速返回。这种同步方法比较简单，成本低，但因为两个调速阀的性能不可能完全一致，同时还受到载荷变化和泄漏的影响，同步精度不高。

2. 带补偿措施的串联液压缸同步回路

图 7-46 所示为两液压缸串联同步回路。在这个回路中，液压缸 1 有杆腔 A 的有效面积

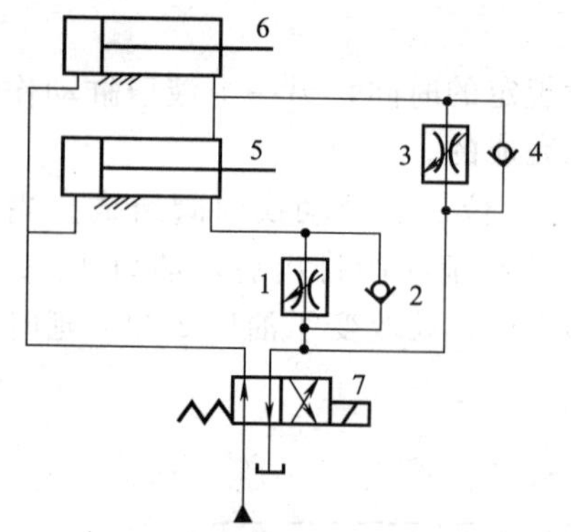

图 7-45　采用调速阀的同步回路
1,3—调速阀；2,4—单向阀；
5,6—液压缸；7—换向阀

与液压缸 2 无杆腔 B 的有效面积相等，因而从 A 腔排出的油液进入 B 腔后，两液压缸便同步下降。回路中有补偿措施使同步误差在每一次下行运动中都得到消除，以避免误差的积累。

其补偿原理为：当三位四通换向阀 6 处于右位时，两液压缸活塞同时下行，若液压缸 1 的活塞先运动到底，它就触动行程开关 1S 使阀 5 的 3YA 通电，阀 5 处在右位，压力油经阀 5 和液控单向阀 3 向液压缸 2 的 B 腔补油，推动活塞继续运动到底，误差即被清除。若液压缸 2 先运动到底，则触动行程开关 2S 使阀 4 的 4YA 通电，阀 4 处于上位，控制压力油使液控单向阀反向通道打开，使液压缸 1 的 A 腔通过液控单向阀回油，其活塞即可继续运动到底。这种串联式同步回路只适用于负载较小的液压系统。

3. 采用同步液压马达的同步回路

图 7-47 所示为采用同步液压马达使两个液压缸同步运动的回路。图中两个相同排量的液压马达 2、3 的传动轴连在一起，分别向有效工作面积相同的液压缸 4、5 输送等量的压力油。其工作原理如下：1YA 通电后，阀 1 处于左位，液压泵的压力油同时进入液压马达 2、3，两个马达同步回转排出油液分别进入液压缸 4、5 的下腔，使 4、5 向上运动。若缸 4（或缸 5）先到终点，则液压马达 2（或 3）的排油压力升高，并打开单向阀 6（或 7）、溢流阀 10，油液流回油箱，而液压马达 3（或 2）继续向缸 5（或 4）的下腔供油，使缸 5（或缸 4）运动到底。反之，2YA 通电时，阀 1 处于右位，液压泵的压力油进入缸 4、5 的上腔，使其向下运动，并经马达回油。若缸 4（或缸 5）先到终点，则缸 5（或缸 4）在压力油的作用下继续向下运动，回油使液压马达 3（或 2）继续回转，油箱通过单向阀 9（或 8）向液压马达 3（或 2）的进油腔补油，直到油缸 5（或 4）到达终点为止。

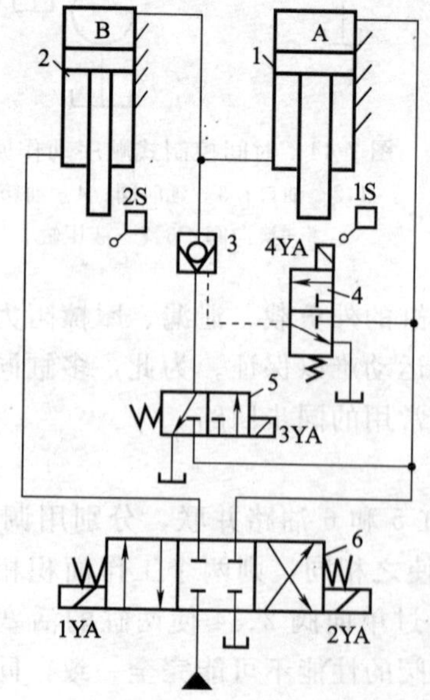

图 7-46　带补偿措施的串联液压缸同步回路
1,2—液压缸；3—液控单向阀；4,5—电磁换向阀；
6—三位四通换向阀

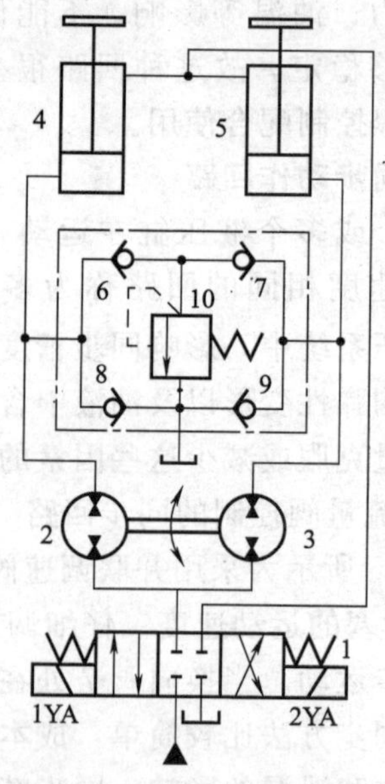

图 7-47　采用同步液压马达的同步回路
1—三位四通换向阀；2,3—液压马达；4,5—液压缸；
6～9—单向阀；10—溢流阀

这种回路的同步精度主要受两个液压马达排量的差异、容积效率等因素的影响，一般为2%～5%。这种回路所用的元件较多，费用较高，适用于工作行程较长的场合。

对于同步精度要求较高的场合，可以采用由比例阀或伺服阀组成的同步回路。

三、多执行元件互不干扰回路

在一泵多缸的液压系统中，往往会出现由于一个液压缸转为快速运动的瞬间，吸入大量油液，造成整个系统的压力下降，影响了其他液压缸工作的平稳性。因此，在速度平稳性要求较高的多缸液压系统，常采用互不干扰回路。

图7-48所示为双泵供油多缸互不干扰回路，各缸快速进退皆由大泵2供油，任一缸进入工进，则改由小泵1供油，彼此无牵连，也就无干扰。图示状态各缸原位停止。当电磁铁3YA、4YA通电时，阀7、阀8的左位工作，两缸都由大泵2供油作差动快进，小泵1供油在阀5、阀6处被堵截。设缸A先完成快进，由行程开关使电磁铁1YA通电，3YA断电，此时大泵2对缸A的进油路被切断，而小泵1的进油路打开，缸A由调速阀3调速作工进，缸B仍作快进，互不影响。当各缸都转为工进后，它们全由小泵供油。此后，若缸A又率先完成工进，行程开关应使阀5和7的电磁铁都通电，缸A即由大泵2供油快返。当各电磁铁皆断电时，各缸皆停止运动，并被锁于所在位置上。

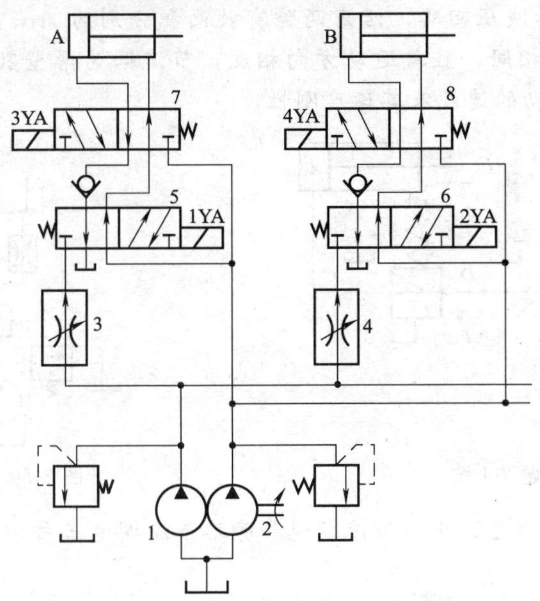

图7-48　多缸工作时互不干扰回路

1—小泵；2—大泵；3,4—调速阀；5～8—换向阀

小　结

1. 任何液压系统都是由若干个液压基本回路组成的。所谓基本回路就是由若干个液压元件组成的，用以完成特定功能的油路单元。学习基本回路的目的在于为分析典型液压系统实例和为今后设计液压系统时能正确选用基本回路打下基础。

2. 换向回路、锁紧回路等方向控制回路的工作原理、功能，回路中各元件的作用及相互关系。

3. 调压回路、增压回路、减压回路、卸荷回路、平衡回路等压力控制回路的工作原理、功能，回路中各元件的作用及相互关系。

4. 调速回路的基本要求、类型、应用场合及选择，三种节流调速回路的油路结构和各自的优缺点。

5. 快速运动回路、速度换接回路、多执行元件动作控制回路的组成、工作原理。

习　题　七

7-1　在图 7-49 所示回路中，已知活塞运动时的负载 $F=1200\text{N}$，活塞面积 $A=15\times10^{-4}\text{m}^2$，溢流阀调定压力 $p_y=4.5\text{MPa}$，两个减压阀的调定压力分别为 $p_{J1}=3.5\text{MPa}$ 和 $p_{J2}=2\text{MPa}$，油液流过减压阀及管路时的损失可忽略不计，试确定活塞在运动时和在终点停止时，B、D、C 三点的压力值。

7-2　在液压系统中，当工作部件停止运动后，使泵卸荷有什么好处？你能提出哪些卸荷方法？

7-3　如图 7-50 所示液压回路，活塞两腔有效面积分别为 A_1、A_2，假定活塞在往返运动时受到的阻力 F 大小相同，且与运动方向相反，节流阀为薄壁孔型。溢流阀调整压力为 p_y。试求活塞左、右运动的速度及其速度刚性。

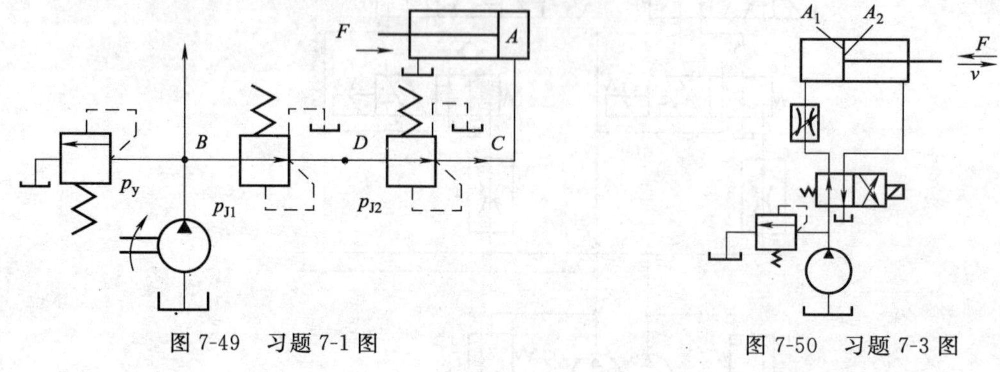

图 7-49　习题 7-1 图　　　　图 7-50　习题 7-3 图

7-4　试述进口节流调速、出口节流调速和旁路节流调速三种方法的优缺点及应用场合。

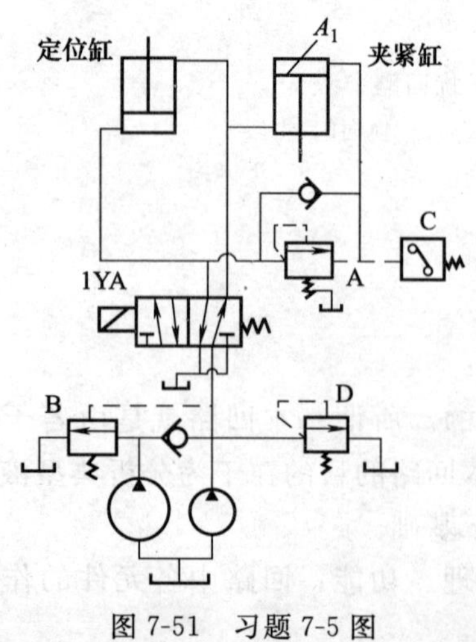

图 7-51　习题 7-5 图

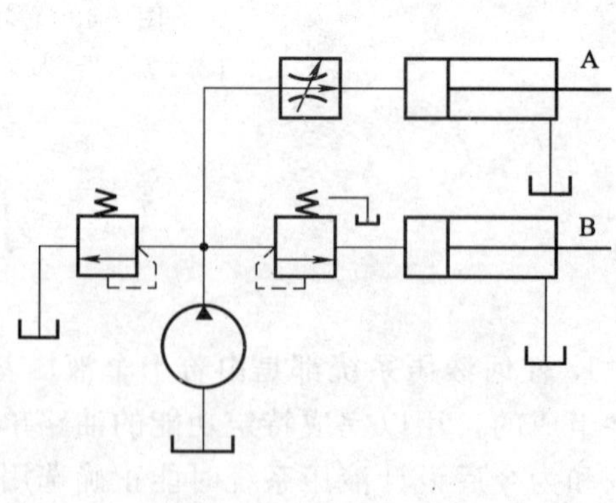

图 7-52　习题 7-6 图

7-5　如图 7-51 所示液压回路，已知定位压力要求为 10×10^5Pa，夹紧力要求为 3×10^4N，夹紧缸无杆腔面积 $A_1=100\text{cm}^2$，试回答下列问题：

(1) A、B、C、D 各元件名称、作用及其调整压力；

(2) 系统的工作过程。

7-6　如图 7-52 所示回路中，液压缸 A 和 B 并联，现要求缸 A 先动作，速度可调，且当 A 缸活塞运动到终点后，缸 B 才动作。试问图示回路能否实现所要求的顺序动作？为什么？在不增加元件数量（允许改变顺序阀的控制方式）的情况下，应如何改进？

第八章　典型液压系统

【导读】本章通过对五个典型液压系统的分析和学习，主要掌握液压系统的分析方法和步骤，进一步加深理解液压元件的功用和基本回路的合理组合，为液压系统的分析和设计奠定基础。

第一节　阅读液压系统图的一般步骤

在分析液压系统前，看懂液压系统图是一项基本功。要能很好地阅读液压系统图，必须熟悉液压元件的工作原理和符号，以及各种典型回路的组成。

阅读液压系统图时，大致按以下步骤进行：

① 了解设备的功用及对液压系统动作和性能要求。

② 初步分析液压系统图，以执行元件为中心，将系统分解为若干个子系统。

③ 对每个子系统进行分析。分析组成子系统的基本回路及各液压元件的作用；按执行元件的工作循环分析实现每步动作的进油和回油路线。

④ 根据系统中对各执行元件之间的顺序、同步、互锁、防干扰或联动等要求分析各子系统之间的联系，弄懂整个液压系统的工作原理。

⑤ 归纳出设备液压系统的特点和使设备正常工作的要领，加深对整个液压系统的理解。

第二节　组合机床动力滑台液压系统

一、概述

组合机床（图 8-1）是一种高效率的机械加工专用机床，这种机床既可以单机使用，也可以多机配套组成加工自动线。它由一些通用部件（如动力头、滑台、床身、立柱、底座、回转工作台等）和少量的专用部件（如主轴箱、夹具等）组成，有卧式、立式等多种结构形式。其加工范围较宽，能完成钻、扩、铰、镗、铣、攻螺纹等工序和工作台的转位、定位、夹紧和输送等辅助动作，自动化程度较高。在机械制造业的成批和大量生产中得到了广泛的应用。

液压动力滑台是组合机床上用来完成直线运动的动力部件，在它上面安装上动力头时，可完成刀具切削工件时的进给（工进）运动、刀具接近工件和离开工件的快进与快退运动。组合机床液压动力滑台的液压系统是一种以速度变换为主、最高工作压力不超过 6.3MPa 的中压系统。

YT4543 型液压动力滑台工作台面的尺寸为 450mm×800mm，进给速度范围为 6.6～600m/min，最大快进速度为 7.3m/min，最大进给力为 45kN。下面介绍这种动力滑台的液

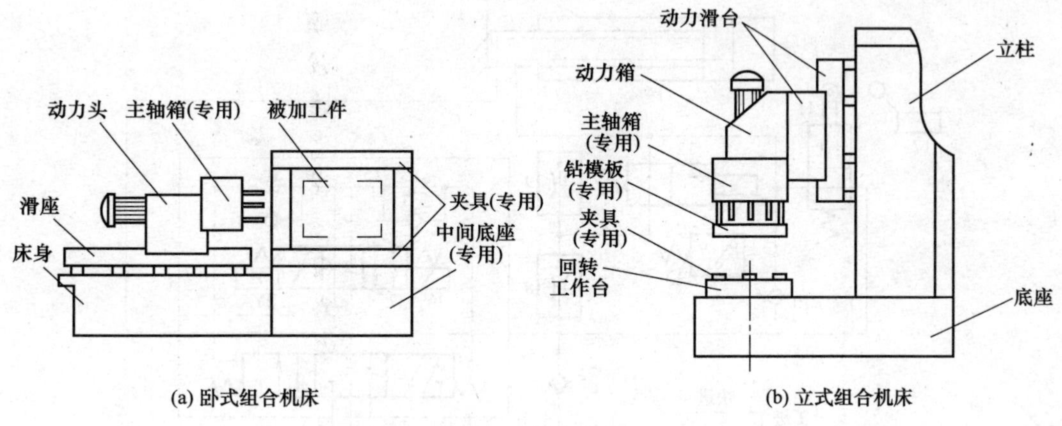

(a) 卧式组合机床　　(b) 立式组合机床

图 8-1　组合机床

压系统。

二、YT4543 型液压动力滑台的液压系统工作原理

图 8-2 所示为 YT4543 型液压动力滑台的液压系统及工作循环图，该液压系统采用限压式变量叶片泵供油，用电液换向阀换向，用行程阀实现快慢速度的转换，用电磁阀实现两种工进速度的转换，用调速阀使进给速度稳定。该系统在机械和电气的配合下，可实现多种自动工作循环，通常实现的工作循环是：快进→第一次工作进给（一工进）→第二次工作进给（二工进）→死挡铁停留→快速退回→原位停止。下面就以它为例来说明液压系统的工作原理。

1. 快进

按下启动按钮，电磁铁 1YA 通电，先导阀 7（电磁换向阀）左位接入系统，液控换向阀 6 左位机能起作用，将主油路沟通。此时动力滑台空载，系统压力低，顺序阀 4 处于关闭状态，液压缸 14 差动连接，且变量泵 1 输出最大流量，故液压缸快进。

主油路的油液流动路线为：

进油路：变量泵 1→单向阀 2→换向阀 6（左位）→行程阀 11（下位）→缸 14 左腔

回油路：缸 14 右腔→换向阀 6（左位）→单向阀 5→行程阀 11（下位）→缸 14 左腔

2. 一工进

当滑台快进到预定位置时，滑台上的行程挡块压下行程阀 11，切断阀 11 的通道，电磁铁 1YA 继续通电，液控换向阀 6 仍以左位接入系统。这时液压油只能经调速阀 8 和电磁阀 12 进入液压缸 14 的左腔。由于工进时负载增加，系统压力升高，顺序阀 4 此时打开，单向阀 5 在两端压差作用下关闭。液压缸 14 右腔的回油最终经背压阀 3 流回油箱，这样就使滑台转为一工进。此时工作速度由调速阀 8 调定，而变量泵 1 则因压力升高而自动减少流量输出，并使输出流量与调速阀 8 所调整的流量相适应，这时主油路的油流路线为：

进油路：变量泵 1→单向阀 2→液控换向阀 6（左位）→调速阀 8→电磁阀 12（右位）→液压缸 14 左腔

回油路：液压缸 14 右腔→液控换向阀 6（左位）→顺序阀 4→背压阀 3→油箱

3. 二工进

当滑台以一工进的速度前进到预定位置时，行程挡块压下行程开关 17，使电磁铁 3YA 通电，则经电磁阀 12 的通道被切断。于是从调速阀 8 流出的油液改道经调速阀 9 进入液压缸左腔，液压缸右腔的回油路线和一工进相同。由于调速阀 9 的开口量调得比调速阀 8 小，

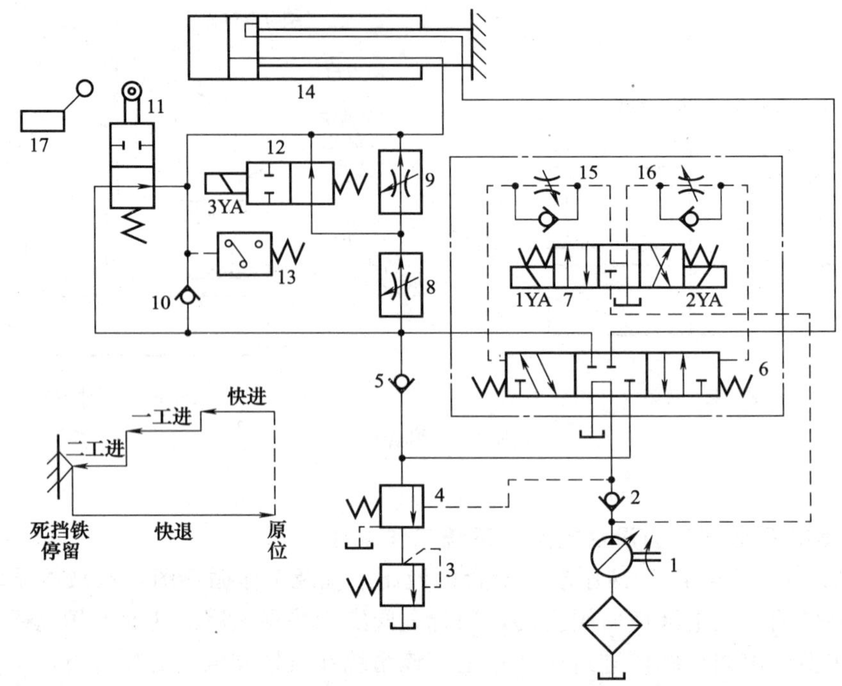

图 8-2　YT4543 型液压动力滑台的液压系统及工作循环图

1—液压泵；2,5,10—单向阀；3—背压阀；4—外控顺序阀；6—液控换向阀；7—先导阀；8,9—调速阀；11—行程阀；12—电磁阀；13—压力继电器；14—液压缸；15,16—单向节流阀；17—行程开关

故此时速度由调速阀 9 调定。这样就实现了滑台的一工进与二工进两种工作速度间的换接，这时主油路的油流路线为：

进油路：变量泵 1→单向阀 2→液控换向阀 6（左位）→调速阀 8→调速阀 9→液压缸 14 左腔

回油路：液压缸 14 右腔→液控换向阀 6（左位）→顺序阀 4→背压阀 3→油箱

4. 死挡铁停留

当滑台以二工进速度前进到预定位置后，碰上死挡铁，滑台停止运动，即实现死挡铁停留。滑台在死挡铁上停留片刻的目的，是为了保证在加工盲孔、阶梯孔和刮端时，“清根”和不留下刀痕。此时，由于滑台停止运动（相当于负载无穷大），泵的供油压力升高到最大值，而流量却减少到只能补偿泵和系统的泄漏，即泵处于保压卸荷（流量卸荷）状态。停留时间由时间继电器调定。

5. 快速退回

滑台碰上死挡铁后，停止运动，系统压力不断上升，当压力达到压力继电器 13 的调定数值时，它发出信号，使先导阀 7 的电磁铁 1YA 断电、2YA 通电，液控换向阀 6 的右端接通控制油路，液控换向阀 6 的右位机能起作用。因为此时为空载，回油也没有背压，故系统压力很低，变量泵 1 输出流量最大，滑台快速退回。这时主油路的油流路线为：

进油路：变量泵 1→单向阀 2→换向阀 6（右位）→缸 14 右腔

回油路：缸 14 左腔→单向阀 10→换向阀 6（右位）→油箱

6. 原位停止

当滑台快退到原位时，行程挡铁压下终点行程开关，发出信号，使所有电磁铁都断电，液控换向阀 6 和先导阀 7 都处于中位，液压缸 14 两腔油路封闭，滑台停止运动，变量泵 1

通过液控换向阀 6 中位卸荷。这时主油路的油流路线为：

变量泵 1→单向阀 2→液控换向阀 6（中位）→油箱

表 8-1 为该系统电磁铁、行程阀的动作顺序。其中“＋”表示电磁铁通电或行程阀压下，“－”表示电磁铁断电或行程阀复位。

表 8-1 电磁铁和行程阀动作顺序

动作名称	电磁铁			行程阀 11
	1YA	2YA	3YA	
快进(差动)	＋	－	－	－
一工进	＋	－	－	＋
二工进	＋	－	＋	＋
死挡铁停留	＋	－	＋	＋
快退	－	＋	±	±
原位停止	－	－	－	－

由上述分析可知，YT4543 型液压动力滑台液压系统主要由下列回路组成：

① 采用限压式变量叶片泵、调速阀、背压阀组成的容积节流（进口）调速回路；

② 采用差动连接的快速运动回路；

③ 采用电液换向阀（由阀 6、7 组成）的换向回路；

④ 采用行程阀和电磁阀的速度换接回路；

⑤ 采用 M 型中位机能三位换向阀的卸荷回路。

系统中的单向阀 2 除有保护液压泵免受液压冲击的作用外，主要是在系统卸荷时使电液换向阀的先导控制油路有一定的控制压力，确保实现换向动作；单向阀 5 的作用是在工进时隔离进油路和回油路。

三、YT4543 型液压动力滑台液压系统的特点

① 系统采用了“限压式变量叶片泵＋调速阀＋背压阀”式的容积节流（进口）调速回路。用变量泵供油可使空载时获得快速（泵的流量大），工进时，负载增加，泵的流量会自动减小，且无溢流损失，因而功率的利用合理。用调速阀调速可保证工作进给时获得稳定的低速（最小可达 6.6mm/min），有较好的速度刚性。调速阀设在进油路上，便于利用压力继电器发信号实现动作顺序的自动控制。同时其调速范围较大（最高速与最低速之比可达 100 左右）。回油路上加背压阀能防止负载突然减小时产生的前冲现象，并能使工进速度平稳。

② 系统采用了限压式变量泵和液压缸差动连接两项措施来实现快进，可获得较大的快进速度，且能量利用也比较合理。滑台停止运动时，采用单向阀和 M 型中位机能的换向阀串联的回路使液压泵在低压下卸荷，既减少了能量损耗，又使控制油路保持一定的压力，以保证下一工作循环的顺利启动。

③ 采用行程阀和顺序阀实现快进与工进换接，不仅简化了油路，而且使动作可靠，换接精度高。两次工进速度的换接，由于速度比较低，采用了由电磁阀切换的调速阀串联的回路，既保证了必要的转换精度，又使油路的布局比较简单、灵活。采用死挡块作限位装置，定位准确，重复精度高。

④ 系统采用了换向时间可调的电液换向阀来切换油路，使滑台的换向更加平稳，冲击和噪声小。同时，电液换向阀的五通结构使滑台进和退时分别从两条油路回油，这样滑台快退时系统没有背压，也减少了压力损失。

第三节　液压机液压系统

一、概述

液压机是一种可用于加工金属、塑料、木材、皮革、橡胶等各种材料的压力加工机床，能完成锻压、冲压、冷挤、校直、弯曲、成形、打包等多种工艺，具有压力和速度可大范围无级调整，可在任意位置输出全部功率和保持所需压力等许多优点，因而用途十分广泛。

液压机按其所用的工作介质不同，可分为油压机和水压机两种；按机体的结构不同，有单臂式、柱式和框架式等。其中以柱式液压机应用较广泛。如图 8-3 所示，这种压力机由四个导向立柱，上、下横梁和滑块组成，在上、下横梁中安置着上、下两个液压缸，上缸为主液压缸，下缸为顶出缸。

本节介绍一种以油为介质的 YB32-200 型四柱万能液压机。该液压机主液压缸最大压制力为 2000kN。液压机要求液压系统完成的主要动作是：主液压缸驱动滑块快速下行、慢速加压、保压延时、快速返回及在任意点停止；顶出活塞缸的顶出、退回等。在作薄板拉伸时，有时还需要利用顶出液压缸将坯料压紧，以防止周边起皱。这时顶出液压缸下腔需保持一定的压力并随主缸一起下行。

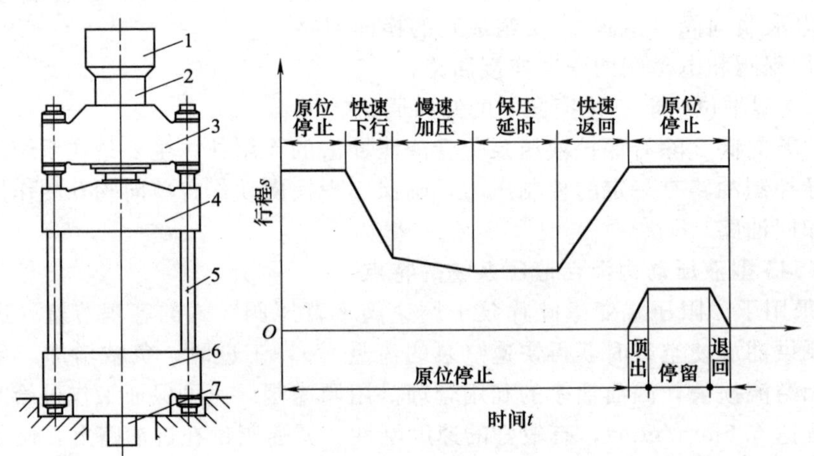

图 8-3　柱式液压机的组成及动作循环图

1—充液箱；2—上缸；3—上横梁；4—滑块；5—导向立柱；6—下横梁；7—顶出缸

二、YB32-200 型四柱万能液压机液压系统的工作原理

图 8-4 所示为 YB32-200 型四柱万能液压机的液压系统原理图。

1. 主缸的运动

(1) 快速下行　快速下行时，电磁铁 1YA 通电，先导阀 3（电磁换向阀）和主缸换向阀 7（液动换向阀）左位接入系统，液控单向阀Ⅰ2 被打开。在主缸 5 快速下行的起初阶段，尚未触及工件时，主缸活塞在自重作用下迅速下行。这时液压泵的流量较小，还不足以补充主缸上腔空出的体积，因而上腔形成真空。处于液压机顶部的充液箱 6 在大气压作用下，打开液控单向阀Ⅰ1 向主缸上腔加油，使之充满油液，以便主缸活塞下行到接触工件时，能立即进行加压。这时系统中油液流动的情况为：

进油路：液压泵→顺序阀 10→主缸换向阀 7（左位）→单向阀Ⅰ3→主缸 5 上腔

回油路：主缸 5 下腔→液控单向阀Ⅰ2→主缸换向阀 7（左位）→下缸电液换向阀 2（中位）→油箱

(2) 接触工件，慢速加压　在滑块 16 接触到工件后，阻力增加，这时主缸 5 上腔压力迅速升高，关闭液控单向阀Ⅰ1，这时只有液压泵继续向主缸上腔提供高压油，推动活塞慢速下行，对工件加压。加压速度仅由液压泵的流量来决定，油液流动情况与快速下行相同。

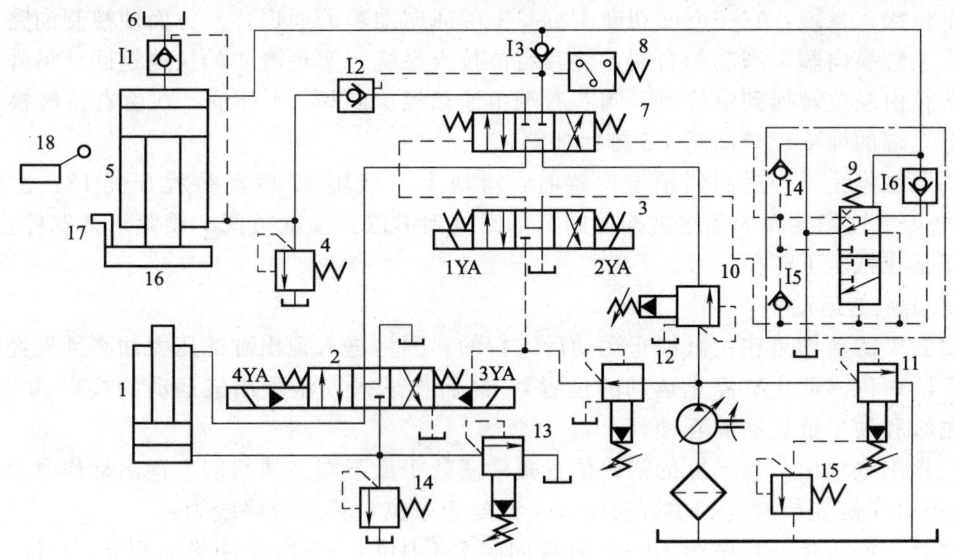

图 8-4　YB32-200 型四柱万能液压机的液压系统原理图

1—下缸（顶出缸）；2—下缸电液换向阀；3—主缸先导阀；4—主缸安全阀；5—上缸（主缸）；6—充液箱；7—主缸换向阀；8—压力继电器；9—释压阀；10—顺序阀；11—泵站溢流阀；12—减压阀；13—下缸溢流阀；14—下缸安全阀；15—远程调压阀；16—滑块；17—挡块；18—行程开关

(3) 保压延时　当主缸上腔的油压达到预定数值时，压力继电器 8 发出信号，使电磁铁 1YA 断电，主缸先导阀 3 和主缸换向阀 7 都回复中位，主缸上、下油腔封闭。液压泵处于卸荷状态，系统中没有油液流动。而单向阀Ⅰ3 被高压油自动关闭，主缸上腔进入保压状态。保压时间由压力继电器 8 控制的时间继电器（图中未画出）控制，能在 0～24min 内调节。这时的油液流动情况为：

液压泵→顺序阀 10→主缸换向阀 7（中位）→下缸电液换向阀 2（中位）→油箱

(4) 泄压、快速返回　保压结束（到了预定的保压时间）后，时间继电器发出信号，使电磁铁 2YA 通电，主缸先导阀 3 右位接入系统，释压阀 9 使主缸换向阀 7 也以右位接入系统。这时液控单向阀Ⅰ1 被打开，使主缸上腔的排油全部排回充液箱 6，当充液箱 6 内液面超过预定位置时，多余油液由溢流管（图中未画出）排回主油箱。油液流动情况为：

进油路：液压泵→顺序阀 10→主缸换向阀 7（右位）→液控单向阀Ⅰ2→主缸 5 下腔

回油路：主缸 5 上腔→液控单向阀Ⅰ1→充液箱 6

液压机中的释压阀 9 是为了防止保压状态向快速返回状态转变过快，在系统中引起压力冲击而设置的。因为若此时主缸上腔立即与回油相通，则系统内液体积蓄的弹性能将突然释放出来，产生液压冲击，造成机器和管路的剧烈振动，发出很大的噪声，所以保压后必须先泄压然后再返回。故系统中设置了释压阀 9。它的主要功用是使主缸 5 上腔释压之后，压力油才能通入该缸下腔，从而实现由保压状态向快速返回状态的平稳转换。其工作原理如下：在保压阶段，释压阀 9 以上位接入系统；当电磁铁 2YA 通电，主缸先导阀 3 右位接入系统时，控制油路中的压力油虽已进入释压阀阀芯的下端，但由于其上端的高压未曾释放，阀芯不动。而液控单向阀Ⅰ6（阀芯中带有小型卸荷阀芯）是可以在控制压力低于其主油路压力下打开的，因此泄压油路路线为：

主缸 5 上腔→液控单向阀Ⅰ6→释压阀 9（上位）→油箱

于是主缸 5 上腔的压力经液控单向阀Ⅰ6 逐渐释放，释压阀 9 的阀芯逐渐向上移动，最终以其下位接入系统，它一方面切断主缸 5 上腔通向油箱的通道，一方面使控制油路中的压力油进入主缸换向阀 7 阀芯的右端，使其右位接入系统，实现滑块的快速返回。另外，主缸换向阀 7 在由左位转换到中位时，阀芯右端由油箱经单向阀Ⅰ4 补油；在由右位转换到中位时，阀芯右端的油液经单向阀Ⅰ5 排回油箱。

（5）原位停止　当返回到预定位置时，滑块上的挡块 17 触动行程开关 18，使电磁铁 2YA 断电，主缸先导阀 3 和主缸换向阀 7 都回复到中位。主缸被阀 7 锁紧，活塞停止运动，此时液压泵在低压下卸荷。

2. 顶出缸的运动

顶出缸 1 的动作是在主缸停止运动后进行的。因为进入顶出缸的压力油必须先经过主缸换向阀 7 的中位（即主缸停止运动的位置），然后再进入控制顶出缸运动的换向阀 2，从而实现了主缸和顶出缸运动的互锁。

（1）顶出缸顶出　顶出缸的初始位置是活塞处于最下端。执行向上顶出动作时，电磁阀 3 YA 通电，主缸先导阀 3 和主缸换向阀 7 都处于中位，其油流路线为：

进油路：液压泵→顺序阀 10→主缸换向阀 7（中位）→下缸电液换向阀 2（右位）→下缸 1 下腔

回油路：下缸 1 上腔→下缸电液换向阀 2（右位）→油箱

顶出缸活塞上升、顶出，以便取出压制成型的工件。

（2）顶出缸退回　顶出缸向下退回时，电磁铁 3YA 断电、4YA 通电，这时油流路线为：

进油路：液压泵→顺序阀 10→主缸换向阀 7（中位）→下缸电液换向阀 2（左位）→下缸 1 上腔

回油路：下缸 1 下腔→下缸电液换向阀 2（左位）→油箱

（3）顶出缸停止　电磁铁 3YA、4YA 都断电，下缸电液换向阀 2 处于中位，顶出缸停止运动。

表 8-2 为该系统电磁铁的动作顺序。

表 8-2　电磁铁动作顺序

动作名称		电磁铁			
		1YA	2YA	3YA	4YA
主缸（上缸）	快速下行	+	－	－	－
	慢速加压	+	－	－	－
	保压延时	－	－	－	－
	快速返回	－	+	－	－
	原位停止	－	－	－	－
顶出缸（下缸）	顶出	－	－	+	－
	退回	－	－	－	+
	停止	－	－	－	－

三、YB32-200 型四柱万能液压机液压系统的主要特点

① 系统是利用主缸活塞、滑块自重的作用实现快速下行，并利用充液箱和液控单向阀Ⅰ1 对主缸充液，从而减小泵的流量，简化油路结构。

② 系统中采用了释压阀来实现主缸滑块快速返回时主缸换向阀的延时换向（先卸压后换向），保证液压机动作平稳，不会在换向时产生液压冲击和噪声。

③ 系统利用管道和密封油液的弹性变形来实现保压，方法简单，但对液控单向阀和液压缸等元件的密封性能要求较高。

④ 主缸与下缸的运动互锁，以确保操作安全。

⑤ 系统中的两个液压缸各有一个安全阀进行过载保护。

第四节　数控机床中 JS01 型工业机械手液压系统

一、概述

机械手是模仿人的手部动作，按给定程序实现自动抓取、搬运和操作的自动装置。机械手一般由执行机构、驱动系统、控制系统及检测装置等组成。机械手驱动系统多采用电、液和气联合驱动。

JS01 型工业机械手是圆柱坐标式、全液压驱动机械手，具有手臂升降、伸缩、回转和手腕回转 4 个自由度。执行机构由手部伸缩、手腕伸缩、手臂升降、手臂回转和回转定位等机构组成，每一部分均由液压缸驱动与控制。它完成的动作循环为：插销定位→手臂前伸→手指张开→手指抓料→手臂上升→手臂缩回→手腕回转 180°→拔定位销→手臂回转 95°→插定位销→手臂前伸→手臂中停（此时主机的夹头下降夹料）→手指张开（此时主机夹头夹着料上升）→手指闭合→手臂缩回→手臂下降→手腕回转复位→拔定位销→手臂回转复位→待料（泵卸载）。

二、JS01 型工业机械手液压系统的工作原理

JS01 型工业机械手液压系统原理图如图 8-5 所示。各执行机构的动作均由电控系统控制相应的电磁换向阀，按程序依次步进动作。

1. 插销定位

按下启动按钮，双联叶片泵 1、2 同时供油，电磁铁 1YA、2YA 通电，油液经溢流阀 3、4 回油箱，机械手处于待料卸荷状态。

当棒料到达待上料位置，启动程序动作。电磁铁 1YA 通电，2YA 断电，使大流量泵 1 继续卸荷，而小流量泵 2 停止卸荷，同时电磁铁 12YA 通电。这时油路为：

进油路：小流量泵 2→单向阀 6→减压阀 8→单向阀 9→电磁换向阀 25（右）→定位缸左腔

注意定位缸没有回油路，它是依靠弹簧复位的。此时，插销定位以保证初始位置准确。

2. 手臂前伸

插销定位后，此支路系统油压上升，使压力继电器 26 发出信号，使电磁铁 5YA 通电，而电磁铁 1YA 断电，这样大流量泵 1 和小流量泵 2 经相应的单向阀汇流到电液换向阀 14 左位，进入手臂伸缩缸右腔。这时油路为：

进油路：大流量泵 1→单向阀 5↘

　　　　　　　　　　　　　　电液换向阀 14（左）→手臂伸缩缸右腔

　　　小流量泵 2→单向阀 6、7↗

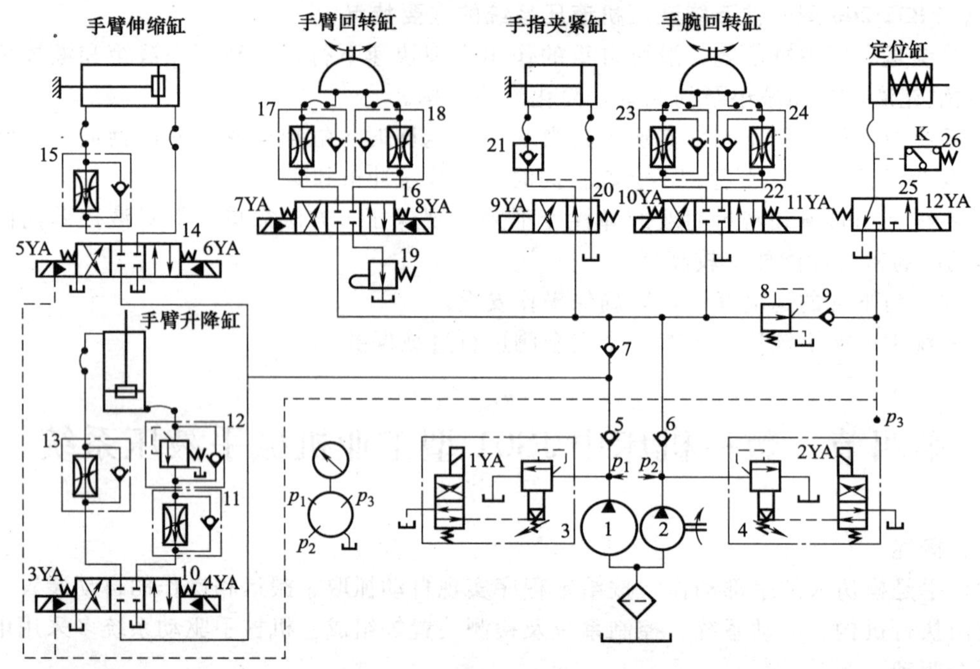

图 8-5　JS01 型工业机械手液压系统原理图

1—大流量泵；2—小流量泵；3,4—溢流阀；5～7,9—单向阀；8—减压阀；10,14,16，22—电液换向阀；11,13,15,17,18,23,24—单向调速阀；12—单向顺序阀；19—行程节流阀；20,25—电磁换向阀；21—液控单向阀；26—压力继电器

回油路：手臂伸缩缸左腔→单向调速阀 15→电液换向阀 14（左）→油箱

3. 手指张开

手臂前伸到适当位置，行程开关发出信号，电磁铁 1YA、9YA 通电，大流量泵 1 卸荷，小流量泵 2 供油经单向阀 6 到电磁换向阀 20 左位，进入手指夹紧缸右腔。这时油路为：

进油路：小流量泵 2→单向阀 6→电磁换向阀 20（左）→手指夹紧缸右腔

回油路：手指夹紧缸左腔→液控单向阀 21→电磁换向阀 20（左）→油箱

4. 手指抓料

手指张开后，时间继电器延时。待棒料由送料机构送到手指区域时，继电器发出信号使电磁铁 9YA 断电，小流量泵 2 供油经单向阀 6、电磁换向阀 20 右位，进入手指夹紧缸左腔，使手指夹紧棒料。这时油路为：

进油路：小流量泵 2→单向阀 6→电磁换向阀 20（右）→液控单向阀 21→手指夹紧缸左腔

回油路：手指夹紧缸右腔→电磁换向阀 20（右）→油箱

5. 手臂上升

当手指抓料后，手臂上升。大流量泵 1 和小流量泵 2 同时供油到手臂升降缸。这时油路为：

进油路：大流量泵 1→单向阀 5↘

电液换向阀 10（左）→单向调速阀 11→单向顺序阀 12→手臂升降缸下腔

小流量泵 2→单向阀 6、7↗

回油路：手臂升降缸上腔→单向调速阀 13→电液换向阀 10（左）→油箱

6. 手臂缩回

手臂上升到预定位置，碰行程开关，电磁铁 3YA 断电，电液换向阀 10 复位，6YA 通电，大流量泵 1 和小流量泵 2 同时供油经电液换向阀 14 右位、单向调速阀 15，进入手臂伸缩缸左腔。这时油路为：

进油路：大流量泵 1→单向阀 5 ↘

电液换向阀 14（右）→单向调速阀 15→手臂伸缩缸左腔

小流量泵 2→单向阀 6、7 ↗

回油路：手臂伸缩缸右腔→电液换向阀 14（右）→油箱

7. 手腕回转

当手臂的挡块碰到行程开关时，电磁铁 6YA 断电，电液换向阀 14 复位，电磁铁 1YA、10YA 通电。此时，小流量泵 2 单独供油经电液换向阀 22 左位，再经过单向调速阀 24 进入手腕回转缸，使手腕回转 180°。

8. 拔定位销

当手腕的挡块碰到行程开关时，电磁铁 10YA、12YA 断电，电液换向阀 22、电磁换向阀 25 复位，定位缸油液经电磁换向阀 25 左端回油箱，弹簧作用拔定位销。

9. 手臂回转

定位缸支路无油压后，压力继电器 26 发出信号，接通电磁铁 7YA。这时油路为

小流量泵 2→单向阀 6→电液换向阀 16（左）→单向调速阀 18→手臂回转缸，使手臂回转 95°

10. 插定位销

当手臂回转碰到行程开关时，电磁铁 7YA 断电，电磁铁 12YA 又重新通电，插定位销动作顺序与“1. 插销定位”相同。

11. 手臂前伸

此时的动作顺序与“2. 手臂前伸”相同。

12. 手臂中停（此时主机的夹头下降夹料）

当手臂前伸碰到行程开关时，电磁铁 5YA 断电，伸缩缸停止动作，确保手臂将棒料放到准确位置处，“手臂中停”等待主机夹头夹紧棒料，夹头夹紧棒料后，时间继电器发出信号。

13. 手指张开

接到继电器信号后，电磁铁 1YA、9YA 通电，手指张开动作顺序与“3. 手指张开”相同。并启动时间继电器延时，主机夹头移走棒料后，继电器发出信号。

14. 手指闭合

接到继电器信号，电磁铁 9YA 断电，手指闭合动作顺序与“4. 手指抓料”相同。

15. 手臂缩回

当手指闭合后，电磁铁 1YA 断电，使大流量泵 1 和小流量泵 2 同时供油，同时电磁铁 6YA 通电，其动作顺序与“6. 手臂缩回”相同。

16. 手臂下降

手臂缩回碰到行程开关时，电磁铁 6YA、4YA 通电。此时电液换向阀 10 右端动作，压力油经电液换向阀 10 和单向调速阀 13 进入升降缸上腔。这时油路为：

进油路：大流量泵 1→单向阀 5↘

电液换向阀 10（右）→单向调速阀 13→手臂升降缸上腔

小流量泵 2→单向阀 6、7↗

回油路：手臂升降缸下腔→单向顺序阀 12→单向调速阀 11→电液换向阀 10（右）→油箱

17. 手腕反转

当升降导套上的挡块碰到行程开关时，电磁铁 4YA 断电，电磁铁 1YA、11YA 通电。小流量泵 2 单独供油经电液换向阀 22 右位，再经过单向调速阀 23 进入手腕回转缸的另一腔，使手腕反转 180°。

18. 拔定位销

手腕反转碰到行程开关后，电磁铁 11YA、12YA 断电，动作顺序与“8. 拔定位销”相同。

19. 手臂反转

拔定位销后，压力继电器发出信号，接通电磁铁 8YA。这时油路为：

小流量泵 2→单向阀 6→电液换向阀 16（右）→单向调速阀 17→手臂回转缸，使手臂反转 95°，机械手复位

20. 待料卸载

手臂反转到位后，启动行程开关，电磁铁 8YA 断电，2YA 通电。此时两泵同时卸荷。机械手的动作循环结束，等待下一个循环。

表 8-3 列出了电磁铁和继电器的动作顺序。

表 8-3　电磁铁和继电器的动作顺序

动作顺序	1YA	2YA	3YA	4YA	5YA	6YA	7YA	8YA	9YA	10YA	11YA	12YA	K26
插销定位	+	−	−	−	−	−	−	−	−	−	−	+	−+
手臂前伸	−	−	−	−	+	−	−	−	−	−	−	+	+
手指张开	+	−	−	−	−	−	−	−	+	−	−	+	+
手指抓料	+	−	−	−	−	−	−	−	−	−	−	+	+
手臂上升	−	−	+	−	−	−	−	−	−	−	−	+	+
手臂缩回	−	−	−	−	−	+	−	−	−	−	−	+	+
手腕回转	+	−	−	−	−	−	−	−	−	+	−	+	+
拔定位销	+	−	−	−	−	−	−	−	−	−	−	−	−
手臂回转	+	−	−	−	−	−	+	−	−	−	−	−	−
插定位销	+	−	−	−	−	−	−	−	−	−	−	+	−+
手臂前伸	−	−	−	−	+	−	−	−	−	−	−	+	+
手臂中停	−	−	−	−	−	−	−	−	−	−	−	+	+
手指张开	+	−	−	−	−	−	−	−	+	−	−	+	+
手指闭合	+	−	−	−	−	−	−	−	−	−	−	+	+
手臂缩回	−	−	−	−	−	+	−	−	−	−	−	+	+
手臂下降	−	−	−	+	−	−	−	−	−	−	−	+	+
手腕反转	+	−	−	−	−	−	−	−	−	−	+	+	+
拔定位销	+	−	−	−	−	−	−	−	−	−	−	−	−
手臂反转	+	−	−	−	−	−	−	+	−	−	−	−	−
待料卸载	+	+	−	−	−	−	−	−	−	−	−	−	−

三、JS01 型工业机械手液压系统的主要特点

① 系统采用了双泵供油，额定压力为 6.3MPa，手臂升降与伸缩时由两个泵同时供油，手臂及手腕回转、手指松紧和定位缸工作时，只有小流量泵 2 供油，大流量泵 1 自动卸载。由于定位缸和控制油路所需压力较低，在定位缸支路上串联减压阀 8，使之获得稳定的压力。

② 手臂的伸缩和升降采用单杆双作用液压缸驱动，手臂伸出和升降速度分别由单向调速阀 15、13 和 11 实现回油节流调速；手臂及手腕的回转由摆动液压缸驱动，其正反运动速度亦采用 17 和 18、23 和 24 单向回油节流调速。

③ 执行机构的定位和缓冲是机械手工作平稳可靠的关键。该机械手手臂伸出、手腕回转由死挡铁定位保证精度，端点到达前发出信号切断油路，滑行缓冲，手臂缩回和上升由行程开关适时发出信号，提前切断滑行缓冲并定位。此外，手臂伸缩缸和升降缸采用了电液换向阀换向，调节换向时间，也增加缓冲效果。由于手臂的回转部分质量较大，转速较高，运动惯性矩较大，系统的手臂回转缸除采用单向调速阀回油节流调速外，还在回油路安装了行程节流阀 19 进行减速缓冲，最后由定位缸插销定位，满足定位精度要求。

④ 手指夹紧工件后不受系统压力波动的影响，牢固地夹紧工件，采用了液控单向阀 21 的锁紧回路。

⑤ 手臂升降为立式液压缸，为支承平衡手臂运动部件的自重，采用了单向顺序阀 12 的平衡回路。

第五节　注塑机液压系统

一、概述

塑料注射成形机是一种将颗粒状塑料经加热熔化呈流动状态后，以高压、快速注入模腔，并保压和冷却而凝固成型为塑料制品的加工设备，简称为注塑机。

1. 注塑机的组成及工作程序

图 8-6 为注塑机的组成示意，它主要由合模部件、注射部件和床身组成。合模部件又由启合模机构、定模板、动模板和制品顶出装置等组成。注射部件位于注塑机的右上方，由加料装置（料筒、螺杆、喷嘴）、预塑装置、注射液压缸和注射座移动缸等组成。注塑工作程序如图 8-7 所示。

2. 注塑机工况对液压系统的要求

(1) 具有足够的合模力　在注射过程中，常以 40～150MPa 的高压注入模腔，为防止塑料制品产生溢边或脱模困难等现象发生，要求具有足够的合模力。为了减小合模缸的尺寸或降低压力，常采用连杆扩力机构来实现合模与锁模。

(2) 开模、合模速度可调　由于既要考虑缩短空程时间以提高生产率，又要考虑合模过程中的缓冲要求以保证制品质量，并避免产生冲击，所以在启、合模过程中，要求移模缸具有慢、快、慢的速度变化。

(3) 注射座可整体前进与后退　注射座整体移动由液压缸驱动，除保证在注射时具有足够的推力，使喷嘴与模具浇口紧密接触外，还应按固定加料、前加料和后加料三种不同的预塑形式调节移动速度。为缩短空程时间，注射座移动也应具有慢、快的速度变化。

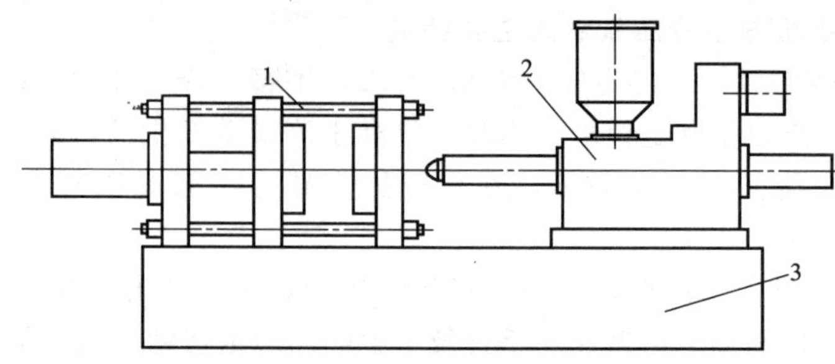

图 8-6　注塑机的组成示意

1—合模部件；2—注射部件；3—床身

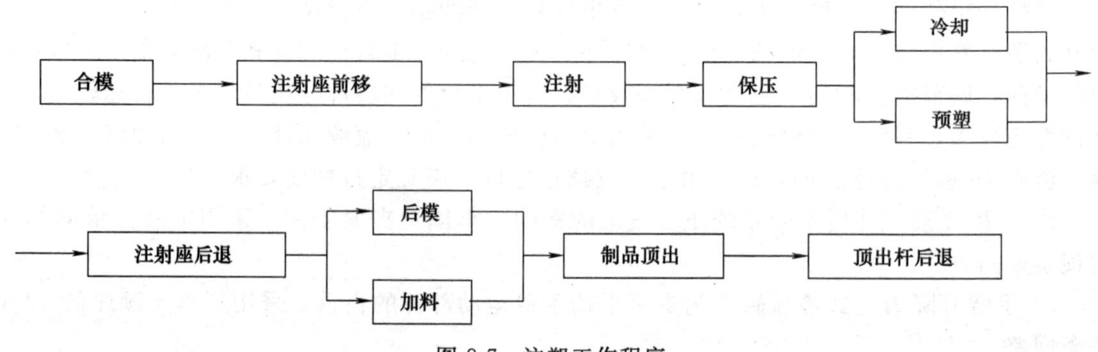

图 8-7　注塑工作程序

(4) 注射的压力和速度可调节　根据原料、制品的几何形状和模具浇口的布局不同，在注射成型过程中要求注射的压力和速度可调节。

(5) 可保压冷却　熔体注入型腔后，要保压和冷却。当冷却凝固时因有收缩，在型腔内要补充熔体，否则，因充料不足而出现残品。因此，要求液压系统保压，并根据制品要求，可调节保压的压力。

(6) 顶出制品时速度平稳　制品在冷却成型后被顶出。当脱模顶出时，为了防止制品受损，运动要平稳，并能按不同制品形状，对顶出缸的速度进行调节。

二、XS-ZY-250A 型注塑机液压系统的工作原理

图 8-8 所示为 XS-ZY-250A 型注塑机的液压系统原理图。该液压系统由三台液压泵供油，液压泵 B1 为高压小流量泵；液压泵 B2 和 B3 为双联泵，是低压大流量泵。利用电液比例溢流阀的断电，可以使泵处于卸荷状态，从而可以构成三级流量调节。

液压缸 C1 为移模缸，带动三连杆机构及动模板运动。液压缸 C2 是顶出缸，液压缸 C3 是注射座整体移动缸，液压缸 C4 是推动螺杆的注射缸。电动机 M 通过齿轮减速箱驱动螺杆进行预塑。电液比例溢流阀 V1 和 V2 分别控制液压泵 B2、B3 和 B1 的工作压力，通过放大器，对启、合模压力、注射座整体移动压力、注射压力、保压压力、顶出压力等实现多种工作压力控制。电液比例流量阀 V3 则通过放大器对启、合模速度和注射速度实现无级速度调节。V10 为背压阀，用来控制预塑时塑料熔融和混合程度，防止熔融塑料中混入空气。压力继电器 V9 限定顶出缸的最高工作压力，并作为顶出结束的发信装置。单向节流阀 V8 用于控制顶出缸的速度。根据通过的流量大小，换向阀 V4 和 V7 为电液控制方式，换向阀 V5 和 V6 为电磁控制方式。

1. 合模

(1) 合模　液压泵 B1、B2、B3 工作，系统压力由阀 V1 或 V2 控制，移模缸 C1 活塞杆通过连杆机构驱动动模板右移，此时顶出缸 C2 活塞杆退回在原位。油液流动情况为：

B1→V6→V11 ↘

V3→V7（左位）→CI（左腔）

B2、B3→V12 ↗

C1（右腔）→V7（左位）→油箱

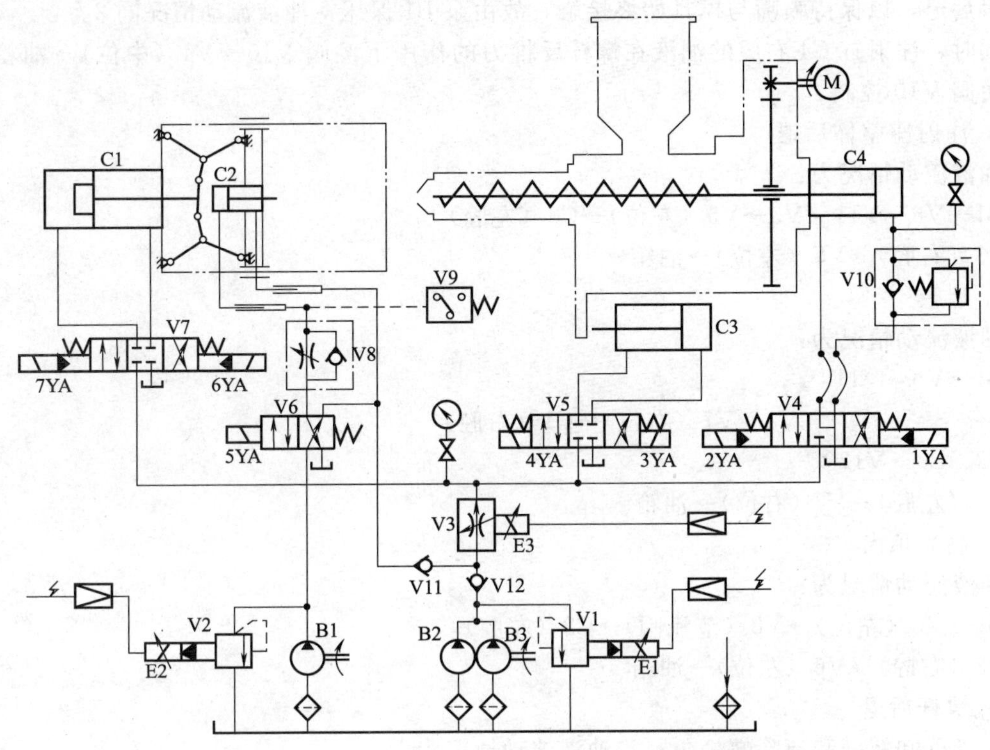

图 8-8　XS-ZY-250A 型注塑机的液压系统原理图

B1,B2,B3—液压泵；C1,C2,C3,C4—液压缸；V1,V2—比例溢流阀；V3—比例流量阀；
V4,V7—电液换向阀；V5,V6—电磁换向阀；V8—单向节流阀；V9—压力继电器；
V10—单向顺序阀；V11,V12—单向阀

（2）低压保护　高压泵 B1 卸荷，其输出油液经阀 V2 返回油箱；低压泵 B3、B3 供油，低压由阀 V1 控制，油液流动情况同（1）中所述。

（3）锁紧　低压泵 B2、B3 卸荷，其输出油液经阀 V1 返回油箱；高压泵 B1 供油，高压由阀 V2 控制，油液流动情况同（1）所述。

2. 注射座整体前进

泵 B1 供油，注射座移动缸 C3 的活塞杆带动注射座左移，并使喷嘴靠在定模板上，系统压力由阀 V2 控制。油液流动情况为：

B1→V6→V11→V3→V5（右位）→C3（右腔）

C3（左腔）→V5（右位）→油箱

3. 注射

B1、B2、B3 供油，油液流动情况为

B1、B2、B3→V3→V4（右位）→V10→C4（右腔）

C4（左腔）→V4（右位）→油箱

4. 保压

泵 B1 供油，泵 B2、B3 卸荷，其输出油液经阀 V1 返回油箱；泵 B1 供油，保压压力由阀 V2 控制，油液流动情况同 3。

5. 预塑

电动机启动，经齿轮减速驱动螺杆旋转，料斗中加入的塑料被前推进行预塑，此时注射座不得后退，以保持喷嘴与模具始终接触，故由泵 B1 保压，油液流动情况同 2。

同时，注射缸 C4 右腔的油液在螺杆反推力的作用下经阀 V10→V4（中位）→油箱，其背压由阀 V10 控制。

6. 注射座整体后退

油液流动情况为：

B1→V6→V11→V3→V5（左位）→C3（左腔）

C3（右腔）→V5（左位）→油箱

7. 启模

油液流动情况为：

B1→V6→V11 ↘

V3→V7（右位）→C1（右腔）

B2、B3→V12 ↗

C1（左腔）→V7（右位）→油箱

8. 制品顶出

油液流动情况为：

B1→V6（左位）→V8（节流阀）→C2（左腔）

C2（右腔）→V6（左位）→油箱

9. 螺杆后退

用于拆卸螺杆和清除螺杆包料。油液流动情况为：

泵 B1→V6→V11→V3→V4（左位）→C4（左腔）

C4（右腔）→V10→V4（左位）→油箱

表 8-4 列出了电磁铁的动作顺序。

表 8-4　电磁铁的动作顺序

动作 \ 电磁铁		1YA	2YA	3YA	4YA	5YA	6YA	7YA	E1	E2	E3
合模	合模	−	−	−	−	−	−	+	+	+	+
	低压保护	−	−	−	−	−	−	+	+	−	+
	锁紧	−	−	−	−	−	−	+	−	+	+
注射座整体前进		−	−	+	−	−	−	−	−	+	+
注射		+	−	−	−	−	−	−	+	+	+
保压		+	−	−	−	−	−	−	−	+	+
预塑		−	−	+	−	−	−	−	−	+	+
注射座整体后退		−	−	−	+	−	−	−	−	+	+
启模		−	−	−	−	−	+	−	+	+	+
制品顶出		−	−	−	−	+	−	−	−	+	−
螺杆后退		−	+	−	−	−	−	−	−	+	+

三、XS-ZY-250A 型注塑机液压系统的主要特点

① 压力和速度的变化较多，利用比例阀进行控制，系统简单。

② 系统采用了液压-机械组合式三连杆锁模机构，实现了增力和自锁。这样，合模液压缸直径较小，易于实现高速，但锁模机构较复杂，制造精度较高，调整模板距离较麻烦。

③ 各工作机构的自动工作循环的控制主要靠行程开关来实现。

④ 在系统保压阶段，多余的油液要经过溢流阀流回油箱，所以有部分能量损耗。

第六节　汽车悬挂架减振器性能试验台的电液伺服控制系统

一、电液伺服控制概述

液压伺服系统是一种闭环控制系统，其控制技术是反馈控制技术、电子技术与液压技术相结合而产生的。它是一种执行元件能以一定的精度自动地按照输入信号的变化规律而动作的自动控制系统。液压伺服控制系统除了具有液压传动的各种优点外，还具有体积小、响应速度快、系统刚度大和控制精度高等优点，因此广泛应用于机床、重型机械、起重机械、汽车、飞机、船舶和军事装备等方面。

1. 液压伺服系统的工作原理及基本特点

(1) 液压伺服系统的工作原理　图 8-9 所示为一简单液压传动系统，用一个四通滑阀控制液压缸去推动负载运动。当向右给阀芯一个输入位移量 x_i 时，则滑阀移动某一开口量 x_v，此时，压力油进入液压缸右腔，液压缸左腔回油，在压力油的作用下缸体向右运动，输出位移 x_p。

若将滑阀和液压缸组合成一个整体，上述系统就变成一个简单的液压伺服系统，如图 8-10 所示。由于阀体与缸体制成一个整体，从而构成反馈控制。它的反馈控制过程是：当控制滑阀处于中间位置（零位，即没有信号输入，$x_i=0$）时，阀芯凸肩恰好遮住通往液压缸的两个油口，阀没有流量输出，缸体不动，系统的输出量 $x_p=0$，系统处于静止平衡状态。

若给控制滑阀一个输入位移 x_i（如图 8-10 中向右），阀芯将偏离其中间位置，则节流窗口 a、b 便有一个相应的开口量 $x_v=x_i$，压力油经 a 口进入液压缸右腔，左腔油液经 b 口回油，缸体右移 x_p，由于阀体与缸体是固连在一体的，因此阀体也右移 x_p。因阀芯受输入端制约，则阀的开口量减小，即 $x_v=x_i-x_p$，直到 $x_p=x_i$（$x_v=0$）时，阀的输出流量等于

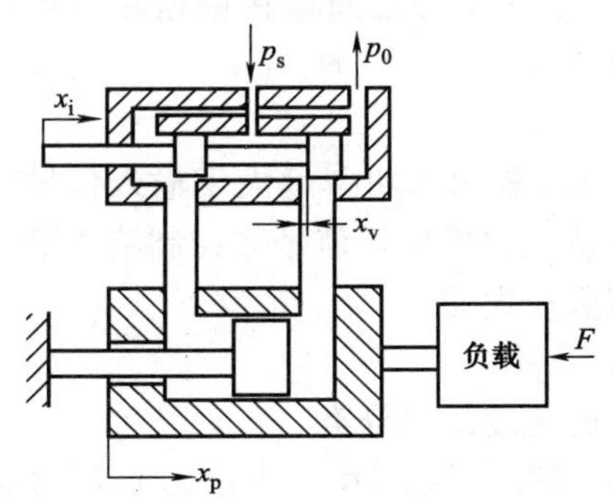

图 8-9　液压传动系统

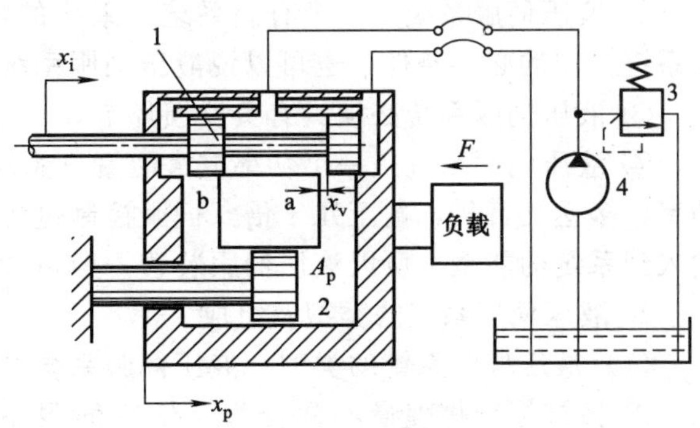

图 8-10　液压伺服系统

1—控制阀（伺服阀）；2—液压缸；3—溢流阀；4—液压泵

零，缸体停止运动，处在一个新的平衡位置，完成了液压缸输出位移对滑阀输入位移的跟随运动。如果控制滑阀反向运动，液压缸也反向跟随运动。这种系统，移动滑阀所需要的信号功率很小，而系统的输出功率却很大。因此，这是一个功率放大系统（功率放大所需要的能量由液压能源供给，供给能量的控制是根据系统偏差的大小而自动地进行）。控制滑阀作为转换、放大元件，把输入的机械信号（位移或速度）转换并放大成液压信号（流量或压力）输出至液压缸。

在这个系统中，输出位移 x_p 之所以能够精确地复现输入位移 x_i 的变化，是因为缸体和阀体是一个整体，构成了负反馈控制。缸体的输出信号（位移 x_p）反馈至阀体。并与滑阀输入信号（位移 x_i）进行比较，有偏差（即有开口量）缸体就继续移动，直到偏差消除为止。

由此可见，在此系统中滑阀阀芯不动，液压缸也不动；阀芯移动多少距离，液压缸也移动多少距离；阀芯移动速度快，液压缸移动速度也快；阀芯向哪个方向移动，液压缸也向那个方向移动。只要给控制滑阀以某一规律的输入信号，则执行元件（系统输出）就自动地、准确地跟随控制滑阀，按照这个规律运动。

在这个系统中，反馈介质是机械连接，称为机械反馈。一般说来，反馈介质可以是机械的、电气的、气动的、液压的或它们的组合形式。

综上所述，液压伺服系统的工作原理就是利用反馈得到偏差信号，控制液压能源输入系统的能量（流量和压力），使系统向着减小偏差的方向变化，从而使系统的实际输出与期望值相符。这一原理也可用图 8-11 所示的方块图表示。

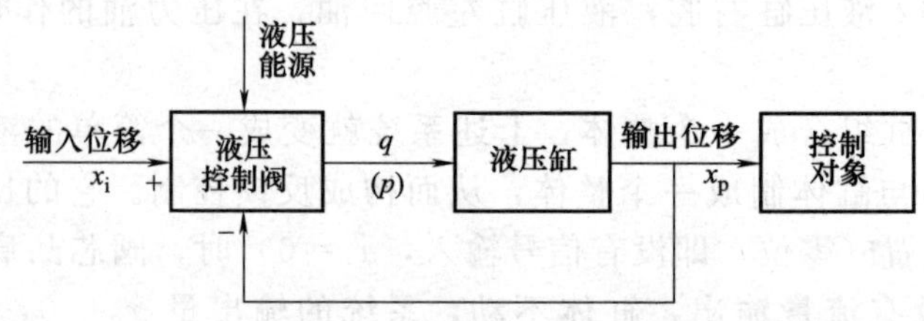

图 8-11 液压伺服系统工作原理方块图

（2）液压伺服系统的基本特点 通过上述分析，可以看出液压伺服系统具有下列基本特点。

① 液压伺服系统是一个自动跟踪系统（或随动系统），输出量能够自动地跟随输入量变化规律而变化。

② 液压伺服系统是一个有差系统。系统的输出信号和输入信号之间存在偏差是液压伺服系统工作的必要条件，也可以说液压伺服系统是靠偏差信号进行工作的。

③ 液压伺服系统必须具有负反馈环节。

④ 液压伺服系统是一个功率放大装置（系统），执行元件输出的功率远大于输入信号的功率，多达几百倍，甚至几千倍。伺服控制过程的物理本质是利用偏差信号去控制液压能源输入到系统的能量，所以液压伺服装置一般也称为液压伺服放大器。

2. 液压伺服系统的类型及组成

（1）液压伺服系统的类型 液压伺服系统可以从不同的角度加以分类。

① 按被控制物理量不同分为：位置伺服系统、速度伺服系统、力（或压力）伺服系统等。

② 按控制信号的类别和回路的组成不同分为：机械-液压伺服系统、电气-液压伺服系

统、气动-液压伺服系统。

③ 按控制元件的不同分为：滑阀式、射流管式、喷嘴挡板式、转阀式伺服系统。

④ 按控制方式不同可分为：阀控系统（节流式），由伺服阀利用节流原理，控制输入执行元件的流量或压力的系统；泵控系统（容积式），利用伺服变量泵改变排量的办法，控制输入元件的流量或压力的系统。

（2）液压伺服系统的组成　实际的液压伺服系统无论多么复杂，也都是由以下一些功能相同的基本元件组成（可用图 8-12 方块图表示）的。

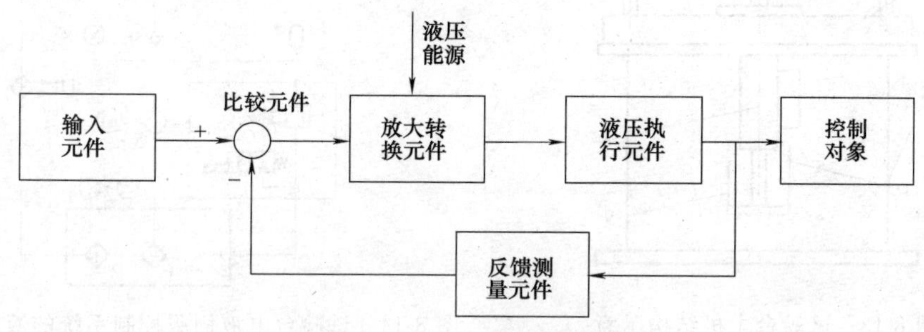

图 8-12　液压伺服系统的组成

① 输入元件：它给出输入信号（指令信号）加于系统的输入端。

② 反馈测量元件：测量系统的输出量，并转换成反馈信号。如上例中缸体与阀体的机械连接。

③ 比较元件：将反馈信号与输入信号进行比较，给出偏差信号。反馈信号与输入信号应是相同的物理量，以便进行比较。比较元件有时不单独存在，而是与输入元件、反馈测量元件或放大元件一起组合为同一结构元件。如上例中伺服阀同时构成比较和放大两种功能。

④ 放大转换元件：将偏差信号放大并转换成液压信号（压力或流量），如伺服放大器、液压控制阀、电液伺服阀等。

⑤ 液压执行元件：与液压传动系统中的相同，通常指液压缸或液压马达。

⑥ 控制对象：它是系统中所控制的对象，如工作台及其他负载装置。

二、汽车悬挂减振器性能试验台主机功能结构

汽车悬挂减振器性能试验台是减振器研发、生产的必要试验设备，主要用于减振示功特性、速度特性试验。该试验台由主机、液压伺服激振系统和微机测控系统等组成。采用电液伺服和微机测控技术，模拟减振器实际工况，采用试验过程的实时监测和自适应闭环控制。

图 8-13 所示为试验台主机结构示意。工作台 3、立柱 5 和横梁 6 组成试件的装夹框架，装夹框架支撑在机架总成 2 上；伺服自激装置固定在工作台下，其活塞杆穿过工作台，通过螺纹、过渡件和夹具与减振器下端相连；位移传感器 9 和速度传感器 1 与活塞杆固连在一起；力传感器 4 固定在调整螺杆 7 上，调整螺杆由螺母固定在横梁上。调整螺杆可以根据不同规格减振器所需的运动空间上下调整。

三、汽车悬挂减振器性能试验台电液伺服系统及微机测控系统的工作原理

图 8-14 所示为该试验台电液伺服控制系统的液压原理图。系统的油源为 CY-C 系列电动机组合泵 5，其工作压力和卸荷由电磁溢流阀 6 设定和控制，压力由表 8 显示。系统的执行元件为液压缸 13，通过电液伺服阀 12 的控制，液压缸的活塞杆按要求的方向和速度运动并带动减振器运动；伺服阀 12 前设有精过滤器 10，系统还有液位计 3、温度调节器 4、吸油和回油过滤器 1 和 2、蓄能器 7。该系统和微机测控系统一起对试验台进行闭环反馈控制。

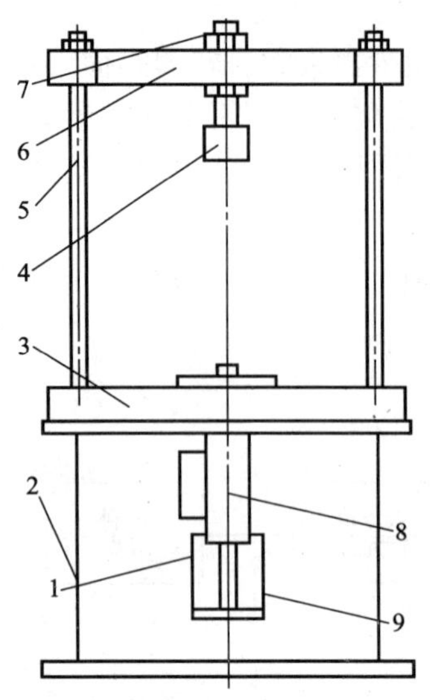

图 8-13　试验台主机结构示意

1—速度传感器；2—机体总成；3—工作台；4—力传感器；5—立柱；6—横梁；7—调整螺杆；8—伺服激振装置；9—位移传感器

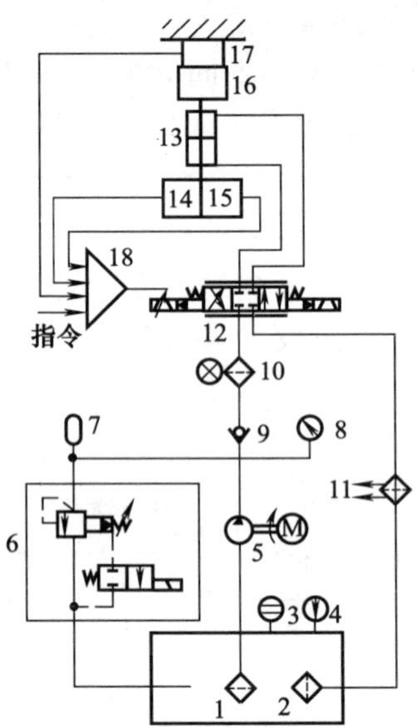

图 8-14　试验台电液伺服控制系统的液压原理图

1—吸油过滤器；2—回油过滤器；3—液位计；4—温度调节器；5—电动机组合泵；6—电磁溢流阀；7—蓄能器；8—压力表；9—单向阀；10—精过滤器；11—冷却器；12—电液伺服阀；13—液压缸；14—位移传感器；15—速度传感器；16—试件；17—力传感器；18—伺服控制器

图 8-15 为微机测控系统原理图。主测控机为 IBM-PC 微机，通过 PIC-6042E 型数据采集卡对试验系统进行测控；试验台动作指令由微机发出，通过 D/A 接口进入伺服阀的控制器进行信号的放大和调节；输出电流信号，使液压缸按要求运动，同时带动减振器运动，并通过位移传感器、速度传感器和力传感器监测位移、速度和阻尼力，这三组信号通过适当调理，分别进入数据采集卡的三路 A/D 中；计算机通过数据处理得到减振器特性曲线。由于系统采用位置反馈控制，因此位移信号通过适当处理转化为调整指令发送到伺服控制器。

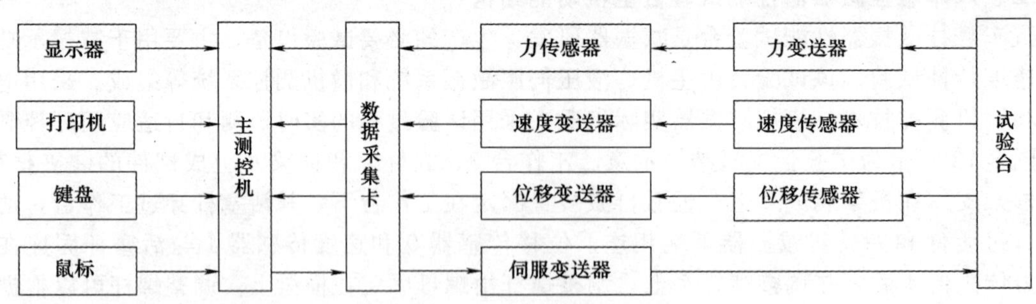

图 8-15　微机测控系统原理图

四、汽车悬挂减振器性能试验台技术特点

① 该试验台主机结构简单，采用电液伺服控制和微机测控技术，使用方便，人机界面友好，测试精度和效率高。

② 液压系统采用电动机组合泵供油，简化了泵组结构设计；通过伺服阀前设精过滤器，回油设过滤器和设置温控调节装置，提高了系统的可靠性。

小　结

1. 液压系统的分析要从设备的功能要求入手，从子系统到基本回路再到具体元件，步步深入。

2. 写油液流经路线时，要分清主油路和控制油路。对于主油路，应从液压泵开始写，一直写到执行元件，这就构成了进油路线；然后再从执行元件回油一直写到油箱（闭式系统则回到液压泵）。这样分析，目标明确，不易搞乱。

习　题　八

8-1　图 8-16 所示为实现“快进→一工进→二工进→快退→停止”工作循环的液压系统。编制电磁铁动作顺序表，并说明其工作原理。

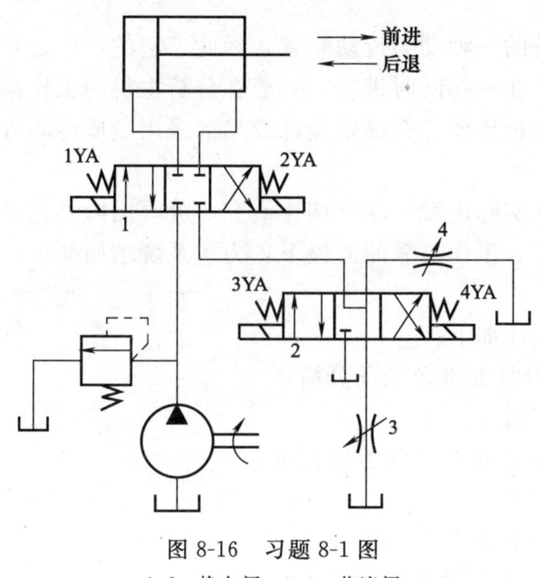

图 8-16　习题 8-1 图

1,2—换向阀；3,4—节流阀

8-2　YB32-200 型液压机（图 8-4）主缸的泄压、快速返回是如何实现的？顶出缸的顶出又是如何实现？

第九章 液压系统的设计计算

【导读】 液压系统设计是液压设备主机设计的重要组成部分，应从必要性、可行性和经济性等几个方面对机械、电气、液压和气动等传动形式进行全面比较和论证，决定采用液压传动系统后，液压传动系统设计和主机设计往往同时进行。本章重点介绍液压传动系统设计的方法和步骤，并通过具体的实例讲述液压系统的设计过程。

第一节 概 述

液压系统是机械设备的一种动力传动装置，因此，它的设计是整个机械设备设计的一部分，必须与主机设计联系在一起同时进行。一般在分析主机的工作循环、性能要求、动作特点等基础上，经过认真分析比较，在确定全部或局部采用液压传动方案之后，才提出液压传动系统的设计任务。

液压系统设计必须从实际出发，注重调查研究，吸收国内外先进技术，采用现代设计思想，在满足工作性能要求、工作可靠的前提下，力求系统结构简单、成本低、效率高、操作维护方便及使用寿命长。

液压系统设计步骤大体如下：

① 明确液压系统的设计要求及工况分析；

② 主要性能参数的确定；

③ 拟订液压系统草图，进行系统方案论证；

④ 计算和选择液压元件；

⑤ 对液压系统主要性能进行验算；

⑥ 绘制正式工作图，编制技术文件。

液压系统设计是一种经验设计。因此，上述设计步骤只说明一般设计的过程，这些步骤互相联系、相互影响。在设计实践中，各步骤往往交错进行，有时需多次反复才能完成。

第二节 液压系统的设计

一、明确设计要求，进行工况分析

1. 明确设计要求

设计要求是进行工程设计的主要依据，在设计前，一般应具体明确下列设计要求。

① 主机的概况：用途（工艺目的）、结构布置方式（卧式、斜式或垂直式）、使用条件（连续运转、间歇运转等）、技术特性（工作负载的性质及大小、运动形式，位移、速度、加

速度等运动参数的大小不和范围）等。由此确定哪些机构需要采用液压传动，所需执行元件形式和数量及其工作范围、尺寸、质量和安装等限制条件。

② 各液压执行元件动作之间的顺序、转换和互锁要求。

③ 工作性能如速度的平稳性、工作的可靠性、转换精度、停留时间等方面的要求。

④ 液压系统的工作环境，如温度及其变化范围、湿度、振动、冲击、污染、腐蚀或易燃等（这涉及到液压元件和介质的选用）。

⑤ 其他要求，如液压装置的质量、外形尺寸、经济性等方面的要求。

2. 工况分析

工况分析就是分析液压执行元件在工作过程中速度和负载的变化规律，求出工作循环中各动作阶段的负载和速度的大小，并绘制速度、负载随时间（或位移）变化的曲线图（称速度循环图和负载循环图），简单系统可不绘制，但应找出最大负载和最大速度点。从这两图中可明显看出最大负载和最大速度值及二者所在的工况。这是确定系统的性能参数和执行元件的结构参数（结构尺寸）的主要依据。它包括运动分析和负载分析两个部分。

（1）运动分析　运动分析就是研究工作机构根据工艺要求应以什么样的运动规律来完成工作循环，运动速度的大小，加速度是恒定还是变化的，行程大小及循环时间的长短等。所以必须确定执行元件的类型，并绘制位移-时间循环图或速度-时间循环图。

液压执行元件的类型可按表 9-1 进行选择。

表 9-1　液压执行元件的类型

名　称	特　点	应用场合
双杆活塞缸	双向输出力、输出速度一样，杆受力状态一样	双向工作的往复运动
单杆活塞缸	双向输出力、输出速度不一样，杆受力状态不同，差动连接时可实现快速运动	往复不对称直线运动
柱塞缸	结构简单	长行程、单向工作
摆动缸	单叶片缸转角小于 300°，双叶片缸转角小于 150°	往复摆动运动
齿轮、叶片马达	结构简单、体积小、惯性小	高速小转矩回转运动
轴向柱塞马达	运动平稳、转矩大、转速范围宽	大转矩回转运动
径向柱塞马达	结构复杂、转矩大、转速低	低速大转矩回转运动

（2）负载分析　在一般情况下，液压缸承受的负载由六部分组成，即工作负载 F_w、导轨摩擦负载 F_f、惯性负载 F_m、重力负载 F_g、密封负载 F_s 和背压负载 F_b，前五项构成了液压缸所要克服的机械总负载。

① 工作负载 F_w　工作负载与主机的工作性质有关，它可能是定值，也可能为变值。其大小要根据具体情况加以计算，有时还要由样机实测确定。对于金属切削机床来说，沿液压缸轴线方向的切削力即为工作负载；对液压机来说，工件的压制抗力即为工作负载。工作负载 F_w 与液压缸运动方向相反时为正值，方向相同时为负值（如顺铣加工的切削力）。

② 导轨摩擦负载 F_f　导轨摩擦负载是指液压缸驱动运动部件时所受的导轨摩擦阻力，其值与运动部件的导轨形式、放置情况及运动状态有关。各种形式导轨的摩擦负载计算公式可查阅有关手册。机床上常用平导轨和 V 形导轨支承运动部件，其摩擦负载 F_f 值的计算公式（导轨水平放置时）为

对于平导轨

$$F_f = f(G + F_N) \tag{9-1}$$

对于 V 形导轨

$$F_f=f\frac{G+F_N}{\sin\frac{\alpha}{2}} \tag{9-2}$$

式中　G——运动部件的重力；

F_N——作用在导轨上的垂直载荷；

α——V 形导轨面的夹角，(°)，一般 α 取=90°；

f——摩擦因数，其值可参阅相关设计手册。

③ 惯性负载 F_m　惯性负载是运动部件在启动加速或制动减速时产生的惯性力，其值可按牛顿第二定律求出

$$F_m=ma=\frac{G}{g}\times\frac{\Delta v}{\Delta t} \tag{9-3}$$

式中　g——重力加速度；

Δv——Δt 时间内速度的变化量；

Δt——启动或制动时间，启动加速时，取正值；减速制动时，取负值。一般机械系统可取 Δt=0.1～0.5s；行走机械系统 Δt 取 0.5～1.5s；机床运动系统 Δt 取 0.25～0.5s；机床进给系统 Δt 取 0.05～0.2s。工作部件较轻或运动速度较低时取小值。

④ 重力负载 F_g　垂直或倾斜放置的运动部件，在没有平衡的情况下，其自重也成为一种负载。倾斜放置时，只计算重力在运动方向上的分力。液压缸上行时重力取正值，反之取负值。当执行元件水平放置时，$F_g=0$。

⑤ 密封负载 F_s　密封负载是指密封装置的摩擦力，其值与密封装置的类型和尺寸、液压缸的制造质量和油液的工作压力有关，F_s 的计算公式详见有关手册。在未完成液压系统设计之前，不知道密封装置的参数，F_s 无法计算，一般在液压缸的机械效率 η_m 中加以考虑，常取 η_m=0.90～0.95。

⑥ 背压负载 F_b　背压负载是指液压缸回油腔背压所造成的阻力。在系统方案及液压缸结构尚未确定之前，F_b 也无法计算，在负载计算时可暂不考虑。

液压缸各个主要工作阶段的机械总负载 F 可按下列公式计算

启动阶段
$$F=(F_f\pm F_g)/\eta_m \tag{9-4}$$

加速阶段
$$F=(F_m+F_f\pm F_g)/\eta_m \tag{9-5}$$

恒速工进阶段
$$F=(F_f\pm F_w\pm F_g)/\eta_m \tag{9-6}$$

制动减速阶段
$$F=(F_f\pm F_w-F_m\pm F_g)/\eta_m \tag{9-7}$$

(3) 工作负载图　对于复杂的液压系统，如果有若干个执行元件同时或分别完成不同的工作循环，则有必要按上述各阶段计算总的负载力，并根据上述各阶段的总负载力和经过的工作时间 t（或位移 s），按相同的坐标绘制液压缸的负载-时间（F-t）或负载-位移（F-s）图。如图 9-1 所示为一液压缸的速度图和负载图。

以液压马达为执行元件时，负载值的计算方法类同于液压缸，只需将上述负载力的计算变换成为负载力矩即可。

二、主要参数的确定

执行元件的工作压力和流量是液压系统最主要的参数。这两个参数是计算和选择液压元件、辅件、原动机（电机）的规格型号的依据。

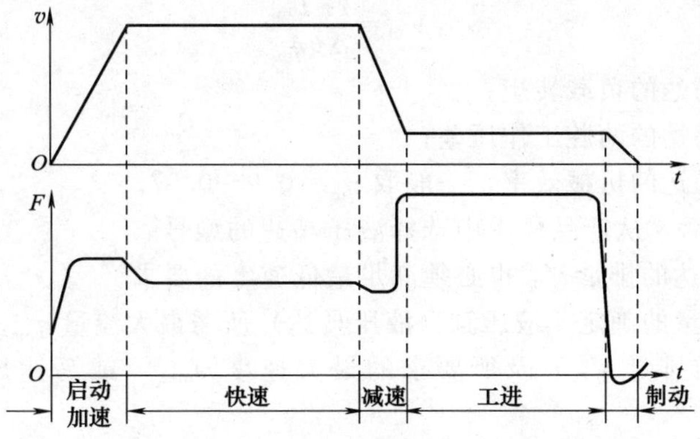

图 9-1　某机床液压缸的速度图和负载图

1. 系统工作压力的确定

根据液压执行元件的负载循环图，可以确定系统的最大载荷点，在充分考虑系统所需流量、效率等因素后，可参考表 9-2 和表 9-3 选定系统工作压力。

表 9-2　按负载选择系统工作压力

负载力/kN	<5	5～10	10～20	20～30	30～50	>50
工作压力/MPa	0.8～1	1.5～2	2.5～3	3～4	4～5	5～7

表 9-3　各种设备常用系统工作压力

设备类型	磨床	车、铣、镗床	组合机床	龙门刨床、拉床	汽车、矿山机械、农业机械	大中型挖掘机械、起重运输机械、液压机
工作压力/MPa	0.8～2	2～4	3～5	≤10	10～16	20～30

当系统功率一定时，选用较高工作压力，则元件的尺寸小、质量轻、经济性好，但是工作压力选得过高，泵体、阀体及缸壁都要增厚，材料和制造精度要求高，反而达不到经济效果，而且会降低元件的容积效率、增加系统发热、降低元件寿命和系统的可靠性。

2. 确定执行元件的主要结构尺寸

(1) 液压缸　液压缸需要确定的主要结构尺寸是液压缸的内径 D 和活塞杆的外径 d。计算和确定的一般方法参见第四章第二节。

在一般情况下，当活塞杆受拉状态下工作时，取 $d/D=0.3\sim0.5$，工作压力取大值。当活塞杆在受压状态下工作时，取 $d/D=0.5\sim0.7$。采用差动连接并要求往返速度相等时，应取 $d=0.707D$。

对有低速运动要求的系统（如精镗机床的进给液压系统），还需对液压缸的有效工作面积 A 进行验算，即应保证

$$A\geqslant\frac{q_{\min}}{v_{\min}} \tag{9-8}$$

式中　$q_{\min}$——控制执行元件速度的流量阀的最小稳定流量，可以从液压阀的产品样本中查得。

$v_{\min}$——液压缸要求达到的最低工作速度。

验算结构若不满足式（9-8），则说明按所设计的结构尺寸和方案达不到所需的低速要求，必须修改设计。

(2) 液压马达　液压马达所需的排量 V_{m} 可按下式计算

$$V_m = \frac{2\pi T_m}{\Delta p \eta_m} \tag{9-9}$$

式中　T_m——液压马达的负载转矩；

Δp——液压马达的两腔工作压差；

η_m——液压马达的机械效率，一般取 $\eta_m = 0.9 \sim 0.97$。

求得排量 V_m 值后，从产品样本中选择液压马达的型号。

计算出的液压马达的排量 V_m 也必须满足最低速度的要求。

(3) 执行元件流量的确定　液压缸（液压马达）所需最大流量 q_{max} 按其实际有效工作面积 A（或液压马达的排量 V_m）及所要求的最大速度 v_{max}（或马达最大转速 n_{max}）来计算，即

$$q_{max} = Av_{max}/\eta_v (q_{max} = V_m n_{max}/\eta_{mv}) \tag{9-10}$$

式中　$\eta_v(\eta_{mv})$——执行元件的容积效率。

差动连接的实际有效工作面积 A 为活塞面积 A_1 与活塞杆面积 A_2 之差。

液压缸所需的最小流量 q_{min} 按其实际工作面积 A 和最小速度 v_{min} 来计算，即

$$q_{min} = Av_{min}/\eta_v \tag{9-11}$$

上面所求的液压缸最小流量应等于或大于流量控制阀或变量泵的最小稳定流量。

同理，液压马达最小流量按其排量和所要求的最小转速来计算。

(4) 执行元件的工况图　工况图包括压力图、流量图和功率图。压力图、流量图是执行元件在运动循环中各阶段的压力与时间或压力与位移，流量与时间或流量与位移的关系图。功率图则是根据压力 p 与流量 q 计算出各循环阶段所需要的功率，画出功率与时间或功率与位移的关系图。当系统中有多个同时工作的执行元件时，必须把这些执行元件的流量图按系统总的动作循环组合成总流量图。图 9-2 所示为某液压缸的工况图，其中实线、点画线和双点画线分别表示 p、q、P。

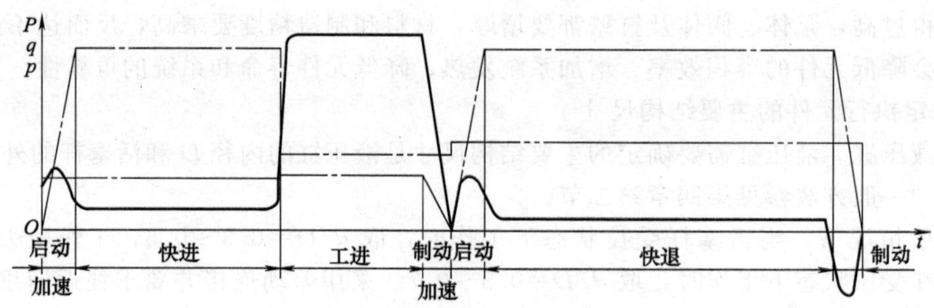

图 9-2　某液压缸的工况图

三、拟订液压系统草图

一般的方法是选择一种与本系统类似的成熟系统作为基础，对它进行适应性调整或改进，使其成为具有继承性的新系统。如果没有合适的相似系统可借鉴，可参阅设计手册和参考书中有关的基本回路加以综合完善，构成自己设计的系统原理图。用这种方法拟订系统原理图时，包括确定系统类型、选择回路和组成系统三方面的内容。

1. 选择系统的类型

系统的类型有开式系统和闭式系统两种。选择系统的类型主要取决于它的调速方式和散热要求。一般地，采用节流调速和容积节流调速的系统、有较大空间放置油箱且不需另设散热装置的系统、要求结构尽可能简单的系统等都宜采用开式系统；采用容积调速的系统、对

工作稳定性和效率有较高要求的系统、行走机械上的系统宜采用闭式系统。

2. 选择液压基本回路

液压基本回路是决定主机动作和性能的基础，是组成系统的骨架。要根据液压系统所需完成的任务和工作机械对液压系统的设计要求来选择液压基本回路。

选择回路时既要考虑调速、调压、换向、顺序动作、动作互锁等要求，也要考虑节省能源、减少发热、减少冲击、保证动作精度等问题。

3. 液压系统的合成

满足系统要求的各个液压回路选定之后，就可进行液压系统的合成即将各液压回路放在一起，进行归并、整理，必要时再增加一些元件或辅助油路，使之成为一个完整的液压系统。合成液压系统时应特别注意以下几点：防止回路间可能存在的相互干扰；系统应力求简单，并将作用相同或相近的回路合并，避免存在多余回路；系统要安全可靠，要有安全、联锁等回路，力求控制油路可靠；组成系统的元件要尽量少，并应尽量采用标准元件；组成系统时还要考虑节省能源，提高效率，减少发热，防止液压冲击；测压点分布合理等。

最重要的是，实现给定任务有多种多样的系统方案，因此必须进行方案论证，对多个方案从结构、技术、成本、操作、维护等方面进行反复对比，最后组成一个结构完整、技术先进合理、性能优秀的系统。

四、计算与选择液压元件

液压元件的计算是指计算元件在工作中承受的压力和通过的流量，以便选择元件的规格、型号，此外，还要计算原动机的功率和油箱的容量。选择元件时，应尽量选用标准元件。

1. 动力元件的选择

依据系统的最高工作压力和最大流量选择液压泵，注意要留有一定的储备。一般泵的额定压力应比计算的最高工作压力高 25%～60%，以避免动态峰值压力对泵的破坏；考虑到元件和系统的泄漏，泵的额定流量应比计算的最大流量大 10%～30%。液压泵选定后，就可计算液压泵所需的功率，根据功率和液压泵所需转速选择原动机。

（1）确定液压泵的最高工作压力 p_p　液压泵的最大工作压力 p_p 可按下式计算

$$p_p \geqslant p_{1\max} + \sum \Delta p \tag{9-12}$$

式中　$p_{1\max}$——液压执行元件最高工作压力；

$\sum \Delta p$——液压泵出口到执行元件入口之间所有沿程压力损失和局部压力损失之和。

$\sum \Delta p$ 较为准确的计算需要管路和元件布局确定好之后才能进行，初步计算可根据经验数据选取。对于管路简单，管内流速不大时，取 $\sum \Delta p = 0.2 \sim 0.5\text{MPa}$；对于管路复杂，管内流速较大或有调速元件时，取 $\sum \Delta p = 0.5 \sim 1.5\text{MPa}$。

（2）确定液压泵的最大供油量 q_p　液压泵的最大供油量可按下式计算

$$q_p = K \times (\sum q)_{\max} \tag{9-13}$$

式中　K——系统的泄漏修正系数，一般取 $K=1.1 \sim 1.3$，大流量取小值，小流量取大值；

$(\sum q)_{\max}$——同时动作的各执行元件所需流量之和的最大值，对于工作中始终需要溢流的系统，尚需加上溢流阀的最小溢流量，溢流阀的最小溢流量可以取其额定流量的 10%。

（3）选择液压泵的规格和类型　根据以上计算，参考液压元件手册或产品样本即可确定液压泵的规格和类型。选择的液压泵的额定流量要大于或等于前面计算所得到的液压泵的最大供油量，并尽可能接近计算值。所选液压泵的额定压力应大于或等于计算所得到的最高工作压力。如果系统中有一定的压力储备，则所选液压泵的额定压力要高出计算所得到的最高工作压力 25%～60%。

（4）选择原动机　液压泵在额定流量和额定压力下工作时，其驱动原动机的功率可从元件手册中查到。另外也可以根据具体工况来计算。在工作循环中，当液压泵的压力和功率变化较小时，液压泵所需的驱动功率为

$$P_{\mathrm{p}}=p_{\mathrm{p}}q_{\mathrm{p}}/\eta_{\mathrm{p}} \tag{9-14}$$

式中　η_{p}——液压泵的总效率。

在工作循环过程中，当液压泵的压力和功率变化都较大时，液压泵所需的平均驱动功率应按下式计算

$$P_{\mathrm{p}}=\sqrt{\sum_{i=1}^{n}P_i^2/\sum_{i=1}^{n}t_i} \tag{9-15}$$

式中　P_i，t_i——在整个工作循环中，第 i 个工作阶段所需的功率和时间。

应该指出，选择原动机时一定要同时考虑功率和转速两个因素。因为对电动机来说，除电动机的功率满足液压泵的需要外，电动机的同步转速不应高出液压泵的额定转速。

2. 控制元件的选择

各类控制阀的规格应按阀所在的回路的最高工作压力和通过阀的最大流量从产品样本中选择。选择阀类元件时，应考虑其结构形式、特性、压力等级、连接方式、集成方式及操作方式等。

选择压力控制阀时，应考虑压力阀的压力调节范围、流量变化范围、所要求的压力灵敏度和平稳性等。特别是溢流阀的额定流量必须满足液压泵的最大流量的要求。

选择流量控制阀时，应考虑流量阀的流量调节范围，流量-压力特性，最小稳定流量，压力补偿要求或温度补偿要求，对滤油器过滤精度的要求，阀进出油口压差大小及阀内泄漏的大小等。

选择方向控制阀时，应考虑方向阀的换向频率、响应时间、操作方式、滑阀机能、阀口压力损失及阀内的泄漏的大小等。

通过各类阀的实际流量最多不应超过其额定流量的 20%，以避免压力损失过大，引起油液发热、噪声和其他性能恶化。

3. 辅助元件的选择

（1）确定管道尺寸　管道尺寸的确定参见第六章第四节。在实际设计中，管道尺寸、管接头尺寸常选得与液压阀的接口尺寸一致，这样可使管道和管接头选择简单。

（2）确定油箱的容量　油箱的容量 V 可按下面的经验公式确定

$$V=aq_{\mathrm{v}} \tag{9-16}$$

式中　q_{v}——液压泵每分钟排出的液体体积；

a——经验系数，低压系统取 2～4，中压系统取 5～7，高压系统取 6～12，行走机械取 1～2。

中压以上系统都带有散热装置，其油箱容积可适当减少。按式（9-16）确定的油箱容积，在一般情况下都能正常工作，但在功率较大而又连续工作的情况下需按发热量验算后确定。

（3）蓄能器、滤油器等的选用　蓄能器、滤油器等可按第六章有关原则进行。

五、液压系统的性能验算

液压系统设计完成之后，可对系统的技术性能指标进行一些必要的验算，以便初步判断设计的质量，或从几种方案中评选出最好的设计方案来。然而由于影响系统性能的因素较复

杂，加上具体的液压装置尚未设计出来，所以验算工作只能是采用一些简化公式近似估算。当设计中能找到经过实践检验的同类型系统作为对比参考或可靠的实验结果可供使用时，系统的验算可省略。

液压系统验算的项目很多，主要是压力损失和发热温升两项。

1. 回路压力损失验算

压力损失包括管道内的沿程损失和局部损失以及阀类元件处的局部损失三项。管道内的两种损失可用前面相关章节的内容进行计算。阀类元件的局部压力损失则可以从产品样本中查出。当通过阀类元件的实际流量 q 不是其公称流量 q_n 时，它的实际压力损失 Δp 与其额定压力损失 Δp_n 之间有下面的近似关系

$$\Delta p=\Delta p_n\left(\frac{q}{q_n}\right)^2 \tag{9-17}$$

计算液压系统的回路压力损失时，不同的工作阶段要分开来计算。回油路上的压力损失一般都需折算到进油路上去。根据回路压力损失估算出来的压力阀调整压力和回路效率，对不同方案的对比来说都具有参考价值。但是在进行这些估算时，回路中的油管布置情况必须明确。

2. 发热温升验算

对发热温升的验算是用热平衡原理来对液压油的温升值进行估算的。单位时间内进入液压系统的热量 H_i（单位以 kW 计）是液压泵输入功率 P_i 和液压执行元件有效功率 P_o 之差。假如这些热量全部由油箱散发出去，不考虑系统其他部分的散热效能，则液压油温升的估算公式可以根据不同的条件分别从有关的液压设计手册中找到。例如，当油箱三个边的尺寸比例在（1∶1∶1）～（1∶2∶3）之间，油面高度是油箱高度的 80％且油箱通风情况良好时，液压油温升 ΔT（℃）的计算公式可以用单位时间内输入热量 H_i 和油箱有效容积 V（L）近似地表示成

$$\Delta T=\frac{H_i}{\sqrt[3]{V^2}}\times10^3 \tag{9-18}$$

当验算出来的液压油温升值超过允许值时，系统值必须考虑设置适当的冷却器。油箱中液压油允许的温升随主机的不同而不同，一般机床为 25～30℃，工程机械为 35～40℃。

六、绘制工作图、编写技术文件

绘制工作图和编制技术文件主要包括液压系统原理图、各种装配图（泵站装配图、管路装配图）、非标准件部件图和零件图、设计、使用说明书和液压元件、密封件、标准件明细表等。其中，液压系统原理图应按照 GB/T 786.1—1993 的规定绘制，图中应附有动作循环顺序表或电磁铁动作顺序表，还要列出液压元件规格型号的明细表。

第三节　液压系统设计计算举例

本节以一台卧式单面多轴钻孔组合机床液压系统的设计计算为例，对液压传动系统的设计过程进行分析。

一、设计要求及工况分析

1. 设计要求

要求设计的机床动力滑台液压系统实现的工作循环是“快进→工进→快退→停止”。主

要性能参数与性能要求如下：机床上有主轴 16 个，加工 $\phi3.9$mm 的孔 14 个，$\phi8.5$mm 的孔 2 个；刀具材料为高速钢，工件材料为铸铁，硬度为 240HB；机床工作部件总重量为 $G=9810$N；快进、快退速度为 $v_1=v_3=7$m/min，快进行程长度为 $l_1=100$mm，工进行程长度为 $l_2=50$mm，往复运动的加速、减速时间不超过 0.2s；动力滑台采用平导轨，其静摩擦因数 $f_s=0.2$，动摩擦因数 $f_d=0.1$；液压系统中的执行元件是液压缸。

2. 负载与运动分析

(1) 工作负载　高速钢钻头钻铸铁孔时的轴向切削力与钻头直径 D（mm）、每转进给量 s(mm/r) 和铸铁硬度（HB）之间的经验算式为

$$F_t=25.5Ds^{0.8}(\text{HB})^{0.6} \tag{9-19}$$

根据组合机床加工特点，钻孔时的主轴转速 n 和每转进给量 s，可选用下列数值。对 $\phi13.9$mm 的孔来说，$n_1=360$r/mn，$s_1=0.147$mm/r。对 $\phi8.5$mm 的孔来说，$n_2=550$r/mn，$s_2=0.096$mm/r。

代入式（9-19）可得

$$F_t=14\times25.5\times13.9\times0.147^{0.8}\times240^{0.6}+2\times25.5\times8.5\times0.096^{0.8}\times240^{0.6}=30468\ (\text{N})$$

(2) 惯性负载

$$F_m=\left(\frac{G}{g}\right)\times\left(\frac{\Delta v}{\Delta t}\right)=\left(\frac{9810}{9.81}\right)\times\left(\frac{7}{60\times0.2}\right)=583\ (\text{N})$$

(3) 摩擦负载　因为采用的动力滑台是平导轨，因此作用在其上的正压力 $N=G=9810$ (N)。

静摩擦阻力　　$F_{fs}=f_sN=0.2\times9810=1962$ (N)

动摩擦阻力　　$F_{fd}=f_dN=0.1\times9810=981$ (N)

取液压缸的机械效率 $\eta_m=0.90$，得出的液压缸在各工作阶段的负载值如表 9-4 所示。

表 9-4　液压缸在各工作阶段的负载值

工　况	负载组成	负载值 F/N	推力 F/η_m/N
启动	$F=F_{fs}$	1962	2180
加速	$F=F_{fd}+F_m$	1564	1738
快进	$F=F_{fd}$	981	1090
工进	$F=F_{fd}+F_t$	31449	34943
快退	$F=F_{fd}$	981	1090

根据液压缸上述各阶段的负载可绘制如图 9-3（a）所示的负载循环图 F-l。速度图按已知数值 $v_1=v_3=7$m/min，快进行程长度为 $l_1=100$mm，工进行程长度为 $l_2=50$mm，快退行程 $l_3=l_1+l_2=150$mm 和工进速度 v_2 等绘制，如图 9-3（b）所示，其中 v_2 由主轴转速及每转进给量求出，即 $v_2=n_1s_1=n_2s_2\approx53$mm/min。

二、主要参数的确定

1. 初选液压缸工作压力

所设计的动力滑台在工进时负载最大，在其他工况负载都不太高，参考表 9-2 和表 9-3，初选液压缸工作压力 $p_1=4$MPa。

2. 计算液压缸主要尺寸

鉴于动力滑台要求快进、快退速度相等，液压缸可选用单杆式的并在快进时作差动连接。此时液压缸无杆腔工作面积 A_1 应为有杆腔 A_2 的两倍，即活塞杆外径 d 与液压缸内径 D 有 $d=0.707D$ 的关系。

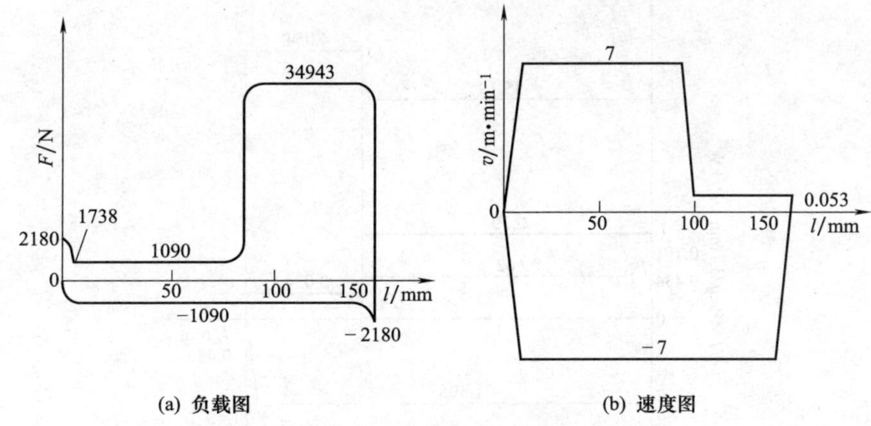

(a) 负载图　　(b) 速度图

图 9-3　组合机床液压缸的负载图和速度图

在钻孔加工时，液压缸回油路上必须有背压 p_2，以防被钻通时滑台突然前冲。可取 $p_2=0.8$MPa。快进时液压缸虽然作差动连接，但是由于油管中有压降 Δp 存在，有杆腔的压力必须大于无杆腔，估算时可取 Δp 约为 0.5MPa。快退时回油腔中有背压，这时 p_2 也可按 0.5MPa 估算。

由工进时的推力计算液压缸的面积

$$F/\eta_m = A_1 p_1 - A_2 p_2 = A_1 p_1 - (A_1/2) p_2$$

所以 $$A_1 = \left(\frac{F}{\eta_m}\right) \Big/ \left(p_1 - \frac{p_2}{2}\right) = 34943 \Big/ \left(4 - \frac{0.8}{2}\right) = 0.0097\text{m}^2 = 97\text{cm}^2$$

$$D = \sqrt{4A_1/\pi} = 11.12\text{cm}$$

$$d = 0.707D = 7.86\text{cm}$$

当按 GB 2348—1980 将这些直径圆整成接近标准值时得 $D=11$cm，$d=8$cm。由此求得液压缸两腔实际的有效面积为 $A_1=\pi D^2/4=95.03\text{cm}^2$，$A_2=\pi(D^2-d^2)/4=44.77\text{cm}^2$。经检验，活塞杆的强度和稳定性均符合要求。

根据上述 D 与 d 的值，可以估算液压缸在不同工作阶段的压力、流量和功率（见表 9-5），并据此绘出如图 9-4 所示的液压缸工况图，其中粗实线、细实线和双点画线分别表示 P、q、p。

表 9-5　液压缸在不同工作阶段的压力、流量和功率值

工况		负载 F/N	回油腔压力 p_2/MPa	进油腔压力 p_1/MPa	输入流量 q/L·min^{-1}	输入功率 P/kW	计算式
快进（差动）	启动	2180	$p_2=0$	0.434	—	—	$p_1=(F+A_2\Delta p)/(A_1-A_2)$ $q=(A_1-A_2)v_1$ $P=p_1q$
	加速	1738	$p_2=p_1+\Delta p$ ($\Delta p=$ 0.05MPa)	0.791	—	—	
	恒速	1090		0.662	35.19	0.39	
工进		34943	0.8	4.054	0.5	0.034	$p_1=(F+p_2A_2)/A_1$ $q=A_1v_2$ $P=p_1q$
快退	启动	2180	$p_2=0$	0.487	—	—	$p_1=(F+p_2A_1)/A_2$ $q=A_2v_3$ $P=p_1q$
	加速	1738	0.5	1.45	—	—	
	恒速	1090		1.305	31.34	0.68	

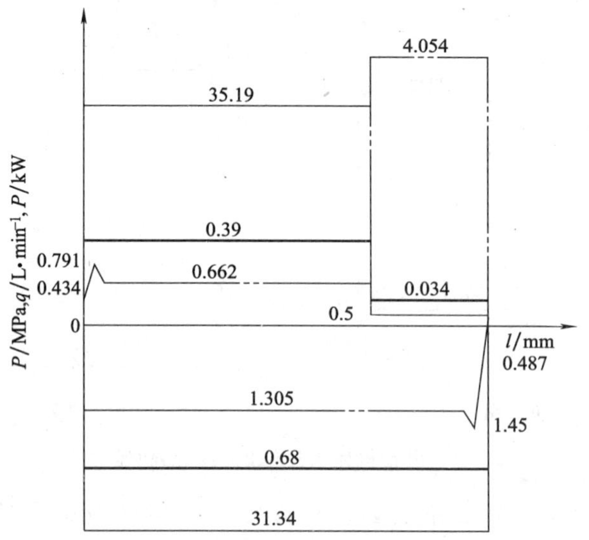

图 9-4　组合机床液压缸的工况图

三、液压系统图的拟订

1. 选择基本回路

(1) 选择调速回路　由图 9-4 中的曲线得知，这台机床液压系统的功率小，滑台运动速度低，工作负载变化小，可采用进口节流的调速形式。为了解决进口节流调速回路在孔钻通时滑台突然前冲的现象，回油路上要设置背压阀。

由于液压系统选用了节流调速的方式，系统中液压油的循环必须是开式的。

从工况图可知，在这个系统的工作循环内，液压缸交替地要求油源提供低压大流量和高压小流量的液压油。最大流量和最小流量之比约为 70，而快进、快退所需的时间 t_1 和工进所需的时间 t_2 分别为

$$t_1=(l_1/v_1)+(l_3/v_3)=(60\times100)/(7\times1000)+(60\times150)/(7\times1000)=2.14\text{s}$$

$$t_2=l_2/v_2=(60\times50)/53=56.6\text{s}$$

即 $t_2/t_1\approx26$。因此从提高系统效率、节省能量的角度来看，采用单个定量泵作为油源显然是不合适的，宜选用图 9-5 (a) 所示的双联式定量叶片泵。

(2) 选择快速运动和换向回路　系统在采用节流调速回路后，不管采用什么油源形式，都必须有单独的油路直接通向液压缸两腔，以实现快速运动。此系统中单杆液压缸要作差动连接，所以它的快进快退换向回路应采取如图 9-5 (b) 所示的形式。

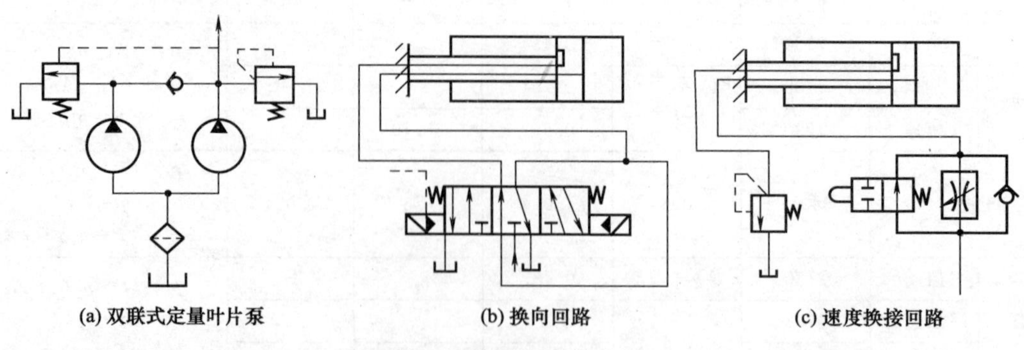

图 9-5　液压回路的选择

由于这一回路要实现液压缸的差动连接，所以换向阀必须是五通的。

(3) 选择速度换接回路　由图 9-4 中的 q-l 曲线得知，当滑台从快进转为工进时，输入液压缸的流量由 35.19L/min 降为 0.5L/min，滑台的速度变化较大，宜选用行程阀来控制速度的换接，以减小液压冲击，如图 9-5 (c) 所示。当滑台由工进转为快退时，回路中通过的流量很大，为了保证换向平稳，可采用电液换向阀式换接回路，如图 9-5 (c) 所示。

(4) 选择调压回路和卸荷回路　系统的调压问题已经在图 9-5 (a) 中解决了。卸荷问题可采用中位机能是 Y 型的三位换向阀来实现。

2. 组成液压系统

将上面选出的液压基本回路组合在一起，就可得到完整的液压系统原理图，如图 9-6 所示。

在图 9-6 中，为了解决滑台工进时进油路、回油路相互接通，无法建立压力的问题，在液动换向回路中串接一个单向阀 a，将工进时的进油路、回油路隔断；为了解决滑台快速前进时回油路接通油箱，无法实现液压缸差动连接的问题，在回油路上串接一个液控顺序阀 b，以阻止液压油在快进阶段返回油箱；为了解决机床停止工作时系统中的液压油流回油箱，导致空气进入系统，影响滑台运动的平稳性的问题，必须在电液换向阀的出口处增设一个单向阀 c；考虑钻孔对位置定位精度要求较高，为了便于系统自动发出快速退回信号，在调速阀输出端增设一个压力继电器 d。

经过以上修改与整理后，就可以得到图 9-7 所示的液压回路图，它在各方面都比较合理与完善了。

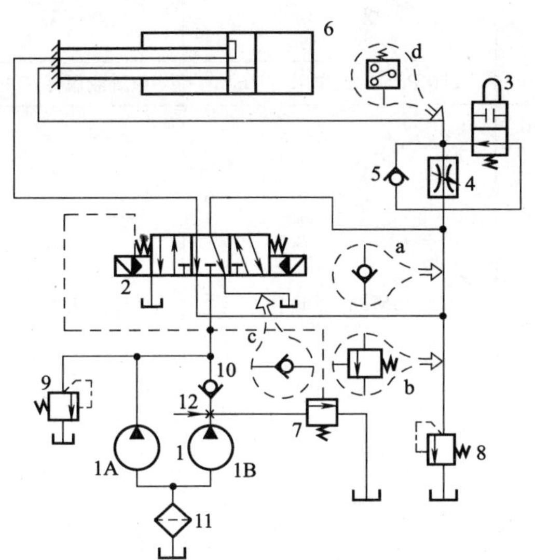

图 9-6　液压系统原理图

1—双联叶片泵；2—三位五通电液阀；3—行程阀；4—调速阀；5,10—单向阀；6—液压缸；7—卸荷阀；8—背压阀；9—溢流阀；11—滤油器；12—压力表开关；1A—小流量泵；1B—大流量泵

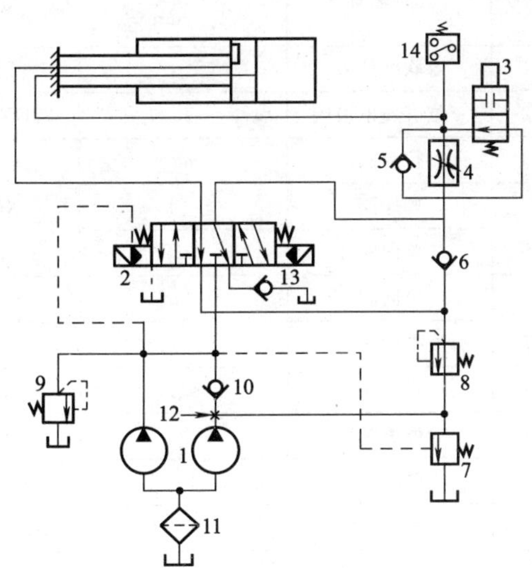

图 9-7　完善后的液压系统原理图

1—双联叶片泵；2—三位五通电液阀；3—行程阀；4—调速阀；5,6,10,13—单向阀；7—液控顺序阀；8—背压阀；9—溢流阀；11—滤油器；12—压力表开关；14—压力继电器

四、液压元件的计算与选择

1. 确定液压泵的规格和电动机功率

液压缸整个工作循环中的最高工作压力为 4.054MPa，如果进油路上的压力损失

0.8MPa，压力继电器调整压力高出系统最高工作压力 0.5MPa，则小流量泵的最高工作压力应为 $p_{p1}=4.054+0.8+0.5=5.354\text{MPa}$。

大流量泵是在快速运动时才向液压缸 1 供油的，由图 9-4 可知，快退时液压缸中的工作压力比快进时大，如果取进油路上的压力损失为 0.5MPa，则大流量泵的最高工作压力为 $p_{p2}=1.305+0.5=1.805\text{MPa}$。

两个液压泵应向液压缸提高的最大流量为 35.19L/min，如图 9-4 所示，若回路中的泄漏按液压缸输入流量的 10%估算，则两泵总流量应为 $q_p=1.1\times35.19=38.71\text{L/min}$。而溢流阀的最小稳定流量为 3L/min，工进时输入液压缸的流量为 0.5L/min，所以小流量泵的流量规格最小应为 3.5L/min。

根据以上压力和流量的数值查阅产品样本，最后确定选取 PV2R12 型双联叶片泵。

由于液压缸在快退时输入功率最大，这相当于液压泵输出压力 1.805MPa、流量 40L/min 时的情况。若取双联叶片泵的总效率 $\eta_p=0.75$，则液压泵的驱动原动机所需的功率为

$$P=p_p q_p/\eta_p=1.805\times(40/60\times10^{-3})/(0.75\times10^3)=1.6\text{kW}$$

根据此数值查阅电机产品样本，最后选定了 J02-32-6 型电动机，其额定功率为 2.2kW。

2. 确定其他元件及辅件

(1) 确定控制元件和辅助元件　根据液压系统的工作压力和通过各个控制阀类元件和辅助元件的实际流量，可选出这些元件的规格和型号，表 9-6 为选用的元件的型号和规格。

表 9-6　选用元件的型号和规格

<table>
<tr><th>序号</th><th>元件名称</th><th>估计通过流量 /L·min⁻¹</th><th>型　号</th><th>规　格</th><th>生产厂家</th></tr>
<tr><td>1</td><td>双联叶片泵</td><td>—</td><td>PV2R12</td><td>14MPa,35.5 和 4.5L/min</td><td>阜新液压件厂</td></tr>
<tr><td>2</td><td>三位五通电液阀</td><td>75</td><td>35DYF3Y-E10B</td><td rowspan="9">16MPa,10 通径</td><td rowspan="9">高行液压件厂</td></tr>
<tr><td>3</td><td>行程阀</td><td>84</td><td rowspan="3">AXQF-E10B</td></tr>
<tr><td>4</td><td>调速阀</td><td><1</td></tr>
<tr><td>5</td><td>单向阀</td><td>75</td></tr>
<tr><td>6</td><td>单向阀</td><td>44</td><td>AF3-Ea10B</td></tr>
<tr><td>7</td><td>液控顺序阀</td><td>35</td><td>XF3-E10B</td></tr>
<tr><td>8</td><td>背压阀</td><td><1</td><td>YF3-E10B</td></tr>
<tr><td>9</td><td>溢流阀</td><td>4.5</td><td>YF3-E10B</td></tr>
<tr><td>10</td><td>单向阀</td><td>35</td><td>AF3-Ea10B</td></tr>
<tr><td>11</td><td>滤油器</td><td>40</td><td>YYL-105-10</td><td>21MPa,90L/min</td><td>新乡 116 厂</td></tr>
<tr><td>12</td><td>压力表开关</td><td>—</td><td>KF3-E3B</td><td>16MPa,3 测试点</td><td rowspan="2">高行液压件厂</td></tr>
<tr><td>13</td><td>单向阀</td><td>75</td><td>AF3-Ea20B</td><td>16MPa,20 通径</td></tr>
<tr><td>14</td><td>压力继电器</td><td>—</td><td>PF-B8C</td><td>14MPa,8 通径</td><td>榆次液压件厂</td></tr>
</table>

(2) 确定油管　各元件间管道的规格按元件接口处的尺寸确定，液压缸进、出油管按输入、输出的最大流量计算。由于液压泵具体选定后液压缸在各个阶段的进、出流量已经与原定数值不同，所以要重新计算得到表 9-7 所示的数据。

当液压油的流速取 3m/min 时，可得到液压缸有杆腔和无杆腔相连的油管内径分别为

$$d=2\times\sqrt{(79.43\times10^6)/(\pi\times3\times10^3\times60)}=23.7\text{mm}$$

$$d=2\times\sqrt{(42\times10^6)/(\pi\times3\times10^3\times60)}=17.2\text{mm}$$

为统一规格，按产品样本选取所有油管均为内径 20mm、外径 28mm 的 10 号冷拔钢管。

表 9-7 液压缸的进、出流量

项 目	快 进	工 进	快 退
输入流量 /L·min^{-1}	$q_1=(A_1q_p)/(A_1-A_2)$ $=(95\times42)/(95-44.77)$ $=79.43$	$q_1=0.5$	$q_1=q_p=42$
输出流量 /L·min^{-1}	$q_2=(A_2q_1)/A_1$ $=(44.77\times79.43)/95$ $=37.43$	$q_2=(A_2q_1)/A_1$ $=(0.5\times44.77)/95$ $=0.24$	$q_2=(A_1q_1)/A_2$ $=(42\times95)/44.77$ $=89.12$
运动速度 /m·min^{-1}	$v_1=q_p/(A_1-A_2)$ $=(42\times10)/(95-44.77)$ $=8.36$	$v_1=q_1/A_1$ $=(0.5\times10)/95$ $=0.053$	$v_1=q_1/A_2$ $=(42\times10)/44.77$ $=9.38$

(3) 油箱　油箱的容量 V 按式（9-16）估算，当经验系数取 6 时，$V=aq_v=6\times40=240\text{L}$。按 GB 2876—1981 规定，取最靠近的标准值 $V=250\text{L}$。

五、液压系统的性能验算

1. 回路压力损失验算

由于系统的具体管路布置没有确定，整个回路的压力损失无法估算，所以此处省略。

2. 发热温升验算

工进在整个工作循环中所占用的时间达 96%，所以系统发热和液压油温升主要是计算工进时的。

工进液压缸的有效功率为

$$P_o=p_2q_2=Fv=\frac{31449\times0.053}{60\times10^3}=0.0278\text{kW}$$

这时大流量泵通过液控顺序阀卸荷，小流量泵在高压下供油，所以两个泵的总输出功率为

$$P_i=\frac{p_{p1}q_{p1}+p_{p2}q_{p2}}{\eta}=\frac{0.3\times10^6\times\left(\frac{36}{63}\right)^2\times\frac{36}{60}\times10^{-3}+4.978\times10^6\times\frac{6}{60}\times10^{-3}}{0.75\times10^3}=0.74\text{kW}$$

则液压系统的发热量为

$$H_i=P_i-P_o=0.74-0.03=0.71\text{kW}$$

求出液压油温升的近似值

$$\Delta T=\frac{H_i}{\sqrt[3]{V^2}}\times10^3=\frac{0.71}{\sqrt[3]{250^2}}\times10^3=18℃$$

温升没有超出允许的范围，系统不需要设置冷却器。

小　　结

本章重点介绍了液压传动系统设计的方法和步骤，其设计步骤有以下几步。

1. 明确液压系统的设计要求及工况分析。

2. 主要性能参数的确定。

3. 拟订液压系统草图，进行系统方案论证。
4. 计算和选择液压元件。
5. 对液压系统主要性能进行验算。
6. 绘制正式工作图，编制技术文件。

在设计实践中，各步骤往往穿插进行，有时需多次反复才能完成。

习 题 九

9-1 设计一个液压系统一般应有哪些步骤？要明确哪些要求？

9-2 设计液压系统要进行哪些方面的计算？

第三篇

气压传动

第十章　气压传动基础

【导读】 前面已介绍了液压传动，它所采用的工作介质是液体（主要是矿物油），而气压传动所用的是空气。由于这两种流体的性质不同，所以气压传动又具有自己的特点。本章主要介绍空气的物理性质、状态变化和气体的流动规律。

第一节　空气的物理性质

一、空气的组成

大气中的空气主要是由氮气、氧气、氩气、二氧化碳、水蒸气以及其他一些气体等若干种气体混合组成的。含有水蒸气的空气为湿空气。大气中的空气基本上都是湿空气。而把不含有水蒸气的空气称为干空气。

在距地面 20km 以内，空气组成几乎相同。在标准状态（0℃，绝对压力为 101125Pa，相对湿度为 0）下干空气的组成如表 10-1 所示。

表 10-1　空气的组成

空气的主要组成	N_2	O_2	Ar	CO_2	其他气体
质量分数/%	75.5	23.1	1.28	0.045	0.075
体积分数/%	78.09	20.95	0.93	0.03	
相对分子质量	28	32	40	44	

二、空气的物理性质

1. 密度

空气密度指的是单位体积（V，单位为 m^3）内空气的质量（m，单位为 kg），用 ρ（单位为 kg/m^3）表示，即

$$\rho=\frac{m}{V} \tag{10-1}$$

空气密度与气体压力和温度有关：压力增加，密度增大，而温度上升，密度减小。

干空气的密度可用式（10-2）计算

$$\rho=\rho_0\frac{273}{273+t}\times\frac{p}{0.1013} \tag{10-2}$$

式中　ρ_0——标准状态下的干空气密度；

p——绝对压力，MPa；

ρ——干空气密度；

t——温度，℃，其中（$273+t$）为热力学温度（K）。

2. 黏性

空气在流动过程中产生的内摩擦阻力的性质叫做空气的黏性，用黏度表示其大小。空气的黏度受压力的影响很小，一般可忽略不计。随温度的升高，空气分子热运动加剧，因此，空气的黏度随温度的升高而略有增加。

3. 压缩性和膨胀性

气体与液体和固体相比具有明显的压缩性和膨胀性。空气的体积较易随压力和温度的变化而变化。例如，对于大气压下的气体等温压缩，压力增大 0.1MPa，体积减小一半。而将油的压力增大 18MPa，其体积仅缩小 1%。在压力不变、温度变化 1℃时，气体体积变化约 1/273，而水的体积只改变 1/20000，空气体积变化的能力是水的 73 倍。气体体积在外界作用下容易产生变化，气体的可压缩性导致气压传动系统刚度差，定位精度低。

气体体积随温度和压力的变化规律遵循气体状态方程。

4. 空气的湿度

由于地球上的水不断地蒸发到空气中，空气中含有水蒸气，把含有水蒸气的空气称为湿空气。自然界中的空气基本上都是湿空气。由湿空气生成的压缩空气对气动系统的稳定性和寿命有不良的影响。如湿度大的空气会使气动元件腐蚀生锈，润滑剂稀释变质等。为保证气动系统正常工作，在空气压缩机出口处要安装冷却器，把压缩空气中的水蒸气凝结析出，在气罐出口处安装空气干燥器，进一步消除空气中的水分。

湿空气中所含水分的程度用湿度和含湿量来表示，湿度又分为绝对湿度和相对湿度。

（1）绝对湿度　每一立方米的湿空气中，含有水蒸气的质量称为湿空气的绝对湿度，用 x 表示。即

$$x=m_s/V \tag{10-3}$$

式中　m_s——水蒸气的质量，kg；

V——湿空气的体积，m^3。

在一定的压力和温度下，含有最大限度水蒸气量的空气叫做饱和湿空气。1m^3 饱和湿空气中所含水蒸气的质量称为饱和湿空气的绝对湿度。其计算公式为

$$x_b=\frac{p_b}{R_s T}=\rho_b \tag{10-4}$$

式中　x_b——饱和湿空气的绝对湿度，kg/m^3；

ρ_b——饱和湿空气中水蒸气的密度，kg/m^3；

p_b——饱和湿空气中水蒸气的分压力，Pa；

R_s——水蒸气的气体常数，$R_s=462.05$J/(kg·K)；

T——热力学温度。

（2）相对湿度　在同一温度下，湿空气中水蒸气分压 p_s 和饱和水蒸气分压 p_b 的比值称为相对湿度，用 ϕ 表示。即

$$\phi=\frac{p_s}{p_b}\times(100\%) \tag{10-5}$$

通常，湿空气大多是处于未饱和状态，所以应了解它继续吸收水分的能力和离饱和状态的程度。引入相对湿度概念清楚地说明了这个问题。

当空气绝对干燥时，$p_s=0$，则 $\phi=0$。

当湿空气饱和时，$p_s=p_b$，则 $\phi=100\%$，称此时的空气为绝对湿空气。

一般 ϕ 在 0～1 之间变化。当空气的相对湿度 $\phi=60\%\sim70\%$时，人感觉舒适。而气动系统中元件使用的工作介质的相对湿度不得大于 90%，希望越小越好。

相对湿度既反映了湿空气的饱和程度，也反映了湿空气离饱和状态的程度。

有时 ϕ 也用同一温度下湿空气的绝对湿度与饱和绝对湿度之比来确定，即

$$\phi=\frac{x}{x_b} \tag{10-6}$$

(3) 空气的含湿量 d　空气的含湿量是指在质量为 1kg 的湿空气中，混合的水蒸气质量与绝对干空气质量的比，即

$$d=\frac{m_s}{m_g} \tag{10-7}$$

式中　m_s——水蒸气的质量，kg；

m_g——干空气的质量，kg。

含湿量大小决定于温度 t、相对湿度 ϕ 和全压力 p。若 p 不变，$\phi=1$ 时，含湿量达到最大值。

三、压缩空气的品质

1. 压缩空气的污染及其影响

空气污染是指空气中混入或产生某些污染物质。主要污染物有水分、固体杂质和油分等。其主要来源如下：由空气压缩机吸入的空气所包含的水分、粉尘、烟尘等；由系统内部产生压缩机润滑油、元件磨损物、冷凝水、锈蚀物等；由安装、装配或维修时混入的湿空气、异物等。

污染物对气动系统工作会造成许多不良影响。如水分会造成管道及金属零件锈蚀，导致管道及元件流量不足，压力损失增大，甚至导致阀的动作失灵；水分混入润滑油中会使润滑油变质，液态水会冲洗掉润滑脂，导致润滑不良；在寒冷地区以及元件内的高速流动区，水分会结冰，造成元件动作不良，管道冻结或冻裂。

润滑油变质后黏度增大，并与其他杂质混合形成油泥。它会使橡胶及塑料材料变质或老化，堵塞元件内的小孔，影响元件性能，造成元件动作失灵。

粉尘和锈屑、磨损产生的固体颗粒会使运动件磨损，造成元件动作不良，甚至卡死，同时加速了过滤器滤芯的堵塞，增大了流动阻力。

2. 压缩空气的质量等级

不同的应用对象对气动装置及作业环境的洁净度要求各有不同，相应的气动系统对压缩空气质量的要求也不同。ISO 85731 标准根据对压缩空气中的固体尘埃颗粒度、含水率（以压力、露点形式要求）和含油率的要求划分了压缩空气的质量等级。

第二节　气体状态方程

一、理想气体的状态方程

所谓理想气体是指没有黏性的气体，当气体处于某种平衡状态时，气体的压力、温度和比体积之间的关系为

$$pv=RT \tag{10-8}$$

或者

$$pV=mRT \tag{10-9}$$

式中　p——气体的绝对压力，N/m^2；

v——空气的比体积，m^3/kg；

R——气体常数，干空气 $R=287.1N\cdot m\ (kg\cdot K)$、水蒸气 $R=462.05N\cdot m\ (kg\cdot K)$；

T——空气的热力学温度，K；

m——空气的质量，kg；

V——气体的体积，m^3。

二、理想气体的状态变化过程

1. 等容变化过程

一定质量的气体，如在状态变化过程中，体积保持不变时，则有

$$\frac{p_1}{T_1}=\frac{p_2}{T_2}=R \tag{10-10}$$

式（10-10）表明，当气体体积不变时，压力的变化与温度的变化成正比，当压力上升时，气体的温度随之上升。

2. 等压变化过程

一定质量的气体，如在状态变化过程中，压力保持不变时，则有

$$\frac{v_1}{T_1}=\frac{v_2}{T_2}=R \tag{10-11}$$

式（10-11）表明，当气体压力不变时，温度上升，比体积增大（气体膨胀）；当温度下降时，比体积减小（气体被压缩）。

3. 等温变化过程

一定质量的气体，如在其状态变化过程中，温度不变时，则有

$$p_1v_1=p_2v_2=\text{常数} \tag{10-12}$$

式（10-12）表明，在气体温度不变的条件下，压力上升时，气体体积被压缩，比体积下降；压力下降时，气体体积膨胀，比体积上升。

4. 绝热变化过程

一定质量的气体，如在状态变化过程中，与外界完全无热量交换时，则有

$$p_1v_1^k=p_2\ v_2^k=\text{常数} \tag{10-13}$$

式中　k——等熵指数，对于干空气 $k=1.4$，对饱和蒸气 $k=1.3$。

根据式（10-8）和式（10-13）可得

$$\frac{T_1}{T_2}=\left(\frac{v_2}{v_1}\right)^{k-1}=\left(\frac{p_1}{p_2}\right)^{(k-1)/k} \tag{10-14}$$

式（10-13）和式（10-14）表明，在绝热过程中，气体状态变化与外界无热量交换，系统靠消耗本身的内能对外做功。在气压传动中，快速动作可被认为绝热变化过程。例如，压缩机的活塞在气缸中的运动是极快的，以致缸中气体的热量来不及与外界进行热交换，这个过程就被认为是绝热过程。应该指出，在绝热过程中，气体温度的变化是很大的，例如空气压缩机压缩空气时，温度可高达 250℃，而快速排气时，温度可降至－100℃。

5. 多变过程

在实际问题中，气体的变化过程往往不能简单地归属为上述几个过程中的任一个，不加任何条件限制的过程称之为多变过程，此时可用式（10-15）表示，即

$$p_1 v_1^n = p_2 v_2^n = 常数 \tag{10-15}$$

式中　n——多变指数，在一定的多变变化过程中，多变指数 n 保持不变；对于不同的多变过程，n 有不同的值。由此可见，前述四种典型的状态变化过程均为多变过程的特例。

当 $n=0$ 时，$pv^0=p=$常数，为等压变化过程；

当 $n=1$ 时，$pv=$常数，为等温变化过程；

当 $n=\pm\infty$时，$p^{1/n}v=p^0 v=v=$常数，为等容变化过程；

当 $n=k$ 时，$pv^k=$常数，为绝热变化过程，$k=1.4$。

图 10-1 所示为各种热力过程的 p-v 多变过程。

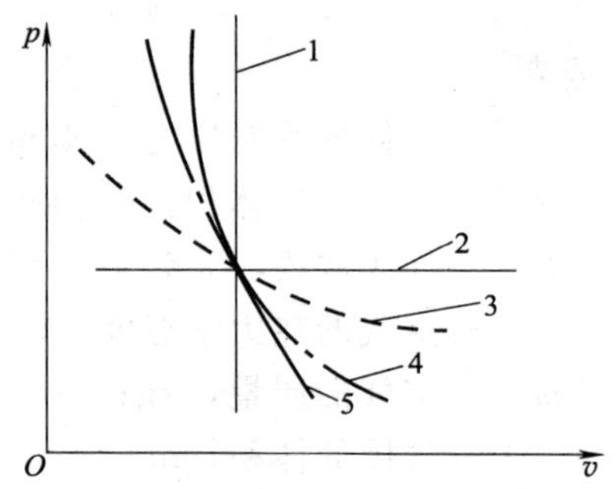

图 10-1　多变过程

1—等容过程（$n=\infty$）；2—等压过程（$n=0$）；3—多变过程（$n=$任意数）；4—等温过程（$n=1$）；5—绝热过程（$n=k=1.4$）

第三节　气体流动规律

一、气体流动的基本方程

1. 连续性方程

连续性方程实际上是质量守恒定律在流体力学中的具体表现形式。当气体在管道中作稳定流动时，同一时间内流过管道每一截面的质量为一定值，即

$$q_m = \rho v A = 常数 \tag{10-16}$$

式中　A——管道的截面面积；

v——该截面上的平均流速；

ρ——气体密度。

2. 伯努利方程

在流管的任意截面上，根据能量守恒定律，单位质量稳定的空气流的流动压力 p、平均流速 v、位置高度 H 和阻力损失 h_f 满足下列方程（伯努利方程），即

$$\frac{v^2}{2} + gH + \int \frac{dp}{\rho} + gh_f = 常数 \tag{10-17}$$

二、声速与马赫数

1. 声速

声速是指声波在空气中传播的速度。声波是一种微弱的扰动波，在传递过程中只有压力波的变化而引起传递介质疏密程度的变化产生的振动，并没有物质的交换。

气体在管道中流动时，某点声速的表达式为

$$c = \sqrt{\frac{dp}{d\rho}} \tag{10-18}$$

式中　c——声速，m/s；

p——气体压力，Pa；

ρ——气体密度，kg/m^3。

由于声波传播速度很快，传播过程可以看作为绝热过程，对于理想气体，p/ρ^k＝常数，故声速的表达式为

$$c=\sqrt{k\frac{p}{\rho}}=\sqrt{kRT}\approx 20.1\sqrt{T} \tag{10-19}$$

式中　k——绝热指数，$k=1.4$；

R——气体常数，$R=287.11\text{J/(kg·K)}$；

T——热力学温度，K。

由此可见，声速只与温度有关，而与压力无关。

2. 马赫数

气体的速度 v 与声速 c 之比定义为马赫数 Ma，即

$$Ma=\frac{v}{c} \tag{10-20}$$

根据马赫数不同，把气流分为三种流动状态：

① 当 $Ma>1$ 时，称为超声速流动；

② 当 $Ma<1$ 时，称为亚声速流动；

③ 当 $Ma=1$ 时，称为临界状态或声速流动。

三、通流能力

在气压传动系统中，阀或管路的通流能力，是指单位时间内通过阀或管路的流体体积流量或质量。目前表示通流能力大致有以下几种表示方法，即有效截面积 A、流量系数 C 和流量 q 等。

1. 有效截面积 A

在整个气动系统中，通常认为使元件过流截面与相应的管道截面等效。而实际上气动元件的过流截面与有效截面积还是有差异的，有效截面积是指一个无黏性气流中的理想节流小孔的流量等于实际气体流过气动元件的流量。这个有效截面积只能用实验方法测定，经常用定积容器放气法来测定。

2. 流量系数 C、C_v

流量系数 C 是当阀全开时，阀两端压差为 1.0MPa，密度为 1000kg/m^3 的水所通过阀的流量值。

流量系数 C_v 是阀全开时，以 13.6℃的清水，在阀前后压差约为 0.007MPa，流经阀的流量值用每分钟加仑表示的数值。

A、C 和 C_v 间的换算关系为

$$C_v=1.147C \tag{10-21}$$

$$A=14.98C_v\approx 17C_v \tag{10-22}$$

3. 流量 q_v

当气流通过气动元件时，元件进口压力为 p_1，出口压力为 p_2。

则当气流压力之比 $p_2/p_1<0.528$ 时，流速在声速区，以声速流动的流量可用下式计算

$$q_v=113A(p_1+0.1013)\sqrt{\frac{273.1}{T_1}} \tag{10-23}$$

而 $p_2/p_1>0.528$，流速在亚声速区，以亚声速流动的流量可用下式计算

$$q_v = 226A\sqrt{\Delta p(p_2 + 0.1013)}\sqrt{\frac{273.1}{T_1}} \tag{10-24}$$

式中　p_1，p_2——分别为进口和出口压力，MPa；

A——有效截面积，mm^2；

T_1——进口气体温度，K；

q_v——换算成自由状态后的空气流量，L/min。

自由状态的流量 q_v 与受压状态的流量 q 之间的关系为

$$q_v = q\frac{p + 0.1013}{0.1013} \tag{10-25}$$

式中　p——受压状态下的压力，MPa。

四、充气、放气温度与时间计算

1. 充气温度与时间的计算

向气罐充气，其充气过程进行较快，热量来不及通过气罐与外界交换，可视为绝热充气，如图 10-2 所示。

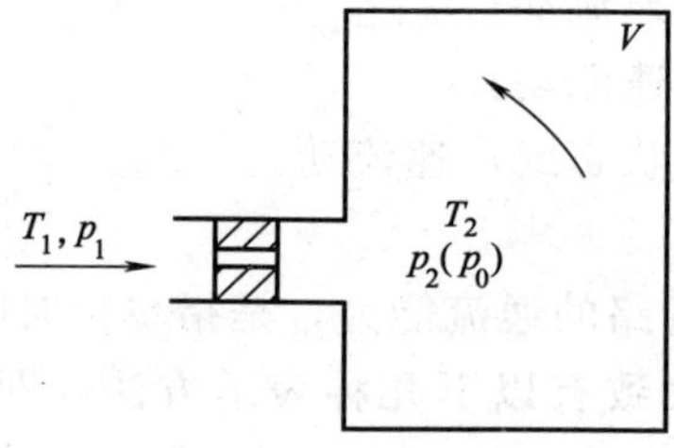

图 10-2　向气罐充气

向气罐充气时，气罐内压力从 p_1 升高到 p_2，气罐内温度从 T_1 升高到 T_2。充气过程中气源压力不变，则充气后的温度为

$$T_2 = \frac{kT_s}{1 + \frac{p_1}{p_2}\left(k\frac{T_s}{T_1} - 1\right)} \tag{10-26}$$

式中　T_s——气源热力学温度，K；

k——绝热指数。

当 $T_s = T_1$，即气源与被充气罐均为室温时，则

$$T_2 = \frac{kT_1}{1 + \frac{p_1}{p_2}(k-1)} \tag{10-27}$$

充气结束后，由于气罐壁散热，使罐内气体温度下降至室温，压力也随之下降，降低后的压力值为

$$p = p_2\frac{T_1}{T_2} \tag{10-28}$$

充气所需时间为

$$t = \left(1.285 - \frac{p_1}{p_2}\right)\tau \tag{10-29}$$

$$\tau = 5.217 \times 10^3 \frac{V}{kS}\sqrt{\frac{273}{T_S}} \tag{10-30}$$

式中　p_2——气源绝对压力，MPa；

p_1——气罐内初始绝对压力，MPa；

τ——充、放气的时间常数，s；

V——气罐容积，L；

S——有效截面积，mm^2。

图 10-3 所示为气罐充气时的压力-时间特性曲线。

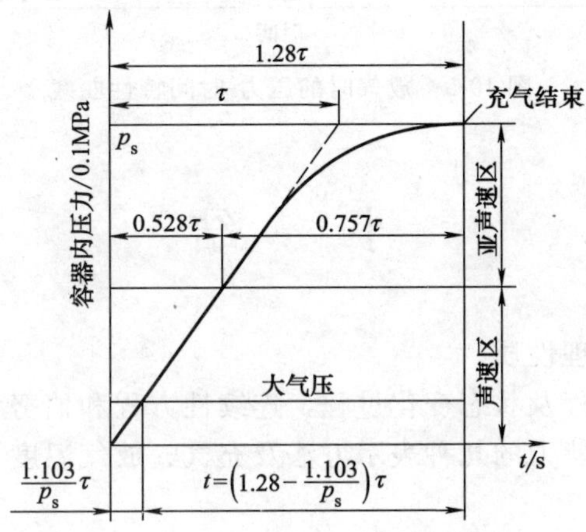

图 10-3　充气时的压力-时间特性曲线

2. 放气温度与时间的计算

气罐放气如图 10-4 所示。气罐内气体初始压力为 p_1，温度为室温 T_1，经绝热快速放气后，温度降到 T_2，压力降至 p_2，放气后的温度为

$$T_2 = T_1\left(\frac{p_2}{p_1}\right)^{(k-1)/k} \tag{10-31}$$

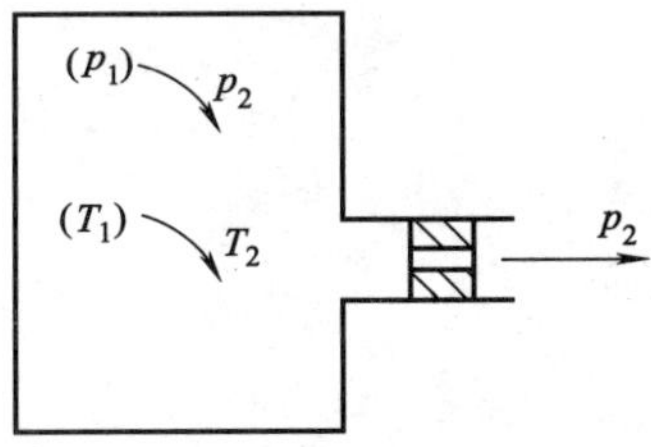

图 10-4　气罐放气

放气所需时间为

$$t = \left\{\frac{2k}{k-1}\left[\left(\frac{p_1}{p_2}\right)^{(k-1)/2k} - 1\right] + 0.945\left(\frac{p_1}{0.1013}\right)^{(k-1)/2k}\right\}\tau \tag{10-32}$$

式中　p_1——容器初始压力，MPa；

p_2——临界压力，一般取 $p_2 = 0.192$MPa；

τ——时间常数，由式（10-30）决定。

图 10-5 所示为气罐放气时的压力-时间特性曲线。

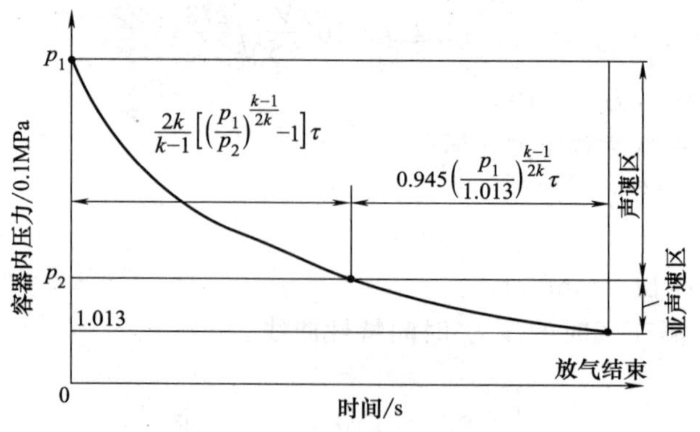

图 10-5　放气时的压力-时间特性曲线

小　　结

1. 空气的组成及其物理性质。
2. 理想气体的状态方程及状态变化过程，连续性方程和伯努利方程。
3. 气压传动系统通流能力的几种表示方法及充气、放气温度与时间的计算。

习　题　十

10-1　压力 p=0.4MPa（表压），温度 t=30℃的空气，当相对湿度分别为 90%和 50%时，试计算其密度为多少？

10-2　在常温 t=20℃时，将空气从 0.1MPa（绝对压力）压缩到 0.7MPa（绝对压力），求温升 Δt 为多少？

第十一章　气源装置及气动辅件

【导读】　空气压缩机是气压传动系统的动力部分，其性能的好坏直接影响气压传动系统能否正常工作。与液压传动一样，气压传动也需要辅助元件，它是气压传动系统正常工作必不可少的组成部分。本章主要介绍空压机、压缩空气净化元件和其他主要辅助元件。

第一节　气源装置

气压传动系统中的气源装置是为系统提供满足一定质量要求的压缩空气，它是系统的重要组成部分。由空气压缩机产生的压缩空气必须经过降温、净化、减压和稳压等一系列处理后，才能供给控制元件和执行元件使用。

一、气源系统的组成

气压传动系统是以空气压缩机作为气源装置，一般规定，当空气压缩机的排气量小于 $6m^3/min$ 时，直接安装在主机旁；当排气量大于或等于 $6m^3/min$ 时，就应独立设置压缩空气站，作为整个工厂或车间的统一气源。图 11-1 所示为一般压缩空气站的设备组成和布置示意图。压缩空气站的设备一般包括产生压缩空气的空气压缩机和净化压缩空气的辅助设备。

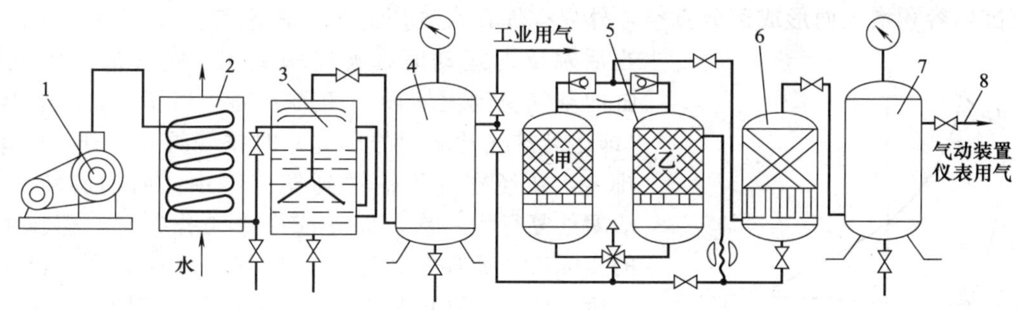

图 11-1　压缩空气站的设备组成和布置示意

1—空气压缩机；2—冷却器；3—除油器；4,7—储气罐；5—干燥器；6—过滤器；8—输气管道

在图 11-1 中，1 为空气压缩机，一般由电动机带动；2 为冷却器，将压缩机排出的压缩气体降温，使其中水汽、油雾汽凝结成水滴和油滴；3 为除油器，用以分离压缩空气中凝聚的水分和油分等杂质；4、7 为储气罐，用以储存一定数量的压缩空气，稳定压力和除去部分水分和油分。4 输出的压缩空气用于一般要求的系统，而 7 输出的压缩空气可用于要求较高的系统（如气动仪表）；5 为空气干燥器，将进一步吸收和排除压缩空气中的水分、油分及杂质，使之变成干空气；6 为空气过滤器，滤除压缩空气的水分、油滴及杂质微粒，以达

到气动系统所要求的净化程度。

二、空气压缩机

空气压缩机是将电动机输出的机械能转变为气体压力能输送给气动系统的装置，是气动系统的动力源。

空气压缩机的种类很多，但按工作原理主要可分为容积式和速度式（叶片式）两类。在容积式压缩机中，气体压力的提高是由于压缩机内部的工作容积被缩小，使单位体积内气体的分子密度增加而形成的；而在速度式压缩机中，气体压力的提高是由于气体分子在高速度流动时突然受阻而停滞下来，使动能转化为压力能而达到的。容积式压缩机按结构不同又可分为活塞式、膜片式和螺杆式等；速度式按结构不同可分为离心式和轴流式等。目前使用最广泛的是活塞式压缩机。

下面介绍活塞式压缩机的工作原理。

活塞式压缩机是通过曲柄连杆机构使活塞作往复运动而实现吸、压气，并达到提高气体压力的目的。图 11-2 所示为一单级单作用活塞式压缩机工作原理。它主要由缸体 1、活塞 2、活塞杆 3、曲柄连杆机构 4、吸气阀 5 和排气阀 6 等组成。

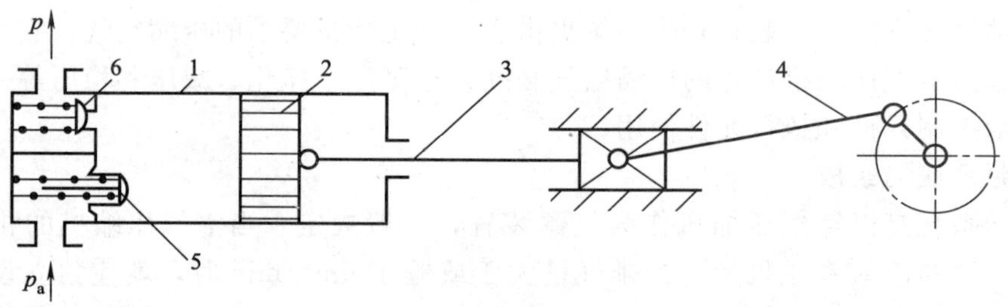

图 11-2　单级单作用活塞式压缩机工作原理

1—缸体；2—活塞；3—活塞杆；4—曲柄连杆机构；5—吸气阀；6—排气阀

曲柄由原动机（电动机）带动旋转，从而驱动活塞在缸体内往复运动。当活塞向右运动时，气缸内容积增大而形成部分真空，外界空气在大气压力下推开吸气阀 5 而进入气缸中；当活塞反向运动时，吸气阀关闭，随着活塞的左移、缸内空气受到压缩而使压力升高，当压力增至足够高（即达到排气管路中的压力）时排气阀 6 打开，气体被排出，并经排气管输送到储气罐中。曲柄旋转一周，活塞往复行程一次，即完成一个工作循环。但压缩机的实际工作循环是由吸气、压缩、排气和膨胀四个过程所组成的，这可从图 11-3 所示的压容图上看出，图中线段 ab 表示吸气过程，其高度 p_1 即为空气被吸入气缸时的起始压力；曲线 bc 表示活塞向左运动时气缸内发生的压缩过程；cd 表示气缸内压缩气体压力达到出口处压力 p_2，排气阀被打开时的排气过程；当活塞回到 d 时运动终止，排气过程结束，排气阀关闭。这时余隙（活塞与气缸之间余留的空隙）中还留有一些压缩空气将膨胀而达到吸气压力 p_1，曲线 da' 即表示余隙内空气的膨胀过程。所以气缸重新吸气的过程并不是从 a 点开始，而是从 a' 点开始，显然这将减少压缩机的输气量。图 11-2 中只表示一个缸一个活塞的空气压缩机，大多数空气压缩机是多缸和多活塞的组合。

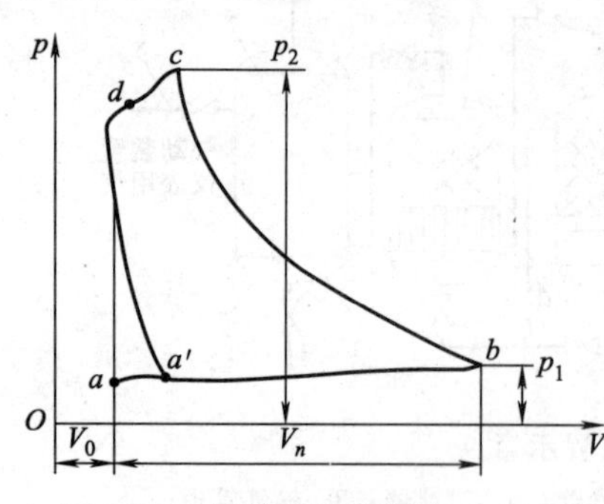

图 11-3　压缩机实际循环 p-V 图

第二节　气动辅助元件

气动辅助元件包括气源净化装置和其他辅助元件两大类。

一、气源净化装置

压缩空气净化装置一般包括冷却器、除油器、干燥器、过滤器和储气罐等。

1. 冷却器

冷却器安装在压缩机出口的管道上，将压缩机排出的压缩气体温度由 120～170℃降至 40～50℃，使空气中的水汽、油雾达到饱和，使其大部分析出并凝结成水滴和油滴分离出来，以便将其清除，达到初步净化压缩空气的目的。冷却器主要有风冷式和水冷式两种。

风冷式冷却器如图 11-4 所示，其工作原理是：压缩空气通过管道，由风扇产生的冷空气强迫吹向管道，冷热空气在管道壁面进行热交换，被冷却的压缩空气输出口温度大约比室温高 13℃左右。

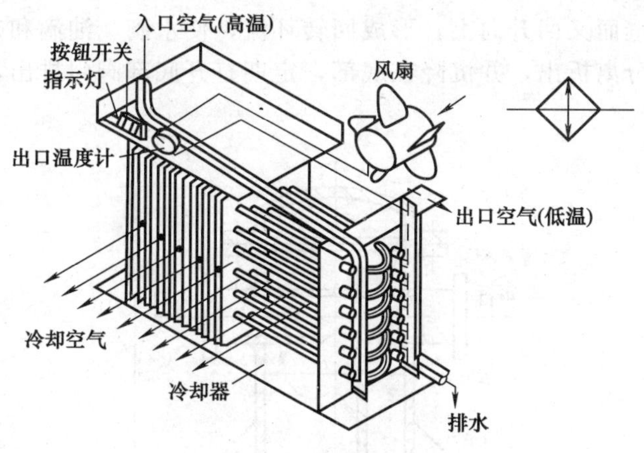

图 11-4　风冷式冷却器

风冷式冷却器能将压缩机产生的高温压缩空气冷却到 40℃以下，能有效除去空气中的水分。它具有结构紧凑、安装空间小、质量轻、便于维修、运行成本等优点，但处理气量较少。

冷却器一般采用水冷式。水冷式冷却器散热面积比风冷式大许多倍，热交换均匀，具有结构简单、使用和维修方便等优点。水冷式冷却器一般采用蛇管式或套管式冷却器，蛇管式冷却器的结构主要由一只蛇状空心盘管和一只盛装此盘管的圆筒组成。蛇状盘管可用铜管或钢管弯制而成，蛇管的表面积也就是该冷却器的散热面积。由空气压缩机排出的热空气由蛇管上部进入（图 11-1），通过管外壁与管外的冷却水进行热交换，冷却后，由蛇管下部输出。这种冷却器结构简单，使用维修方便，因而被广泛用于流量较小的场合。

套管式冷却器的结构如图 11-5 所示，压缩空气在外管与内管之间流动，内、外管之间由支承架来支承。这种冷却器流通截面小，易达到高速流动，有利于散热冷却。管间清理也较方便，但其结构笨重，消耗金属量大，主要用在流量不太大、散热面积较小的场合。

2. 除油器

除油器的作用是分离压缩空气中凝聚的水分和油分等杂质。使压缩空气得到初步净化，

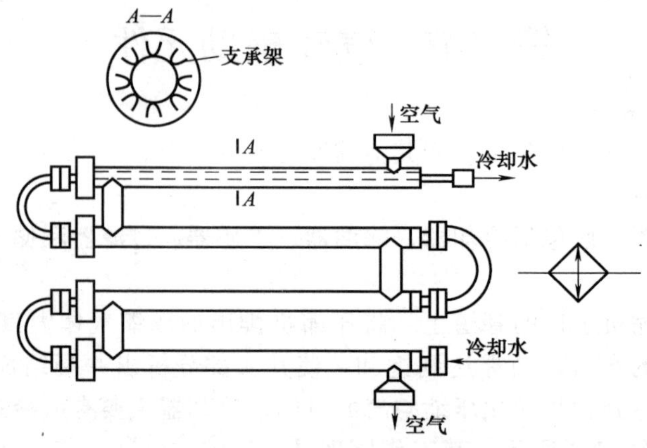

图 11-5　套管式冷却器

其结构形式有环形回转式、撞击折回式、离心旋转式和水浴式等。

图 11-6 所示为撞击折回并环形回转式除油器结构原理。压缩空气自入口进入后，因撞击隔板而折回向下，继而又回升向上，形成回转环流，使水滴、油滴和杂质在离心力和惯性力作用下，从空气中分离析出，并沉降在底部，定期打开底部阀门排出，初步净化的空气从出口送往储气罐。

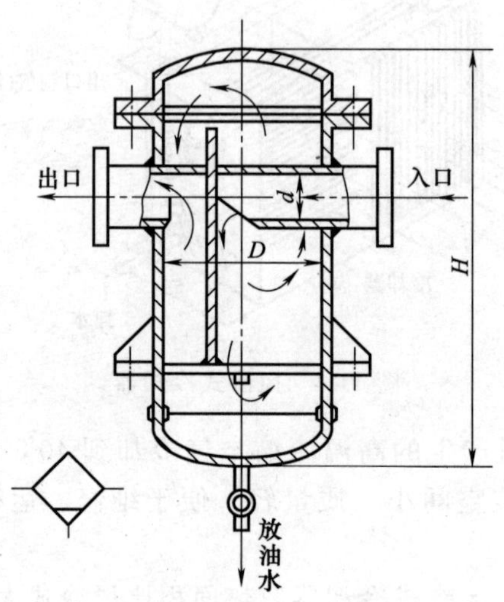

图 11-6　撞击折回并环形回转式除油器

3. 空气干燥器

空气干燥器的作用是为了满足精密气动装置用气，把初步净化的压缩空气进一步净化以吸收和排除其中的水分、油分及杂质，使湿空气变成干空气。由图 11-1 可知，从压缩机输出的压缩空气经过冷却器、除油器和储气罐的初步净化处理后已能满足一般气动系统的使用要求。但对一些精密机械、仪表等装置还不能满足要求。为此需要进一步净化处理，为防止初步净化后的气体中的含湿量对精密机械、仪表产生锈蚀，为此要进行干燥和再精过滤。

压缩空气的干燥方法主要有机械法、离心法、冷冻法和吸附法等。机械和离心除水法的原理基本上与除油器的工作原理相同。目前在工业上常用的是冷冻法和吸附法。

(1) 冷冻式干燥器　它是使压缩空气冷却到一定的露点温度，然后析出相应的水分，使压缩空气达到一定的干燥度。此方法适用于处理低压大流量，并对干燥度要求不高的压缩空气。压缩空气的冷却除用冷冻设备外也可采用制冷剂直接蒸发，或用冷却液间接冷却的方法。

冷冻式干燥器的工作原理如图 11-7 所示。最初进入空气干燥器的是湿热空气，先在热交换器中靠已除湿的干燥冷空气预冷却。然后进入冷却装置，被制冷剂冷却到 2～5℃以除湿。最后，冷凝成的水滴被分水排水器排走，而除湿后的冷空气进入热交换器，被入口进来的暖空气加热，其湿度降低后由出口输出。

(2) 吸附式干燥器　它主要是利用硅胶、活性氧化铝、焦炭、分子筛等物质表面能吸附水分的特性来清除水分的。由于水分和这些干燥剂之间没有化学反应，所以不需要更换干燥剂，但必须定期再生干燥。图 11-8 所示为吸附式干燥器工作原理。

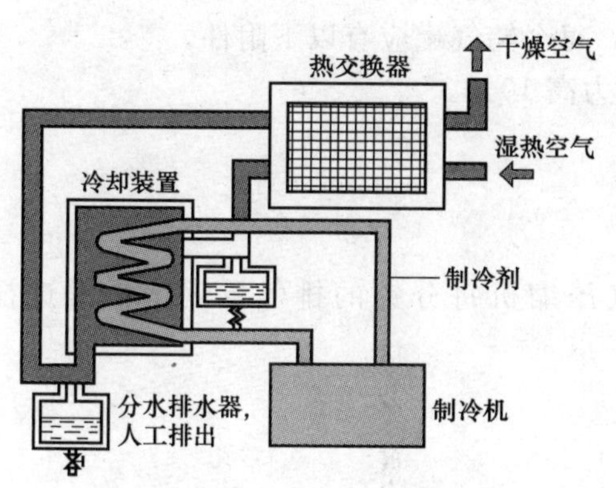

图 11-7　冷冻式干燥器工作原理

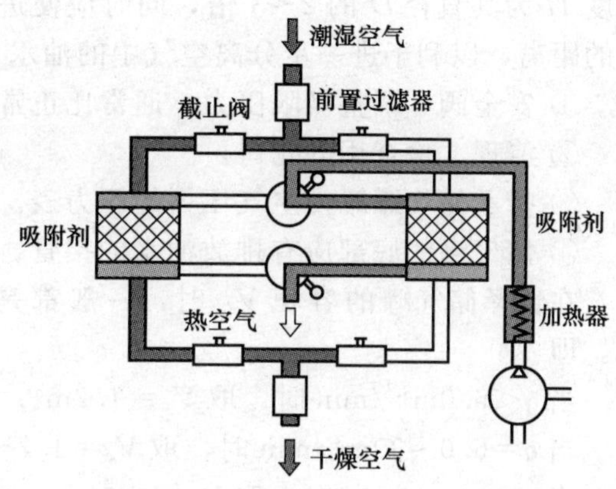

图 11-8　吸附式干燥器工作原理

4. 空气过滤器

空气过滤器的作用是滤除压缩空气中的水分、油滴及杂质微粒，以达到气动系统所要求的净化程度。过滤的原理是根据固体物质和空气分子的大小和质量不同，利用惯性、阻隔和吸附的方法将灰尘和杂质与空气分离。它属于二次过滤器，大多与减压阀、油雾器一起构成气动三联件，安装在气动系统的入口处。

一般空气过滤器基本上是由壳体和滤芯所组成的，按滤芯所采用的材料不同可分为纸质、织物（麻布、绒布、毛毡）、陶瓷、泡沫塑料和金属（金属网、金属屑）等过滤器。空气压缩机中普遍采用纸质过滤器和金属过滤器。这种过滤器通常又称为一次过滤器，其滤灰效率为 50%～70%；在空气压缩机的输出端（即气源装置）使用的为二次过滤器（滤灰效率为 70%～90%）和高效过滤器（滤灰效率大于 99%）。

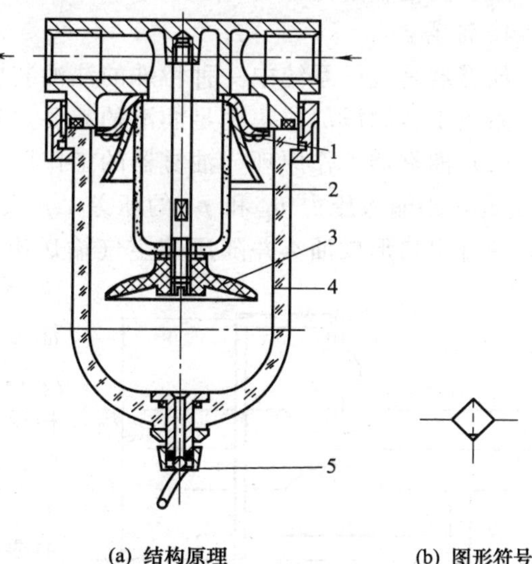

(a) 结构原理　　(b) 图形符号

图 11-9　空气过滤器结构

1—旋风叶子；2—滤芯；3—挡水板；4—存水杯；5—手动放水阀

图 11-9 所示为空气过滤器结构。压缩空气从输入口进入后，沿旋风叶子强烈旋转，

夹在空气中的水滴、油滴和杂质在离心力的作用下分离出来，沉积在存水杯底，而气体经过中间滤芯时，又将其中微粒杂质和雾状水分滤下，沿挡水板流入杯底。洁净空气经出口输出。

空气过滤器主要根据系统所需要的流量、过滤精度和容许压力等参数来选取，通常垂直安装在气动设备入口处，进出气孔不得装反，使用中注意定期放水，清洗或更换滤芯。

5．储气罐

储气罐的作用是消除压力脉动，保证输出气流的连续性；储存一定数量的压缩空气，调节用气量或以备发生故障和临时需要应急使用；依靠绝热膨胀和自然冷却使压缩空气降温而进一步分离其中的水分和油分。

储气罐一般采用圆筒状焊接结构，有立式和卧式两种，一般以立式居多。立式储气罐的高度 H 为其直径 D 的 2～3 倍，同时应使进气管在下，出气管在上，并尽可能加大两管之间的距离，以利于进一步分离空气中的油水。同时，每个储气罐应有以下附件。

① 安全阀，调整极限压力，通常比正常工作压力高 10%。

② 清理、检查用的孔口。

③ 指示储气罐罐内空气压力的压力表。

④ 储气罐的底部应有排放油水的接管。

在选择储气罐的容积 V_c 时，一般都是以空气压缩机每分钟的排气量 q 为依据选择的。即

当 $q<6.0\text{m}^3/\text{min}$ 时，取 $V_c=1.2\text{m}^3$；

当 $q=6.0\sim30\text{m}^3/\text{min}$ 时，取 $V_c=1.2\sim4.5\text{m}^3$；

当 $q>30\text{m}^3/\text{min}$ 时，取 $V_c=4.5\text{m}^3$。

冷却器、除油器和储气罐都属于压力容器，制造完毕后，应进行水压试验。目前，在气压传动中，冷却器、除油器和储气罐三者一体的结构形式已被采用，这使压缩空气站的辅助设备大为简化。

二、其他辅助元件

1．油雾器

油雾器是气压系统中一种特殊的注油装置，其作用是把润滑油雾化后，经压缩空气携带进入系统中各润滑部位，满足润滑的需要。其优点是方便、干净、润滑质量高。

（1）油雾器工作原理　油雾器的工作原理如图 11-10 所示。假设气流通过文氏管后压力降为 p_2，当输入压力 p_1 和 p_2 的压差 Δp 大于把油吸引到排出口所需压力 ρgh 时，油被吸上，在排出口形成油雾并随压缩空气输送出去。若已知输入压力为 p_1，通过文氏管后压力降为 p_2。而 $\Delta p=p_1-p_2$，但因油的黏性阻力是阻止油液向上运动的力，因此实际需要的压力差要大于 ρgh，黏度较高的油吸上时所需的压力差 Δp 就较大；相反，黏度较低的油吸上时所需的压力差 Δp 就小一些，但是黏度较低的油即使雾化也容易沉积在管道上，很难到达所期望的润滑地点。因此在气动装置中要正确选择润滑油的牌号。

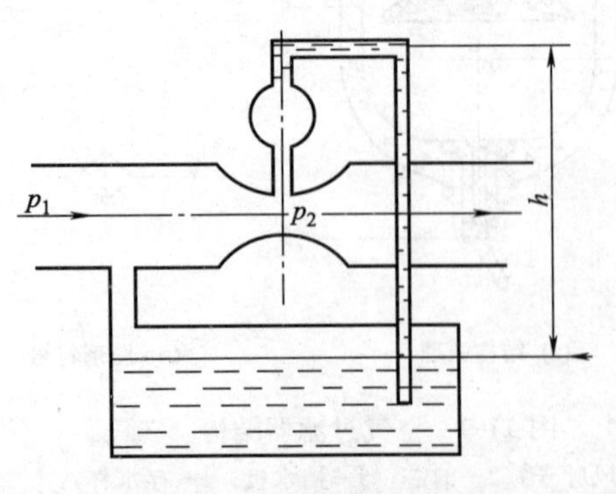

图 11-10　油雾器的工作原理

（2）油雾器结构简介　图 11-11 所示为油雾器的结构。当压缩空气从输入口进入后，绝大部分从主气道流出，一小部分通过小孔 A 进入阀座 8 腔中，

此时特殊单向阀在压缩空气和弹簧作用下处在中间位置，如图 11-10 所示，所以气体又进入储油杯 4 上腔 C，使油液受压后经吸油管 7 将单向阀 6 顶起。因钢球上方有一边长小于钢球直径的方孔，所以钢球不能封死管道，而使油源源不断地进入视油器 5 内，再滴入喷嘴 1 腔内，被主气道中的气流从小孔 B 中引射出来。进入气流中的油滴被高速气流雾化后经输出口输出。视油器上的节流阀 9 可调节滴油量，使滴油量可在每分钟 0～200 滴范围内变化。当旋松油塞 10 后，储油杯上腔 C 与大气相通，此时特殊单向阀 2（图 11-12）背压降低，输入气体使特殊单向阀 2 关闭，从而切断了气体与上腔 C 的通道，气体不能进入上腔 C；单向阀 6 也由于 C 腔压力降低处于关闭状态，气体也不会从吸油管进入 C 腔。因此可以在不停气源的情况下从油塞口给油雾器加油。

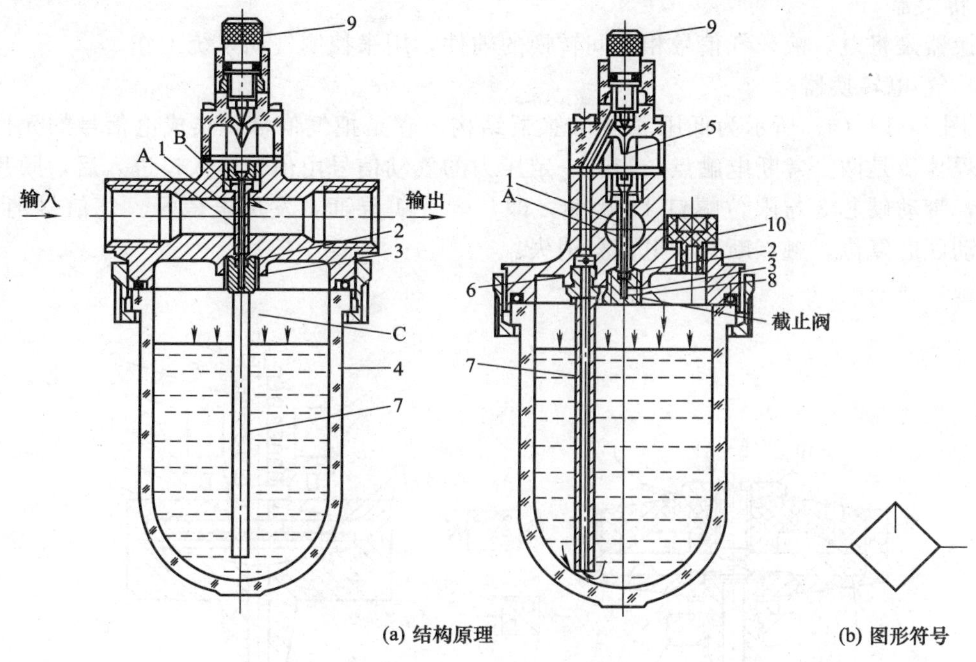

(a) 结构原理　　(b) 图形符号

图 11-11　油雾器的结构

1—喷嘴；2—特殊单向阀；3—弹簧；4—储油杯；5—视油器；6—单向阀；7—吸油管；8—阀座；9—节流阀；10—油塞

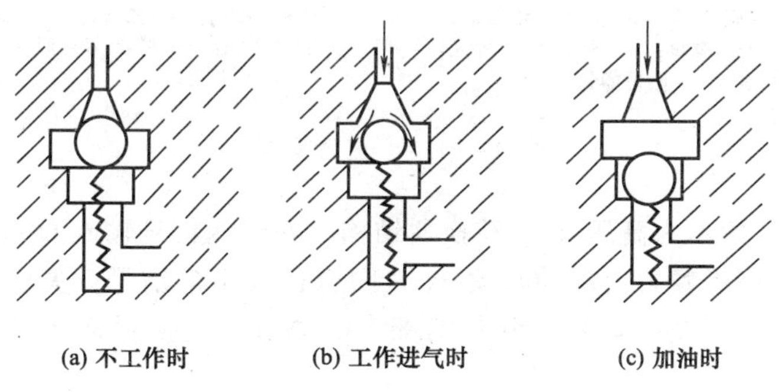

(a) 不工作时　　(b) 工作进气时　　(c) 加油时

图 11-12　特殊单向阀的工作情况

(3) 油雾器的主要性能指标

① 流量特性　指油雾器中通过额定流量时，输入压力与输出压力之差，一般不超过 0.13MPa。

② 起雾空气流量 当油位处于最高位置，节流阀 9 全开（图 11-11），气流压力为 0.5MPa 时，起雾时的最小空气流量规定为额定空气流量的 40%。

③ 油雾粒径 在规定的试验压力 0.5MPa 下，输油量为每分钟 30 滴，其粒径不大于 50μm。

④ 加油后恢复滴油时间 加油完毕后，油雾器不能马上滴油，要经过一定的时间，在额定工作状态下，一般为 20～30s。

(4) 油雾器应用 油雾器在安装使用中常与空气过滤器和减压阀一起构成气动三联件，尽量靠近换向阀垂直安装，进出气口不能装反，油雾器供油量一般以 $10m^3$ 自由空气用 1mL 油为标准，使用中可根据实际情况调整。

2. 转换器

转换器是将电、液、气信号相互间转换的辅件，用来控制气动系统工作。

(1) 气-电转换器

① 图 11-13 (a) 所示为低压气-电转换器结构。它是把气信号转换成电信号的元件。硬芯 3 与焊片 1 是两个常断电触点。当有一定压力的气动信号由信号输入口进入后，膜片 2 向上弯曲，带动硬芯 3 与限位螺钉 11 接触，即与焊片 1 导通，发出电信号。气信号消失后，膜片带动硬芯复位，触点断开，电信号消失。

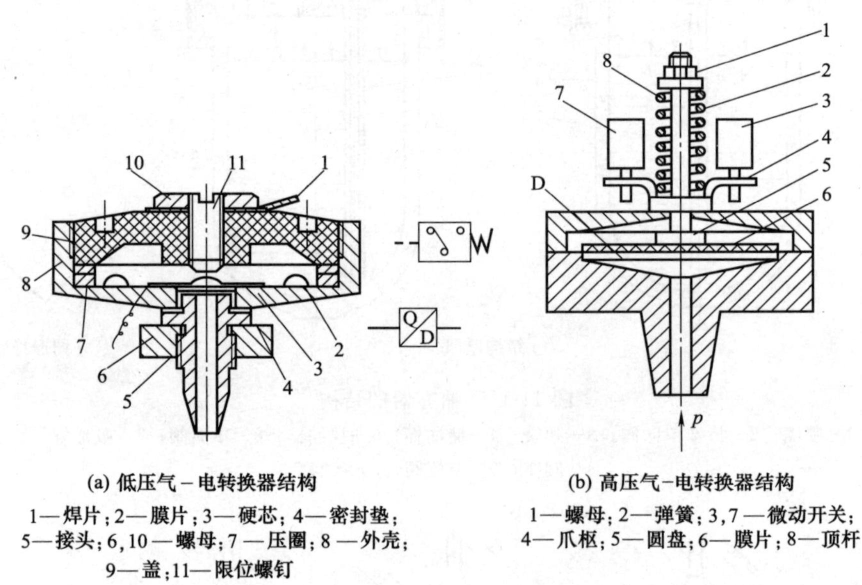

(a) 低压气－电转换器结构
1—焊片；2—膜片；3—硬芯；4—密封垫；5—接头；6,10—螺母；7—压圈；8—外壳；9—盖；11—限位螺钉

(b) 高压气－电转换器结构
1—螺母；2—弹簧；3,7—微动开关；4—爪枢；5—圆盘；6—膜片；8—顶杆

图 11-13 气-电转换器

② 图 11-13 (b) 所示为高压气-电转换器结构。在气压信号输入 D 室后，膜片 6 受推力上移，推动顶杆 8 克服弹簧力使微动开关 3、7 闭合而发出电信号；失压后在弹簧 2 作用下顶杆下移，膜片复位，切断电信号。调节螺母 1 的位置或更换弹簧 2 均可改变发信压力的大小。

在选择气-电转换器时要注意信号工作压力大小、电源种类、额定电压和额定电流大小，安装时不应倾斜和倒置，以免发生误动作，控制失灵。

(2) 电-气转换器 图 11-14 所示为低压电-气转换器原理，其作用与气-电转换器相反，是将电信号转换为气信号的元件。当无电信号时，在弹簧 1 的作用下橡胶挡板 4 上抬，喷嘴

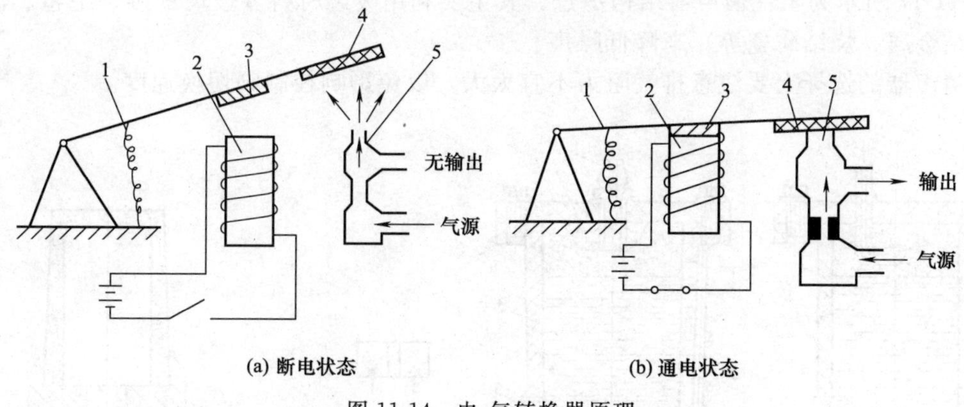

图 11-14　电-气转换器原理

1—弹簧；2—线圈；3—衔铁；4—橡胶挡板；5—喷嘴

打开，气源输入气体经喷嘴排空，输出口无输出。当线圈 2 通有电信号时，产生磁场吸下衔铁 3，橡胶挡板挡住喷嘴。输出口有气信号输出，图 11-15 所示为电-气转换器结构。

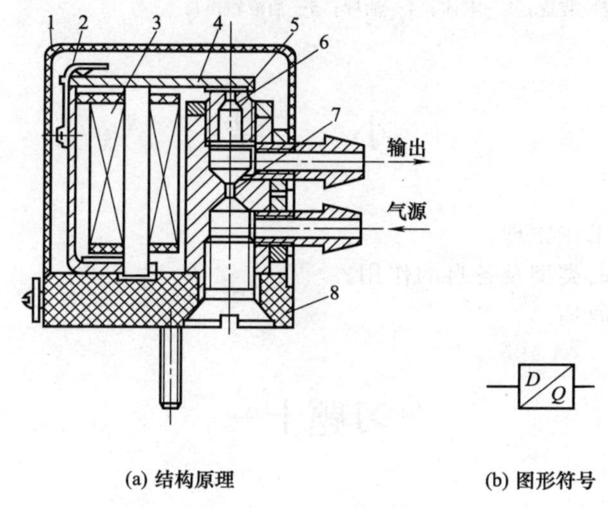

图 11-15　电-气转换器结构

1—罩壳；2—弹性支撑；3—线圈；4—杠杆；5—橡胶挡板；6—喷嘴；7—固定节流孔；8—底座

(3) 气-液转换器　图 11-16 所示为气-液转换器结构，它是把气压直接转换成液压的压力装置。压缩空气自上部进入转换器内，直接作用在油面上，使油液液面产生与压缩空气相同的压力，压力油从转换器下部引出供液压系统使用。

气-液转换器选择时应考虑液压执行元件的用油量，一般应是液压执行元件用油量的 5 倍。转换器内装油不能太满，液面与缓冲装置间应保持 20～50mm 以上距离。

3. 消声器

消声器的作用是排除压缩气体高速通过气动元件排到大气时产生的刺耳噪声污染。

气压传动装置的噪声一般都比较大，尤其当压缩气体直接从气缸或阀中排向大气，较高的压差使气体体积急剧膨胀，产生涡流，引起气体的振动，发出强烈的噪声，为消除这种噪声应安装消声器。消声器是指能阻止声音传播而允许气流通过的一种气动元件，气动装置中的消声器主要有阻性消声器、抗性消声器及阻抗复合消声器三大类。

图 11-17 所示为阻性消声器结构示意。其主要利用吸声材料（玻璃纤维、毛毡、泡沫塑料、烧结金属、烧结陶瓷等）来降低噪声。

在消声器的选择上要注意排气阻力不宜太大，以免影响控制阀切换速度。

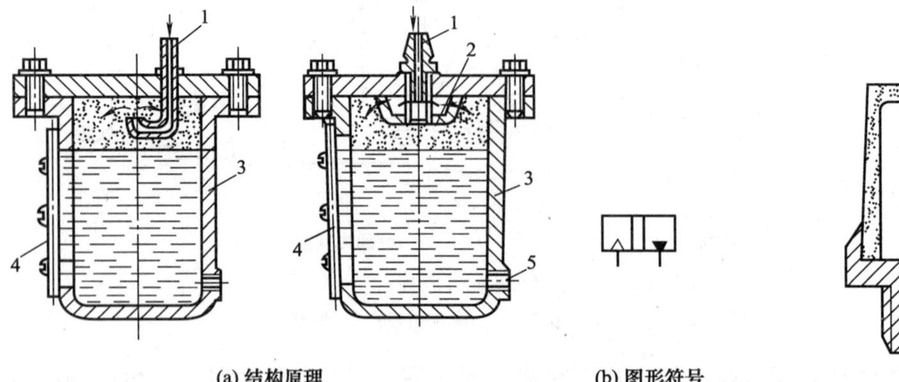

图 11-16　气-液转换器结构

1—空气输入管；2—缓冲装置；3—本体；4—油标；5—油液输出口

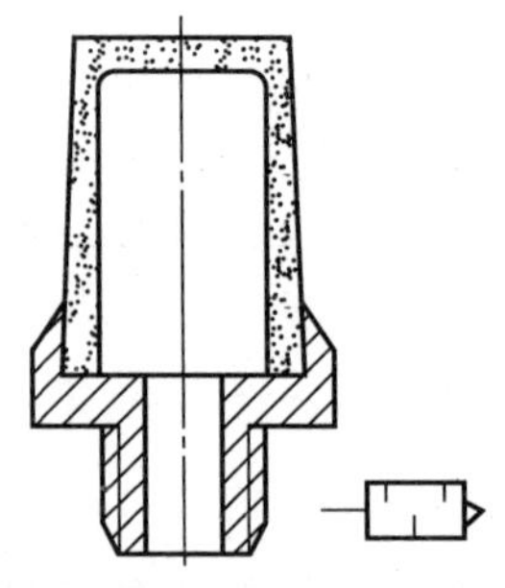

图 11-17　阻性消声器

小　结

1. 空气压缩机的工作原理。
2. 气动辅助元件的类型及各自的作用。
3. 油雾器的工作原理。

习题十一

11-1　简述活塞式空气压缩机的工作原理。

11-2　简述油雾器的工作原理。

11-3　何谓气动三联件？每个元件起什么作用？

11-4　气源装置为何要设置储气罐，其容积应如何确定？

第十二章　气动执行元件

【导读】 本章主要讲述气动系统执行元件（气缸和气马达）的工作原理。气缸用于实现直线往复运动，输出力和直线位移。气马达用于实现连续回转运动，输出力矩和角位移。

第一节　气　缸

一、气缸的分类

气缸的种类很多，分类的方法也不同，一般可按压缩空气作用在活塞端面上的方向、结构特征、安装形式和功能来分类。

1. 按压缩空气在活塞端面作用力的方向分

（1）单作用气缸　气缸只有一个方向的运动是气压传动，复位靠弹簧力或自重和其他外力。

（2）双作用气缸　气缸的往返运动全靠压缩空气完成。

2. 按气缸的安装方式分

（1）固定式气缸　气缸安装在机体上固定不动，有耳座式、凸缘式和法兰式等。

（2）轴销式气缸　缸体围绕一固定轴可作一定角度的摆动。

（3）回转式气缸　缸体固定在机床主轴上，可随机床主轴作高速旋转运动。这种气缸常用于机床上气动卡盘中，以实现工件的自动装卡。

（4）嵌入式气缸　气缸做在夹具本体内。

3. 按气缸的结构特征分

有活塞式、薄膜式、柱塞式、摆动式气缸等。

4. 按气缸的功能分

（1）普通气缸　包括单作用式和双作用式气缸，常用于无特殊要求的场合。

（2）缓冲气缸　气缸的一端或两端带有缓冲装置，以防止和减轻活塞运动到端点时对气缸缸盖的撞击。其缓冲原理与液压缸相同。

（3）气-液阻尼缸　气缸与液压缸串联，可控制气缸活塞的运动速度，并使其速度相对稳定。

（4）冲击气缸　是一种以活塞杆高速运动形成冲击力的高能缸，可用于冲压、切断等。

（5）步进气缸　是一种根据不同的控制信号，使活塞杆伸出不同的相应位置的气缸。

二、气缸的组成

以图 12-1 所示的双作用气缸为例来进行说明。图 12-1 所示为最常用的单杆双作用普通气缸结构示意，主要由缸筒、活塞、活塞杆、前后端盖及密封件和紧固件等组成。

缸筒在前后缸盖之间固定连接。有活塞杆侧的缸盖为前缸盖，缸底侧则为后缸盖。一般

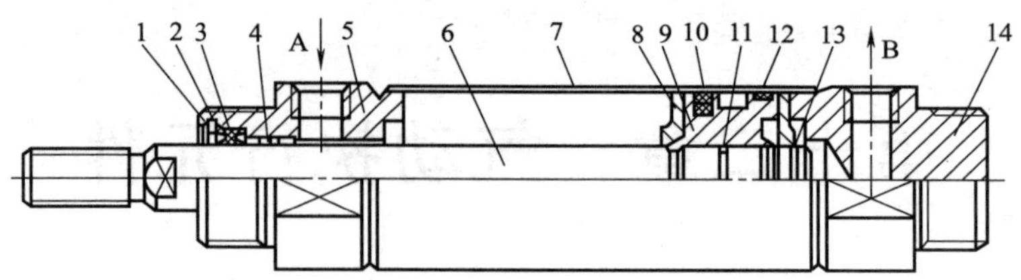

图 12-1　单杆双作用普通气缸

1,14—弹簧挡圈；2—防尘圈压板；3—防尘圈；4—导向套；5—杆侧端盖；6—活塞杆；7—缸筒；8—缓冲垫；9—活塞；10—活塞密封圈；11—密封圈；12—耐磨环；13—无杆侧端盖

在缸盖上开有进排气通口，有的还设有气缓冲机构。前缸盖上，设有密封圈、防尘圈，同时还设有导向套，以提高气缸的导向精度。活塞杆与活塞紧固相连。活塞上除有密封圈防止活塞左右两腔相互窜气外，还有耐磨环以提高气缸的导向性；带磁性开关的气缸，活塞上装有磁环。活塞两侧常装有橡胶垫作为缓冲垫。如果是气缓冲，则活塞两侧沿轴线方向设有缓冲柱塞，同时缸盖上有缓冲节流阀和缓冲套，当气缸运动到端头时，缓冲柱塞进入缓冲套，气缸排气需经缓冲节流阀，排气阻力增加，产生排气背压，形成缓冲气垫，起到缓冲作用。

三、气缸的工作特性

气缸的工作特性是指气缸的输出力、气缸内压力的变化以及气缸的运动速度等静态和动态特性，由于它们的影响因素很多，有很多问题尚在研究之中，因而在此仅作一些简单的介绍。

1. 气缸的输出力

单作用式气缸［图 12-2（a）］的输出推力为

$$F=A_1p_1-(f+ma+L_0K_s) \tag{12-1}$$

式中　A_1——活塞的工作面积；

p_1——作用于活塞上的压力；

f——摩擦阻力（包括活塞与气缸以及活塞杆和气缸密封圈等）；

m——运动构件质量；

a——运动构件加速度；

L_0——活塞位移 L 和弹簧预压缩量的总和；

K_s——弹簧刚度。

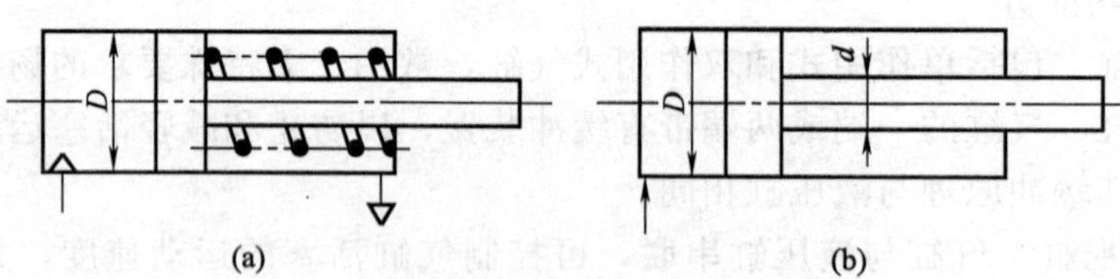

图 12-2　气缸工作原理

双作用式气缸［图 12-2（b）］的输出推力为

$$F=p_1A_1-p_2A_2-(f+ma) \tag{12-2}$$

式中　p_1，p_2——输入侧和排气侧的气压；

A_1，A_2——输入侧和排气侧的面积。

一般在计算过程中，用式（12-3）求双作用缸活塞上输出的推力，即

$$F=(p_1 A_1-p_2 A_2)\eta \tag{12-3}$$

式中　η——气缸的效率，一般取 η=0.8～0.9。

2. 气缸的压力特性

气缸的压力特性是指气缸内压力变化的情形。

气缸通常被活塞分为进气腔和排气腔两部分，当向进气腔输入压缩空气时，排气腔处于排气状态。当两腔的压力差所形成的力刚好克服各种阻力负载时，活塞就开始运动。当无负载时，这个开始运动所需要的压力仅需 0.02～0.05MPa。在气缸运动过程中，进气腔压力逐步升高至气源压力，排气腔则逐渐降低压力。进排气腔中的气体压力是随时间变化的，其变化曲线，通常称之为气缸的压力特性曲线，如图 12-3 所示。

由于气缸的压力特性曲线变化过程比较复杂，现只能作定性说明。在换向阀切换以前，进气腔中气体压力为大气压。当方向阀切换后，进气腔与气源接通，因进气腔容积小，气体将很快充满并升至气源压力。排气腔则不同，启动前其腔中压力为气源压力，因为排气腔的容积大，腔中气体压力的下降速度要比进气腔中压力上升的速度缓慢得多。当两腔的压力差超过启动压差后，就开始启动。也就是说，从方向阀换向到气缸启动，是需要一定时间的。

气缸启动以后，活塞所受的摩擦力从静摩擦力转为动摩擦力而变小，使活塞加速运动。由于活塞的运动，进气腔容积相对增大，只要补充气源充分，活塞就继续运动。另一方面，排气腔的容积在不断减少，而且其容积的相对减少量越来越大，因此在不断的排气过程中压力继续下降，并总是小于进气腔压力。活塞在两腔压力差作用下继续前进。

当气缸行程较长，且活塞杆上有负载时，会产生进排气速度与活塞速度相平衡的情况，这时压力特性曲线将趋于水平，活塞在两腔不变压力差的推动下匀速前进。

当气缸行到末端时，排气腔的压力急剧下降，直至大气压；进气腔压力再次急剧上升，直至气源压力。这种较大的压力差，很容易形成气缸的冲击。因而在气缸的设计中要考虑设置缓冲装置。

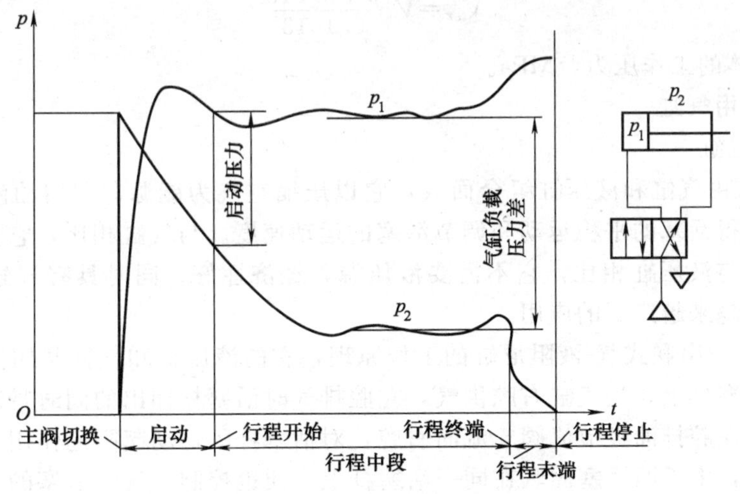

图 12-3　气缸的压力特性曲线

3. 气缸的速度

由于活塞两侧压力 p_1、p_2 的变化比较复杂，因而推动活塞的力的变化也比较复杂，再加上气体的可压缩性，要使气缸保持准确的运动速度是比较困难的。通常，气缸的平均运动速度可按进气量的大小求出，即

$$v=\frac{q}{A} \tag{12-4}$$

式中 q——压缩空气的体积流量；

A——活塞的有效面积。

气缸在一般工作条件下，其平均速度约为0.5m/s左右。

4．气缸的耗气量

气缸的耗气量与气缸的活塞直径D、活塞杆直径d、活塞的行程L以及单位时间往复次数N有关。以图12-2（b）所示的单出杆双作用式气缸为例，活塞杆伸出和退回行程的耗气量分别为

$$V_1=\frac{\pi}{4}D^2L \tag{12-5}$$

$$V_2=\frac{\pi(D^2-d^2)}{4}L \tag{12-6}$$

所以，活塞往复一次所耗压缩空气量为

$$V=V_1+V_2=\frac{\pi}{4}(2D^2-d^2)L \tag{12-7}$$

若活塞每分钟往返N次，则每分钟活塞运动的耗气量为

$$V'=VN \tag{12-8}$$

由式（12-8）计算的是理论耗气量，实际耗气量要比此值大，这是由于泄漏等因素造成的。因此实际耗气量应为

$$V_s=(1.2\sim1.5)V' \tag{12-9}$$

式（12-8）和式（12-9）计算出来的压缩空气的消耗量是选择气源的供气量的重要依据。未经压缩的自由空气的消耗量要比该值大些，当实际消耗的压缩空气量为V_s时，其自由空气的消耗量V_{sz}为

$$V_{sz}=V_s\frac{p+0.013}{0.1013} \tag{12-10}$$

式中 p——气体的工作压力，MPa。

四、其他常用气缸

1．气-液阻尼缸

气-液阻尼缸由气缸和液压缸组合而成，它以压缩空气为能源，利用油液的不可压缩性和控制流量来获得活塞的平稳运动和调节活塞的运动速度。与气缸相比，它传动平稳，停位精确、噪声小，与液压缸相比，它不需要液压源，经济性好，同时具有气缸和液压缸的优点，因此得到了越来越广泛的应用。

图12-4所示为串联式气-液阻尼缸的工作原理，它的液压缸和气缸共用同一缸体，两活塞固联在同一活塞杆上。当气缸右腔供气，左腔排气时活塞杆伸出的同时带动液压缸活塞左移，此时液压缸左腔排油经节流阀5流向右腔，对活塞杆的运动起阻尼作用。调节节流阀便可控制排油速度，由于两活塞固联在同一活塞杆上，便也控制了气缸活塞的左行速度。反向运动时因单向阀3开启，活塞杆可快速缩回，液压缸无阻尼。油箱4是为了克服液压缸两腔面积差和补充泄漏用的。

2．摆动式气缸

摆动式气缸是将压缩空气的压力能转变成气缸输出轴的有限回转的机械能，多用于安装位置受到限制，或转动角度小于360°的回转工作部件，例如夹具的回转、阀门的开启、转

塔车床转塔的转位以及自动线上物料的转位等场合。

图 12-5 所示为单叶片式摆动气缸的工作原理，定子 3 与缸体 4 固定在一起，叶片 1 和转子 2（输出轴）联结在一起，当左腔进气时，转子顺时针转动；反之，转子则逆时针转动，转子可做成图示的单叶片式，也可做成双叶片式。这种气缸的耗气量一般都较大。

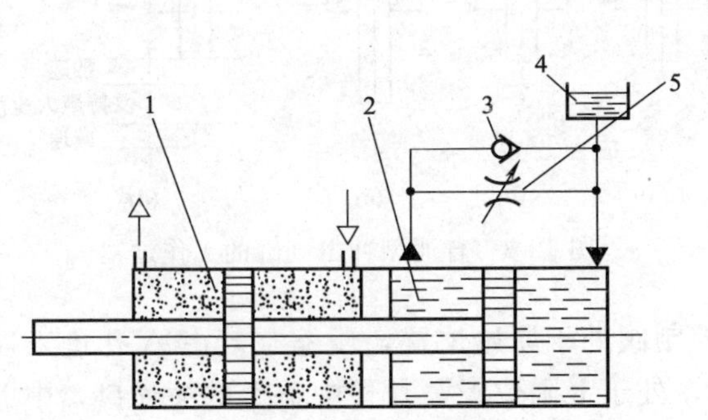

图 12-4　串联式气-液阻尼缸的工作原理

1—压缩空气；2—液压油液；3—单向阀；4—油箱；5—节流阀

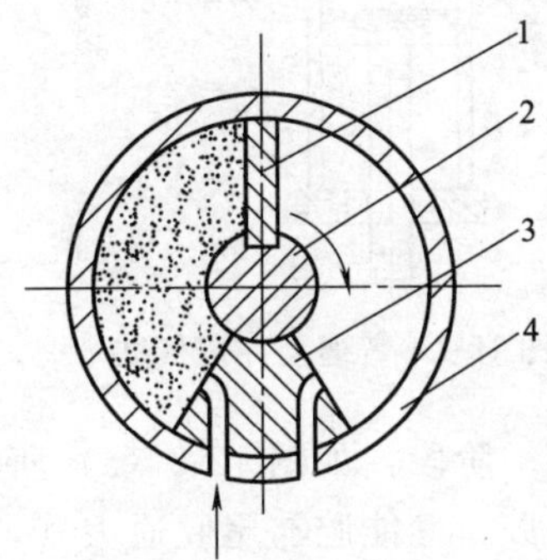

图 12-5　单叶片式摆动气缸的工作原理

1—叶片；2—转子；3—定子；4—缸体

3. 薄膜式气缸

图 12-6 所示为薄膜式气缸，它是一种利用膜片在压缩空气作用下产生变形来推动活塞杆作直线运动的气缸。它主要由缸体 1、膜片 2、膜盘 3 及活塞杆 4 等组成，它有单作用式［图 12-6（a）］和双作用式［图 12-6（b）］两种。薄膜式气缸中的膜片有平膜片和盘形膜片两种，一般用夹织物橡胶制成，厚度为 5～6mm，也可用钢片、锡磷青铜片制成，金属膜片只用于小行程气缸中。因受膜片变形量限制活塞的位移较小，一般都不超过 50mm，且其最大行程与缸径成正比，平膜片气缸最大行程大约是缸径的 13%，盘形膜片气缸最大行程大约是缸径的 25%。

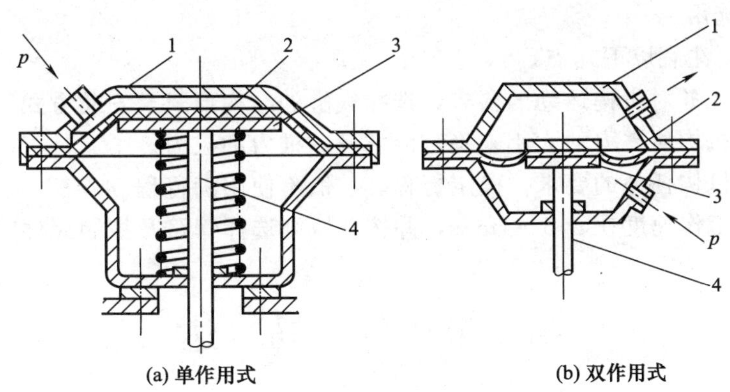

图 12-6　薄膜式气缸

1—缸体；2—膜片；3—膜盘；4—活塞杆

这种气缸的特点是结构紧凑、质量轻、维修方便、密封性能好、制造成本较低、广泛应用于化工生产过程的调节器上。

4. 冲击气缸

图 12-7 所示为普通型冲击气缸的结构示意。它与普通气缸相比增加了储能腔以及带有喷嘴和具有排气小孔的中盖。它的工作原理及工作过程可简述为如下三个阶段，如图 12-8 所示。

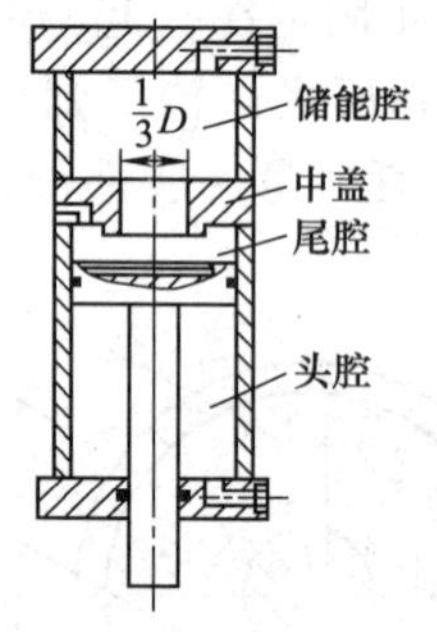

图 12-7　普通型冲击气缸

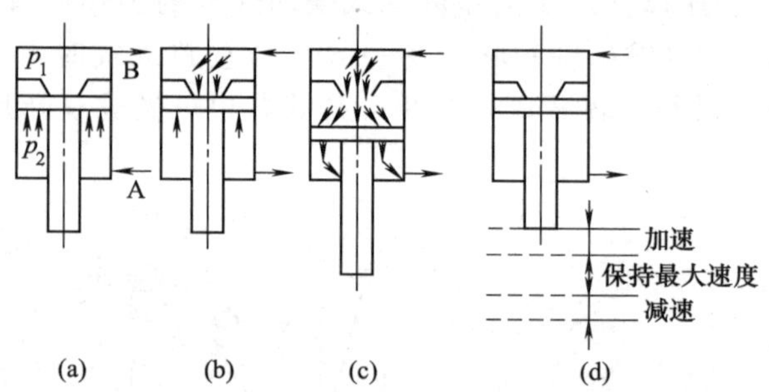

图 12-8　普通型冲击气缸的工作过程

第一阶段：如图 12-8（a）所示，气缸控制阀处于原始位置，压缩空气由 A 孔进入冲击气孔头腔，储能腔与尾腔通大气，活塞上移，处于上限位置，封住中盖上的喷嘴口，中盖与活塞间的环形空间（即尾腔）经小孔口与大气相通。

第二阶段：如图 12-8（b）所示，控制阀切换，储能腔进气，压力 p_1 逐渐上升，作用在与中盖喷嘴口相密封接触的活塞侧一小部分面积（通常设计为活塞面积的 1/9）上的力也逐渐增大。与此同时，头腔排气，压力 p_2 逐渐降低，使作用在头腔侧活塞面上的力逐渐减小。

第三阶段：如图 12-8（c）所示，当活塞上下两边的力不能保持平衡时，活塞即离开喷嘴口向下运动，在喷嘴打开的瞬间，储能腔的气压突然加到尾腔的整个活塞面上，于是活塞在很大的压差作用下加速向下运动，使活塞、活塞杆等运动部件在瞬间达到很高的速度（约为同样条件下普通气缸速度的 10～13 倍），以很高的动能冲击工件。

图 12-8（d）所示为冲击气缸活塞向下自由冲击运动的三个阶段。经过上述三个阶段后，控制阀复位，冲击气缸开始另一个循环。

五、气缸的选用

气缸的选用要注意以下几点。

① 根据工作任务对机构运动的要求，选择气缸的结构形式及安装方式。

② 根据工作机构所需力的大小来确定活塞杆的推力和拉力。

③ 根据工作机构任务的要求，确定行程。一般不使用满行程。

④ 推荐气缸工作速度在 0.5～1m/s，并按此原则选择管路及控制元件。

第二节　气　马　达

一、气马达的工作原理

气马达是将压缩空气的压力能转换成机械能的能量转换装置，输出转速和转矩，驱动机构作旋转运动，相当于液压马达或电动机。图 12-9 所示为叶片式气马达的工作原理。叶片式气马达一般有 3～10 个叶片，它们可以在转子的径向槽内活动。转子和输出轴固联在一起，装入偏心的定子中。当压缩空气从 A 口进入定子腔后，一部分进入叶片底部，将叶片推出，使叶片在气压推力和离心力综合作用下，抵在定子内壁上。另一部分进入密封工作腔作用在叶片的外伸部分，产生力矩。由于叶片外伸面积不等，转子受到不平衡力矩而逆时针旋转。做功后的气体由定子孔 C 排出，剩余残余气体经孔 B 排出。改变压缩空气输入进气孔（B 孔进气），马达则反向旋转。

二、气马达的特性

图 12-10 所示为在一定工作压力下作出的叶片式气马达的特性曲线。由图可知，气动马达具有软特性的特点。当外加转矩 T 等于零时，即为空转，此时速度达到最大值 $n_{\max}$，气马达输出的功率等于零；当外加转矩等于气马达的最大转矩 $T_{\max}$ 时，气马达停止转动，此时功率也等于零；当外加转矩等于最大转矩的一半时，气马达的速度也为最大转速的 1/2，此时气马达的输出功率 P 最大，以 $P_{\max}$ 表示。

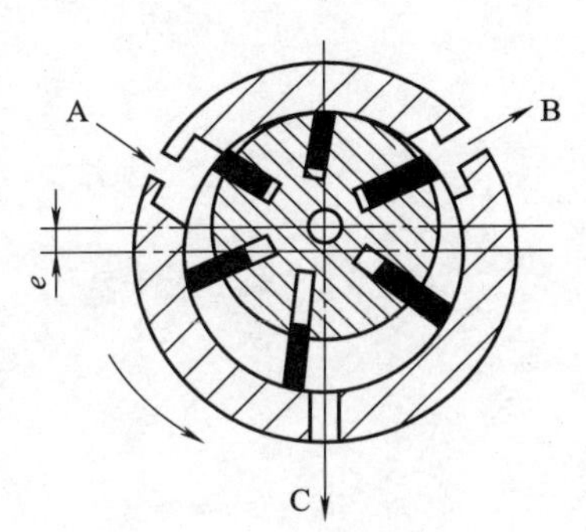

图 12-9　叶片式气马达的工作原理

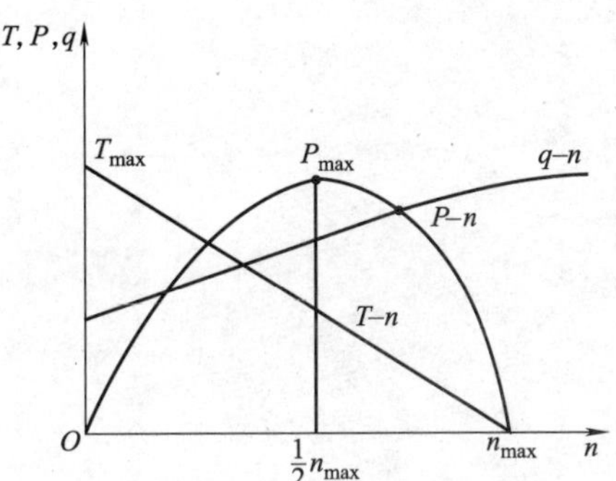

图 12-10　叶片式气马达的特性曲线

叶片式气马达主要用于风动工具、高速旋转机械及矿山机械等。

由于气马达具有一些比较突出的特点，在某些工业场合，它比电动马达和液压马达更适用。

三、气马达的特点

① 具有防爆性能。由于气马达的工作介质——空气本身的特性和结构设计上的考虑，能够在工作中不产生火花，故适合于有爆炸、高温、多尘的场合，并能用于空气极潮湿的环境，而无漏电的危险。

② 马达本身的软特性使之能长期满载工作，温升较小，且有过载保护的性能。

③ 有较高的启动转矩，能带载启动。

④ 换向容易，操作简单，可以实现无级调速。

⑤ 与电动机相比，单位功率尺寸小，质量轻，适用于安装在位置狭小的场合及手工工具上。但气马达也具有输出功率小，耗气量大，效率低、噪声大和易产生振动等缺点。

在气压传动中使用最广泛的是叶片式和活塞式气马达。

小　结

1. 气动执行元件有驱动工作部件作直线往复运动、输出力和速度的气缸和驱动工作部件作回转运动、输出转矩和转速的气马达两类。

2. 气缸的类型、组成、工作原理及其应用。

习题十二

12-1　简述气缸的分类。

12-2　简述气马达的特点。

12-3　单杆双作用气缸内径 $D=105\text{mm}$，活塞杆直径 $d=36\text{mm}$；工作压力 $p=0.5\text{MPa}$，气缸负载效率为 $\eta=0.5$，求气缸的拉力和推力各为多少？

第十三章　气动控制元件

【导读】 气压传动系统中的控制元件是控制和调节压缩空气的流动方向、压力、流量和发送信号的重要元件。它分为方向控制阀、压力控制阀和流量控制阀和三大类，还有通过控制气流方向和通断实现各种逻辑功能的气动逻辑元件等。本章主要讲述上述元件的工作原理及其结构特点。

第一节　方向控制阀

方向控制阀是改变气体流动方向或通断的控制阀。

一、分类

方向控制阀的品种很多，按其作用特点可以分为单向型和换向型两种；按其阀芯结构不同可以分为截止式、滑阀式（又称滑柱式、柱塞式）、平面式（又称滑块式）、旋塞式和膜片式等几种。其中以截止式和滑阀式换向阀应用较多。

二、单向型控制阀

单向型控制阀包括单向阀、或门型梭阀、与门型梭阀和快速排气阀。

1. 单向阀

单向阀是指气流只能向一个方向流动而不能反向流动的阀。单向阀常与节流阀组合，用来控制执行元件的速度。

单向阀的工作原理、结构和图形符号与液压阀中的单向阀基本相同，只不过在气动单向阀中，阀芯和阀座之间有一层胶垫（软质密封）。图 13-1 所示为单向阀的工作原理。图 13-1（a）所示为单向阀进气腔 P 没有压缩空气时的状态。此时活塞在弹簧力和工作腔气体余压作用下处于关闭状态，从 A 向 P 方向气流不通。图 13-1（b）所示为进气腔 P 有压缩空气进入，气体压力克服弹簧力和摩擦力，单向阀处于开启状态，气流从 P 腔向 A 方向流动。单向阀的结构如图 13-2 所示。

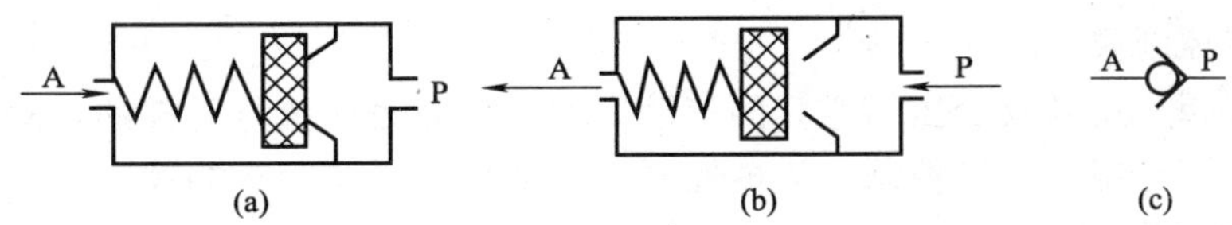

图 13-1　单向阀的工作原理

2. 或门型梭阀

或门型梭阀相当于两个单向阀的组合，其作用相当于“或”门逻辑功能。或门型梭阀如

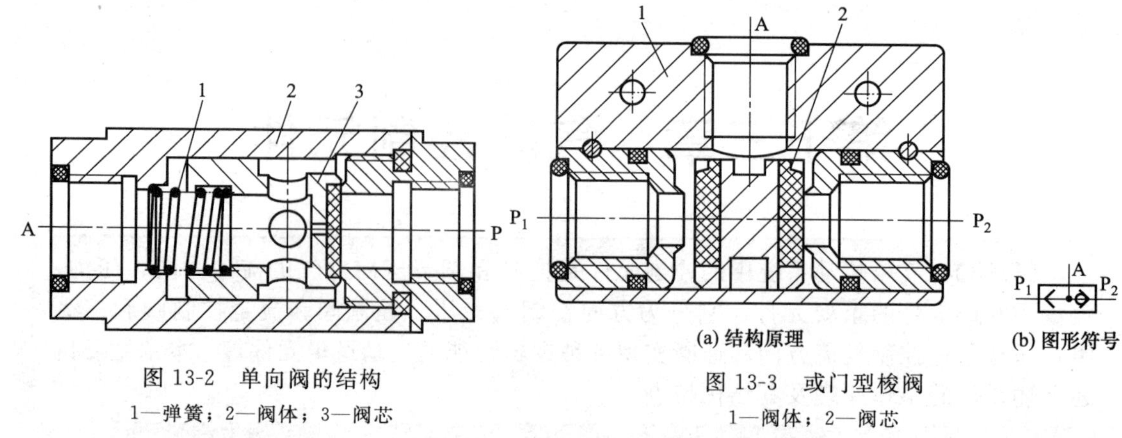

图 13-2　单向阀的结构

1—弹簧；2—阀体；3—阀芯

图 13-3　或门型梭阀

1—阀体；2—阀芯

图 13-3 所示。它有两个输入口 P_1、P_2，一个输出口 A，阀芯在两个方向上起单向阀的作用。当 P_1 口进气时，阀芯将 P_2 口切断，P_1 口与 A 口相通，A 口有输出。当 P_2 口进气时，阀芯将 P_1 口切断，P_2 口与 A 口相通，A 口也有输出。如 P_1 口和 P_2 口都有进气时，活塞移向低压侧，使高压侧进气口与 A 口相通。如两侧压力相等，则先加入压力一侧与 A 口相通，后加入一侧关闭。

3. 与门型梭阀

与门型梭阀又称双压阀，它也相当于两个单向阀的组合。与门型梭阀如图 13-4 所示。它有 P_1 和 P_2 两个输入口和一个输出口 A，只有当 P_1、P_2 同时有输入时，A 口才有输出，否则，A 口无输出，而当 P_1 和 P_2 口压力不等时，则关闭高压侧，低压侧与 A 口相通。与门型梭阀常应用在安全互锁回路中。

4. 快速排气阀

快速排气阀的作用是使气动元件或装置快速排气。膜片式快速排气阀如图 13-5 所示。当 P 口进气时，膜片被压下封住排气口，气流经膜片四周小孔、A 口流出。当气流反向流动时，A 口气压将膜片顶起封住 P 口，A 口气体经 O 口迅速排掉。

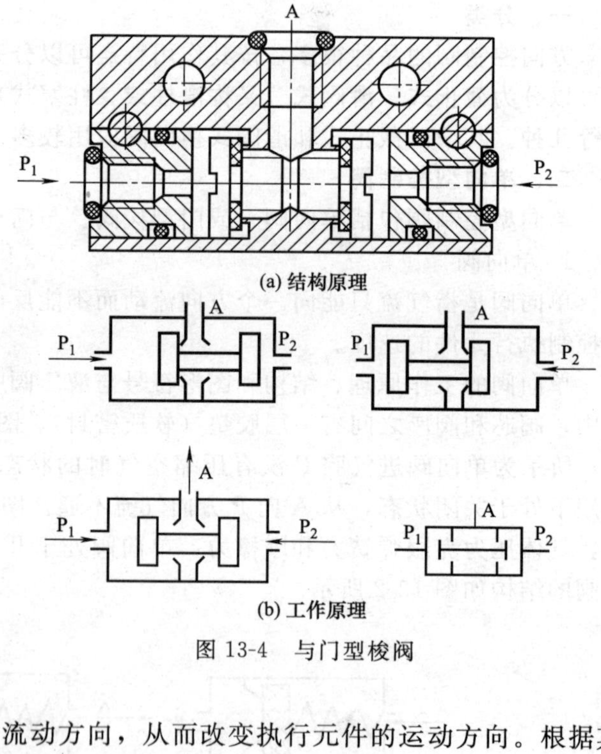

(a) 结构原理

(b) 工作原理

图 13-4　与门型梭阀

三、换向型控制阀

换向型控制阀是用来改变压缩空气的流动方向，从而改变执行元件的运动方向。根据其控制方式分为气压控制、电磁控制、机械控制、手动控制、时间控制阀。

1. 气压控制换向阀

气压控制换向阀是利用气体压力来使主阀芯运动而使气体改变流向的，按控制方式不同可分为加压控制、卸压控制和差压控制三种。

加压控制是指所加的控制信号压力是逐渐上升的，当气压增加到阀芯的动作压力时，主阀便换向；卸压控制指所加的气控信号压力是减小的，当减小到某一压力值时，主阀换向；差压控制是使主阀芯在两端压力差的作用下换向。

气控换向阀按主阀结构不同，又可分为截止式和滑阀式两种主要形式，滑阀式气控阀的结构和工作原理与液动换向阀基本相同，在此仅介绍截止式换向阀的工作原理。

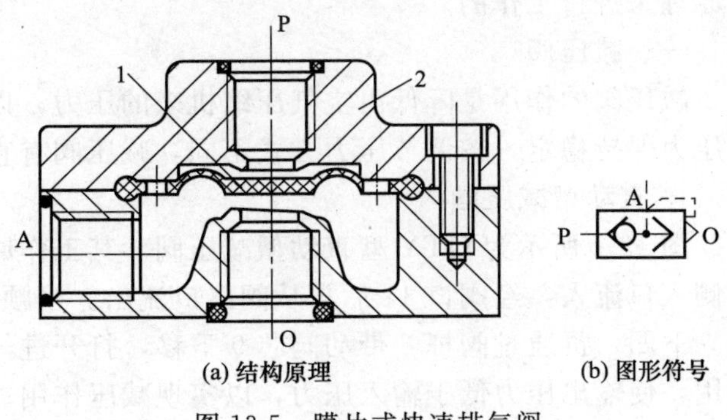

图 13-5　膜片式快速排气阀

1—膜片；2—阀体

图 13-6 所示为单气控截止式换向阀的工作原理，图 13-6（a）所示为没有控制信号 K 时的状态，阀芯在弹簧及 P 腔压力作用下关闭，阀处于排气状态；当输入控制信号 K［图 13-6（b）］时，主阀芯下移，打开阀口使 P 与 A 相通。故该阀属常闭型二位三通阀，当 P 与 O 换接时，即成为常通型二位三通阀，图 13-6（c）所示为其图形符号。

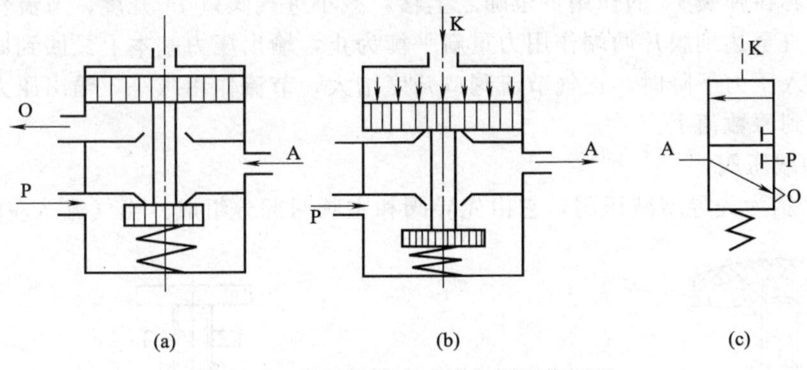

图 13-6　单气控截止式换向阀工作原理

2. 电磁控制换向阀

气压传动中的电磁控制换向阀和液压传动中的电磁控制换向阀一样，也由电磁铁控制部分和主阀两部分组成，按控制方式不同分为电磁铁直接控制（直动）式电磁阀和先导式电磁阀两种。它们的工作原理分别与液压阀中的电磁阀和电液动阀相类似，只是二者的工作介质不同而已。

3. 时间控制换向阀

时间控制换向阀是使气流通过气阻（如小孔、缝隙等）节流后到气容（储气空间）中，经一定时间气容内建立起一定压力后，再使阀芯换向的阀。在不允许使用时间继电器（电控）的场合（如易燃、易爆、粉尘大等），用气动时间控制就显示出其优越性。

第二节　压力控制阀

在气压传动系统中，压力控制阀主要用来控制压缩空气的压力以控制执行元件的输出推力或转矩和依靠空气压力来控制执行元件的动作顺序。压力控制阀按其控制功能可分为减压阀、溢流阀和顺序阀三种。它们都是利用作用于阀芯上的流体（空气）压力和弹簧力相平衡的原理来进行工作的。

一、减压阀

减压阀的作用是降低由空气压缩机来的压力，以适于每台气动设备的需要，并使这一部分压力保持稳定。按调节压力方式不同，减压阀有直动型和先导型两种。

1. 直动型减压阀

图 13-7 所示为 QTY 型直动型减压阀。其工作原理是：阀处于工作状态时，压缩空气从左侧入口流入，经阀口 11 后再从阀出口流出。当顺时针旋转手柄 1，压缩弹簧 2、3 推动膜片 5 下凹，再通过阀杆 6 带动阀芯 9 下移，打开进气阀口 11，压缩空气通过阀口 11 的节流作用，使输出压力低于输入压力，以实现减压作用。与此同时，有一部分气流经阻尼孔 7 进入膜片室 12，在膜片下部产生一向上的推力。当推力与弹簧的作用相互平衡后，阀口开度稳定在某一值上，减压阀就输出一定压力的气体。阀口 11 开度越小，节流作用越强，压力下降也越多。

若输入压力瞬时升高，经阀口 11 以后的输出压力随之升高，使膜片气室内的压力也升高，破坏了原有的平衡，使膜片上移，有部分气流经溢流孔 4、排气口 13 排出。在膜片上移的同时，阀芯在弹簧 10 的作用下也随之上移，减小进气阀口 11 开度，节流作用加大，输出压力下降，直至达到膜片两端作用力重新平衡为止，输出压力基本上又回到原数值上。

相反，输入压力下降时，进气节流阀口开度增大，节流作用减小，输出压力上升，使输出压力基本回到原数值上。

2. 先导型减压阀

图 13-8 所示为先导型减压阀，它由先导阀和主阀两部分组成。当气流从左端流入阀体

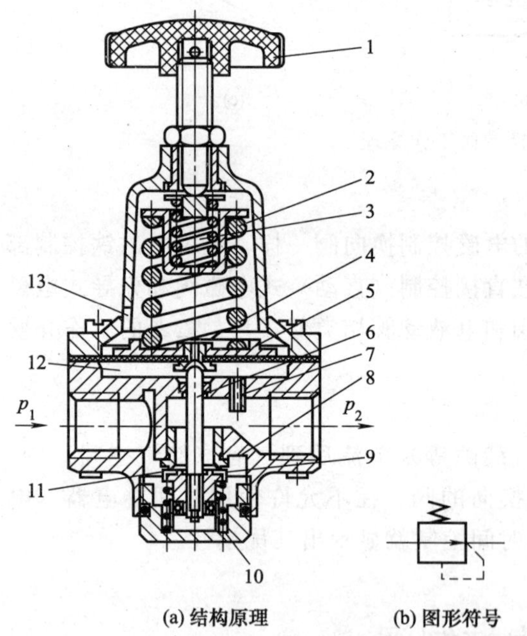

图 13-7　QTY 型减压阀

1—手柄；2,3—调压弹簧；4—溢流孔；5—膜片；6—阀杆；7—阻尼孔；8—阀座；9—阀芯；10—复位弹簧；11—阀口；12—膜片室；13—排气口

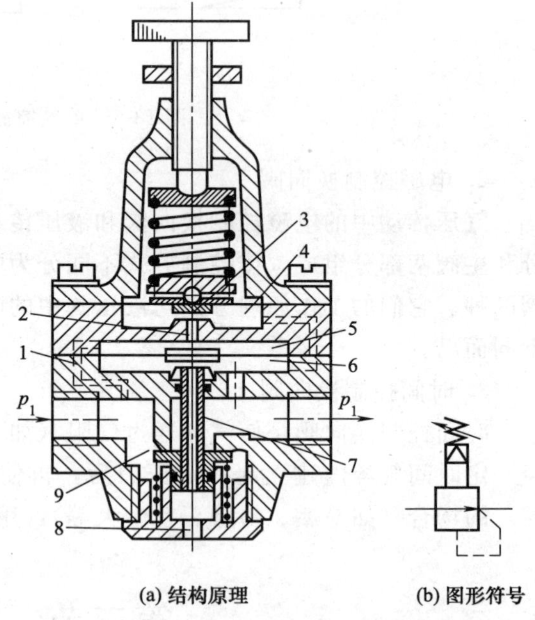

图 13-8　内部先导型减压阀

1—固定节流孔；2—喷嘴；3—挡板；4—上气室；5—中气室；6—下气室；7—阀杆；8—排气孔；9—进气阀口

后，一部分经阀口 9 流向输出口，另一部分经固定节流孔 1 进入中气室 5，经喷嘴 2、挡板 3、孔道反馈至下气室 6，再经阀杆 7 中心孔及排气孔 8 排至大气。

把手柄旋到一定位置，使喷嘴挡板的距离在工作范围内，减压阀就进入工作状态。中气室 5 的压力随喷嘴与挡板间距离的减小而增大，于是推动阀芯打开进气阀口 9，即有气流流到出口，同时经孔道反馈到上气室 4，与调压弹簧相平衡。

若输入压力瞬时升高，输出压力也相应升高，通过孔口的气流使下气室 6 的压力也升高，破坏了膜片原有的平衡，使阀杆 7 上升，节流阀口减小，节流作用增强，输出压力下降，使膜片两端作用力重新平衡，输出压力恢复到原来的调定值。

当输出压力瞬时下降时，经喷嘴挡板的放大也会引起中气室 5 的压力较明显升高，而使阀芯下移，阀口开大，输出压力升高，并稳定到原数值上。

减压阀选择时应根据气源压力确定阀的额定输入压力，气源的最低压力应高于减压阀最高输出压力 0.1MPa 以上。减压阀一般安装在空气过滤器之后，油雾器之前。

二、溢流阀

溢流阀的作用是当系统压力超过调定值时，便自动排气，使系统的压力下降，以保证系统安全，故也称其为安全阀。按控制方式分，溢流阀有直动型和先导型两种。

1. 直动型溢流阀

如图 13-9 所示，将阀 P 口与系统相连接，O 口通大气，当系统中空气压力升高，一旦大于溢流阀调定压力时，气体推开阀芯，经阀口从 O 口排至大气，使系统压力稳定在调定值，保证系统安全。当系统压力低于调定值时，在弹簧的作用下阀口关闭。开启压力的大小与调整弹簧的预压缩量有关。

2. 先导型溢流阀

图 13-10 所示为先导型溢流阀的结构原理和图形符号。

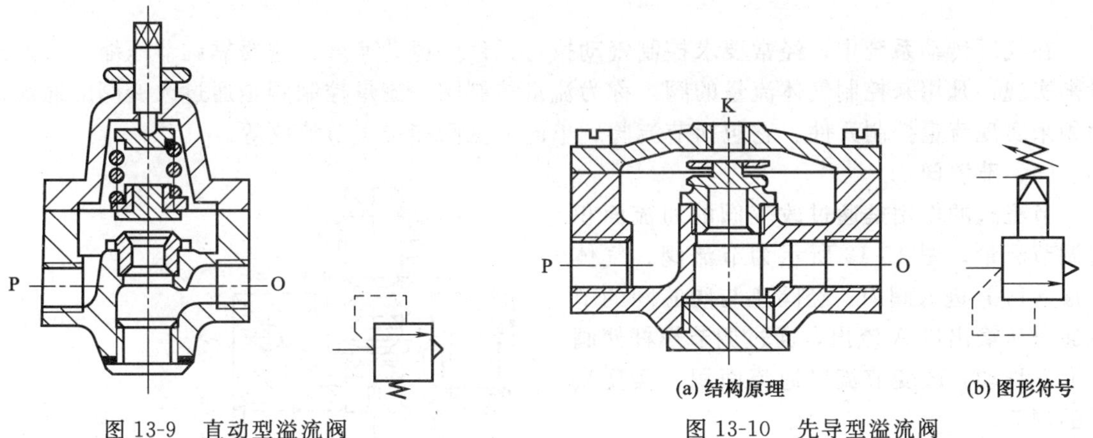

图 13-9　直动型溢流阀　　　图 13-10　先导型溢流阀

溢流阀的先导阀为减压阀，由它减压后的空气从上部 K 口进入阀内，以代替直动型的弹簧控制溢流阀。先导型溢流阀适用于管道通径较大及远距离控制的场合。

溢流阀选用时其最高工作压力应略高于所需控制压力。

三、顺序阀

顺序阀的作用是依靠气路中压力的大小来控制执行机构按顺序动作。顺序阀常与单向阀并联结合成一体，称为单向顺序阀。

图 13-11 所示为单向顺序阀的工作原理。当压缩空气由 P 口进入腔 4 后，作用在活塞 3

上的力小于弹簧 2 上的力时，阀处于关闭状态。而当作用于活塞上的力大于弹簧力时，活塞被顶起，压缩空气经腔 4 流入腔 5 由 A 口流出，然后进入其他控制元件或执行元件，此时单向阀关闭。当切换气源时［图 13-11（b)］，腔 4 压力迅速下降，顺序阀关闭，此时腔 5 压力高于腔 4 压力，在气体压力差作用下，打开单向阀，压缩空气由腔 5 经单向阀 6 流入腔 4 向外排出。图 13-12 所示为单向顺序阀的结构。

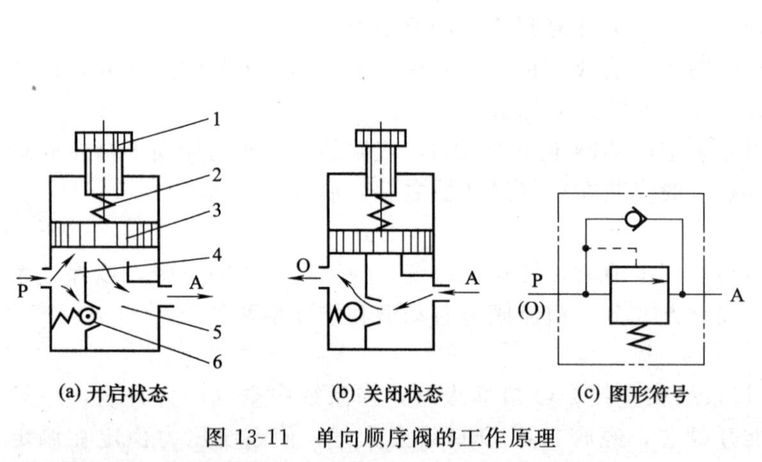

(a) 开启状态　(b) 关闭状态　(c) 图形符号

图 13-11　单向顺序阀的工作原理

1—调压手柄；2—调压弹簧；3—活塞；4—阀左腔；5—阀右腔；6—单向阀

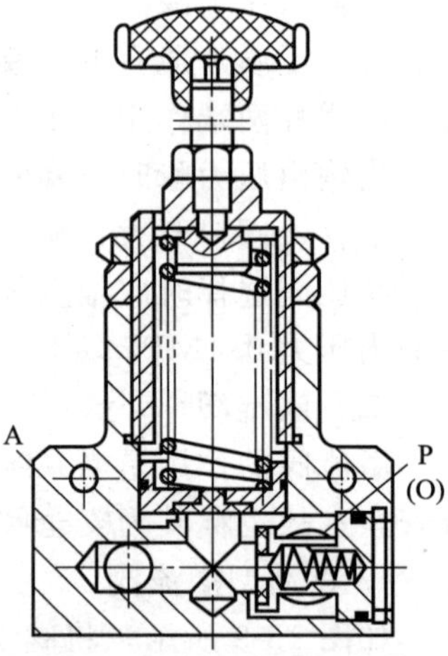

图 13-12　单向顺序阀的结构

第三节　流量控制阀

在气压传动系统中，经常要求控制气动执行元件的运动速度，这要靠调节压缩空气的流量来实现，凡用来控制气体流量的阀，称为流量控制阀。流量控制阀是通过改变阀的通流截面积来实现流量控制元件。它包括节流阀、单向节流阀和排气节流阀等。

一、节流阀

节流阀的作用是通过改变阀的通流面积来调节流量。图 13-13 所示为节流阀。气体由输入口 P 进入阀内，经阀座与阀芯间的节流通道从输出口 A 流出，通过调节螺杆使阀芯上下移动，改变节流口通流面积，实现流量的调节。

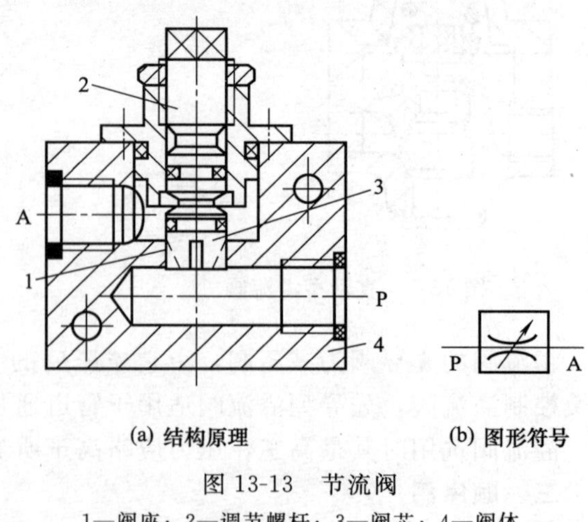

(a) 结构原理　(b) 图形符号

图 13-13　节流阀

1—阀座；2—调节螺杆；3—阀芯；4—阀体

二、单向节流阀

单向节流阀是由单向阀和节流阀并联组合而成的组合式控制阀。图 13-14 所示为单向节流阀的工作原理，当气流由 P 至 A 正向流动时，单向阀在弹簧和气压作用下关闭，气流经节流阀节流后流出，而当由 A 至 P 反向流动时，单向阀打开，不节流。图 13-15 所示为单向节流阀的结构原理及图形符号。

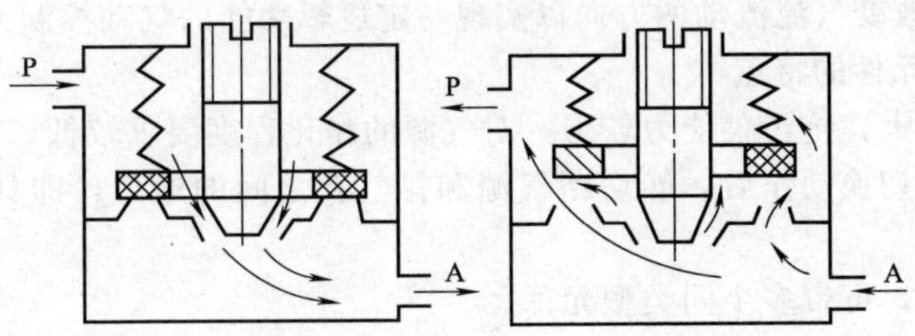

图 13-14　单向节流阀的工作原理

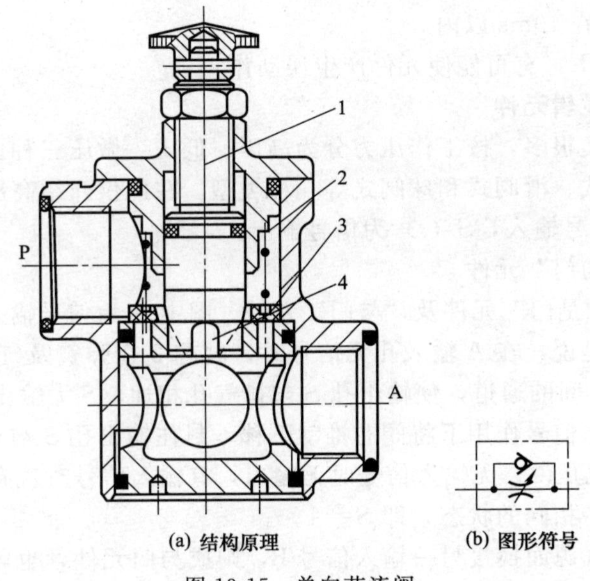

(a) 结构原理　　(b) 图形符号

图 13-15　单向节流阀

1—调节杆；2—弹簧；3—单向阀；4—节流口

三、排气节流阀

排气节流阀是节流阀和消声器的组合，常用于执行元件或换向阀的排气口，在排气节流调速的同时，由消声套减少排气噪声。图 13-16 所示为带消声器的节流阀。

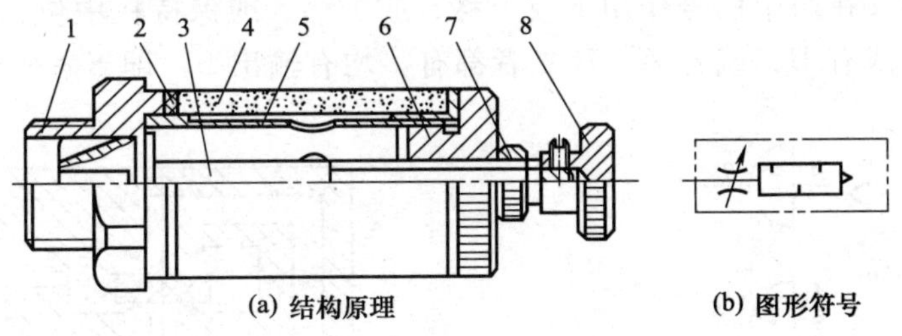

(a) 结构原理　　(b) 图形符号

图 13-16　带消声器的节流阀

1—阀座；2—垫圈；3—阀芯；4—消声套；5—阀套；6—锁紧法兰；7—锁紧螺母；8—旋钮

第四节　气动逻辑元件

气动逻辑元件（开关元件）是以压缩空气为工作介质，通过元件内部的可动部件在气控信号作用下动作，改变气流流动的方向以实现一定逻辑功能的气动控制元件。

一、气动逻辑元件的特点

① 元件孔径较大，抗污染能力较强，对气源的净化程度要求较低。

② 元件在完成切换动作后，能切断气源和排气孔之间的通道，即具有关断能力，无功耗气量较低。

③ 负载能力强，可带多个同类型元件。

④ 在组成系统时，元件间的连接方便，调试简单。

⑤ 适应能力较强，可在各种恶劣环境下工作。

⑥ 响应时间一般在 10ms 以内。

⑦ 在强冲击振动下，有可能使元件产生误动作。

二、高压截止式逻辑元件

气动逻辑元件种类很多，按工作压力分为高压、低压、微压三种。按结构形式分类，主要包括截止式、膜片式、滑阀式和球阀式等几种类型。在此仅介绍高压截止式逻辑元件，其中 A、B（a、b）为信号输入，S（s）为信号输出。

1. “是门”和“与门”元件

图 13-17 所示为“是门”元件及“与门”元件。图中 A 为信号输入口，中间孔接气源 P 时为是门元件。也就是说，在 A 输入孔无信号时，阀芯 2 在弹簧及气源压力 P 作用下处于图示位置，封住 P、S 间的通道，使输出孔 S 与排气孔相通，S 无输出；反之，当 A 有输入信号时，膜片 1 在输入信号作用下将阀芯推动下移，封住输出孔 S 与排气孔间通道，P 与 S 相通，S 有输出。也就是说，无输入信号时无输出，有输入信号时就有输出，元件的输入和输出信号之间始终保持相同的状态，即 $S=A$。

若将中间孔不接气源而换接另一输入信号 B，则成与门元件，也就是只有当 A、B 同时有输入信号时，S 才有输出，即 $S=AB$。

2. “或门”元件

图 13-18 所示为“或门”元件。图中 A、B 为信号输入孔，S 为输出孔。当只有 A 有信号输入时，阀芯 a 在信号气压作用下向下移动，封住信号孔 B，气流经 S 输出；当只有 B 有输入信号时，阀芯 a 在此信号作用下上移，封住 A 信号孔通道，S 也有输出；当 A、B 均有输入信号时，阀芯 a 在两个信号作用下或上移、或下移、或保持在中位，S 均会有输出。也就是说，或有 A、或有 B、或者 A、B 二者都有，均有输出 S，即 $S=A+B$。

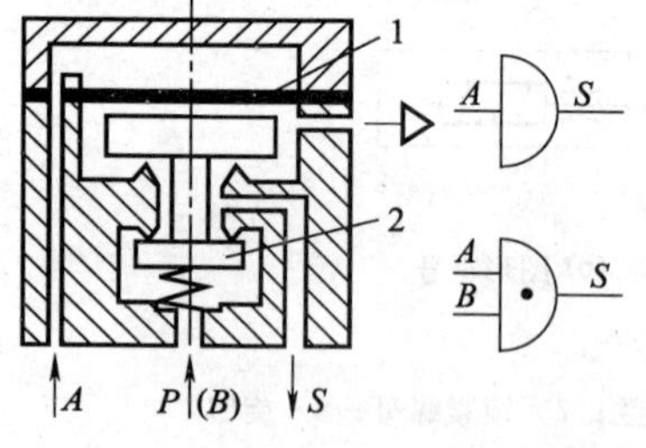

(a) 结构示意　(b) 逻辑符号(上为是门，下为与门)

图 13-17　“是门”和“与门”元件

1—膜片；2—阀芯

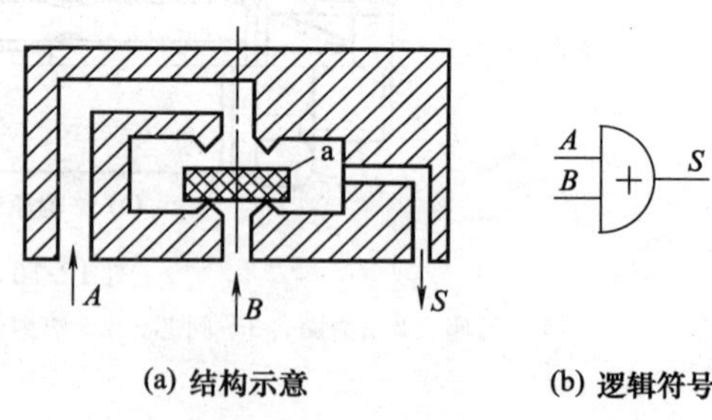

(a) 结构示意　(b) 逻辑符号

图 13-18　“或门”元件

3. “非门”和“禁门”元件

如图 13-19 所示，当元件的输入端 A 没有信号输入时，阀芯 3 在气源压力 P 作用下紧压在上阀座上，输出端 S 有输出信号；反之，当元件的输入端 A 有输入信号时，作用在膜片 2 上的气压力经阀杆使阀芯 3 向下移动，切断气源通路，没有输出。也就是说，当有信号 A 输入时，就没有输出 S；当没有信号 A 输入时，就有输出 S，即 $S=\overline{A}$，活塞 1 用以显示输出的有无。

若将中间孔不作气源孔 P，而改成另一输入信号孔 B，则该元件即为“禁门”元件。也就是说，当 A、B 均有输入信号时，阀杆及阀芯 3 在 A 输入信号作用下封住 B 孔，S 无输出；在 A 无输入信号而 B 有输入信号时，S 就有输出。A 的输入信号对 B 的输入信号起“禁止”作用，即 $S=\overline{A}B$。

4．“或非”元件

图 13-20 所示为“或非”元件。它是在非门元件的基础上增加两个信号输入端，即具有 A、B、C 三个输入信号。很明显，当所有的输入端都没有输入信号时，元件有输出 S，只要三个输入端中有一个有输入信号，元件就没有输出 S，即 $S=\overline{A+B+C}$。

“或非”元件是一种多功能逻辑元件，用它可以组成“与门”、“或门”、“非门”、“双稳”等逻辑元件。

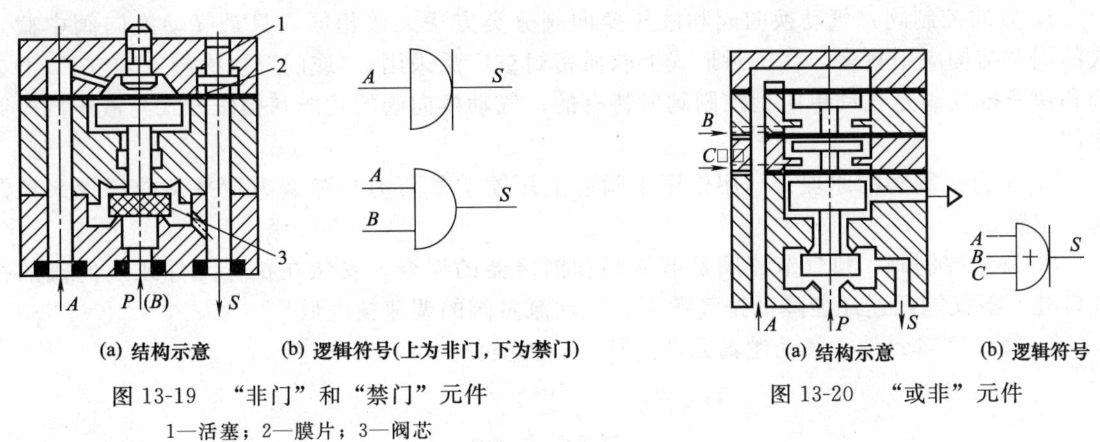

图 13-19　“非门”和“禁门”元件

1—活塞；2—膜片；3—阀芯

图 13-20　“或非”元件

5．记忆元件

记忆元件在逻辑回路中起着重要的作用，它分为单输出和双输出两种，双输出记忆元件称为双稳元件，单输出记忆元件称为单记忆元件。

图 13-21 所示为“双稳”元件。当 A 有控制信号输入时，阀芯 a 被推向图中所示的右端位置，接通 $P\rightarrow S_1$ 通路，S_1 有输出，而 S_2 与排气孔相通，无输出。此时“双稳”处于“1”状态，在控制端 B 输入信号到来之前，A 信号虽消失，但阀芯 a 仍总是保持在右端位置，S_1 总是有输出。当 B 有输入信号时，阀芯 a 被推向左端位置，此时压缩空气由 P 至 S_2 输出，而 S_1 与排气孔相通，于是“双稳”处于“0”状态，在 B 信号消失后，a 信号输入之前，阀芯口仍处于左端位置，S_2 总有输出，所以该元件具有记忆功能，即 $S_1=K_B^A$，$S_2=K_A^B$。但是，在使用中不能在双稳元件的两个输入端同时加输入信号，那样元件将处于不定工作状态。

图 13-22 所示为单记忆元件。当 b 有信号输入时，膜片 1 使阀芯 2 上移，将小活塞 4 顶起，打开气源通道，关闭排气口，使 S 有输出。如 b 信号撤销，膜片 1 复原，阀芯在输出端压力作用下仍能保持在上面位置，S 仍有输出，对 b 置“1”信号起记忆作用。当 a 有信号输入时，阀芯 2 下移，打开排气通道，活塞 4 下移，切断气源，S 无输出，即 $S=K_b$。

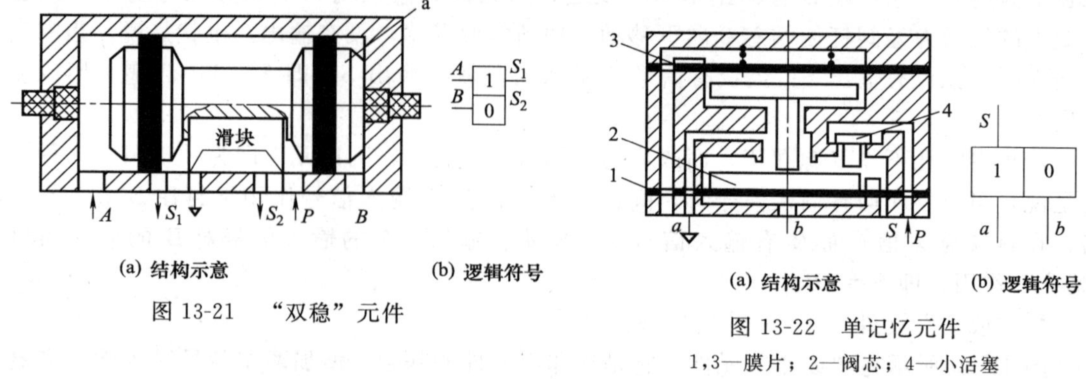

图 13-21　“双稳”元件

图 13-22　单记忆元件

1,3—膜片；2—阀芯；4—小活塞

小　　结

1. 方向控制阀：气动换向阀和液压换向阀分类方法大致相同，只是气动换向阀中截止式的阀芯结构应用较多，在密封形式上软质密封被广泛采用；“或门”型梭阀、“与门”型梭阀和快速排气阀是气动单向型控制阀所特有的；气动换向阀的功能和操作方式与液压同类阀相似。

2. 压力控制阀的原理：利用作用于阀芯上压缩空气压力与弹簧力相平衡的原理来控制阀口位置。

3. 流量控制阀：排气节流阀是节流阀和消声器的组合，安装在执行元件或换向阀的排气口处，不仅能调速还能降低排气噪声；气动流量阀的调速精度低。

4. 气动逻辑元件：气动逻辑元件的特点、种类。

习题十三

13-1　简述梭阀和双压阀的工作原理。

13-2　有一气缸 A，其活塞前移的动作受三个信号 a、b、c 所控制，只有当三个信号同时存在时，该动作才能产生。试设计该主控阀 A 的 A_1 端（即控制活塞前移的那个控制端）的控制气路。

第十四章　气动回路与气压传动系统

【导读】 气动系统基本回路是合理设计气动系统的必要基础。本章讲述方向、压力和速度控制回路等基本回路，安全回路等常用回路。在回路的基础上，简单介绍气压传动系统的阅读步骤、几个典型的气压传动系统。

第一节　气 动 回 路

一、基本回路

1. 换向回路

(1) 单作用气缸换向回路　图 14-1 (a) 所示为二位三通电磁阀控制回路，当电磁铁得电时，气压使活塞伸出工作，而电磁铁失电时，活塞杆在弹簧作用下缩回。图 14-1 (b) 所示为三位四通电磁阀控制回路，该阀在两电磁铁均失电时能自动对中，使气缸停留在任意位置，但定位精度不高，且定位时间不长。

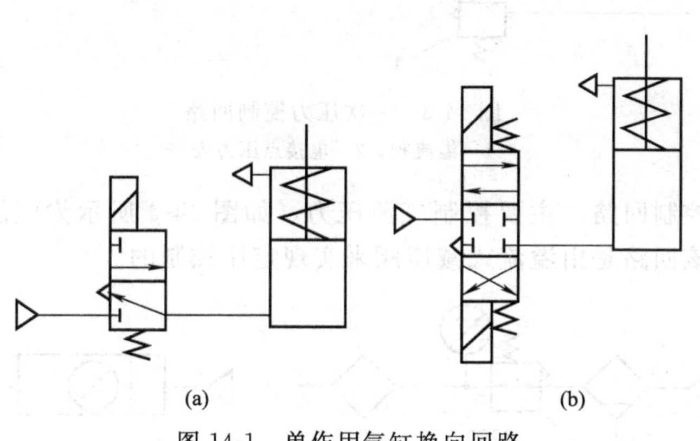

图 14-1　单作用气缸换向回路

(2) 双作用气缸换向回路　图 14-2 (a) 所示为二位五通阀控制回路。图 14-2 (b) 所示为三位阀控制气缸换向并有中停的回路，但要求元件密封性好，可用于定位要求不严的场合。图 14-2 (c) 所示为小通径的手动阀控制二位五通主阀操纵气缸换向的回路。图 14-2 (d) 所示为两个小通径的手动阀与二位五通主阀控制气缸换向的回路。

2. 压力控制回路

(1) 一次压力控制回路　主要是控制储气罐的压力使之不超过规定的压力值。常用外控溢流阀 (图 14-3) 或用电接点压力表来控制空气压缩机的转、停，使储气罐内的压力保持在规定的范围内。

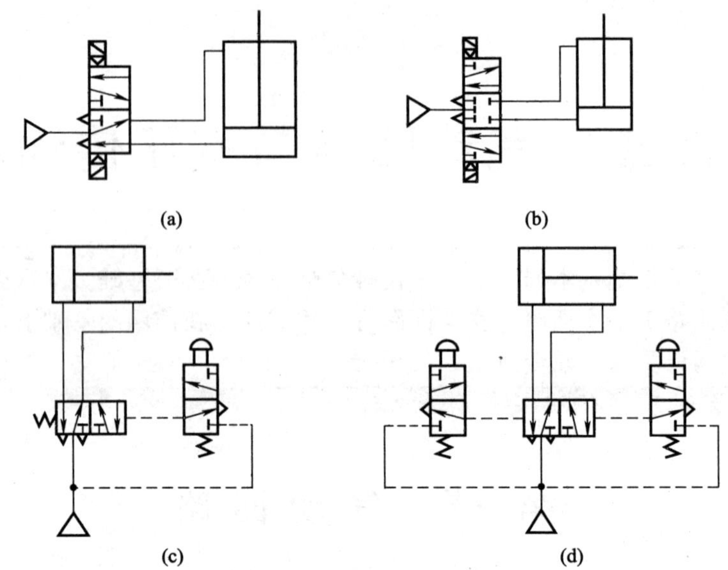

图 14-2　双作用气缸换向回路

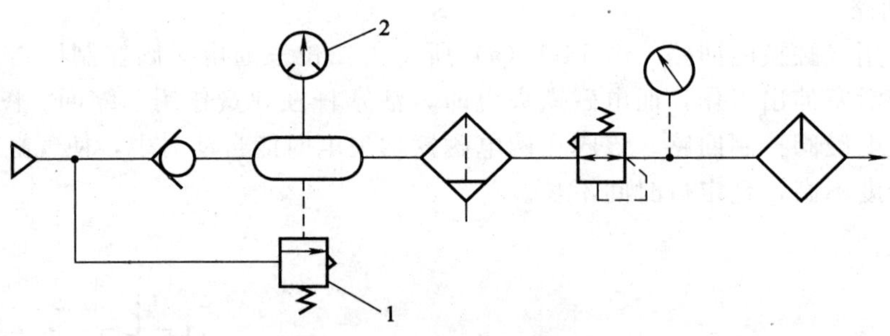

图 14-3　一次压力控制回路

1—溢流阀；2—电接点压力表

(2) 二次压力控制回路　主要控制气源压力。如图 14-4 所示为气缸、气马达系统气源的压力控制回路。该回路是由溢流式减压阀来实现定压控制的。

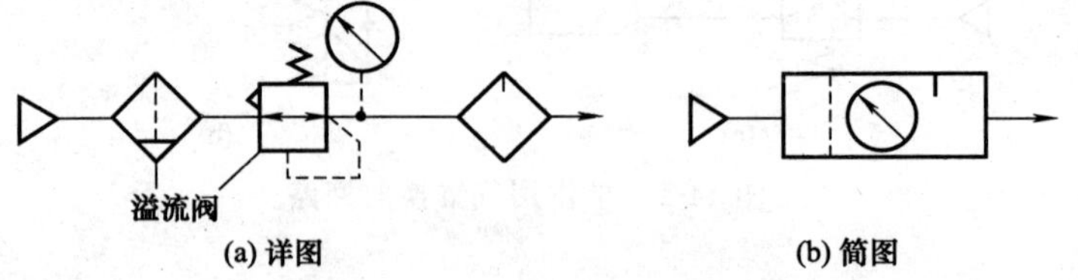

图 14-4　二次压力控制回路

(3) 两级压力控制回路

① 图 14-5 (a) 所示为直接用气动三联件组成的两级压力控制回路，根据不同气路对压力的要求分别调节减压阀 1、2 的工作压力。如果每一支路有多个气缸，且压力相同，可在油雾器后用气源分配器将压缩空气分送到每个气缸所对应的主控阀气源口。

② 图 14-5 (b) 所示回路为采用两个减压阀可对同一气路在不同时间内提供两种不同的使用压力，通过二位三通电磁换向阀 3 还可实现自动选择所需压力。

3. 力控制回路

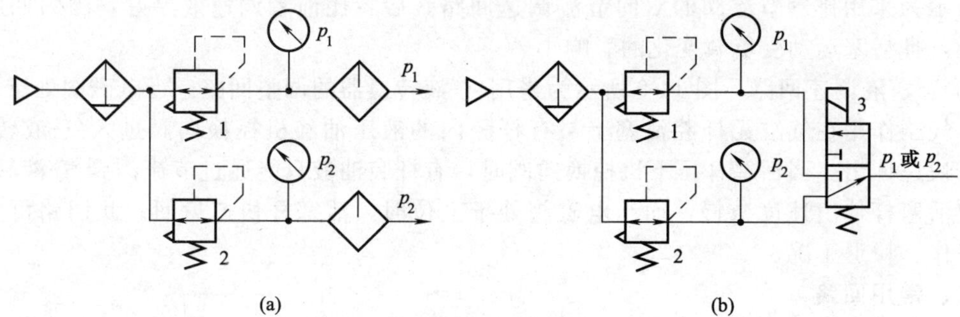

图 14-5　两级压力控制回路

1,2—减压阀；3—二位三通电磁换向阀

因气动的输入压力一般不太高，气缸等执行元件多是依靠改变受压面积提高输出力的。图 14-6（a）所示为三段活塞缸串联增力回路。活塞杆由电磁换向阀控制增加输出推力，复位靠二位四通阀进气将活塞杆推回。串联气缸增力的倍数与缸的串联段成正比。

图 14-6（b）所示为气液增压缸增力回路。此回路利用气液增压缸 1 将较低的气压变成较高的液压，提高了气液缸的输出力。

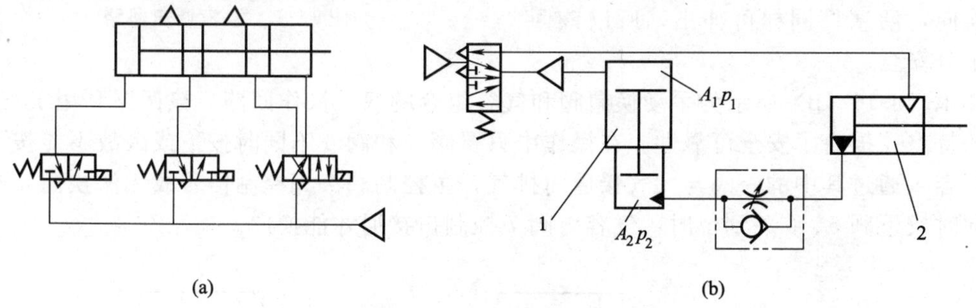

图 14-6　力控制回路

1—气液增压缸；2—气液缸

4. 速度控制回路

（1）双作用缸单向调速回路　图 14-7（a）所示为供气节流调速回路，图 14-7（b）所示为排气节流调速回路。其原理与液压传动中进口和出口节流调速回路相同。

（2）双向调速回路　图 14-8（a）所示为采用单向节流阀的双向节流调速回路，图 14-8

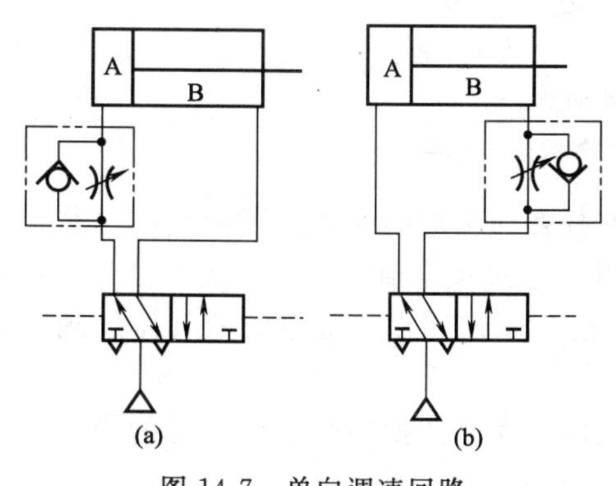

图 14-7　单向调速回路

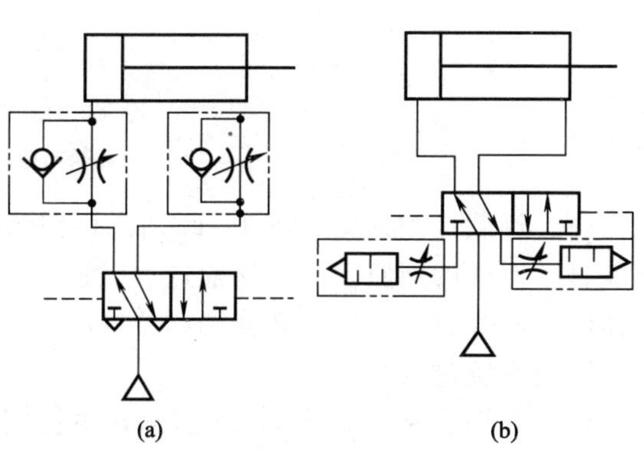

图 14-8　双向调速回路

(b) 所示为采用排气节流阀的双向节流调速回路。后者比前者调速效果好，因为回路进气阻力小，且活塞运动受负载变化的影响小。

(3) 气-液调速回路　图 14-9 所示为采用气-液转换器的调整回路。当电磁阀处于下位接通时，气压作用在气缸无杆腔活塞上，有杆腔内的液压油经机控换向阀进入气-液转换器，活塞杆快速伸出。当活塞杆压下机控换向阀时，有杆腔油液只能通过节流阀到气-液转换器，从而使活塞杆伸出速度减慢，而当电磁阀处于上位时，活塞杆快速返回。此回路可实现快进、工作、快退工况。

二、常用回路

1. 安全保护回路

(1) 双手操作回路

① 图 14-10 (a) 所示为手动换向阀的双手操作回路。只有当两手同时按下手动阀 1、2 时，主控阀 3 才能切换到左位使气缸活塞杆伸出。这种回路特别适合有危险的手动控制设备。但如果阀 1 或阀 2 的弹簧折断不能复位，单手操作另一阀也能使阀 3 换向，活塞杆同样可伸出，所以该回路不十分安全。

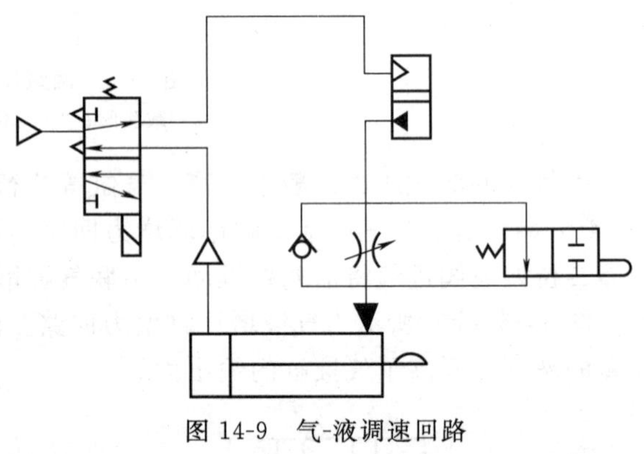

图 14-9　气-液调速回路

② 图 14-10 (b) 所示为手动换向阀和气容组合的双手操作回路。该回路利用了气容充、排气的特点，提高了安全可靠性。在操作中只要阀 5 和阀 6 不同时按下或因故不能按下，都可使气容 4 通过其中的一阀与大气接通而排气，主控制阀 7 无控制信号故无法换向，只有当两手同时按下阀 5、6 并到位时，气容与阀 7 控制口接通才能换向。

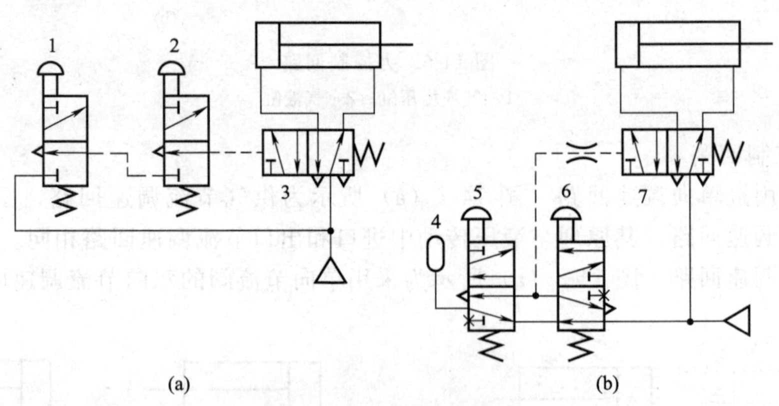

图 14-10　双手操作回路

1,2,5,6—手动换向阀；3,7—主控阀；4—气容

(2) 过载保护回路　图 14-11 所示回路为当活塞杆在伸出途中遇到故障使气缸过载，活塞能自动返回的回路。当活塞前进、气缸左腔压力升高超过预定值时，顺序阀 1 打开，控制气体经梭阀 2 将主控阀 3 切换到右位（图示位置），使活塞缩回，气缸左腔的气体经阀 3 排出，防止系统过载。

(3) 互锁回路　如图 14-12 所示，主控阀（二位四通阀）的换向受三个串联的机控三通阀控制，只有三个机控阀都接通时主控阀才能换向，气缸才能动作。

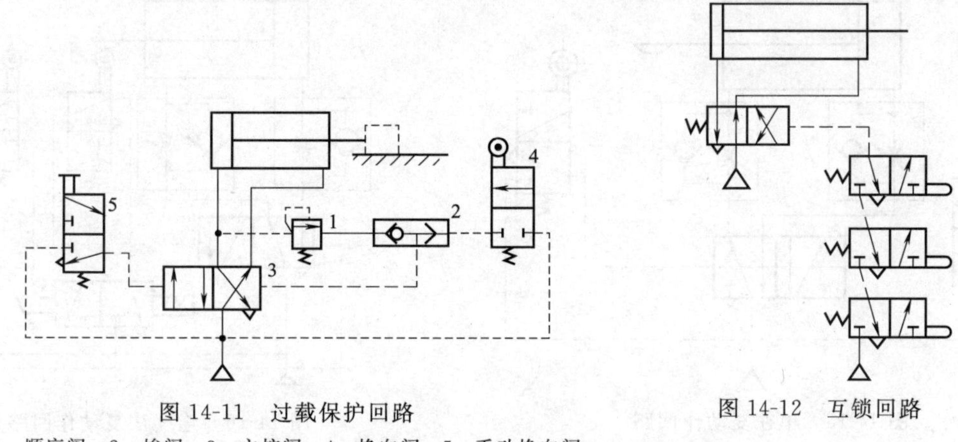

图 14-11　过载保护回路

1—顺序阀；2—梭阀；3—主控阀；4—换向阀；5—手动换向阀

图 14-12　互锁回路

2. 同步动作回路

图 14-13 所示为简单的同步动作回路。使 A、B 两缸同步的方法是采用刚性连接部件 C 连接两缸的活塞杆，并使两缸的有效面积相等。调节节流阀的开度可调节活塞升、降速度。

图 14-14 所示为气-液缸转换同步回路。该回路缸 1 下腔与缸 2 上腔相连，内部注满液压油，只要保证缸 1 下腔的有效面积和缸 2 上腔的有效面积相等，就可实现同步。回路中 a 接放气装置，用于放掉混入油中的气体。

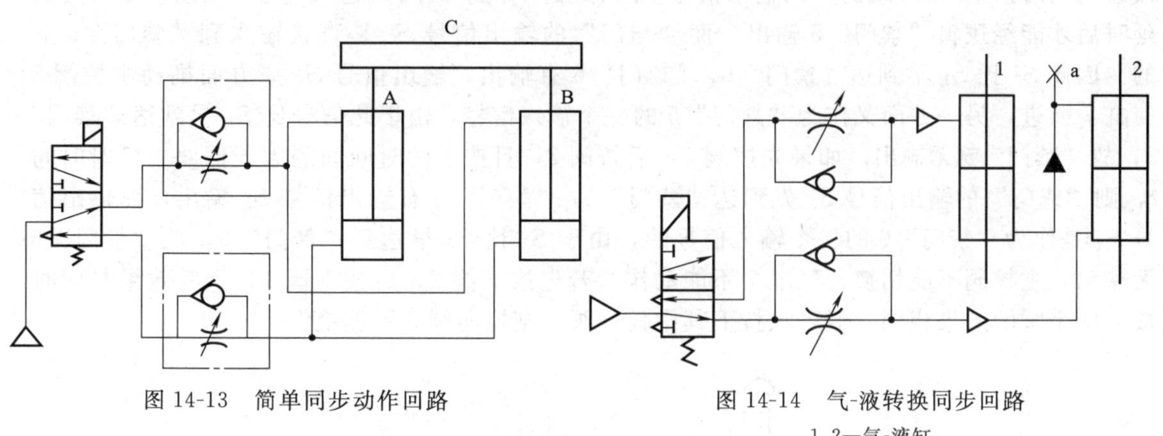

图 14-13　简单同步动作回路

图 14-14　气-液转换同步回路

1，2—气-液缸

3. 往复动作回路

（1）单往复动作回路　图 14-15 所示为右端机控阀和左端手动阀控制活塞往复动作的回路。每按一次手动阀，缸活塞往复动作一次。

（2）连续往复动作回路　图 14-16 所示为机控阀实现往复动作的回路。拉动手动阀 1 使其处于右端供气状态，则阀 2 被切换，活塞前进。活塞达到行程终点时按下行程阀 4，使阀 2 复位，活塞后退。当活塞达到行程终点时按下行程阀 3，使阀再次被切换，活塞再次前进。只要手动阀 1 不改变启动状态，气缸将连续不断运动，直到该阀复位活塞才停止后退位置。

三、气压逻辑回路

气压逻辑回路是将气压回路按逻辑关系组合而成。按逻辑关系可以把气信号组合成“是”、“或”、“与”等逻辑回路。

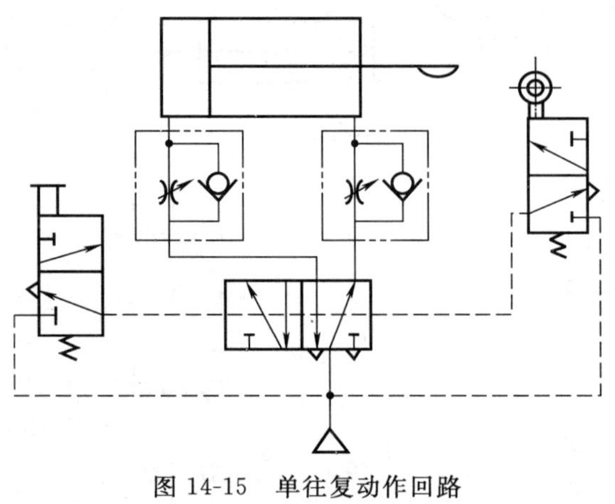

图 14-15　单往复动作回路

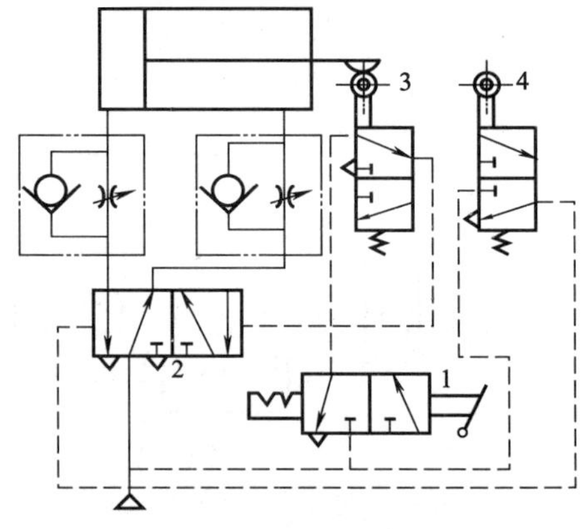

图 14-16　连续往复动作回路

1—手动阀；2—二位五通阀；

3，4—行程阀

1. 常用逻辑回路

各种常用逻辑回路见表 14-1，表中的 a、b 为输入信号，S 为输出信号。

2. 双手操作安全回路

图 14-17 所示为用二位三通按钮式换向阀和逻辑“禁门”元件组成的安全回路。当两个按钮阀同时按下时，“或门”的输出信号 S_1 要经过单向节流阀 3 进入气容 4，经一定时间的延时后才能经逻辑“禁门”5 输出，而“与门”的输出信号 S_2 是直接输入到“禁门”6 上的。因此 S_2 比 S_1 早到达“禁门”6，“禁门”6 有输出。输出信号 S_4 一方面推动主控阀 8 使缸 7 前进，另一方面又作为“禁门”5 的一个输入信号，由于此信号比 S_1 早到达“禁门”5，故“禁门”5 无输出。如果先按阀 1，后按阀 2，且按下的时间间隔大于回路中延时时间 t，则“或门”的输出信号 S_1 先到达“禁门”5，“禁门”5 有输出信号 S_3 输出，而输出信号 S_3 是作为“禁门”6 的一个输入信号的，由于 S_3 比 S_2 早达到“禁门”6，故“禁门”6 无输出，主控阀不能切换，气缸 7 不能动作。若先按下阀 2，后按下阀 1，则其效果与同时按下两个阀的效果相同。但若只按下其中任一阀，则换向阀 8 不能换向。

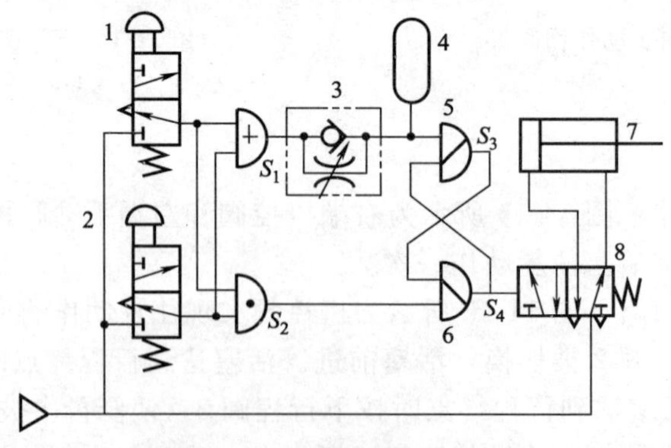

图 14-17　双手操作安全回路

1,2—手动阀；3—单向节流阀；4—气容；

5,6—逻辑“禁门”元件；7—液压缸；8—二位五通换向阀

表 14-1　常用逻辑回路

名称	回路图	真值表	动作说明
是回路	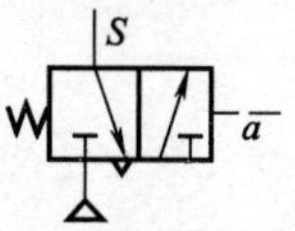	a　S 0　0 1　1	有信号 a 则 S 有输出，无信号 a 则 S 无输出
非回路	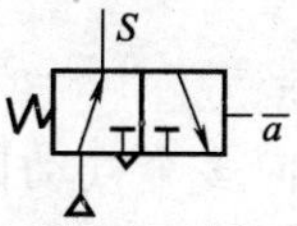	a　S 0　1 1　0	有信号 a 则 S 无输出，无信号 a 则 S 有输出
或回路	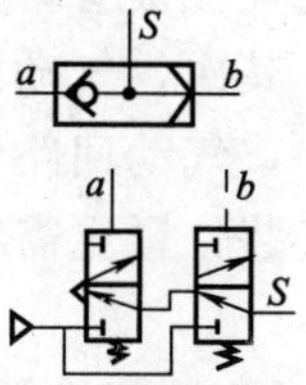	a　b　S 0　0　0 0　1　1 1　0　1 1　1　1	有任一信号 a 或 b，S 就有输出
或非回路	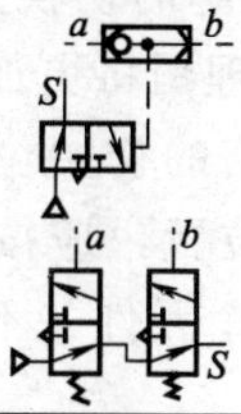	a　b　S 0　0　1 0　1　0 1　0　0 1　1　1	有任一信号 a 或 b，S 就无输出
与回路	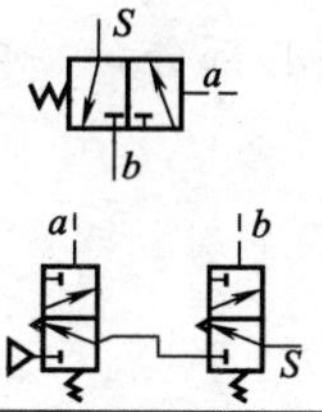	a　b　S 0　0　0 1　0　0 0　1　0 1　1　1	只有当信号 a 和 b 同时存在时，S 才有输出
禁回路	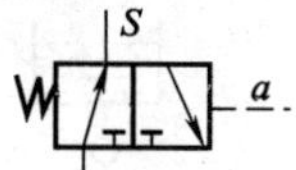 无源 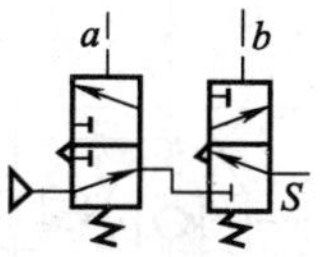 有源	a　b　S 0　0　0 0　1　1 1　0　0 1　1　0	有信号 a 时，S 无输出（a 禁止 S 有）；当无信号 a，有信号 b 时，S 才有输出
记忆元件	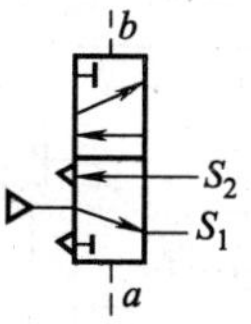 双稳 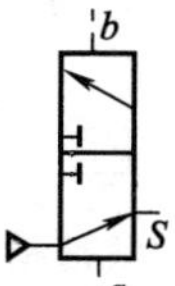 单记忆	a　b　S_1　S_2 1　0　1　0 0　0　1　0 0　1　0　1 0　0　0　1	有信号 a 时，S_1 有输出；a 消失，S_1 仍有输出；直到有信号 b 时，S_1 才无输出，S_2 有输出。记忆回路要求 a、b 不能同时加入

第二节　气压传动系统

一、阅读气压传动系统图的一般步骤

阅读气压传动系统图的步骤一般可归纳如下。

① 看懂图中各气动元件的图形符号，了解它的名称及一般用途。

② 分析图中的基本回路及功用。必须注意的是一个空压机能向多个气动回路供气，因此，通常在设计气动回路时，压缩机是另行考虑的，在回路图中也往往被省略，但在设计时必须考虑原空压机的容量，以免在增设回路后引起使用压力下降。其次，气动回路一般不设排气管道，即不像液压那样一定要将使用过的油液排回油箱。另外，气动回路中气动元件的安装位置对其功能影响很大，对空气过滤器、调压阀、油雾器的安装位置更需特别注意。

③ 了解系统的工作程序及程序转换的发信元件。

④ 按工作程序图逐个分析其程序动作。这里特别要注意主控阀芯的切换是否存在障碍。若设备说明书中附有逻辑框图，则用它作为指引来分析气动回路原理图将更加方便。

⑤ 一般规定工作循环中的最后程序终了时的状态作为气动回路的初始位置（或静止位置），因此，回路原理图中控制阀及行程阀的供气及进出口的连接位置，应按回路初始位置状态连接。这里必须指出的是，回路处于初始位置时，回路中的每个元件并不一定都处于静止位置。

⑥ 一般所介绍的回路原理图，仅是整个气动控制系统中的核心部分，一个完整的气动系统还应有气源装置、气动三大件及其他气动辅助元件等。

二、典型气压传动系统

1. 气液动力滑台

(1) 概述　气液动力滑台是采用气-液阻尼缸作为执行元件。由于在它的上面可安装单轴头、动力箱或工件，因而在机床上常用来作为实现进给运动的部件。

图 14-18 所示为气液动力滑台的回路原理。图中阀 1、2、3 和阀 4、5、6 实际上分别被组合在一起，成为两个组合阀。

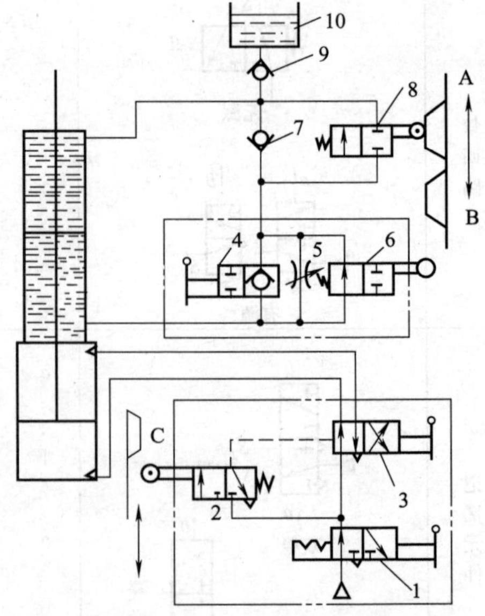

图 14-18　气液动力滑台的回路原理
1,3,4—手动阀；2,6,8—行程阀；5—节流阀；7,9—单向阀；10—油箱

(2) 工作原理　该种气液滑台能完成下面的两种工作循环：

① 快进→慢进→快退→停止　当阀 4 处于图示状态时，就可实现上述循环的进给程序。其动作原理为：当手动阀 3 切换至右位时，实际上就是给予进刀信号，在气压作用下，气缸中活塞开始向下运动，液压缸中活塞下腔油液经行程阀 6 的左位和单向阀 7 进入液压缸活塞的上腔，实现了快进；当快进到活塞杆上的挡铁 B 切换行程阀 6（使它处于右位）后，油液只能经节流阀 5 进入活塞上腔，调节节流阀的开度，即可调节气-液阻尼缸运动速度。所

以，这时开始慢进（工作进给）。当慢进到挡铁 C 使机控阀 2 切换至左位时，输出气信号使阀 3 切换至左位，这时气缸活塞开始向上运动。液压缸活塞上腔的油液经阀 8 至图示位置而使油液通道被切断，活塞就停止运动。所以改变挡铁 A 的位置，就能改变“停”的位置。

② 快进→慢进→慢退→快退→停止　把手动阀 4 关闭（处于左位）时就可实现上述的双向进给程序，其动作原理如下。

其动作循环中的快进→慢进的动作原理与上述相同。当慢进至挡铁 C 切换行程阀 2 至左位时，输出气信号使阀 3 切换至左位，气缸活塞开始向上运动，这时液压缸上腔的油液经行程阀 8 的左位和节流阀 5 进入液压活塞缸下腔，亦即实现了慢退（反向进给）；当慢退到挡铁 B 离开阀 6 的顶杆而使其复位（处于左位）后，液压缸活塞上腔的油液就经阀 8 的左位、再经阀 6 的左位进入液压活塞缸下腔，开始快退；快退到挡铁 A 切换阀 8 至图示位置时，油液通路被切断，活塞就停止运动。

图中补油箱 10 和单向阀 9 仅仅是为了补偿系统中的漏油而设置的，因而一般可用油杯来代替。

2. 香皂装箱机

(1) 概述　香皂装箱机是将每 480 块香皂装入一纸箱，其结构原理如图 14-19 所示。香皂装箱的动作由托箱气缸 A、装箱气缸 B、托皂气缸 C 和计数气缸 D 完成。其气压系统如图 14-20 所示，A、B、C 均为普通双作用气缸，而计数气缸则为单作用气缸，它的气源由托皂气缸 C 直接供给，活塞的返回是通过弹簧实现。

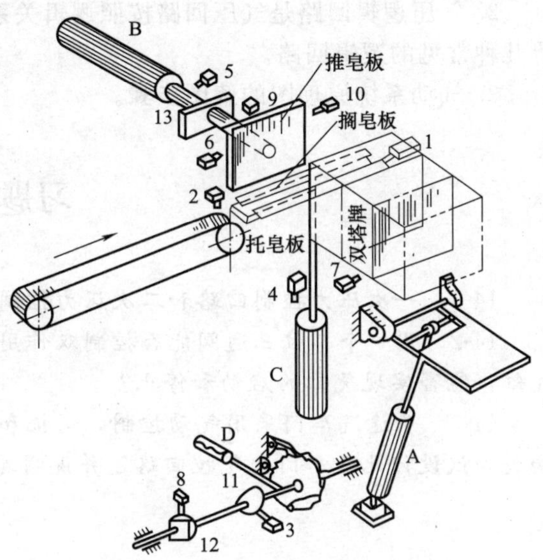

图 14-19　香皂装箱机结构原理

1～10—行程开关；11,12—凸轮；13—挡板

(2) 工作原理　香皂装箱机工作时先由人工将纸箱套在装箱框，触动行程开关 7 将输送带接通，并将香皂运送过来。这样香皂就排列在托皂板上，每排满 12 块就会触到行程开关 1 使输送带停止，同时让电磁铁 1YA 通电，托皂气缸 C 将托皂板托起，使香皂通过搁皂板后就搁在搁皂板上（搁皂板只能上翻，不能下翻）。此时行程开关 1 已松开，输送带继续运香皂，如此动作。每满 12 块，托皂气缸 C 就上下一次，并通过计数气缸 D 使棘轮转过一齿。棘轮上有 40 齿，在棘轮轴上还有凸轮 11 和 12，凸轮 11 有 4 个缺口，凸轮 12 有 2 个缺口，它们各压住一行程开关。

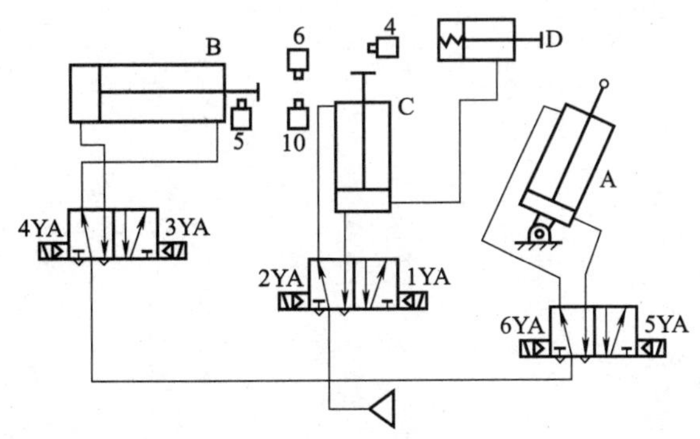

图 14-20　香皂装箱机气压系统

托皂板每升 10 次，棘轮就转过 10 齿，此时行程开关 3 落入凸轮 11 的缺口而松开。于是发出的信号使电磁铁 3YA 通电，装箱气缸 B 推动装箱板，将叠成 10 层的一摞（120 块）香皂推到装箱台上，推动的距离由

行程开关 9 位置确定。当装箱气缸 B 活塞杆的挡板 13 碰到行程开关 9 时，气缸退回。

当托皂气缸 C 上下 20 次后，装皂台上有两摞（240 块）香皂，此时凸轮 12 的缺口正好对正行程开关 8，使它发出信号，一方面让行程开关 9 断开，同时使电磁铁 3YA 再次接通，装箱气缸 B 再次前进，直到碰到行程开关 6 才退回。此时，电磁铁 5YA 接通，托箱气缸 A 伸出，使托板托住箱底。如此重复，直到将四摞（480 块）香皂都通过装箱框装入纸箱内，这时托板又起来托住箱底，将此纸箱送到运输带，再由人工贴上封条，至此完成一次循环操作。

小　　结

1. 气动系统的基本回路、常用回路的工作原理。

2. 气压逻辑回路是气压回路按照逻辑关系组合而成的，本章介绍了“是”、“非”、“与”等几种常见的逻辑回路。

3. 气动系统原理图的读图步骤。

习题十四

14-1　一次压力控制回路和二次压力控制回路有何不同？各用于什么场合？

14-2　用一个二位三通阀能否控制双作用气缸的换向？若用两个二位三通阀控制双作用气缸，能否实现气缸的启动和停止？

14-3　长途汽车门采用气动控制，司机和售票员各有一个控制气动开关，控制汽车的开和关，试设计此汽车门的气控回路，并说明其工作过程。

第十五章　非时序气动逻辑控制系统设计

【导读】 本章在逻辑代数的基础上介绍非时序气动控制系统的设计。设计气动逻辑控制系统要从实际出发，写出真值表，应用逻辑运算规律求逻辑函数，之后化简；或画出卡诺图后直接写出最简逻辑函数，再根据最简的逻辑函数设计出满足逻辑控制要求的逻辑控制系统。

第一节　逻辑代数简介

逻辑代数用符号和由符号构成的式子来表示逻辑名词、逻辑判断和逻辑推理。逻辑代数包括与、或、非三种基本运算的代数。

一、逻辑基本运算及其恒等式

(1) 逻辑或（加）运算

$$S=A+B \tag{15-1}$$

式中，S 为因变量，也称为逻辑函数，即为逻辑元件输出；A、B 为自变量，即逻辑元件输入。

它的运算规则是 A、B 中有一个为真（“1”）时，则 S 为真（“1”）。

其恒等式为：$A+0=A$；$A+1=1$；$A+A=A$；$A+\overline{A}=1$。

(2) 逻辑与（乘）运算

$$S=A \cdot B \tag{15-2}$$

它的运算规则是仅当 A、B 均为真（“1”）时，才为真（“1”）。

其恒等式为：$A \cdot 0=0$；$A \cdot 1=A$；$A \cdot A=A$；$A \cdot \overline{A}=0$。

(3) 逻辑非（否）运算

$$S=\overline{A} \tag{15-3}$$

它的运算规则是 A 为假（“0”）时，S 为真（“1”），S 和 A 值总处于对立状态。

二、逻辑基本定律

基本定律有交换律、结合律、分配律三个。它的运算规则与普通代数相同。

(1) 交换律

$$A+B=B+A \tag{15-4}$$

$$AB=BA$$

(2) 结合律

$$A+(B+C)=(A+B)+C \tag{15-5}$$

$$A(BC)=(AB)C$$

(3) 分配律

$$A(B+C)=AB+AC \tag{15-6}$$

$$(A+B)(C+D)=AC+AD+BC+BD$$

三、逻辑形式定律

逻辑代数运算中除了上述的基本定律外，还要用到其他一些运算定律称为形式定律，可以通过这些形式定律化简逻辑函数。

(1) 吸收律

$$A+(AB)=A \tag{15-7}$$

$$A(A+B)=A$$

(2) 展开律

$$(A+B)(A+\overline{B})=A \tag{15-8}$$

$$AB+A\overline{B}=A$$

(3) 反映律

$$A+\overline{A}B=A+B \tag{15-9}$$

$$A(\overline{A}+B)=AB$$

(4) 狄·摩根定律

$$\overline{A+B}=\overline{A}\cdot\overline{B} \tag{15-10}$$

$$\overline{A\cdot B}=\overline{A}+\overline{B}$$

(5) 过渡律

$$AB+\overline{A}C+BC=AB+\overline{A}C \tag{15-11}$$

$$(A+B)(\overline{A}+C)(B+C)=(A+B)(\overline{A}+B)$$

(6) 交叉换位律

$$(A+B)(\overline{A}+C)=\overline{A}B+AC \tag{15-12}$$

$$AB+\overline{A}C=(\overline{A}+B)(A+C)$$

上述形式定律可以通过基本定律及其恒等式得证明，也可通过真值表证明。

四、逻辑运算规则及对偶定理

1. 逻辑运算规则

在逻辑代数运算中，运算规则是按非、与、或，先括号内后括号外的顺序进行，不影响运算次序的括号时以去掉。

2. 对偶定理

由上述基本定律和形式定律可知，逻辑代数运算中存在着或与，0、1 对偶互换性。也就是说，在某一逻辑公式中进行或、与互换，0、1 互换，得到的新的逻辑公式也成立，这种性质称为对偶。

对偶定理：若某个由基本定律导出的逻辑公式成立，则其对偶公式也成立。

五、逻辑函数、真值表、卡诺图

1. 逻辑函数

由逻辑变量及其逻辑关系组成的逻辑代数式称为逻辑函数。如某控制系统中，一组输入变量（三输入变量 A、B、C 的各种组合）与某一个输出变量 S 存在着一定的对应关系，即逻辑函数关系，则 S 是这一组输入变量（即逻辑变量）的逻辑函数。逻辑函数可以用真值表或卡诺图来反映。

2. 真值表

真值表是逻辑函数对应于输入变量的各种可能取值以一个表格的形式列出。即在真值表中列出逻辑表达式中各变量为“1”或“0”的各种可能的组合状态，以及它们相对应的逻辑代数结果。

由于一个变量只能取 1 和 0 两个值，n 个变量就有 $2n$ 种可能的组合。每一种可能的组合称为组。

如函数 $S=A+BC$，它的真值表如表 15-1 所示。

表 15-1　$S=A+BC$ 的真值表

组号	A	B	C	S
0	0	0	0	0
1	0	0	1	0
2	0	1	0	0
3	0	1	1	1
4	1	0	0	1
5	1	0	1	1
6	1	1	0	1
7	1	1	1	1

在表 15-1 中，变量数 $n=3$，因此有 $2^3=8$ 种组合。这 8 行变量的值恰好是用二进制数码（0，1）表示的十进位数 0，1，2，3，4，5，6，7。而这 8 个数又恰好是组号，这就使真值表便于按顺序排列。

3. 卡诺图

卡诺图是反映逻辑变量运算结果的一张方框图，它也是逻辑函数真值表的简单图解法。

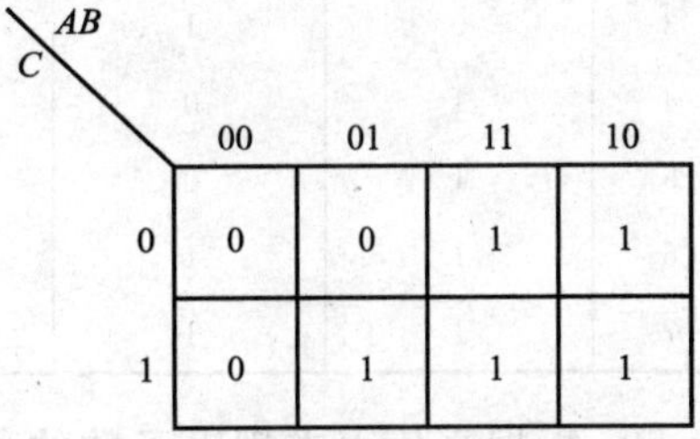

C \ AB	00	01	11	10
0	0	0	1	1
1	0	1	1	1

图 15-1　$S=A+BC$ 的卡诺图

图 15-1 是函数 $S=A+BC$ 的卡诺图。若 n 代表变量数（这里 $n=3$），则方框数是 2^n（本例为 8），方框中的值是运算的结果，它与真值表是一致的。

第二节　非时序逻辑控制系统设计

非时序逻辑控制指的是一逻辑回路在任一瞬间的输出仅是该瞬间各输入变量状态的函数，且仅有“与”、“非”、“或”三种运算。也就是系统输出只与输入变量的组合有关，与变量取值的先后顺序无关。

非时序逻辑问题就是要求用有效、科学的方法找出一个逻辑函数及表达这个逻辑函数的线路。

设计步骤如图 15-2 所示。

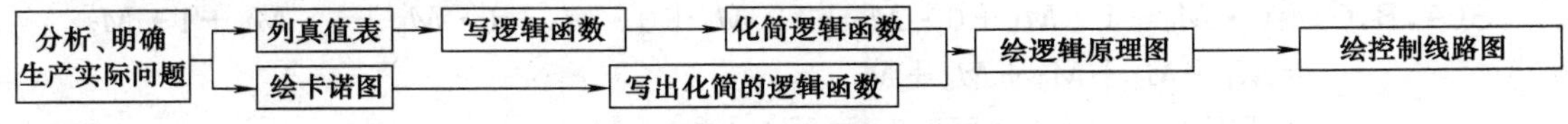

图 15-2　非时序逻辑问题设计步骤框图

而化简逻辑函数的方法常用的有代数法和卡诺图法两种。

一、逻辑代数法

每个逻辑函数唯一对应一真值表，而同一真值表却对应若干个形式不同的等效逻辑函数，也就是同一逻辑函数可用多种形式表示，为此需要规定一个标准型，这个标准型可用 n 个变量的最大项或最小项来表示。

1. 最小项和最大项

最小项指的是 n 个变量（或变量非）的积，且每个最小项中各变量只出现一次，n 个变量的逻辑函数有 2^n 个最小项。最小项因子的书写规则为：变量的值为“1”写原变量；变量值为“0”写变量非。

最大项指的是 n 个变量（或变量非）的和，且每个最大项中各变量只出现一次，n 个变量的逻辑函数有 2^n 个最大项。

函数 $S=\overline{A}+B+C$ 的变量数 $n=3$，则变量值有 $2^3=8$ 种组合，也就有 8 个最小项和 8 个最大项，具体如表 15-2 所示。

表 15-2　变量值的组合

组号	A	B	C	S	最小项	最大项
0	0	0	0	1	$M_0=\overline{A}\,\overline{B}\,\overline{C}$	$M_7=A+B+C$
1	0	0	1	1	$M_1=\overline{A}\,\overline{B}\,C$	$M_6=A+B+\overline{C}$
2	0	1	0	1	$M_2=\overline{A}\,B\,\overline{C}$	$M_5=A+\overline{B}+C$
3	0	1	1	1	$M_3=\overline{A}BC$	$M_4=A+\overline{B}+\overline{C}$
4	1	0	0	0	$M_4=A\,\overline{B}\,\overline{C}$	$M_3=\overline{A}+B+C$
5	1	0	1	1	$M_5=A\,\overline{B}C$	$M_2=\overline{A}+B+\overline{C}$
6	1	1	0	1	$M_6=AB\overline{C}$	$M_1=\overline{A}+\overline{B}+C$
7	1	1	1	1	$M_7=ABC$	$M_0=\overline{A}+B+\overline{C}$

2. 根据真值表求逻辑函数的积和式标准型

定理：任一逻辑函数 S，可唯一地写成它的最小项标准型

$$S=\sum_{i=0}^{2^n-1}S_iM_i \qquad (15\text{-}13)$$

式中　n——变量的数目；

$\sum$——求和符号；

i——最小项下标；

S_i——第 i 的函数值；

M_i——第 i 最小项。

此定理表明，若已知真值表，逻辑函数的标准型可以写成各函数与对应的最小项乘积之和。

【例 15-1】 某逻辑函数的真值表如表 15-3 所示，试写出积和式标准型。

解　由定理式（15-13）可得该逻辑函数积和式标准型为

$$\begin{aligned}S(A,B,C)&=0\cdot M_0+1\cdot M_1+0\cdot M_2+1\cdot M_3+0\cdot M_4+1\cdot M_5+1\cdot M_6+1\cdot M_7\\&=M_1+M_3+M_5+M_6+M_7\\&=\overline{A}\,\overline{B}C+\overline{A}BC+A\,\overline{B}C+AB\overline{C}+ABC\end{aligned}$$

由此看出，逻辑函数值为 0 的对应最小项没有出现在标准型中。所以，定理式（15-13）可以改述为：逻辑函数的积和式标准型等于函数值为 1 的最小项之和。

3. 根据真值表求逻辑函数的和积式标准型

逻辑函数的和积式标准型的定理为：逻辑函数的和积式标准型等于对应函数值为 0 的最

大项之积。该定理实际是积和式标准型定理的对偶定理。

表 15-3　真值表

组号	A	B	C	S	最小项	最大项
0	0	0	0	0		$M_7=A+B+C$
1	0	0	1	1	$M_1=\overline{A}\,\overline{B}C$	
2	0	1	0	0		$M_5=A+\overline{B}+C$
3	0	1	1	1	$M_3=\overline{A}BC$	
4	1	0	0	0		$M_3=\overline{A}+B+C$
5	1	0	1	1	$M_5=A\overline{B}C$	
6	1	1	0	1	$M_6=AB\overline{C}$	
7	1	1	1	1	$M_7=ABC$	

【例 15-2】 求表 15-3 所示逻辑函数的和积式标准型。

解　根据定理和表 15-3 可得

$$S(A,B,C)=M_7\cdot M_5\cdot M_3$$
$$=(A+B+C)(A+\overline{B}+C)(\overline{A}+B+C)$$

4. 逻辑函数的化简

逻辑函数的积和式标准型与和积式标准型只是形式不同，实际都是描述了相同的逻辑量 S。在一般情况下，函数的标准型通常不是最简的，需要运用逻辑代数的基本定律和形式定律进行化简。再依据化简的逻辑函数绘制逻辑原理图和控制线路图。

【例 15-3】 试将例 15-1 的标准型 $S(A,B,C)=\overline{A}\,\overline{B}C+\overline{A}BC+A\overline{B}C+AB\overline{C}+ABC$ 化成最简积和式。

解

$$\begin{aligned}S(A,B,C)&=\overline{A}\,\overline{B}C+\overline{A}BC+A\overline{B}C+AB\overline{C}+ABC\\&=\overline{A}\,\overline{B}C+\overline{A}BC+A\overline{B}C+AB\overline{C}+ABC+ABC\\&=\overline{A}\,\overline{B}C+\overline{A}BC+A\overline{B}C+ABC+AB\overline{C}+ABC\\&=\overline{A}C(\overline{B}+B)+AC(\overline{B}+B)+AB(\overline{C}+C)\\&=\overline{A}C+AC+AB\\&=C(\overline{A}+A)+AB\\&=C+AB\end{aligned}$$

【例 15-4】 试将例 15-2 的标准型 $S(A,B,C)=(A+B+C)(A+\overline{B}+C)(\overline{A}+B+C)$ 化成最简和积式。

解

$$\begin{aligned}S(A,B,C)&=(A+B+C)(A+\overline{B}+C)(\overline{A}+B+C)\\&=(A+B+C)(A+B+C)(A+\overline{B}+C)(\overline{A}+B+C)\\&=(A+B+C)(A+\overline{B}+C)(\overline{A}+B+C)(A+B+C)\\&=\{(A+C)+B\}\{(A+C)+\overline{B}\}\{(B+C)+\overline{A}\}\{(B+C)+A\}\\&=(A+C)(B+C)\end{aligned}$$

二、卡诺图法

卡诺图法，就是应用卡诺图简化逻辑函数并直接写出最简逻辑函数的图解方法，它避免了复杂的逻辑代数运算。

卡诺图是真值表的一种变换，作法是先按已知函数绘制真值表，再按真值表画出卡诺图。图中每个小格代表各个变量组合的积，所以 n 个变量的卡诺图应有 2^n 个方格。

例如，逻辑函数 $S=A+BC$（真值表见表 15-1）有三个变量，$n=3$，卡诺图的方框数为 $2^3=8$。每个方框的右下角括号中的数字代表组号。把所得各组的逻辑值填入相应的组中，这样就得到图 15-3。

画出卡诺图后，再按它直接求最小化函数式。卡诺图简化原理是反复利用逻辑运算规则 $A+\overline{A}=1$，$A+1=1$，$A+A=A$，$A\cdot 1=A$，$A+\overline{A}B=A+B$ 和卡诺图“相邻”的特点对逻辑函数进行化简的。最小化函数式可以是“积和式”，亦可以是“和积式”。本处仅介绍“积和式”的求法，其步骤如下。

1．把卡诺图上相邻的等于 1 的方格组合成几个合并组

可命名为第一合并组、第二合并组等。每个合并组方格数为 2^n，合并组为正方形或矩形，应包含尽可能多的方格，以便消去更多的变量。同一方格可被不同的正方形或矩形取用，图 15-4 中的方格（7）即被重复使用。同一卡诺图可以有不同的组合方法。

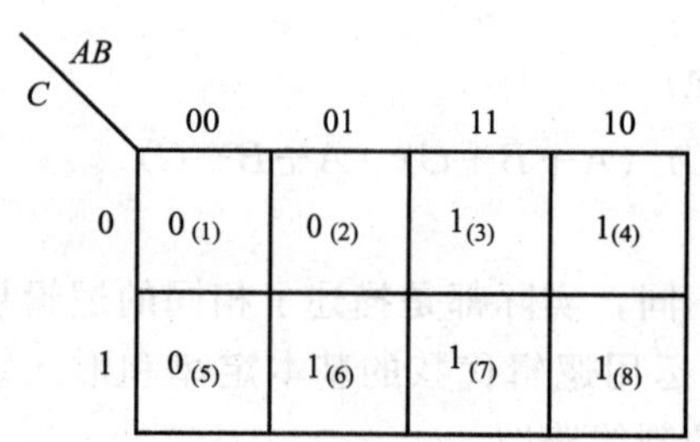

图 15-3　$S=A+BC$ 的卡诺图

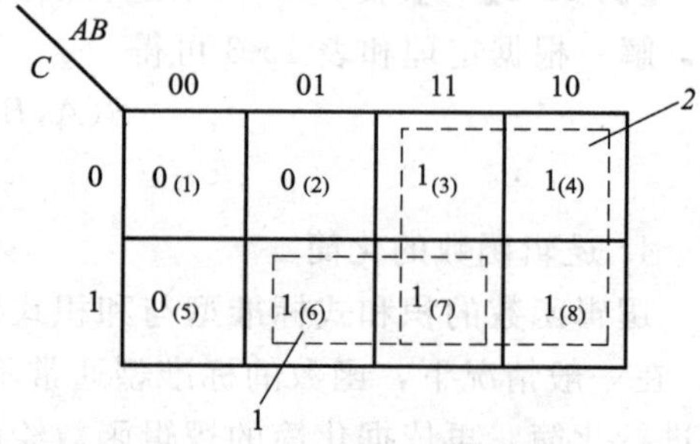

图 15-4　卡诺图合并组的划分

1—第一合并组；2—第二合并组

2．写出卡诺图的函数表达式并进行简单运算

这里首先要确定每个合并组的函数表达式，然后把所有合并组的函数表达式相加，即得到与整个卡诺图相对应的逻辑函数表达式。

在确定每个合并组的函数表达式时，具体作法如下：凡在该组中取不同值的变量均被消去，对于同值的变量则按“同号取原变量，异号取补数”的原则写出。

图 15-4 中，第一合并组中 A 为不同值，故 A 消去；而 B、C 均为同值，第一合并组以 BC 表示。第二合并组中 B、C 均为不同值，故 B、C 消去；而 A 为同值，第二合并组以 A 表示。两个合并组相加，可得 $S=A+BC$。

对于四变量及四变量以下函数式的卡诺图法更为直观方便。

三、设计举例

【例 15-5】 某生产自动线需要控制温度、压力和浓度三个参数，任意两个或两个以上参数达到上限，生产过程将发生事故，此时应自动报警，设计该气控报警系统。

解　该例实际就是要求三个随机的输入参数和系统输出的逻辑关系，并且报警输出与输入参数的先后顺序无关，只与输入参数的组合有关，所以是个非时序控制的逻辑问题。

设三个参数为 A、B、C，达到上限记“1”，低于下限记“0”，报警记 $S=1$，不报警记 $S=0$。

根据题意，写真值表，见表 15-4。

表 15-4　例 15-5 真值表

组　号	A	B	C	S
0	0	0	0	0
1	1	0	0	0
2	0	1	0	0
3	1	1	0	1
4	0	0	1	0
5	1	0	1	1
6	0	1	1	1
7	1	1	1	1

1. 逻辑代数法设计

根据表 15-4 可知，共有四种状态应报警。用积和式写出其逻辑函数为

$$S=AB\overline{C}+A\overline{B}C+\overline{A}BC+ABC$$

再用逻辑代数运算规律化简得

$$S=AB+(A+B)C$$

之后根据化简的逻辑函数 $S=AB+(A+B)C$ 绘制逻辑原理图和气控制线路图，如图 15-5 所示。

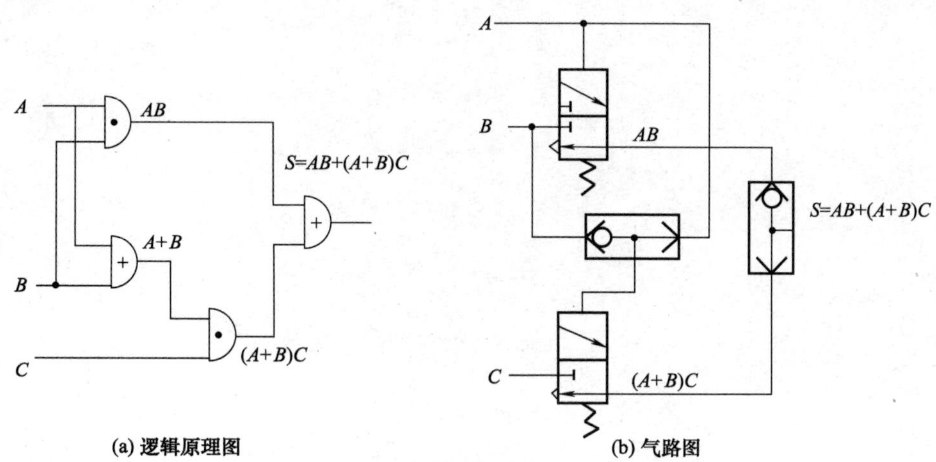

图 15-5　报警回路逻辑原理图和气路图

2. 卡诺图图解法设计

先绘制三变量卡诺图并在其上填逻辑函数，如图 15-6 所示，根据实际要求和真值表，图中 3、6、7、8 格中填“1”，其余格中填“0”。然后用卡诺图直接化简逻辑函数，取 3、7 格组成矩形消去 C 得 AB，取 6、7 格组成矩形消去 A 得 BC，取 7、8 格组成矩形消去 B 得 AC，所以有

$$\begin{aligned}S&=AB+BC+AC\\&=AB+AC+BC\\&=AB+(A+B)C\end{aligned}$$

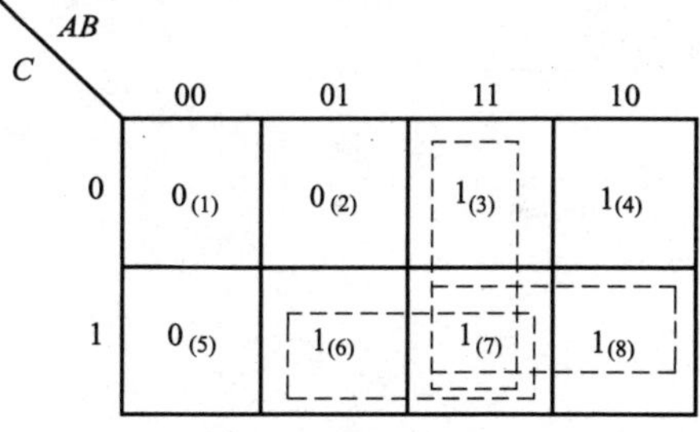

图 15-6　三变量卡诺图取值及其化简

该结果和逻辑代数法所得是相同的，因此同样可以绘出如图 15-5 所示的逻辑原理图和

气路图。

小　　结

1. 逻辑代数的基本定律和形式定律。
2. 非时序逻辑控制系统的逻辑代数设计。
3. 非时序逻辑控制系统的卡诺图法设计。

习题十五

15-1　试根据卡诺图化逻辑函数 $S=A\overline{B}\,\overline{C}+AB\overline{C}+ABC$ 为最简的积和式。

15-2　【例 15-5】中报警线路的要求改为任意一个参数或一个参数以上达到上限，气控回路报警，设计此气控回路并画出逻辑原理图。

附录　常用液压与气动图形符号（摘自 GB/T 786.1—1993）

附录 A　符号要素、管路

名　称	符　号	名　称	符　号
工作管路		液压	
控制管路		气动	
组合元件框线		能量转换元件	
连接管路		测量仪表	
交叉管路		控制元件	
柔性管路		调节器件	

附录 B　控制机构和控制方法

名　称		符　号	名　称		符　号
机械控制	单向滚轮式		先导控制	电反馈	
	顶杆式			加压或卸压	
电气控制	单作用电磁铁		压力控制	内部	
	双作用电磁铁			外部	

续表

名称		符号	名称		符号
人力控制	按钮式	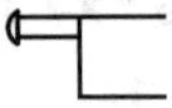	先导控制	液压(加压)	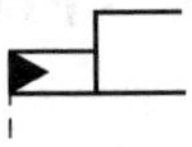
	手柄式	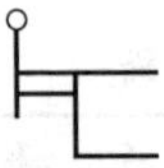		液压(卸压)	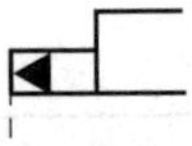
	踏板式	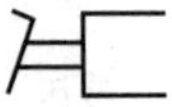		气压(加压)	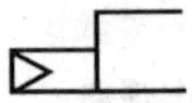
机械控制	弹簧式	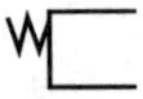		电-液(加压)	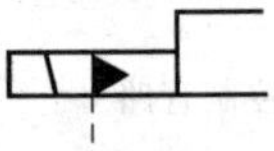
	滚轮式	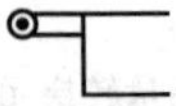		电-气(加压)	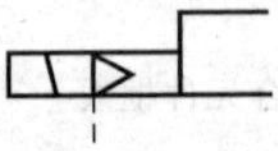

附录 C 泵、马达和缸

名称		符号	名称		符号
定量泵	单向		摆动马达		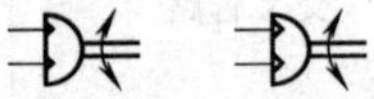
	双向		单作用缸	单活塞杆缸	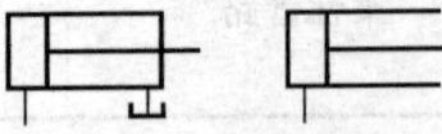
变量泵	单向			伸缩缸	
	双向		双作用缸	单活塞杆缸	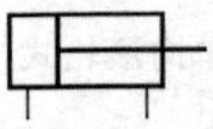
定量马达	单向	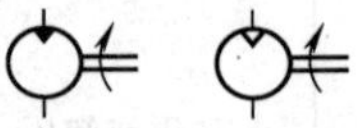		双活塞杆缸	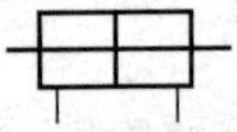
	双向	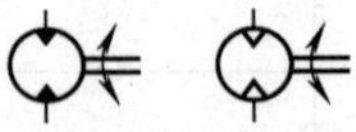		可调缓冲缸(双向、单向)	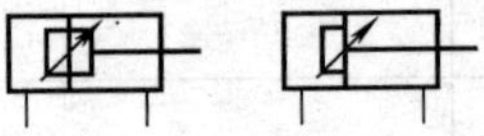
变量马达	单向	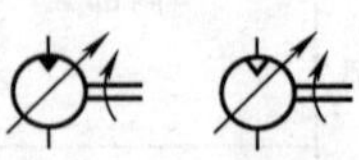		伸缩缸	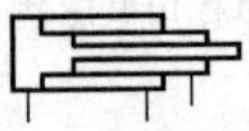
	双向	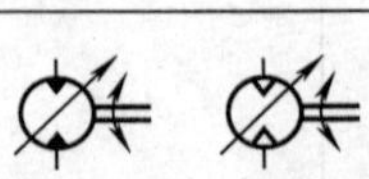	增压器		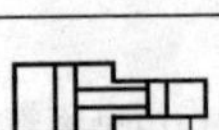

附录 D　控制元件

名　称	符　号	名　称	符　号
直动型溢流阀		直动型减压阀	
先导型溢流阀		先导型减压阀	
先导型比例电磁式溢流阀		溢流减压阀	
双向溢流阀		定差减压阀	
先导型电磁溢流阀		直动型顺序阀	
		先导型顺序阀	
卸荷溢流阀		直动型卸荷阀	
单向顺序阀		或门型梭阀	
不可调节流阀		与门型梭阀	
可调节流阀		快速排气阀	
单向节流阀		单向阀	

续表

名 称	符 号	名 称	符 号
截止阀		液控单向阀	
减速阀		双向液压阀	
带消声器的节流阀		二位二通换向阀	
调速阀		二位三通换向阀	
温度补偿型调速阀		二位四通换向阀	
旁通型调速阀		二位五通换向阀	
单向调速阀		三位四通换向阀	
分流阀		三位六通换向阀	
集流阀		四通节流型换向阀	
分流集流阀		四通电液伺服阀	

附录 E　辅助元件

名　称	符　号	名　称	符　号
过滤器		冷却器	
带磁性滤芯过滤器		加热器	
带污染指示过滤器		快换接头（带单向阀、不带单向阀）	
分水排水器（人工排出、自动排出）		旋转接头（三通路）	
空气过滤器（人工排出、自动排出）		行程开关	
空气干燥器		通大气式油箱	
油雾器		通大气式油箱（带空气滤清器）	
气源调节装置			
消声器		密闭式油箱	
压力继电器		蓄能器	
压力计		液压源	
温度计		气压源	
液位计		电动机	M
流量计		原动机	M
转速仪		气罐	
转矩仪		气-液转换器	

参 考 文 献

[1] 中国机械工业教育协会组编．液压与气压传动．北京：机械工业出版社，2001.
[2] 贾铭新主编．液压传动与控制．北京：国防工业出版社，2001.
[3] 丁树模主编．液压传动．第2版．北京：机械工业出版社，1999.
[4] 中国机械工程学会设备维修分会，《机械设备维修问答丛书》编委会编．液压与气动设备维修问答．北京：机械工业出版社，2002.
[5] 张磊等编．实用液压技术300题．北京：机械工业出版社，1998.
[6] 陈奎生主编．液压与气压传动．武汉：武汉理工大学出版社，2001.
[7] 明仁雄，万会雄主编．液压与气压传动．北京：国防工业出版社，2003.
[8] 左健民主编．液压与气压传动．北京：机械工业出版社，2004.
[9] 屈圭主编．液压与气压传动．北京：机械工业出版社，2002.
[10] 姜佩东主编，液压与气压传动．北京：高等教育出版社，2000.
[11] 雷天觉主编．新编液压工程手册．北京：机械工业出版社，1992.
[12] 宋学义．袖珍液压、气动手册．北京：机械工业出版社，1995.
[13] 王孝华，陆鑫盛．气动元件．北京：机械工业出版社，1991.
[14] 张群生主编．液压与气压传动．北京：机械工业出版社，2004.
[15] 姚新，刘民钢主编．液压与气动．北京：中国人民大学出版社，2000.
[16] 刘延俊主编．液压与气压传动．北京：机械工业出版社，2002.
[17] 机械设计手册编委会编著．机械设计手册．第4卷．第4版．北京：机械工业出版社，2004.
[18] 何法明主编．液压与气动技术学习及训练指南．北京：高等教育出版社，2003.
[19] 姜继海，宋锦春，高常识主编．液压与气压传动．第2版．北京：高等教育出版社，2009.
[20] 张世亮主编．液压与气压传动．北京：机械工业出版社，2006.
[21] 许福玲，陈尧明主编．液压与气压传动．第3版．北京：机械工业出版社，2007.
[22] 邓英剑，刘志勇主编．液压与气压传动．北京：国防工业出版社，2007.
[23] 张利平编著．液压传动系统及设计．北京：化学工业出版社，2005.
[24] 张利平编著．液压控制系统及设计．北京：化学工业出版社，2006.